冷凍機械責任者（1・2・3冷）

試験問題と解答例

（令和5年度編入）

法令試験問題については，試験実施時の法令による解答例となっています．
現行の法令と異なる可能性もありますのでご注意下さい．

公益社団法人　日本冷凍空調学会

目　　次

試　験　問　題

解　　答　　例

令和元年度（令和元年11月10日施行）

第一種冷凍機械責任者試験

第一種冷凍機械　法令試験問題（試験時間60分）

次の各問について，高圧ガス保安法に係る法令上正しいと思われる最も適切な答えをその問の下に掲げてある(1)，(2)，(3)，(4)，(5)の選択肢の中から1個選びなさい．

なお，経済産業大臣が危険のおそれのないと認めた場合等における規定は適用しない．

（注）試験問題中，「都道府県知事等」とは，都道府県知事又は高圧ガス保安法に関する事務を処理する指定都市の長をいう．

問1　次のイ，ロ，ハの記述のうち，正しいものはどれか．

イ．高圧ガス保安法は，高圧ガスによる災害を防止して公共の安全を確保する目的のために，冷凍のための高圧ガスの製造及び販売のみを規制している．

ロ．常用の温度40度において圧力が1メガパスカルとなる圧縮ガス（圧縮アセチレンガスを除く．）であって，現在の圧力が0.9メガパスカルのものは高圧ガスではない．

ハ．アンモニアは，そのときの状態が液化ガスであるか圧縮ガスであるかにかかわらず，常用の温度において，高圧ガスとなる場合の圧力の最小の値は0.2メガパスカルである．

(1) ロ　(2) ハ　(3) イ，ロ　(4) イ，ハ　(5) ロ，ハ

問2　次のイ，ロ，ハの記述のうち，正しいものはどれか．

イ．1日の冷凍能力が4トンの冷凍設備内における高圧ガスであるフルオロカーボン（不活性のもの）は，高圧ガス保安法の適用を受けない．

ロ．1日の冷凍能力が60トンである冷凍設備（一つの設備であって，認定指定設備でないもの）を使用して高圧ガスの製造をしようとする者は，その製造をする高圧ガスの種類にかかわらず，事業所ごとに都道府県知事等の許可を受けなければならない．

ハ．第一種製造者は，製造のための施設の位置，構造又は設備を変更することなく，その製造をする高圧ガスの種類を変更したときは，その変更後遅滞なく，

その旨を都道府県知事等に届け出なければならない.

(1) イ　(2) ロ　(3) ハ　(4) イ，ロ　(5) イ，ロ，ハ

問3　次のイ，ロ，ハの記述のうち，正しいものはどれか.

イ．第一種製造者について合併があり，その合併により法人を設立した場合，その法人は第一種製造者の地位を承継する.

ロ．高圧ガスの販売の事業を営む者は，販売所ごとに，事業の開始後遅滞なく，その旨を都道府県知事等に届け出なければならない.

ハ．専ら冷凍設備に用いる機器の製造の事業を行う者（機器製造業者）が所定の技術上の基準に従って製造しなければならない機器は，フルオロカーボン（可燃性ガスを除く.）を冷媒ガスとする冷凍機のものにあっては，1日の冷凍能力が5トン以上のものである.

(1) イ　(2) イ，ロ　(3) イ，ハ　(4) ロ，ハ　(5) イ，ロ，ハ

問4　次のイ，ロ，ハの記述のうち，冷凍のため高圧ガスの製造をする第二種製造者について正しいものはどれか.

イ．製造をする高圧ガスの種類がフルオロカーボン（不活性のもの）である場合，1日の冷凍能力が20トン以上50トン未満である一つの冷凍設備を使用して高圧ガスの製造をする者は，第二種製造者である.

ロ．製造設備の設置又は変更の工事を完成したときに行う気密試験に酸素を使用するときは，あらかじめ，冷媒設備中にある可燃性ガスを排除した後に行わなければならない.

ハ．第二種製造者のうちには，冷凍保安責任者を選任しなければならない者がある.

(1) イ　(2) ハ　(3) イ，ロ　(4) イ，ハ　(5) イ，ロ，ハ

問5　次のイ，ロ，ハの記述のうち，車両に積載した容器（内容積が48リットルのもの）による冷凍設備の冷媒ガスの補充用の高圧ガスの移動に係る技術上の基準等について一般高圧ガス保安規則上正しいものはどれか.

イ．高圧ガスを移動する場合，充塡容器及び残ガス容器には，転落，転倒等による衝撃及びバルブの損傷を防止する措置を講じ，かつ，粗暴な取扱いをしてはならない.

ロ．液化フルオロカーボン（不活性ガスに限る.）を移動するとき，その車両の見やすい箇所に警戒標を掲げなければならない旨の定めはない.

ハ．液化アンモニアを移動するときは，そのガスの名称，性状及び移動中の災害防止のために必要な注意事項を記載した書面を運転者に交付し，移動中携帯させ，これを遵守させなければならないが，特定不活性ガスである液化フルオロカーボンを移動するときはその定めはない.

(1) イ　(2) イ，ロ　(3) イ，ハ　(4) ロ，ハ　(5) イ，ロ，ハ

問6　次のイ，ロ，ハの記述のうち，冷凍設備の冷媒ガスの補充用の高圧ガスを充塡するための容器（再充塡禁止容器を除く.）及びその附属品について正しいものはどれか.

イ．容器に充塡する液化ガスは，刻印等又は自主検査刻印等で示された種類の高圧ガスであり，かつ，容器に刻印等又は自主検査刻印等で示された最大充塡質量の数値以下のものでなければならない.

ロ．液化ガスを充塡する容器の外面には，その容器に充塡することができる液化ガスの最大充塡質量の数値を明示しなければならない.

ハ．容器に装置されるバルブであって附属品検査に合格したものに刻印をすべき事項の一つに，「そのバルブが装置されるべき容器の種類」がある.

(1) ハ　(2) イ，ロ　(3) イ，ハ　(4) ロ，ハ　(5) イ，ロ，ハ

問7　次のイ，ロ，ハの記述のうち，冷凍に係る製造事業所における冷媒ガスの補充用としての容器による高圧ガス（質量が1.5キログラムを超えるもの）の貯蔵の方法に係る技術上の基準について一般高圧ガス保安規則上正しいものはどれか.

イ．アンモニアの充塡容器及び残ガス容器を貯蔵する場合は，通風の良い場所で行わなければならないが，不活性ガスのフルオロカーボンについては，その定めはない.

ロ．アンモニアの充塡容器を車両に積載して貯蔵することは，特に定められた場合を除き禁じられているが，不活性ガスのフルオロカーボンの充塡容器を車両に積載して貯蔵することは，いかなる場合であっても禁じられていない.

ハ．アンモニアの充塡容器及び残ガス容器であって，それぞれ内容積が5リットルを超えるものには，転落，転倒等による衝撃及びバルブの損傷を防止するための措置を講じ，かつ，粗暴な取扱いをしてはならない.

(1) イ　(2) ハ　(3) イ，ハ　(4) ロ，ハ　(5) イ，ロ，ハ

問8　次のイ，ロ，ハの記述のうち，冷凍能力の算定基準について冷凍保安規則上正しいものはどれか.

イ．圧縮機の標準回転速度における1時間当たりの吐出し量の数値は，遠心式圧縮機を使用する製造設備の1日の冷凍能力の算定に必要な数値の一つである.

ロ．圧縮機の気筒の内径の数値は，回転ピストン型圧縮機を使用する冷凍設備の1日の冷凍能力の算定に必要な数値の一つである.

ハ．冷媒設備内の冷媒ガスの充塡量の数値は，アンモニアを冷媒ガスとする吸収式冷凍設備の1日の冷凍能力の算定に必要な数値の一つである.

(1) イ　(2) ロ　(3) ハ　(4) イ，ロ　(5) ロ，ハ

問９から問13までの問題は，次の例による事業所に関するものである．

［例］冷凍のため，次に掲げる高圧ガスの製造施設を有する事業所
なお，この事業者は認定完成検査実施者及び認定保安検査実施者ではない．
製造設備の種類：定置式製造設備（一つの製造設備であって，専用機械室に設置してあるもの）
冷媒ガスの種類：アンモニア
冷凍設備の圧縮機：容積圧縮式（往復動式）４台
1日の冷凍能力：250トン
主な冷媒設備：凝縮器（横置円筒形で胴部の長さが5メートルのもの）　1基
：受液器（内容積が6,000リットルのもの）　1基

問９　次のイ，ロ，ハの記述のうち，この事業者について正しいものはどれか．

イ．所定の事項を記載した危害予防規程を定め，これを都道府県知事等に届け出なければならない．

ロ．従業者に対する保安教育計画を定め，これを忠実に実行しなければならないが，この計画を都道府県知事等に届け出ることの定めはない．

ハ．この製造施設が危険な状態になったことを発見したときは，直ちに，応急の措置を講じなければならないが，その事態を都道府県知事等又は警察官，消防吏員若しくは消防団員若しくは海上保安官に届け出ることの定めはない．

(1)　イ　(2)　ロ　(3)　ハ　(4)　イ，ロ　(5)　イ，ロ，ハ

問10　次のイ，ロ，ハの記述のうち，この事業者について正しいものはどれか．

イ．この事業者がこの事業所において指定する場所では，何人も，その事業者の承諾を得ないで，発火しやすい物を携帯してその場所に立ち入ってはならない．

ロ．この製造施設に異常があった年月日及びそれに対してとった措置を記載した帳簿をこの事業所に備え，記載の日から10年間保存しなければならない．

ハ．所有し，又は占有する高圧ガスについて災害が発生したときは，遅滞なく，その旨を都道府県知事等又は警察官に届け出なければならないが，その所有し，又は占有する容器を喪失したときは届け出る必要はない．

(1)　イ　(2)　ロ　(3)　ハ　(4)　イ，ロ　(5)　ロ，ハ

問11　次のイ，ロ，ハの記述のうち，この製造施設について正しいものはどれか．

イ．この製造施設の冷媒設備の圧縮機の取替えの工事において，冷媒設備に係る切断，溶接を伴わない工事であって，その設備の冷凍能力の変更を伴わないものである場合は，定められた軽微な変更の工事に該当する．

ロ．既に完成検査を受け所定の技術上の基準に適合していると認められているこ

の製造施設の全部の引渡しがあった場合，その引渡しを受けた者は，その旨を都道府県知事等に届け出た後，完成検査を受けることなく，この製造施設を使用することができる.

ハ．製造施設の位置，構造又は設備の変更の工事について，都道府県知事等の許可を受けた場合であっても，完成検査を受けることなく，その製造施設を使用することができる変更の工事があるが，この事業所の製造施設には適用されない.

(1)　イ　(2)　ハ　(3)　イ，ロ　(4)　ロ，ハ　(5)　イ，ロ，ハ

問12　次のイ，ロ，ハの記述のうち，この事業所に適用される技術上の基準について正しいものはどれか.

イ．この受液器は，その周囲に液状の冷媒ガスが漏えいした場合にその流出を防止するための措置を講じなければならないものに該当する.

ロ．この凝縮器及び受液器のいずれも，所定の耐震に関する性能を有しなければならないものに該当する.

ハ．この製造施設は，その施設から漏えいするガスが滞留するおそれのある場所に，そのガスの漏えいを検知し，かつ，警報するための設備を設けなければならないものに該当する.

(1)　ハ　(2)　イ，ロ　(3)　イ，ハ　(4)　ロ，ハ　(5)　イ，ロ，ハ

問13　次のイ，ロ，ハの記述のうち，この事業所に適用される技術上の基準について正しいものはどれか.

イ．この製造施設は，その規模に応じて，適切な消火設備を適切な箇所に設けなければならない施設に該当する.

ロ．この製造設備が設置してある専用機械室を，冷媒ガスが漏えいしたとき滞留しないような構造とすれば，この製造設備には冷媒ガスが漏えいしたときに安全に，かつ，速やかに除害するための措置を講じる必要はない.

ハ．この冷媒設備に係る電気設備は，その設置場所及び冷媒ガスの種類に応じた防爆性能を有する構造のものでなければならないものに該当する.

(1)　イ　(2)　ロ　(3)　ハ　(4)　イ，ハ　(5)　イ，ロ，ハ

問14から問20までの問題は，次の例による事業所に関するものである.

［例］冷凍のため，次に掲げる定置式製造設備である高圧ガスの製造施設を有する一つの事業所として高圧ガスの製造の許可を受けている事業所
なお，この事業者は認定完成検査実施者及び認定保安検査実施者ではない.

製造設備A：冷媒設備が一つの架台上に一体に組み立てられていないもの　1基
製造設備B：認定指定設備であるもの　1基
これら製造設備A及び製造設備Bはブラインを共通とし，同一の専用機械室に設置されており，一体として管理されるものとして設計されたものであり，かつ，同一の計器室において制御されている．
冷媒ガスの種類：製造設備A及び製造設備Bとも，不活性ガスであるフルオロカーボン134a
冷凍設備の圧縮機：製造設備A及び製造設備Bとも，遠心式
1日の冷凍能力：600トン（製造設備A：300トン，製造設備B：300トン）
主な冷媒設備：凝縮器（製造設備A及び製造設備Bとも，横置円筒形で胴部の長さが4メートルのもの）　各1基

問14　次のイ，ロ，ハの記述のうち，この事業者について正しいものはどれか．

イ．冷凍保安責任者には，第一種冷凍機械責任者免状又は第二種冷凍機械責任者免状の交付を受け，かつ，1日の冷凍能力が20トン以上の製造施設を使用して行う高圧ガスの製造に関する1年以上の経験を有する者のうちから選任しなければならない．

ロ．選任している冷凍保安責任者を解任し，新たに冷凍保安責任者を選任したときは，遅滞なく，その解任及び選任の旨を都道府県知事等に届け出なければならない．

ハ．冷凍保安責任者が旅行，疾病その他の事故によってその職務を行うことができないときは，直ちに，高圧ガスの製造に関する知識経験を有する者のうちから代理者を選任し，都道府県知事等に届け出なければならない．

(1)　イ　　(2)　ロ　　(3)　ハ　　(4)　イ，ロ　　(5)　ロ，ハ

問15　次のイ，ロ，ハの記述のうち，この事業者が行う製造施設の変更の工事について正しいものはどれか．

イ．製造設備Aの冷凍設備に係る切断，溶接を伴わない凝縮器の取替えの工事であって，その取り替えに係る凝縮器が耐震設計構造物の適用を受けないものである場合，軽微な変更の工事として，その完成後遅滞なく，都道府県知事等に届け出ればよい．

ロ．この製造施設にブラインを共通に使用する認定指定設備である製造設備Cを増設する工事は，軽微な変更の工事に該当する．

ハ．製造設備Aの冷媒設備に係る切断，溶接を伴わない圧縮機の取替えの工事をしようとするとき，その冷凍能力の変更が所定の範囲であるものは，都道府県知事等の許可を受けなければならないが，その変更の工事の完成後，所定の完成検査を受けることなく使用することができる．

(1) イ　(2) ハ　(3) イ，ロ　(4) ロ，ハ　(5) イ，ロ，ハ

問16　次のイ，ロ，ハの記述のうち，この事業者が受ける保安検査について正しいものはどれか．

イ．製造施設のうち製造設備Bに係る部分についても，保安検査を受けなければならないと定められている．

ロ．保安検査を実施することは，冷凍保安責任者の職務の一つとして定められている．

ハ．保安検査は，3年以内に少なくとも1回以上行われる．

(1) ロ　(2) ハ　(3) イ，ハ　(4) ロ，ハ　(5) イ，ロ，ハ

問17　次のイ，ロ，ハの記述のうち，この事業者が行う定期自主検査について正しいものはどれか．

イ．定期自主検査は，製造の方法が所定の技術上の基準に適合しているかどうかについて，1年に1回以上行わなければならない．

ロ．定期自主検査を行ったときは，その記録を作成し，これを遅滞なく都道府県知事等に届け出なければならない．

ハ．定期自主検査を行ったときに作成する検査記録に記載すべき事項の一つに「検査をした製造施設の設備ごとの検査方法及び結果」がある．

(1) ハ　(2) イ，ロ　(3) イ，ハ　(4) ロ，ハ　(5) イ，ロ，ハ

問18　次のイ，ロ，ハの記述のうち，この事業所に適用される技術上の基準について正しいものはどれか．

イ．この製造施設の配管以外の冷媒設備について行う耐圧試験は，「水その他の安全な液体を使用することが困難であると認められるときは，空気，窒素等の気体を使用して許容圧力以上の圧力で行うことができる．」と定められている．

ロ．この冷媒設備の安全弁には放出管を設けるべき定めはない．

ハ．冷媒設備の圧縮機が強制潤滑方式であり，かつ，潤滑油圧力に対する保護装置を有しているものである場合は，その圧縮機の油圧系統には，圧力計を設けなくてもよい．

(1) イ　(2) ハ　(3) イ，ロ　(4) ロ，ハ　(5) イ，ロ，ハ

問19　次のイ，ロ，ハの記述のうち，この事業所に適用される技術上の基準について正しいものはどれか．

イ．「圧縮機と凝縮器との間の配管が，引火性又は発火性の物（作業に必要なも

のを除く.）をたい積した場所の付近にあってはならない.」旨の定めは，認定指定設備である製造設備Bには適用されない.

ロ．製造設備を設置した室に外部から容易に立ち入ることができない措置を講じた場合であっても，製造施設に警戒標を掲げなければならない.

ハ．冷媒設備の修理は，あらかじめ定めた修理の作業計画に従って行わなければならないが，あらかじめ定めた作業の責任者の監視の下で行うことができない場合は，異常があったときに直ちにその旨をその責任者に通報するための措置を講じて行うことと定められている.

(1) ロ　(2) ハ　(3) イ，ハ　(4) ロ，ハ　(5) イ，ロ，ハ

問20　次のイ，ロ，ハの記述のうち，認定指定設備である製造設備Bについて正しいものはどれか.

イ．この製造設備が認定指定設備である条件の一つに，自動制御装置が設けられていなければならないことがある.

ロ．この製造設備が認定指定設備である条件の一つに，冷媒設備が所定の気密試験及び耐圧試験に合格するものでなければならないことがあるが，その試験を行うべき場所についての定めはない.

ハ．この製造設備に変更の工事を施したとき，その工事が同等の部品への交換のみである場合は，指定設備認定証は無効にならないと定められている.

(1) イ　(2) ロ　(3) イ，ハ　(4) ロ，ハ　(5) イ，ロ，ハ

第一種冷凍機械　保安管理技術試験問題(試験時間90分)

次の各問について，正しいと思われる最も適切な答をその問の下に掲げてある(1)，(2)，(3)，(4)，(5)の選択肢の中から1個選びなさい．

問1　次のイ，ロ，ハ，ニの記述のうち，圧縮機の構造と特徴について正しいものはどれか．

イ．往復圧縮機では，シリンダのすきま容積比および圧力比が大きいほど体積効率が小さい．また，冷凍機油が吸込み側の低圧部分にあるので，始動時や液戻り時にオイルフォーミングを発生しやすい．なお，多気筒圧縮機では，いくつかのシリンダの吸込み弁を開放して，起動時の負荷軽減を行う．

ロ．低温冷凍装置において，二段圧縮方式を用いる主な目的は，単段圧縮方式を用いた場合に問題となる，圧力比の増大，体積効率低下による冷媒循環量の減少，断熱効率の低下にともなう軸動力の増大と吐出しガス温度の過度な上昇を避けることである．

ハ．スクリュー圧縮機において，多量の冷凍機油を強制的に噴射する目的は，しゅう動部の潤滑，ロータ間などのクリアランスのシールおよび冷媒ガスと圧縮機本体の冷却である．また，この噴射により，吐出しガス温度を断熱圧縮の場合よりも低くすることも可能である．

ニ．スクロール圧縮機では，吸込み弁や吐出し弁を必要としないが，停止時に高低圧の差圧で旋回スクロールの逆転を防止するために逆止め弁をつけたものが多い．この圧縮機は，断熱効率と機械効率が高いが，高速回転に適していない．

(1)　イ，ロ　(2)　イ，ニ　(3)　ハ，ニ　(4)　イ，ロ，ハ　(5)　ロ，ハ，ニ

問2　次のイ，ロ，ハ，ニの記述のうち，冷凍装置の容量制御について正しいものはどれか．

イ．定圧ホットガスバイパス弁を用いて，圧縮機の吸込み蒸気配管にホットガスを吹き込む容量制御では，吸込み蒸気の過熱度が大きくなり，長時間の運転は難しい．しかし，ホットガスを温度自動膨張弁と蒸発器入口の間にバイパスする方法を用いると，適切な過熱度が得られ，長時間運転ができる．

ロ．作動圧力に差をもたせた圧力スイッチを用いて，吸込み蒸気圧力の上昇，下降にともない複数の多気筒圧縮機を順次発停させる容量制御方法では，圧縮機の同時始動やクランクケース内の冷凍機油量の不均衡に注意しなければならない．

ハ．熱負荷の増減に合わせて，インバータで圧縮機の回転速度を調節する容量制御方法では，ある限定された範囲内においては，冷凍能力が回転速度にほぼ比

例する．クランク軸端に油ポンプを付けている往復圧縮機では，回転速度をあまり低速にすると，潤滑不良を起こす．

ニ．蒸発圧力調整弁は，熱負荷の減少に伴い蒸発圧力が設定値以下へ低下することを防ぐ．この弁は，温度自動膨張弁の感温筒と均圧管の取付け位置よりも下流側の吸込み蒸気配管に取り付けられ，作動時は圧縮機吸込み蒸気の過熱度や圧力を低下させる．

(1) イ，ロ　(2) イ，ニ　(3) ハ，ニ　(4) イ，ロ，ハ　(5) ロ，ハ，ニ

問3　次のイ，ロ，ハ，ニの記述のうち，圧縮機の運転と保守管理について正しいものはどれか．

イ．熱負荷の減少によって，圧縮機の吸込み蒸気圧力が正常な状態から極端に低下すると，圧力比の増大による吐出しガス温度の上昇を起こす．また，水冷凝縮器の冷却水量が減少しても，圧力比の増大による吐出しガス温度の上昇を起こし，圧縮機が過熱運転となる場合がある．

ロ．冷凍機油は，圧縮機の軸受，ロータ，ピストンなどの潤滑面に油膜をつくり，摩擦によって生じる熱の除去や摩耗防止などの役割がある．鉱油を用いた，アンモニアを冷媒とする往復圧縮機の吐出しガス温度は高く，一般に，圧縮機から吐き出された冷凍機油をクランクケースに戻すことはしない．

ハ．吸込み弁，吐出し弁やクランク軸のある圧縮機で，吐出し弁に漏れが生じると，圧縮機の吸込み蒸気量が減少し，体積効率や断熱効率の低下を招き，吐出しガス温度が大きく上昇する．一方，吸込み弁の漏れでは，体積効率の低下を招くが，吐出しガス温度が大きく上昇することはない．

ニ．スクリュー圧縮機に給油ポンプが付いている場合の給油圧力は，吐出しガス圧力よりも0.2から0.3 MPa程度高い．また，この圧縮機の吐出しガス温度は，フルオロカーボン冷媒では通常90℃以下である．これより高い場合は，油冷却器による冷却不良などを疑う必要がある．

(1) イ，ロ，ハ　(2) イ，ロ，ニ　(3) イ，ハ，ニ　(4) ロ，ハ，ニ　(5) イ，ロ，ハ，ニ

問4　次のイ，ロ，ハ，ニの記述のうち，高圧部の保守管理について正しいものはどれか．

イ．空冷凝縮器は，水冷凝縮器に比べて熱通過率が小さく，凝縮温度が高くなる特徴があるが，冬季には凝縮圧力の低下を防ぐために，冷却空気量を制御したり，凝縮圧力調整弁で凝縮圧力を制御する．

ロ．受液器兼用の水冷横形シェルアンドチューブ凝縮器において，装置内に冷媒を過充てんすると，余分な冷媒液が凝縮器に貯えられ，多数の冷却管が冷媒液中につかり，冷媒蒸気の凝縮に有効な伝熱面積が減少し，凝縮温度が上昇する．一方，凝縮器出口の冷媒液の過冷却度は増大する．

ハ．水あかや油膜が水冷横形シェルアンドチューブ凝縮器の冷却管に付着すると，それらの熱伝導抵抗によって熱通過率の値が小さくなる．そのため，圧縮機の消費電力は増加し，冷凍能力は減少する．冷却管がローフィンチューブの場合よりも裸管の場合のほうが，水あかが厚く付着することによる熱通過率の低下割合が大きい．

ニ．空冷凝縮器内に空気などの不凝縮ガスが混入すると，冷却管の空気側の熱伝達率が小さくなり，凝縮温度が高くなる．そのため，圧縮機の吐出しガスの圧力と温度が高くなり，圧縮機用電動機の消費電力が増加し，冷凍能力と成績係数が低下する．

(1) イ，ロ　(2) イ，ハ　(3) ハ，ニ　(4) イ，ロ，ニ　(5) ロ，ハ，ニ

問5　次のイ，ロ，ハ，ニの記述のうち，低圧部の保守管理について正しいものはどれか．

イ．フィンコイル乾式蒸発器に霜が厚く付着すると，空気の流れるフィンの隙間が狭くなり，空気の流れ抵抗が増加する．このため，蒸発器通過風量が減少して，蒸発器の冷却能力は減少する．

ロ．温度自動膨張弁の感温筒は，蒸発器出口の過熱された冷媒蒸気温度を吸込み蒸気配管の管壁を介して検出し，圧縮機の吸込み蒸気過熱度を制御する．そのため，管壁から感温筒が外れ，感温筒の温度が上がると膨張弁は開く方向に作動し，感温筒内に封入されている冷媒が漏れると膨張弁は閉じる方向に作動する．

ハ．蒸発器の蒸発温度が低下すると，蒸発器内の冷媒圧力が低下し，圧縮機吸込み蒸気の比体積が大きくなり，冷媒循環量と冷凍能力が減少する．

ニ．乾式蒸発器を使用した冷凍装置の運転停止時には，蒸発器内に冷媒液が残留しないように，運転停止前に圧縮機で冷媒を高圧側へ回収して，再始動時の液戻りを防ぐ．

(1) イ，ロ，ハ　(2) イ，ロ，ニ　(3) イ，ハ，ニ　(4) ロ，ハ，ニ　(5) イ，ロ，ハ，ニ

問6　次のイ，ロ，ハ，ニの記述のうち，熱交換器などについて正しいものはどれか．

イ．フルオロカーボン冷媒液は，冷凍機油を溶解すると粘度が低くなる．また，過度に油を溶解すると伝熱を阻害することになる．一般に，油の溶解量が3％以下であれば特に支障がない．

ロ．凝縮器では，冷媒温度と冷却媒体との算術平均温度差が大きいほど熱流束（熱流密度）が大きくなって，凝縮作用が活発になり，冷媒側熱伝達率も大きくなる．

ハ．水冷横形シェルアンドチューブ凝縮器内（冷媒側）に不凝縮ガスが存在する

と，伝熱面近くに混合気境界層が形成されて伝熱作用が阻害される．また，冷凍装置の運転停止中における凝縮器の圧力は，凝縮器内に存在する不凝縮ガスの分圧相当分だけ高くなる．

ニ．アンモニアと冷凍機油（鉱油）とはほとんど溶け合わない．また，温度によって異なるが，油の粘度はアンモニア液と同じ程度であり，油の熱伝導率はアンモニア液の1/3程度である．アンモニアの蒸発および凝縮の際の伝熱面上の油膜は，伝熱の大きな障害となるので，伝熱面からできるだけ排除することが望ましい．

(1) イ　(2) ハ　(3) イ，ロ　(4) ロ，ニ　(5) ハ，ニ

問7　次のイ，ロ，ハ，ニの記述のうち，膨張弁について正しいものはどれか．

イ．温度自動膨張弁本体は蒸発器入口近く，また，感温筒は蒸発器出口近くに取り付ける．感温筒は，周囲の温度や湿度の影響を受けないように防湿性のある防熱材で包むようにし，垂直吸込み管に取り付けるときは，感温筒のキャピラリチューブが上側になるようにする．

ロ．電子膨張弁は，サーミスタなどの温度センサからの電気信号を調節器で過熱度に演算処理し，電気的に弁を駆動して開閉の操作を行い，温度自動膨張弁と比較して幅広い制御特性にすることができる．また，構成材料を適切に選択すれば，電子膨張弁は冷媒の種類に関係なく使用できる．

ハ．吸着チャージ方式の温度自動膨張弁の感温筒内には，活性炭などの吸着剤とともに炭酸ガスのような通常の使用状態で液化しないガスが封入されている．吸着チャージ方式は，封入する吸着剤の量とガスの種類によって，感温筒温度に対する感温筒内ガス圧の応答感度を変えることができ，クロスチャージ方式よりも応答速度が速い．

ニ．温度自動膨張弁の容量（冷凍能力）は，オリフィス口径と弁開度に加え，弁前後の圧力差などによっても異なる．膨張弁出口側に液分配用ディストリビュータを取り付けると，弁出口圧力が高くなって弁出入口圧力差が小さくなり，膨張弁の容量が減少する．

(1) イ，ロ　(2) ロ，ハ　(3) ハ，ニ　(4) イ，ロ，ニ　(5) イ，ハ，ニ

問8　次のイ，ロ，ハ，ニの記述のうち，調整弁について正しいものはどれか．

イ．蒸発圧力調整弁を用いた冷凍装置において，圧縮機容量に対して蒸発器容量が小さくなった場合は，蒸発圧力調整弁での圧力降下が大きくなり，圧縮機吸込圧力が低下するが，蒸発圧力調整弁では，冷媒は等比エンタルピーの絞り膨張となるので，装置の成績係数は変わらない．

ロ．直動形吸入圧力調整弁は，ベローズによってシールされた作動圧力設定用ばねとベローズに直結されたバルブプレートからなっている．この弁は，バルブ

プレートの向きも含め，直動形蒸発圧力調整弁と同じ構造であるが，冷媒の入口と出口の取り付け方が逆である．

ハ．凝縮圧力調整弁は，空冷凝縮器の冬季運転における凝縮圧力の異常な低下を防止し，冷凍装置を正常に運転するための圧力制御弁である．凝縮圧力調整弁による凝縮圧力の制御は，凝縮器の冷媒液量を利用する方法であり，装置の冷媒充てん量に多少の余裕を必要とするので受液器がなければならない．

ニ．直動形の圧力式冷却水調整弁は，下部の凝縮圧力導入用の接続口付きベローズ部分と，作動圧力設定用ばねを収めた調整部分から成り，凝縮圧力が高くなると弁開度が大きくなる．また，凝縮負荷，水温変化，凝縮器の熱通過率変化などに応じて，凝縮圧力が適正な状態を保つように冷却水量を調節する．

(1)　イ，ロ　　(2)　イ，ニ　　(3)　ロ，ハ　　(4)　ハ，ニ　　(5)　ロ，ハ，ニ

問9　次のイ，ロ，ハ，ニの記述のうち，制御機器について正しいものはどれか．

イ．満液式蒸発器を用いた冷凍装置では，フロート弁やフロートスイッチによって，冷媒液だめ器内の液量（液面レベル）の制御を行う．フロートスイッチには，直接作動形と電子式の遠隔作動形の2種類がある．

ロ．電磁弁の作動電源は，直流用では，12 V，24 V，100 V，交流用では，24 V，100 V，200 Vが標準であるが，110 V，220 Vもある．また，これらの定格電圧からの許容電圧変動は±10％以下である．

ハ．多気筒圧縮機などの大形圧縮機では，油ポンプを内蔵または外部に装着している．運転中に定められた油圧が保持できなくなると，圧縮機の軸受などが焼付き事故を起こす危険がある．このような事故を防止するために，圧縮機を始動してから一定時間，または運転中の一定時間（一般に90秒程度），定められた給油圧力を保持できない場合には，油圧保護圧力スイッチの電気接点を開き，圧縮機の電動機を停止させる．

ニ．蒸気圧式サーモスタットは，感温筒内のチャージ方式により，ガスチャージ方式，吸着チャージ方式，液チャージ方式に分類される．これらのうち，吸着チャージ方式は，受圧部の温度が作動に及ぼす影響が大きく，サーモスタット本体が感温筒と異なった温度環境では使用できない．

(1)　イ，ロ，ハ　(2)　イ，ロ，ニ　(3)　イ，ハ，ニ　(4)　ロ，ハ，ニ　(5)　イ，ロ，ハ，ニ

問10　次のイ，ロ，ハ，ニの記述のうち，附属機器について正しいものはどれか．

イ．油分離器は，冷凍機油が凝縮器や蒸発器に入り込むと伝熱作用を阻害する不都合を生じるアンモニア冷凍装置，冷凍機油を蒸発器から圧縮機へ戻すことが難しい満液式蒸発器を用いたフルオロカーボン冷凍装置，低温で冷凍機油の粘度が高くなり蒸発器から油戻しが難しい蒸発温度－40℃以下の冷凍装置などに用いられる．

ロ．フルオロカーボン冷凍装置では，一般にフィルタドライヤを取り付け，シリカゲルやゼオライトなどの乾燥剤を用いて冷媒系統の水分を吸着除去する．アンモニア冷凍装置でも，一般に同様の乾燥剤を用いて水分を除去する．

ハ．高圧受液器には，運転中の大きな負荷変動，冷却器の運転台数の変化，およびヒートポンプ装置の運転モードの切換えなどによる冷媒量の変化を吸収する容量をもたせる．さらに，冷媒充てん量の全量または大部分の量を受液器内容積の80％以内で回収できる容量をもたせる．

ニ．低圧受液器は，冷媒液強制循環式冷凍装置の蒸発器冷却管に低圧冷媒液を送り込むための液だめとして，冷却管から戻った冷媒蒸気と液を分離する役割をもつ．低圧受液器では，運転状態が変化しても，冷媒液ポンプと蒸発器が安定した運転を続けられるように，一般に温度自動膨張弁で流量制御が行われる．

(1)　イ，ハ　(2)　イ，ニ　(3)　ロ，ハ　(4)　ロ，ニ　(5)　イ，ハ，ニ

問11　次のイ，ロ，ハ，ニの記述のうち，附属機器について正しいものはどれか．

イ．アンモニア冷凍装置には液ガス熱交換器を取り付け，凝縮器からの高温冷媒液と蒸発器からの低温冷媒蒸気との熱交換によって，凝縮器からの冷媒液を過冷却し，液管内でのフラッシュガスの発生を防止する．さらに，圧縮機吸込み蒸気を適度に加熱することにより，負荷変動などによる液戻りをある程度防止する．

ロ．小形のフルオロカーボン冷凍装置に用いられるU字管を内蔵した液分離器では，一般に，入口から入った液滴を含んだ冷媒蒸気は，流れ方向の変化と速度の低下によって，液と蒸気に分離される．分離された容器底部の油と冷媒液は，U字管底部にあけられた小さな孔から，少量ずつ圧縮機へ吸い込まれる．

ハ．フルオロカーボン冷凍装置の満液式蒸発器などに入り込んだ冷凍機油は，冷媒液に溶解している．そこで，油の溶解した冷媒液を抜き出し，油回収器で冷媒蒸気と油に分離して，冷媒蒸気は吸込み蒸気配管へ，油は油だめ器を介して圧縮機に戻す方法がある．

ニ．冷媒液強制循環式蒸発器では，一般に液ポンプにより蒸発量の3倍から5倍の量の冷媒を流す．また，冷凍機油の処理を行うために，一般に蒸発器本体に油戻し用の配管を設ける．

(1)　イ，ハ　(2)　イ，ニ　(3)　ロ，ハ　(4)　ロ，ニ　(5)　ロ，ハ，ニ

問12　次のイ，ロ，ハ，ニの記述のうち，冷媒配管などについて正しいものはどれか．

イ．配管用炭素鋼鋼管（SGP）は，フルオロカーボン冷媒では設計圧力が2 MPa以下の耐圧部分，温度100℃以下の耐圧部分，温度－25℃よりも高温の部分には使用できる．しかし，毒性ガスの冷媒に対して使用してはならない．

ロ．冷媒ガス流速は，過大な圧力降下や騒音を生じない程度に抑制する必要があ

る．一方，冷媒ガスとともに圧縮機から吐き出された油が，確実に冷媒ガスに同伴される流速が必要であり，一般に横走り管で2 m/s程度，立ち上がり管で3 m/s程度にする．

ハ．液配管は，冷媒液にフラッシュガスを発生させないようにする必要がある．やむをえず，フラッシュガスの発生が懸念される高温の所に液配管を通す場合には，配管に防熱を施工し，フラッシュガスの発生を防止する．

ニ．満液式蒸発器を使用するフルオロカーボン冷凍装置では，蒸発器から圧縮機への油戻しが重要である．油戻しには，油を含んだ冷媒液を絞り弁を通して少しずつ抜き出し，液ガス熱交換器で冷媒液を気化させ，油とともに圧縮機に戻す方法などがある．

(1)　イ，ロ　　(2)　イ，ニ　　(3)　ロ，ハ　　(4)　ロ，ニ　　(5)　ハ，ニ

問13　次のイ，ロ，ハ，ニの記述のうち，安全装置について正しいものはどれか．

イ．安全弁，破裂板，溶栓，高圧遮断装置などの安全装置は，設定の圧力と温度で作動し，外部に冷媒ガスを放出することで冷媒設備の圧力を許容圧力以下に戻す．

ロ．高圧遮断圧力スイッチの設定圧力は，高圧部に取り付けられた内蔵安全弁を除くすべての安全弁の最低吹始め圧力以下で，かつ，高圧部の許容圧力以下の圧力で作動するように設定する．なお，高圧遮断圧力スイッチの設定圧力の精度は，1 MPa以上2 MPa未満の設定圧力の範囲では，−12％以内でなければならない．

ハ．圧力容器用安全弁では，冷媒ガスと圧力容器の外径や全長などにより安全弁の必要最小口径サイズを決定し，圧力容器の圧力が過度に上昇しないようにする．

ニ．破裂板の最小口径は，圧力容器に取り付けるべき安全弁の口径の1/2とし，破裂圧力は安全弁の作動圧力以上で，耐圧試験圧力以下でなければならない．

(1)　イ，ロ　　(2)　イ，ハ　　(3)　ロ，ハ　　(4)　ロ，ニ　　(5)　イ，ハ，ニ

問14　次のイ，ロ，ハ，ニの記述のうち，圧力試験について正しいものはどれか．

イ．配管を除く圧縮機や容器の部分について，その強さを確認するために，耐圧試験の代わりに量産品について適用する強度試験がある．強度試験の試験圧力は，設計圧力の3倍以上の高い圧力である．

ロ．耐圧試験を液体で行う場合は，圧力容器内の空気を完全に排除した後，液体を徐々に加圧して，耐圧試験圧力まで上げ，その圧力を1分間以上保っておく．その後，圧力を耐圧試験圧力の1/2まで下げて，被試験品の各部，溶接継手などについて，漏れ，異常な変形，破壊などの異常がないことを確認して合格とする．

ハ．気密試験は，空気または不燃性，非毒性ガスを用いたガス圧試験で実施し，試験する機器の気密性能を確認する．その後，空気，窒素などの気体を使用する耐圧試験を実施して，機器の耐圧性能を確認する．

ニ．冷媒設備の気密の最終確認をするための真空放置試験では，真空ポンプを使用して，装置内部を真空状態にしながら水分を蒸発させて乾燥させるとともに，設備からの漏れの有無を確認する．冷媒設備内の真空度は周囲大気温度に相当する水蒸気飽和圧力以下にすることが必要である．

(1) イ，ハ　(2) イ，ニ　(3) ロ，ハ　(4) ロ，ニ　(5) イ，ロ，ニ

問15 次のイ，ロ，ハ，ニの記述のうち，据付けおよび試運転について正しいものはどれか．

イ．蒸発式凝縮器を屋上に設置する場合，地震による据付位置のずれを防止するために，基礎の質量は，その凝縮器の質量よりも十分に大きくし，その基礎の鉄筋と屋上床盤の鉄筋を固く結びつけ，凝縮器本体と基礎も十分に固定する．また，凝縮器は，水平に設置する．

ロ．機器の基礎底面にかかる荷重により地盤の不同沈下が起こらないようにするために，基礎底面にかかる応力を，基準の応力以下にする．この基準の応力を基礎の許容応力といい，基礎の材質により決まる．

ハ．冷凍機油の選定条件として，使用条件に対して凝固点が高く，ろう分が少なく，熱安定性と引火点が高いことなどがあげられる．また，低温用の冷凍機油では，流動点が低く，水分により乳化しにくいこと，酸に対する安定性が良いことなども選定条件として大切である．

ニ．フルオロカーボンは安定した冷媒であり，一般に毒性は低く可燃性もないが，高温の物体に触れると，分解して，フッ化水素やホスゲンなどの毒性の強いガスが発生する．圧力容器や配管の修理の際には，内部に残留ガスがないか十分に確認することが大切である．

(1) イ，ロ　(2) イ，ハ　(3) イ，ニ　(4) ロ，ハ　(5) ロ，ハ，ニ

第一種冷凍機械　学識試験問題(試験時間120分)

問１　R 404A を冷媒とする二段圧縮二段膨張の冷凍装置を，下記の冷凍サイクルの条件で運転する．この装置の冷凍能力が100 kWであるとき，次の(1)から(3)の問に，解答用紙の所定欄に計算式を示して答えよ．

ただし，圧縮機の機械的摩擦損失仕事は吐出しガスに熱として加わるものとする．また，配管での熱の出入りおよび圧力損失はないものとする．　(20点)

(理論冷凍サイクルの運転条件)

低段圧縮機吸込み蒸気の比エンタルピー　$h_1 = 360$ kJ/kg

低段圧縮機の断熱圧縮後の吐出しガスの比エンタルピー　$h_2 = 385$ kJ/kg

高段圧縮機吸込み蒸気の比エンタルピー　$h_3 = 365$ kJ/kg

高段圧縮機の断熱圧縮後の吐出しガスの比エンタルピー　$h_4 = 390$ kJ/kg

第一膨張弁直前の液の比エンタルピー　$h_5 = 240$ kJ/kg

第二膨張弁直前の液の比エンタルピー　$h_7 = 200$ kJ/kg

(実際の冷凍装置の運転条件)

圧縮機の断熱効率（低段側，高段側とも）　$\eta_c = 0.70$

圧縮機の機械効率（低段側，高段側とも）　$\eta_m = 0.90$

(1)　蒸発器の冷媒循環量q_{mro}(kg/s)を求めよ．

(2)　凝縮器の冷媒循環量q_{mrk}(kg/s)を求めよ．

(3)　実際の冷凍装置の成績係数$(COP)_R$を求めよ．

問２　R 410Aを冷媒として，負荷減少時に，圧縮機出口直後の吐出しガスの一部を蒸発器入口にバイパス弁を通して絞り膨張させ，容量制御を行う冷凍装置は，下図のとおりである．この装置において，圧縮機の吐出しガス量の15 mass%をバイパスして容量制御を行っているとき，次の問に答えよ．なお，(1)は解答用紙のp–h線図上に，(2)と(3)は解答用紙の所定欄に計算式を示してそれぞれ答えよ．

ただし，圧縮機の機械的摩擦損失仕事は吐出しガスに熱として加わるものとし，配管での熱の出入りおよび圧力損失はないものとする．また，全負荷時の点1，点2′，点3の冷媒状態と圧縮機の冷媒循環量は，容量制御時と変わらないものとする．　(20点)

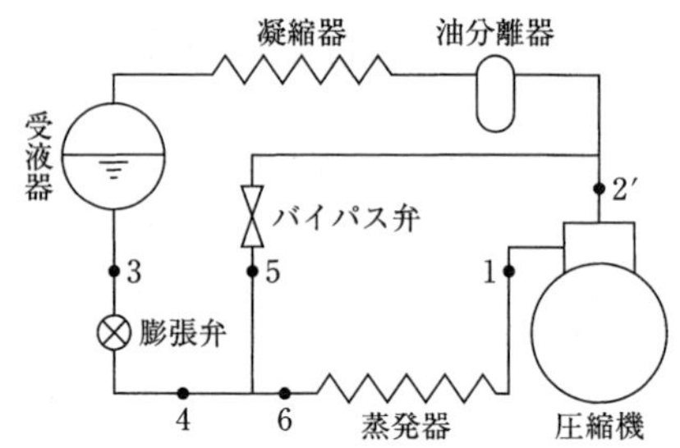

（冷凍機の運転条件）

圧縮機の冷媒循環量	$q_{\mathrm{mr}} = 0.60\ \mathrm{kg/s}$
圧縮機の吸込み蒸気の比エンタルピー	$h_1 = 421\ \mathrm{kJ/kg}$
圧縮機の断熱圧縮後の吐出しガスの比エンタルピー	$h_2 = 475\ \mathrm{kJ/kg}$
膨張弁直前の液の比エンタルピー	$h_3 = 241\ \mathrm{kJ/kg}$

（圧縮機の効率）

圧縮機の断熱効率	$\eta_{\mathrm{c}} = 0.75$
圧縮機の機械効率	$\eta_{\mathrm{m}} = 0.85$

(1)　この冷凍装置の冷凍サイクルを解答用紙のp–h線図上に描き，点3から点6の各状態点を図中に記入せよ．ただし，点1と点2′は，解答用紙のそれぞれの点を通るものとする．

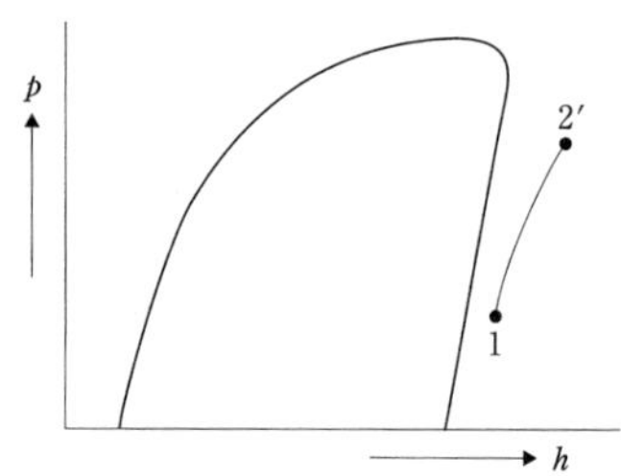

(2)　バイパスされる冷媒蒸気の比エンタルピー h_5(kJ/kg) および容量制御時の冷凍能力Φ_{o}(kW)をそれぞれ求めよ．

(3)　容量制御時の成績係数$(COP)_{\mathrm{RP}}$は，全負荷時の成績係数$(COP)_{\mathrm{R}}$の何％になるかを求めよ．

問3　以下に示す設計条件で，冷蔵庫パネルを試作した．このパネルについて，次の(1)から(3)の問に，解答用紙の所定欄に計算式を示して答えよ．　　(20点)

（試作条件）

外気温度	$t_{\mathrm{a}} = 25$℃
庫内温度	$t_{\mathrm{r}} = -25$℃

パネル外表面（外気側）の熱伝達率　$\alpha_a = 10.0\ W/(m^2 \cdot K)$
パネル内表面（庫内側）の熱伝達率　$\alpha_r = 5.0\ W/(m^2 \cdot K)$
パネル外皮材の厚さおよび熱伝導率　$\delta_1 = 0.5\ mm$，$\lambda_1 = 50\ W/(m \cdot K)$
パネル芯材の厚さおよび熱伝導率　$\delta_2 = 150.0\ mm$，$\lambda_2 = 0.030\ W/(m \cdot K)$
パネル内皮材の厚さおよび熱伝導率　$\delta_3 = 5.0\ mm$，$\lambda_3 = 2.0\ W/(m \cdot K)$

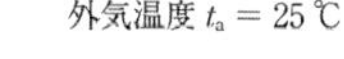

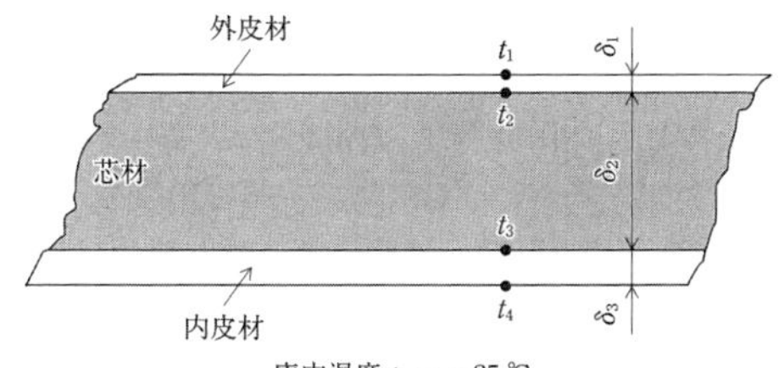

(1)　外気から庫内までの熱通過率K[W/(m²·K)]および1 m²当たりの外気からの伝熱量Φ(W)をそれぞれ求めよ．

(2)　芯材とパネル内皮材の間の温度t_3(℃)を求めよ．

(3)　パネル芯材に水分が浸入すると，1 m²当たりの外気からの伝熱量が18 Wとなることがわかった．この際のパネル芯材の見かけの熱伝導率λ_2'[W/(m·K)]を求めよ．

問4　冷媒に関する次の(1)，(2)の問に答えよ．　(20点)

(1)　下表に示した，冷凍装置に用いるふっ素系冷媒について，混合成分と成分比(mass%)を解答用紙の所定欄に例示のように記入せよ．

混合冷媒	混合成分	成分比（mass%）
（例）R 401A	R 22 / R 152a / R 124	53 / 13 / 34
R 410A		
R 407C		
R 404A		
R 507A		

(2)　下表に示した，冷凍装置に用いる非ふっ素系冷媒の特性に関する各項目について，それぞれの冷媒の特性を比較し，値の大中小または高中低の傾向を解答用紙の所定欄に例示のように冷媒記号を用いて記入せよ．ただし，冷媒の理論サイクル特性は，蒸発温度10℃，凝縮温度45℃，過冷却度0 K，過熱度0 Kとして計算する．

	項　目	値の大中小または高中低の傾向
(例)	体積能力	R 717 ＞ R 290 ＞ R 600a
1	標準沸点	R 290，R 600a，R 717
2	臨界温度	R 290，R 600a，R 744
3	地球温暖化係数	R 290，R 717，R 744
4	モル質量	R 600a，R 729，R 744
5	圧力比（サイクルにおける 高圧／低圧）	R 290，R 600a，R 717
6	比熱比（圧縮機吸込み状態）	R 290，R 600a，R 717

問5　下記の仕様で製作された円筒胴圧力容器を，R 404A 用の高圧受液器として使用したい．これについて，次の(1)の問に，解答用紙の所定欄に計算式と理由を示して答えよ．また，(2)の問に，解答用紙の所定欄に計算式を示して答えよ．

（20 点）

（円筒胴圧力容器の仕様）

使用鋼板　SM 400 B

円筒胴の外形　$D_o = 620$ mm

円筒胴板の厚さ　$t_a = 13$ mm

円筒胴板の腐れしろ　$\alpha = 1$ mm

円筒胴板の溶接継手の効率　$\eta = 0.7$

ただし，R 404A の各基準凝縮温度における設計圧力は，次表の圧力を使用するものとする．

基準凝縮温度（℃）	43	50	55	60	65
設計圧力（MPa）	1.86	2.21	2.48	2.78	3.11

(1)　この受液器が使用できる最高の基準凝縮温度（℃）を求めよ．また，その基準凝縮温度を選択した理由を記せ．

(2)　この受液器に，基準凝縮温度50℃の設計圧力が作用したとき，円筒胴板に誘起される接線方向の引張応力 σ_t(N/mm^2) と長手方向の引張応力 σ_l(N/mm^2) をそれぞれ求めよ．

令和元年度（令和元年11月10日施行）

第二種冷凍機械責任者試験

第二種冷凍機械	法令試験問題(試験時間60分)

次の各問について，高圧ガス保安法に係る法令上正しいと思われる最も適切な答えをその問の下に掲げてある(1)，(2)，(3)，(4)，(5)の選択肢の中から1個選びなさい.

なお，経済産業大臣が危険のおそれのないと認めた場合等における規定は適用しない.

(注) 試験問題中,「都道府県知事等」とは，都道府県知事又は高圧ガス保安法に関する事務を処理する指定都市の長をいう.

問1　次のイ，ロ，ハの記述のうち，正しいものはどれか.

イ. 高圧ガス保安法は，高圧ガスによる災害を防止して公共の安全を確保する目的のために，冷凍のための高圧ガスの製造及び販売のみを規制している.

ロ. 常用の温度40度において圧力が1メガパスカルとなる圧縮ガス（圧縮アセチレンガスを除く.）であって，現在の圧力が0.9メガパスカルのものは高圧ガスではない.

ハ. アンモニアは，そのときの状態が液化ガスであるか圧縮ガスであるかにかかわらず，常用の温度において，高圧ガスとなる場合の圧力の最小の値は0.2メガパスカルである.

(1) ロ　(2) ハ　(3) イ，ロ　(4) イ，ハ　(5) ロ，ハ

問2　次のイ，ロ，ハの記述のうち，正しいものはどれか.

イ. 1日の冷凍能力が4トンの冷凍設備内における高圧ガスであるフルオロカーボン（不活性のもの）は，高圧ガス保安法の適用を受けない.

ロ. 1日の冷凍能力が60トンである冷凍設備（一つの設備であって，認定指定設備でないもの）を使用して高圧ガスの製造をしようとする者は，その製造をする高圧ガスの種類にかかわらず，事業所ごとに都道府県知事等の許可を受けなければならない.

ハ. 第一種製造者は，製造のための施設の位置，構造又は設備を変更することなく，その製造をする高圧ガスの種類を変更したときは，その変更後遅滞なく，

その旨を都道府県知事等に届け出なければならない.

(1) イ　(2) ロ　(3) ハ　(4) イ，ロ　(5) イ，ロ，ハ

問3　次のイ，ロ，ハの記述のうち，正しいものはどれか.

イ．第一種製造者について合併があり，その合併により法人を設立した場合，その法人は第一種製造者の地位を承継する.

ロ．高圧ガスの販売の事業を営む者は，販売所ごとに，事業の開始後遅滞なく，その旨を都道府県知事等に届け出なければならない.

ハ．専ら冷凍設備に用いる機器の製造の事業を行う者（機器製造業者）が所定の技術上の基準に従って製造しなければならない機器は，フルオロカーボン（可燃性ガスを除く.）を冷媒ガスとする冷凍機のものにあっては，1日の冷凍能力が5トン以上のものである.

(1) イ　(2) イ，ロ　(3) イ，ハ　(4) ロ，ハ　(5) イ，ロ，ハ

問4　次のイ，ロ，ハの記述のうち，冷凍のため高圧ガスの製造をする第二種製造者について正しいものはどれか.

イ．製造をする高圧ガスの種類がフルオロカーボン（不活性のもの）である場合，1日の冷凍能力が20トン以上50トン未満である一つの冷凍設備を使用して高圧ガスの製造をする者は，第二種製造者である.

ロ．製造設備の設置又は変更の工事を完成したときに行う気密試験に酸素を使用するときは，あらかじめ，冷媒設備中にある可燃性ガスを排除した後に行わなければならない.

ハ．第二種製造者のうちには，冷凍保安責任者を選任しなければならない者がある.

(1) イ　(2) ハ　(3) イ，ロ　(4) イ，ハ　(5) イ，ロ，ハ

問5　次のイ，ロ，ハの記述のうち，車両に積載した容器（内容積が48リットルのもの）による冷凍設備の冷媒ガスの補充用の高圧ガスの移動に係る技術上の基準等について一般高圧ガス保安規則上正しいものはどれか.

イ．高圧ガスを移動する場合，充填容器及び残ガス容器には，転落，転倒等による衝撃及びバルブの損傷を防止する措置を講じ，かつ，粗暴な取扱いをしてはならない.

ロ．液化フルオロカーボン（不活性ガスに限る.）を移動するとき，その車両の見やすい箇所に警戒標を掲げなければならない旨の定めはない.

ハ．液化アンモニアを移動するときは，そのガスの名称，性状及び移動中の災害防止のために必要な注意事項を記載した書面を運転者に交付し，移動中携帯させ，これを遵守させなければならないが，特定不活性ガスである液化フルオロカーボンを移動するときはその定めはない.

(1) イ　(2) イ，ロ　(3) イ，ハ　(4) ロ，ハ　(5) イ，ロ，ハ

問6　次のイ，ロ，ハの記述のうち，冷凍設備の冷媒ガスの補充用の高圧ガスを充塡するための容器（再充塡禁止容器を除く.）及びその附属品について正しいものはどれか.

イ．容器に充塡する液化ガスは，刻印等又は自主検査刻印等で示された種類の高圧ガスであり，かつ，容器に刻印等又は自主検査刻印等で示された最大充塡質量の数値以下のものでなければならない.

ロ．液化ガスを充塡する容器の外面には，その容器に充塡することができる液化ガスの最大充塡質量の数値を明示しなければならない.

ハ．容器に装置されるバルブであって附属品検査に合格したものに刻印をすべき事項の一つに，「そのバルブが装置されるべき容器の種類」がある.

(1) ハ　(2) イ，ロ　(3) イ，ハ　(4) ロ，ハ　(5) イ，ロ，ハ

問7　次のイ，ロ，ハの記述のうち，冷凍に係る製造事業所における冷媒ガスの補充用としての容器による高圧ガス（質量が1.5キログラムを超えるもの）の貯蔵の方法に係る技術上の基準について一般高圧ガス保安規則上正しいものはどれか.

イ．アンモニアの充塡容器及び残ガス容器を貯蔵する場合は，通風の良い場所で行わなければならないが，不活性ガスのフルオロカーボンについては，その定めはない.

ロ．アンモニアの充塡容器を車両に積載して貯蔵することは，特に定められた場合を除き禁じられているが，不活性ガスのフルオロカーボンの充塡容器を車両に積載して貯蔵することは，いかなる場合であっても禁じられていない.

ハ．アンモニアの充塡容器及び残ガス容器であって，それぞれ内容積が5リットルを超えるものには，転落，転倒等による衝撃及びバルブの損傷を防止するための措置を講じ，かつ，粗暴な取扱いをしてはならない.

(1) イ　(2) ハ　(3) イ，ハ　(4) ロ，ハ　(5) イ，ロ，ハ

問8　次のイ，ロ，ハの記述のうち，冷凍能力の算定基準について冷凍保安規則上正しいものはどれか.

イ．圧縮機の標準回転速度における1時間当たりの吐出し量の数値は，遠心式圧縮機を使用する製造設備の1日の冷凍能力の算定に必要な数値の一つである.

ロ．圧縮機の気筒の内径の数値は，回転ピストン型圧縮機を使用する冷凍設備の1日の冷凍能力の算定に必要な数値の一つである.

ハ．冷媒設備内の冷媒ガスの充塡量の数値は，アンモニアを冷媒ガスとする吸収式冷凍設備の1日の冷凍能力の算定に必要な数値の一つである.

(1) イ　(2) ロ　(3) ハ　(4) イ，ロ　(5) ロ，ハ

問9から問14までの問題は，次の例による事業所に関するものである．

［例］冷凍のため，次に掲げる高圧ガスの製造施設を有する事業所
なお，この事業者は認定完成検査実施者及び認定保安検査実施者ではない．
製造設備の種類：定置式製造設備（一つの製造設備であって，専用機械室に設置してあるもの）
冷媒ガスの種類：アンモニア
冷凍設備の圧縮機：容積圧縮式（往復動式）4台
1日の冷凍能力：250トン
主な冷媒設備：凝縮器（横置円筒形で胴部の長さが5メートルのもの）1基
：受液器（内容積が6,000リットルのもの）1基

問9　次のイ，ロ，ハの記述のうち，この事業者について正しいものはどれか．

イ．所定の事項を記載した危害予防規程を定め，これを都道府県知事等に届け出なければならない．

ロ．従業者に対する保安教育計画を定め，これを忠実に実行しなければならないが，この計画を都道府県知事等に届け出ることの定めはない．

ハ．この製造施設が危険な状態になったことを発見したときは，直ちに，応急の措置を講じなければならないが，その事態を都道府県知事等又は警察官，消防吏員若しくは消防団員若しくは海上保安官に届け出ることの定めはない．

(1) イ　(2) ロ　(3) ハ　(4) イ，ロ　(5) イ，ロ，ハ

問10　次のイ，ロ，ハの記述のうち，この事業者について正しいものはどれか．

イ．この事業者がこの事業所において指定する場所では，何人も，その事業者の承諾を得ないで，発火しやすい物を携帯してその場所に立ち入ってはならない．

ロ．この製造施設に異常があった年月日及びそれに対してとった措置を記載した帳簿をこの事業所に備え，記載の日から10年間保存しなければならない．

ハ．所有し，又は占有する高圧ガスについて災害が発生したときは，遅滞なく，その旨を都道府県知事等又は警察官に届け出なければならないが，その所有し，又は占有する容器を喪失したときは届け出る必要はない．

(1) イ　(2) ロ　(3) ハ　(4) イ，ロ　(5) ロ，ハ

問11　次のイ，ロ，ハの記述のうち，この事業者について正しいものはどれか．

イ．冷凍保安責任者には，第二種冷凍機械責任者免状の交付を受けている者であって，1日の冷凍能力が20トン以上の製造施設を使用して行う高圧ガスの製造に関する1年以上の経験を有する者を選任することができる．

ロ．冷凍保安責任者の代理者に冷凍保安責任者の職務を代行させる場合は，高圧

ガス保安法の規定の適用についてはこの代理者が冷凍保安責任者とみなされる．
ハ．選任している冷凍保安責任者及びその代理者を解任し，新たにこれらの者を選任したときは，遅滞なく新たに選任した者についてその旨を都道府県知事等に届け出なければならないが，解任したこれらの者についてはその旨を都道府県知事等に届け出る必要はない．

(1) イ　(2) ロ　(3) ハ　(4) イ，ロ　(5) ロ，ハ

問12　次のイ，ロ，ハの記述のうち，この製造施設について正しいものはどれか．

イ．この製造施設の冷媒設備の圧縮機の取替えの工事においては，冷媒設備に係る切断，溶接を伴わない工事であって，その設備の冷凍能力の変更を伴わないものであっても，軽微な変更の工事には該当しない．

ロ．既に完成検査を受け所定の技術上の基準に適合していると認められているこの製造施設の全部の引渡しがあった場合，その引渡しを受けた者は，都道府県知事等の許可を受け，改めて都道府県知事等が行う完成検査を受けなければこの製造施設を使用することができない．

ハ．製造施設の位置，構造又は設備の変更の工事について，都道府県知事等の許可を受けた場合であっても，完成検査を受けることなく，その製造施設を使用することができる変更の工事があるが，この製造施設には適用されない．

(1) イ　(2) ロ　(3) イ，ハ　(4) ロ，ハ　(5) イ，ロ，ハ

問13　次のイ，ロ，ハの記述のうち，この事業所に適用される技術上の基準について正しいものはどれか．

イ．この凝縮器は，所定の耐震に関する性能を有しなければならないものに該当しない．

ロ．この製造設備は専用機械室に設置してあるので，この製造施設には，この施設から漏えいした冷媒ガスが滞留するおそれのある場所に，そのガスの漏えいを検知し，かつ，警報するための設備を設ける必要はない．

ハ．この受液器に液面計を設ける場合は，その液面計の破損を防止するための措置を講じても，いかなるガラス管液面計も使用してはならない．

(1) イ　(2) ロ　(3) ハ　(4) イ，ハ　(5) イ，ロ，ハ

問14　次のイ，ロ，ハの記述のうち，この事業所に適用される技術上の基準について正しいものはどれか．

イ．この冷媒設備に係る電気設備は，その設置場所及び冷媒ガスの種類に応じた防爆性能を有する構造のものでなければならないものに該当しない．

ロ．この受液器は，その周囲に液状の冷媒ガスが漏えいした場合にその流出を防止するための措置を講じなければならないものに該当しない．

ハ．この製造設備が設置してある専用機械室を，常時強制換気できる構造とした

場合は，冷媒設備の安全弁に設けた放出管の開口部の位置に係る定めは適用されない．

(1) イ　(2) ロ　(3) イ，ロ　(4) イ，ハ　(5) イ，ロ，ハ

問15から問20までの問題は，次の例による事業所に関するものである．

［例］冷凍のため，次に掲げる定置式製造設備である高圧ガスの製造施設を有する一つの事業所として高圧ガスの製造の許可を受けている事業所
なお，この事業者は認定完成検査実施者及び認定保安検査実施者ではない．

製造設備A：冷媒設備が一つの架台上に一体に組み立てられていないもの　1基
製造設備B：認定指定設備であるもの　1基
これら製造設備A及び製造設備Bはブラインを共通とし，同一の専用機械室に設置されており，一体として管理されるものとして設計されたものであり，かつ，同一の計器室において制御されている．
冷媒ガスの種類：製造設備A及び製造設備Bとも，不活性ガスであるフルオロカーボン134a
冷凍設備の圧縮機：製造設備A及び製造設備Bとも，遠心式
1日の冷凍能力：600トン（製造設備A：300トン，製造設備B：300トン）
主な冷媒設備：凝縮器（製造設備A及び製造設備Bとも，横置円筒形で胴部の長さが4メートルのもの）　各1基

問15　次のイ，ロ，ハの記述のうち，この事業者が行う製造施設の変更の工事について正しいものはどれか．

イ．製造設備Aの冷媒設備に係る切断，溶接を伴わない圧縮機の取替えの工事であって，その取り替えに係る圧縮機の冷凍能力の変更がない場合は，軽微な変更の工事として，その完成後遅滞なく，都道府県知事等に届け出ればよい．

ロ．この製造施設にブラインを共通に使用する認定指定設備である製造設備Cを増設する工事は，軽微な変更の工事に該当する．

ハ．製造設備Aの変更の工事について都道府県知事等の許可を受けた場合であっても，所定の完成検査を受けることなくその施設を使用することができる変更の工事がある．

(1) イ　(2) ハ　(3) イ，ロ　(4) ロ，ハ　(5) イ，ロ，ハ

問16　次のイ，ロ，ハの記述のうち，この事業者が受ける保安検査及びこの事業者が行う定期自主検査について正しいものはどれか．

イ．保安検査は，3年以内に少なくとも1回以上行われる．

ロ．この製造施設のうち，認定指定設備である製造設備Bに係る部分については，保安検査を受けることを要しない．

ハ．定期自主検査を行ったときは，その検査記録を作成し，遅滞なく，これを都道府県知事等に届け出なければならない．

(1) イ　(2) ロ　(3) ハ　(4) イ，ロ　(5) イ，ロ，ハ

問17　次のイ，ロ，ハの記述のうち，この事業所に適用される技術上の基準について正しいものはどれか．

イ．製造設備Aの冷媒設備に設けた手動で開閉を行うバルブには，作業員がそのバルブを適切に操作することができるような措置を講じなければならない．

ロ．配管以外の冷媒設備について行う耐圧試験は，水その他の安全な液体を使用することが困難であると認められるときは，空気，窒素等の気体を使用して許容圧力の1.25倍以上の圧力で行うことができる．

ハ．製造施設には，その製造施設の外部から見やすいように警戒標を掲げなければならない．

(1) ハ　(2) イ，ロ　(3) イ，ハ　(4) ロ，ハ　(5) イ，ロ，ハ

問18　次のイ，ロ，ハの記述のうち，この事業所に適用される技術上の基準について正しいものはどれか．

イ．製造設備Aの冷媒設備に自動制御装置を設ければ，その冷媒設備にはその設備内の冷媒ガスの圧力が許容圧力を超えた場合に直ちに許容圧力以下に戻すことができる安全装置を設けなくてよい．

ロ．冷媒設備の圧縮機が強制潤滑方式であって，潤滑油圧力に対する保護装置を有している場合であっても，その圧縮機の油圧系統を除く冷媒設備には圧力計を設けなければならない．

ハ．製造設備Aの冷媒設備の配管の変更の工事の完成検査における気密試験は，許容圧力以上の圧力で行わなければならない．

(1) ロ　(2) ハ　(3) イ，ロ　(4) ロ，ハ　(5) イ，ロ，ハ

問19　次のイ，ロ，ハの記述のうち，この事業所に適用される技術上の基準について正しいものはどれか．

イ．冷媒設備の修理又は清掃を行うときは，あらかじめ，その作業計画及びその作業の責任者を定め，修理又は清掃はその作業計画に従うとともに，その作業の責任者の監視の下で行うか，又は異常があったときに直ちにその旨をその責

任者に通報するための措置を講じて行わなければならない．

ロ．冷媒設備の安全弁の修理又は清掃のため特に必要な場合を除き，その安全弁に付帯して設けた止め弁は，常に全開しておかなければならない．

ハ．高圧ガスの製造は，1日に1回以上その製造設備が属する製造施設の異常の有無を点検して行わなければならないが，自動制御装置を設けて自動運転を行う場合はこの限りでない．

(1) イ　(2) ロ　(3) イ，ロ　(4) イ，ハ　(5) ロ，ハ

問20　次のイ，ロ，ハの記述のうち，認定指定設備である製造設備Bについて正しいものはどれか．

イ．この製造設備が認定指定設備である条件の一つに，自動制御装置が設けられていなければならないことがある．

ロ．この冷媒設備は，この設備の製造業者の事業所において脚上又は一つの架台上に組み立てられ，使用場所に分割されずに搬入されたものである．

ハ．この製造設備に変更の工事を施すと，指定設備認定証が無効になる場合がある．

(1) イ　(2) ロ　(3) イ，ハ　(4) ロ，ハ　(5) イ，ロ，ハ

第二種冷凍機械　保安管理技術試験問題(試験時間90分)

次の各問について，正しいと思われる最も適切な答をその問の下に掲げてある(1)，(2)，(3)，(4)，(5)の選択肢の中から1個選びなさい．

問1　次のイ，ロ，ハ，ニの記述のうち，圧縮機の運転と保守管理について正しいものはどれか．

イ．強制給油方式を用いた多気筒圧縮機の給油圧力は，油圧計指示圧力からクランクケース内圧力を差し引いた圧力である．

ロ．吸込み蒸気で電動機を冷却する密閉式圧縮機では，吸込み蒸気圧力が低下すると，電動機の冷却が不十分となり圧縮機が過熱運転となる場合があるため，長時間の真空運転は行わない．

ハ．往復圧縮機において吐出し弁の漏れがあると，吐出し側の高温，高圧の圧縮ガスの一部がシリンダ内に逆流するため，圧縮機の吸込み蒸気量が減少し，体積効率および吐出しガス温度の低下を招く．

ニ．圧縮機が，アンロード運転からフルロード運転に切り換わった際，圧縮機容量が増加して吸込み蒸気圧力が上昇し，液戻りが起きて液圧縮になることがある．

(1)　イ，ロ　　(2)　イ，ハ　　(3)　ロ，ハ　　(4)　ロ，ニ　　(5)　ハ，ニ

問2　次のイ，ロ，ハ，ニの記述のうち，凝縮器などについて正しいものはどれか．

イ．空冷凝縮器を用いた冷凍装置において，冬季に外気温度が低下する場合の凝縮圧力低下防止対策として，空冷凝縮器の送風機運転台数を減らす方法，送風機回転速度を下げる方法などがあるが，空冷凝縮器のコイル内に凝縮液をためて，凝縮器での凝縮に有効に使われる伝熱面積を増加させる方法もある．

ロ．液封事故は，止め弁，電磁弁などの誤動作が原因である場合が多い．また，低温で運転される二段圧縮冷凍装置や冷媒液強制循環式冷凍装置で，液封事故の発生が多い．

ハ．空冷凝縮器の伝熱面積は，同じ冷凍能力で比較した場合には，蒸発式凝縮器よりも大きくなる．これは，空冷凝縮器の空気側熱伝達率が水の蒸発潜熱を利用する蒸発式凝縮器の蒸発側熱伝達率よりも小さいことによる．

ニ．不凝縮ガスは，冷凍装置の運転中に凝縮せずに，凝縮器内に残留する．凝縮器内の不凝縮ガス濃度が高くなると，熱伝達抵抗が増し，冷媒側熱伝達率が小さくなって凝縮温度は高くなるが，不凝縮ガスの分圧相当分だけ凝縮器内圧力は低くなる．

(1)　イ，ロ　　(2)　ロ，ハ　　(3)　ハ，ニ　　(4)　イ，ロ，ニ　　(5)　ロ，ハ，ニ

問３　次のイ，ロ，ハ，ニの記述のうち，低圧部の保守管理について正しいものはどれか．

イ．蒸発温度低下の原因は，冷媒供給量の不足，蒸発器の霜付き，蒸発器への送風量の減少，冷媒に冷凍機油が多量に溶解することなどが考えられる．蒸発器に霜が厚く付いた場合の蒸発温度低下の原因は，熱伝導抵抗の増大，蒸発器への送風量の減少などによって熱通過率が大きくなるためである．

ロ．蒸発温度が低い場合には，蒸発器内の冷媒圧力が低くなり，圧縮機吸込み蒸気の比体積が大きくなるので，装置の冷凍能力は減少する．

ハ．乾式蒸発器で用いられるMOP（最高作動圧力）付き温度自動膨張弁は，弁本体温度が感温筒温度よりも高くなるような温度条件で使用する必要がある．

ニ．冷媒循環量の不足は，冷媒の充てん量の不足や液管におけるフラッシュガスの発生のほか，膨張弁の容量不足によっても発生する．

(1)　イ，ロ　　(2)　イ，ハ　　(3)　ロ，ニ　　(4)　ハ，ニ　　(5)　ロ，ハ，ニ

問４　次のイ，ロ，ハ，ニの記述のうち，冷媒について正しいものはどれか．

イ．フルオロカーボン冷媒のうち，CFC系冷媒とHFC系冷媒は，大気に放出されると，いずれも成層圏のオゾン層を破壊する．

ロ．自然冷媒には，アンモニア，炭化水素類，二酸化炭素などがある．これらの自然冷媒は，地球温暖化係数が1であり，オゾン層を破壊しないが，毒性や燃焼性に注意を払う必要がある．

ハ．フルオロカーボン冷媒に水分が混入した場合，金属の腐食や冷凍機油の劣化の原因となる．アンモニア冷媒に水分が混入した場合には，アンモニアに水が溶解して，安定したアンモニア水を作るが，銅やアルミなどはアンモニア水により腐食する．

ニ．一般に，非共沸混合冷媒の相変化時の伝熱性能は単成分冷媒よりも劣る．伝熱性能の劣る冷媒用の熱交換器では，伝熱性能向上策を講じることが多い．

(1)　イ，ハ　　(2)　イ，ニ　　(3)　ロ，ハ　　(4)　ロ，ニ　　(5)　ハ，ニ

問５　次のイ，ロ，ハ，ニの記述のうち，自動制御機器について正しいものはどれか．

イ．温度自動膨張弁の容量は，オリフィス口径，弁開度，出入口間の圧力差，過冷却度により決まる．弁容量が大きすぎるとハンチングを起こしやすくなり，小さすぎると熱負荷が大きくなったときに冷却不良などの不具合が生じる．

ロ．パドル形フロースイッチは，冷却水配管の圧力降下を検出する断水リレーであり，圧力変化に対して連続的に働き，圧力に対する感度も高い．

ハ．ガスチャージ方式の蒸気圧式サーモスタットは，感温筒内に封入した媒体が最高使用温度で全て蒸発し終わるように制限チャージされている．このサーモ

スタットは，主に低温用に使われ，感温筒よりも受圧部の温度が高くないと正常に作動しない．

ニ．低圧圧力スイッチを使用する場合，冷凍装置の圧縮機の吸込み蒸気配管にその圧力検出端を接続する．このスイッチは，一般に，蒸発圧力が異常に上昇したとき，その圧力を検出して圧縮機電源回路を遮断し，圧縮機を停止することに使用される．

(1)　イ，ハ　　(2)　イ，ニ　　(3)　ロ，ハ　　(4)　ロ，ニ　　(5)　ハ，ニ

問6　次のイ，ロ，ハ，ニの記述のうち，附属機器について正しいものはどれか．

イ．蒸発温度が－40℃以下の冷凍装置では，冷凍機油の粘度が高くなり，蒸発器からの油戻しが難しいため，油分離器を設けて循環する冷凍機油量を減らすようにする．

ロ．水冷横形シェルアンドチューブ凝縮器では，空冷凝縮器に比べて器内に冷媒液をためる容積が小さいので，受液器を必要とする場合が多い．

ハ．フルオロカーボン冷凍装置には，一般に，吸込み配管にろ過乾燥器が取り付けられており，このろ過乾燥器に冷媒蒸気を通し，冷媒蒸気中の水分を吸着して水分を除去する．ろ過乾燥器に充てんされている乾燥剤には，シリカゲルやゼオライトなどが用いられている．

ニ．中間冷却器には，その冷却方法により，フラッシュ式，液冷却式，直接膨張式がある．液冷却式は，二段圧縮一段膨張式冷凍装置の中間冷却器に利用される．

(1)　イ，ロ　　(2)　イ，ニ　　(3)　ロ，ハ　　(4)　ロ，ニ　　(5)　ハ，ニ

問7　次のイ，ロ，ハ，ニの記述のうち，冷媒配管について正しいものはどれか．

イ．フルオロカーボン冷凍装置の冷媒配管には銅管が使用できるが，配管用炭素鋼鋼管（SGP）は－20℃以下の低温では使用できない．

ロ．銅管のろう付けに使用するろう材には，BAg系とBCuZn系のろう材がある．BCuZn系のろう付け温度は，BAg系より高い．

ハ．凝縮器が圧縮機よりも高い位置に設置されている場合，圧縮機が停止しているときに，油や管内で凝縮した冷媒液が圧縮機に逆流しないように，吐出し管の高低差の大きさに応じてトラップを設けることがある．

ニ．吸込み蒸気配管の横走り管にトラップを設けることにより，負荷変動時の油や冷媒液をためて，液が圧縮機に戻るのを防止する．

(1)　イ，ハ　　(2)　イ，ニ　　(3)　ロ，ハ　　(4)　ロ，ニ　　(5)　ロ，ハ，ニ

問8　次のイ，ロ，ハ，ニの記述のうち，安全装置について正しいものはどれか．

イ．高圧部の圧力容器に取り付ける溶栓は，一般に75℃以下で溶融する合金で作られ，必要最小口径は安全弁の必要最小口径と同じである．また，毒性，可

燃性のある冷媒の冷凍設備には用いてはならない．

ロ．高圧遮断圧力スイッチは，安全弁の作動圧力よりも低い圧力で作動する．高圧遮断圧力スイッチは，圧縮機吐出し部で吐出し圧力を正しく検出する位置に圧力誘導管で接続する．また，圧力誘導管を配管に接続する場合には，一般に配管の下側（下面側）に接続する．

ハ．破裂板は，経年変化によって破裂圧力が次第に低下する傾向があり，また，圧力の脈動の影響も考慮して，耐圧試験圧力の0.8倍から1.0倍の範囲の圧力を破裂圧力とすることが多い．

ニ．圧力容器用安全弁は，火災などの際に外部から加熱されて容器内の冷媒が温度上昇することによって，その飽和圧力が設定された圧力に達したときに，蒸発する冷媒を噴出して，過度に圧力が上昇することを防止することができなければならない．

⑴　イ，ロ　⑵　イ，ハ　⑶　ハ，ニ　⑷　イ，ロ，ニ　⑸　ロ，ハ，ニ

問9　次のイ，ロ，ハ，ニの記述のうち，圧力試験について正しいものはどれか．

イ．耐圧試験は，圧力容器などの耐圧強度を確認しなければならない構成機器に対し，液体や気体を用いて行う．液体を用いて耐圧試験を行った場合，気密試験を省略することができる．

ロ．アンモニア冷凍装置の気密試験では，試験流体に空気，窒素，二酸化炭素などの非毒性ガスが用いられる．しかし，フルオロカーボン冷凍装置では，水分を含む空気を使用しないほうがよい．

ハ．気密試験では圧力をかけたままで発泡液を塗布し，つち打ちなどの軽い衝撃を与え漏れ箇所の確認を行うが，漏れ箇所の修理は全ての圧力を大気圧まで下げてから行う．

ニ．真空放置試験は，微少な漏れでも判定できるが，漏れ箇所の特定はできない．装置内に残留水分が存在すると，真空になるのに時間がかかり，また，真空ポンプを止めると圧力が上昇する．

⑴　イ　⑵　ロ　⑶　ハ　⑷　ニ　⑸　ハ，ニ

問10　次のイ，ロ，ハ，ニの記述のうち，冷凍装置の据付けおよび試運転について正しいものはどれか．

イ．機器の基礎底面にかかる荷重は，どの部分でも地盤の許容応力より大きくし，できるだけ荷重が地盤に均等にかかるようにする．また，基礎の質量は，一般にその上に据え付ける機器の質量よりも大きくする．

ロ．機器の据付けに用いる基礎ボルトは規格品の良質なものを用いる．基礎ボルトの周囲や，機械底面とコンクリート基礎との間に流し込む注ぎモルタルは，一般に，セメントと砂の比が1：4の良質なものを使用する．

ハ．圧縮機吸込み管に可とう管（フレキシブルチューブ）を使用する場合，氷結するおそれのある可とう管をゴムで被覆することによって，氷結による破壊を防止する．

ニ．冷媒量が不足すると，蒸発圧力が低下し，圧縮機の吸込み蒸気の過熱度が大きくなる．さらに，吐出し圧力が低下し，吐出しガス温度が上昇するので，冷凍機油が劣化するおそれがある．

(1)　イ，ロ　　(2)　イ，ニ　　(3)　ロ，ハ　　(4)　ハ，ニ　　(5)　ロ，ハ，ニ

第二種冷凍機械　学識試験問題（試験時間120分）

次の各問について，正しいと思われる最も適切な答をその問の下に掲げてある(1)，(2)，(3)，(4)，(5)の選択肢の中から1個選びなさい．

問1　R 404A冷凍装置が下図の理論冷凍サイクルで運転されている．冷凍能力が250 kWであるとき，圧縮機の実際の軸動力はいくらか．次の(1)から(5)のうち，正しい答に最も近いものを選べ．

ただし，圧縮機の断熱効率η_cは0.80，機械効率η_mは0.85とし，圧縮機の機械的摩擦損失仕事は吐出しガスに熱として加わるものとする．また，配管での熱の出入りおよび圧力損失はないものとする．

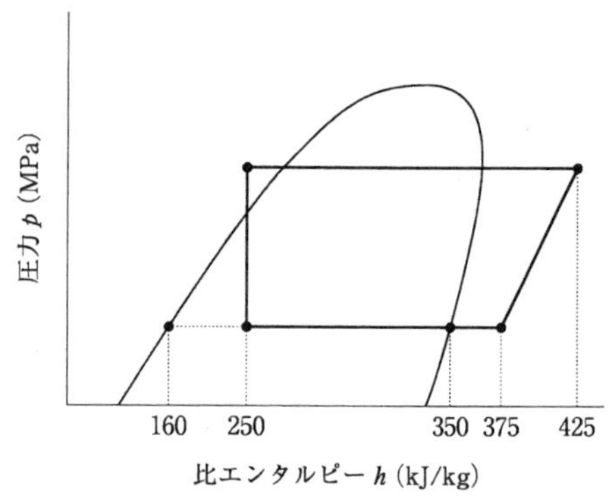

(1)　100 kW　　(2)　125 kW　　(3)　139 kW　　(4)　147 kW　　(5)　184 kW

問2　アンモニア冷凍装置が下記の条件で運転されている．このとき，冷媒循環量q_{mr}，実際の圧縮機駆動の軸動力Pおよび実際の成績係数$(COP)_R$は，それぞれいくらか．(1)から(5)のうち，正しい答に最も近い組合せはどれか．

ただし，圧縮機の機械的摩擦損失仕事は吐出しガスに熱として加わるものとする．また，配管での熱の出入りおよび圧力損失はないものとする．

（運転条件）

圧縮機のピストン押しのけ量	$V = 400\ \mathrm{m^3/h}$
圧縮機吸込み蒸気の比体積	$v_1 = 0.43\ \mathrm{m^3/kg}$
圧縮機吸込み蒸気の比エンタルピー	$h_1 = 1\,450\ \mathrm{kJ/kg}$
断熱圧縮後の吐出しガスの比エンタルピー	$h_2 = 1\,670\ \mathrm{kJ/kg}$
蒸発器入口冷媒の比エンタルピー	$h_4 = 340\ \mathrm{kJ/kg}$
圧縮機の体積効率	$\eta_v = 0.70$

圧縮機の断熱効率　$\eta_c = 0.80$

圧縮機の機械効率　$\eta_m = 0.90$

(1)　$q_{mr} = 0.18$ kg/s，$P = 50$ kW，$(COP)_R = 3.63$

(2)　$q_{mr} = 0.18$ kg/s，$P = 55$ kW，$(COP)_R = 3.63$

(3)　$q_{mr} = 0.18$ kg/s，$P = 55$ kW，$(COP)_R = 4.34$

(4)　$q_{mr} = 0.26$ kg/s，$P = 50$ kW，$(COP)_R = 3.63$

(5)　$q_{mr} = 0.26$ kg/s，$P = 50$ kW，$(COP)_R = 4.34$

問３　次のイ，ロ，ハ，ニの記述のうち，圧縮機および容量制御について正しいものはどれか．

イ．スクロール圧縮機は，比較的液圧縮に強いこと，吸込み弁と吐出し弁を必要としないこと，振動や騒音が小さく，吸込みと吐出しの動作が滑らかであること，体積効率，断熱効率および機械効率が高いことなど，多くのすぐれた特徴をもっている．

ロ．ローリングピストン式ロータリー圧縮機の電動機は，密閉容器の高圧ガス内に置かれ，吐出しガスによって加熱される構造になっており，ヒートポンプエアコンディショナの暖房運転時には，電動機の発生熱も有効に利用できる．

ハ．1台の圧縮機に高段側と低段側の気筒を配置し，二段圧縮を行うコンパウンド圧縮機では，一般に高段用と低段用の気筒数を自動的に切り換えることにより，中間圧力を最適に制御する．

ニ．圧縮機の吸込み管に蒸発圧力調整弁を取り付けて容量制御する方法では，負荷が減少しても，蒸発圧力が所定の圧力以下に低下しないように吸込み蒸気を絞るため，蒸発圧力調整弁作動時には圧縮機吸込み圧力が低下する．また，蒸発圧力調整弁は，温度自動膨張弁の感温筒と均圧管の取付け位置よりも下流側の圧縮機吸込み管に取り付けなければならない．

(1)　イ，ロ　　(2)　イ，ハ　　(3)　イ，ニ　　(4)　ハ，ニ　　(5)　ロ，ハ，ニ

問４　次のイ，ロ，ハ，ニの記述のうち，伝熱について正しいものはどれか．

イ．円筒壁を半径方向（r方向）にのみ一様に熱が流れる場合，円筒の内壁面（半径r_1）および外壁面（半径r_2）における温度をそれぞれt_1，t_2とすると，半径rが大きくなる方向への円筒壁の熱伝導による伝熱量Φは，$(t_1 - t_2)/(\ln r_2 - \ln r_1)$に比例する．

ロ．黒体から放射されるエネルギーE(kW/m^2)は，黒体表面の絶対温度をT(K)とすると，$E = \sigma T^4$(kW/m^2)と表される．ここで，σはステファン・ボルツマン定数と呼ばれる．

ハ．フィン効率は，フィンの全表面がフィン根元温度に等しいと仮定したときの，フィン表面から奪われる熱量に対する，実際にフィン表面から奪われる熱

量の比である．

ニ．固体壁を介して一方の流体から他方の流体へ熱が伝わるときの伝熱量は，流体間の温度差，伝熱面積および両壁面における熱伝達率の積で求められる．

(1)　イ，ロ　(2)　イ，ニ　(3)　ハ，ニ　(4)　イ，ロ，ハ　(5)　ロ，ハ，ニ

問5　次のイ，ロ，ハ，ニの記述のうち，凝縮器について正しいものはどれか．

イ．蒸発式凝縮器は，主として冷却水の潜熱を利用し，冷媒蒸気を凝縮，液化している．冷却水の補給量は，一般には，蒸発によって失われる量と飛沫となって失われる量の和に等しい．

ロ．水冷横形シェルアンドチューブ凝縮器は，冷却管内の冷却水の流速を適切な範囲に保ち，水側の熱伝達率を計画どおりに確保するために，管板の外側に取り付けた水室に，冷却水通路の仕切りを設けることが多い．これは，多通路式と呼ばれ，冷却管内を冷却水が数回往復する．二往復する場合を2パスと呼ぶ．

ハ．空冷凝縮器は，冷却管内に導かれた冷媒過熱蒸気を外面から大気で冷却し凝縮させるが，冷媒側の熱伝達率が空気側に比べて小さいので，これを補うために冷却管にフィンをつけて伝熱面積を拡大している．

ニ．二重管凝縮器は，同心の二重管よりなり，一般に，冷媒蒸気は二重管の隙間を流れ，冷却水は内側の冷却管内を冷媒の流れ方向と逆向きに流れる．

(1)　イ　(2)　ニ　(3)　イ，ハ　(4)　ロ，ハ　(5)　ロ，ニ

問6　次のイ，ロ，ハ，ニの記述のうち，蒸発器について正しいものはどれか．

イ．フィンコイル乾式蒸発器では，熱通過率の基準伝熱面を外表面側にとり，内外表面積の違いによる熱通過率への影響を考慮して，有効内表面積を有効外表面積で除した有効内外伝熱面積比を熱通過率の計算に使用する．

ロ．フィンコイル乾式蒸発器の管群は多数の管路の集合であり，各々の管路への冷媒の供給量がなるべく同じ量になるように，ディストリビュータを用いることが多い．各々の管路への供給量がアンバランスになった場合，蒸発器の能力が減少する．

ハ．フィンコイル乾式蒸発器の外表面に厚く付着した霜は，風の通路の邪魔になるとともに，空気から冷却管に流れる熱の移動も邪魔をする．そのため風量が減少し，蒸発圧力は上昇する．

ニ．蒸発器が2台以上ある場合には，圧縮機の吐出しガスを除霜しようとする蒸発器に送り込み，その顕熱と凝縮の潜熱で霜を融かすことができる．このような方式をホットガスデフロスト方式という．

(1)　イ，ハ　(2)　イ，ニ　(3)　ロ，ハ　(4)　ロ，ニ　(5)　イ，ロ，ニ

問7　次のイ，ロ，ハ，ニの記述のうち，熱交換器について正しいものはどれか．

イ．冷水と冷却水の温度がそれぞれ一定の場合，蒸発器における冷媒蒸発温度と

冷水との温度差，あるいは凝縮器における冷媒凝縮温度と冷却水との温度差が大きくなるほど，冷凍装置の冷凍能力が増大し，成績係数は大きくなる．

ロ．運転中の冷凍装置において，蒸発温度が高くなると，圧縮機吸込み蒸気の比体積が小さくなり，蒸発器出入口間の比エンタルピー差と圧縮機の体積効率はともに少し小さくなる．

ハ．温度自動膨張弁を使用するフィンコイル乾式蒸発器では，蒸発器出口の感温筒取付け部の管内冷媒蒸気を数K（ケルビン）過熱した状態になるように冷媒液量を制御する．

ニ．一般に，水冷凝縮器では，凝縮温度と冷却水温度との間の算術平均温度差が5Kから6K程度になるように，伝熱面積を選定する．また空冷凝縮器では，入口空気温度よりも12Kから20K程度高い凝縮温度となるように，伝熱面積を選定する．

(1)　イ，ロ　　(2)　イ，ハ　　(3)　ロ，ハ　　(4)　ロ，ニ　　(5)　ハ，ニ

問8　次のイ，ロ，ハ，ニの記述のうち，自動制御機器について正しいものはどれか．

イ．ホットガスデフロストを行う装置やヒートポンプ冷暖房兼用装置に使用する温度自動膨張弁では，感温筒温度が過度に上昇してもダイアフラムを破壊することがないように，感温筒はガスチャージ方式を採用する．

ロ．圧縮機の吸込み圧力が高くなると，電動機が過負荷になるため，圧縮機の吸込み管に吸入圧力調整弁を取り付けて，その調整弁の出口圧力を所定圧力以上にならないように制御する．

ハ．差圧式の四方切換弁は，冷暖房兼用ヒートポンプなどに用いられる．この弁は一般に，切換え時に高圧側から低圧側への冷媒の漏れが短時間起こるが，高低圧間の圧力差が小さくても完全に切換えできる．

ニ．三方形凝縮圧力調整弁は，空冷凝縮器の出口側に取り付けられ，一般に，凝縮圧力が設定値より低下すると調整弁が閉じ，別に設置されたバイパス弁が開いて，受液器内冷媒の送液に必要な圧力を圧縮機吐出しガスから供給するように作動する．

(1)　イ，ロ　　(2)　イ，ハ　　(3)　ロ，ニ　　(4)　ハ，ニ　　(5)　ロ，ハ，ニ

問9　次のイ，ロ，ハ，ニの記述のうち，冷媒と冷凍機油について正しいものはどれか．

イ．地球温暖化を評価する指標である総合的地球温暖化指数（TEWI）は，直接的な影響分（直接効果）と間接的な影響分（間接効果）の和として定義されており，その直接効果は冷媒の地球温暖化係数（GWP）に等しい．

ロ．非共沸混合冷媒は，一定圧力下で蒸発し始める温度（沸点）と，蒸発終了時

の温度（露点）に差がある．この温度差は，R 404A，R 407CおよびR 410Aの中でR 407Cが最も大きい．

ハ．アンモニア液は冷凍機油（鉱油）よりも軽いので，アンモニア冷凍装置からの冷凍機油の油抜きは受液器などの容器の底部から行う．

ニ．一般に，低沸点冷媒は，高沸点冷媒と同じ温度条件で比較すると，サイクルの凝縮，蒸発圧力が高く，圧縮機押しのけ量が同じであれば冷凍能力は大きく，理論成績係数*COP*も高くなる傾向がある．

⑴　イ，ニ　⑵　ロ，ハ　⑶　ロ，ニ　⑷　イ，ロ，ハ　⑸　イ，ハ，ニ

問10　次のイ，ロ，ハ，ニの記述のうち，圧力容器の強度について正しいものはどれか．

イ．一般に鋼材における引張応力とひずみの関係の図が鋼材の応力－ひずみ線図である．この線図では，一般に，ひずみの大きいほうから順に，下降伏点，上降伏点，弾性限度，比例限度となっており，比例限度のひずみが一番小さい．

ロ．設計圧力は，圧力容器などの設計において，その各部について必要厚さの計算または耐圧強度を決定するときに用いる圧力で，許容圧力は，その容器に取り付ける安全装置の作動圧力の基準である．

ハ．円筒胴圧力容器に内圧が作用したときに発生する最大引張応力は，円筒胴の接線方向の引張応力であり，この引張応力は長手方向の引張応力の2倍である．

ニ．円筒胴板の溶接部の全長にわたって放射線透過試験を行った場合，突合せ両側溶接またはこれと同等以上とみなされる突合せ片側溶接継手の効率は1である．

⑴　イ，ロ，ハ　⑵　イ，ロ，ニ　⑶　イ，ハ，ニ　⑷　ロ，ハ，ニ　⑸　イ，ロ，ハ，ニ

令和元年度（令和元年11月10日施行）

第三種冷凍機械責任者試験

第三種冷凍機械　法令試験問題（試験時間60分）

次の各問について，高圧ガス保安法に係る法令上正しいと思われる最も適切な答えをその問の下に掲げてある(1)，(2)，(3)，(4)，(5)の選択肢の中から1個選びなさい.

なお，経済産業大臣が危険のおそれのないと認めた場合等における規定は適用しない.

（注）試験問題中，「都道府県知事等」とは，都道府県知事又は高圧ガス保安法に関する事務を処理する指定都市の長をいう.

問1　次のイ，ロ，ハの記述のうち，正しいものはどれか.

イ．高圧ガス保安法は，高圧ガスによる災害を防止して公共の安全を確保する目的のために，高圧ガスの製造，貯蔵，販売，移動その他の取扱及び消費並びに容器の製造及び取扱について規制するとともに，民間事業者及び高圧ガス保安協会による高圧ガスの保安に関する自主的な活動を促進することを定めている.

ロ．温度35度において圧力が1メガパスカル以上となる圧縮ガス（圧縮アセチレンガスを除く.）は，常用の温度における圧力が1メガパスカル未満であっても高圧ガスである.

ハ．圧力が0.2メガパスカルとなる場合の温度が30度である液化ガスであって，常用の温度において圧力が0.1メガパスカルであるものは，高圧ガスではない.

(1) イ　(2) ロ　(3) イ，ロ　(4) イ，ハ　(5) イ，ロ，ハ

問2　次のイ，ロ，ハの記述のうち，正しいものはどれか.

イ．アンモニアを冷媒ガスとする1日の冷凍能力が50トンの一つの設備を使用して冷凍のため高圧ガスの製造をしようとする者は，都道府県知事等の許可を受けなければならない.

ロ．1日の冷凍能力が5トン未満の冷凍設備内におけるフルオロカーボン（不活性のものに限る.）は，高圧ガス保安法の適用を受けない.

ハ．専ら冷凍設備に用いる機器の製造の事業を行う者（機器製造業者）が所定の技術上の基準に従って製造しなければならない機器は，冷媒ガスの種類にかか

わらず，1日の冷凍能力が20トン以上の冷凍機に用いられるものに限られている．

(1) イ　(2) イ，ロ　(3) イ，ハ　(4) ロ，ハ　(5) イ，ロ，ハ

問3　次のイ，ロ，ハの記述のうち，正しいものはどれか．

イ．第一種製造者は，その製造をする高圧ガスの種類を変更したときは，遅滞なく，その旨を都道府県知事等に届け出なければならない．

ロ．冷凍のための製造施設の冷媒設備内の高圧ガスであるアンモニアを廃棄するときには，冷凍保安規則で定める高圧ガスの廃棄に係る技術上の基準は適用されない．

ハ．第一種製造者の合併によりその地位を承継した者は，遅滞なく，その事実を証する書面を添えて，その旨を都道府県知事等に届け出なければならない．

(1) イ　(2) ロ　(3) ハ　(4) イ，ハ　(5) イ，ロ，ハ

問4　次のイ，ロ，ハの記述のうち，冷凍に係る製造事業所における冷媒ガスの補充用としての容器による高圧ガス（質量が1.5キログラムを超えるもの）の貯蔵の方法に係る技術上の基準について一般高圧ガス保安規則上正しいものはどれか．

イ．高圧ガスを充填した容器は，不活性ガスのものであっても，充填容器及び残ガス容器にそれぞれ区分して容器置場に置かなければならない．

ロ．アンモニアの充填容器を車両に積載して貯蔵することは，特に定められた場合を除き禁じられているが，不活性ガスのフルオロカーボンの充填容器を車両に積載して貯蔵することは，いかなる場合であっても禁じられていない．

ハ．液化アンモニアの充填容器については，その温度を常に40度以下に保つべき定めがあるが，残ガス容器についてはその定めはない．

(1) イ　(2) イ，ロ　(3) イ，ハ　(4) ロ，ハ　(5) イ，ロ，ハ

問5　次のイ，ロ，ハの記述のうち，車両に積載した容器（内容積が48リットルのもの）による冷凍設備の冷媒ガスの補充用の高圧ガスの移動に係る技術上の基準等について一般高圧ガス保安規則上正しいものはどれか．

イ．フルオロカーボン134aを移動するときは，アンモニアを移動するときと同様に，その車両の見やすい箇所に警戒標を掲げなければならない．

ロ．アンモニアの充填容器及び残ガス容器には，木枠又はパッキンを施さなければならない．

ハ．アンモニアを移動するときは，ガスの名称，性状及び移動中の災害防止のために必要な注意事項を記載した書面を運転者に交付し，移動中携帯させ，これを遵守させなければならない．

(1) イ　(2) イ，ロ　(3) イ，ハ　(4) ロ，ハ　(5) イ，ロ，ハ

問6　次のイ，ロ，ハの記述のうち，冷凍設備の冷媒ガスの補充用の高圧ガスを充

塡するための容器（再充塡禁止容器を除く.）について正しいものはどれか.

イ. 容器検査に合格した容器には，特に定めるものを除き，充塡すべき高圧ガスの種類として，高圧ガスの名称，略称又は分子式が刻印等されている.

ロ. 容器の外面の塗色は高圧ガスの種類に応じて定められており，液化アンモニアの容器の場合は，白色である.

ハ. 容器又は附属品の廃棄をする者は，その容器又は附属品をくず化し，その他容器又は附属品として使用することができないように処分しなければならない.

(1) イ　(2) ハ　(3) イ，ロ　(4) ロ，ハ　(5) イ，ロ，ハ

問7 次のイ，ロ，ハの記述のうち，冷凍能力の算定基準について冷凍保安規則上正しいものはどれか.

イ. 冷媒ガスの種類に応じて定められた数値（C）は，冷媒ガスの圧縮機（遠心式圧縮機以外のもの）を使用する製造設備の1日の冷凍能力の算定に必要な数値の一つである.

ロ. 圧縮機の原動機の定格出力の数値は，遠心式圧縮機を使用する製造設備の1日の冷凍能力の算定に必要な数値の一つである.

ハ. 発生器を加熱する1時間の入熱量の数値は，吸収式冷凍設備の1日の冷凍能力の算定に必要な数値の一つである.

(1) イ　(2) ロ　(3) イ，ハ　(4) ロ，ハ　(5) イ，ロ，ハ

問8 次のイ，ロ，ハの記述のうち，冷凍のため高圧ガスの製造をする第二種製造者について正しいものはどれか.

イ. 第二種製造者とは，その製造をする高圧ガスの種類に関係なく，1日の冷凍能力が3トン以上50トン未満である冷凍設備を使用して高圧ガスの製造をする者である.

ロ. 不活性ガスのフルオロカーボンを冷媒ガスとする製造設備の設置又は変更の工事が完成したとき，酸素以外のガスを使用する試運転又は許容圧力以上の圧力で行う気密試験を行った後でなければ，高圧ガスの製造をしてはならない.

ハ. 冷凍のため高圧ガスの製造をする全ての第二種製造者は，冷凍保安責任者を選任しなくてもよい.

(1) イ　(2) ロ　(3) ハ　(4) イ，ロ　(5) ロ，ハ

問9 次のイ，ロ，ハの記述のうち，冷凍保安責任者を選任しなければならない事業所における冷凍保安責任者及びその代理者について正しいものはどれか.

イ. 1日の冷凍能力が100トンである製造施設の冷凍保安責任者には，第三種冷凍機械責任者免状の交付を受け，かつ，高圧ガスの製造に関する所定の経験を有する者を選任することができる.

ロ. 高圧ガスの製造に従事する者は，冷凍保安責任者が高圧ガス保安法若しくは

高圧ガス保安法に基づく命令又は危害予防規程の実施を確保するためにする指示に従わなければならない.

ハ．冷凍保安責任者が旅行などのためその職務を行うことができない場合，あらかじめ選任した冷凍保安責任者の代理者にその職務を代行させなければならない.

(1) イ　(2) ハ　(3) イ，ロ　(4) ロ，ハ　(5) イ，ロ，ハ

問10　次のイ，ロ，ハの記述のうち，冷凍のため高圧ガスの製造をする第一種製造者（認定保安検査実施者である者を除く.）が受ける保安検査について正しいものはどれか.

イ．保安検査は，3年以内に少なくとも1回以上行われる.

ロ．特定施設について，高圧ガス保安協会が行う保安検査を受けた場合，高圧ガス保安協会が遅滞なくその結果を都道府県知事等に報告することとなっているので，第一種製造者がその保安検査を受けた旨を都道府県知事等に届け出るべき定めはない.

ハ．保安検査は，特定施設の位置，構造及び設備並びに高圧ガスの製造の方法が所定の技術上の基準に適合しているかどうかについて行われる.

(1) イ　(2) ロ　(3) イ，ハ　(4) ロ，ハ　(5) イ，ロ，ハ

問11　次のイ，ロ，ハの記述のうち，冷凍のため高圧ガスの製造をする第一種製造者（冷凍保安責任者を選任しなければならない者に限る.）が行う定期自主検査について正しいものはどれか.

イ．定期自主検査を行ったとき，その検査記録に記載すべき事項の一つに「検査の実施について監督を行った者の氏名」がある.

ロ．定期自主検査は，冷媒ガスが毒性ガス又は可燃性ガスである製造施設の場合は1年に1回以上，冷媒ガスが不活性ガスである製造施設の場合は3年に1回以上行うことと定められている.

ハ．定期自主検査を行ったときは，その検査記録を作成し，これを保存しなければならないが，これを都道府県知事等に届け出るべき定めはない.

(1) イ　(2) ロ　(3) イ，ハ　(4) ロ，ハ　(5) イ，ロ，ハ

問12　次のイ，ロ，ハの記述のうち，冷凍のため高圧ガスの製造をする第一種製造者が定めるべき危害予防規程及び保安教育計画について正しいものはどれか.

イ．危害予防規程を定め，災害の発生防止に努めなければならないが，その規程を都道府県知事等に届け出る必要はない.

ロ．危害予防規程には，協力会社の作業の管理に関することについても定めなければならない.

ハ．従業者に対する保安教育計画を定め，これを忠実に実行しなければならない

が，その計画を都道府県知事等に届け出る必要はない．

(1) イ　(2) ロ　(3) イ，ハ　(4) ロ，ハ　(5) イ，ロ，ハ

問13　次のイ，ロ，ハの記述のうち，冷凍のため高圧ガスの製造をする第一種製造者について正しいものはどれか．

イ．高圧ガスの製造のための施設が危険な状態となっている事態を発見したときは，直ちに，その旨を都道府県知事等又は警察官，消防吏員若しくは消防団員若しくは海上保安官に届け出なければならない．

ロ．事業所ごとに，製造施設に異常があった場合，その年月日及びそれに対してとった措置を記載した帳簿を備え，記載の日から10年間保存しなければならない．

ハ．その所有し，又は占有する容器を喪失し，又は盗まれたときは，遅滞なく，その旨を都道府県知事等又は警察官に届け出なければならない．

(1) イ　(2) ハ　(3) イ，ロ　(4) ロ，ハ　(5) イ，ロ，ハ

問14　次のイ，ロ，ハの記述のうち，冷凍のため高圧ガスの製造をする第一種製造者（認定完成検査実施者である者を除く．）が行う製造施設の変更の工事について正しいものはどれか．

イ．アンモニアを冷媒ガスとする圧縮機の取替えの工事は，冷媒設備に係る切断，溶接を伴わない工事であって，その設備の冷凍能力の変更を伴わないものであっても，定められた軽微な変更の工事には該当しない．

ロ．製造施設の特定変更工事の完成後，高圧ガス保安協会が行う完成検査を受け所定の技術上の基準に適合していると認められた場合は，完成検査を受けた旨を都道府県知事等に届け出ることなく，かつ，都道府県知事等が行う完成検査を受けることなく，その施設を使用することができる．

ハ．製造施設の位置，構造又は設備の変更の工事について，都道府県知事等の許可を受けた場合であっても，完成検査を受けることなく，その製造施設を使用することができる変更の工事があるが，アンモニアを冷媒ガスとする製造施設には適用されない．

(1) イ　(2) ロ　(3) イ，ハ　(4) ロ，ハ　(5) イ，ロ，ハ

問15　次のイ，ロ，ハの記述のうち，製造設備がアンモニアを冷媒ガスとする定置式製造設備（吸収式アンモニア冷凍機であるものを除く．）である第一種製造者の製造施設に係る技術上の基準について冷凍保安規則上正しいものはどれか．

イ．製造施設は，消火設備を設けなければならない施設に該当しない．

ロ．製造設備には，冷媒ガスが漏えいしたときに安全に，かつ，速やかに除害するための措置を講じなければならない．

ハ．冷媒設備に設けた安全弁（大気に冷媒ガスを放出することのないものを除

く.）には，放出管を設けなければならない.

(1) イ　(2) ロ　(3) イ，ロ　(4) ロ，ハ　(5) イ，ロ，ハ

問16 次のイ，ロ，ハの記述のうち，製造設備がアンモニアを冷媒ガスとする定置式製造設備（吸収式アンモニア冷凍機であるものを除く.）である第一種製造者の製造施設に係る技術上の基準について冷凍保安規則上正しいものはどれか.

イ．製造施設には，その施設から漏えいするガスが滞留するおそれのある場所に，そのガスの漏えいを検知し，かつ，警報するための設備を設けなければならない.

ロ．受液器に設ける液面計には，丸形ガラス管液面計を使用してはならない.

ハ．受液器には，その周囲に，冷媒ガスである液状のアンモニアが漏えいした場合にその流出を防止するための措置を講じなければならないものがあるが，その受液器の内容積が1万リットルであるものは，それに該当しない.

(1) イ　(2) ロ　(3) イ，ロ　(4) イ，ハ　(5) イ，ロ，ハ

問17 次のイ，ロ，ハの記述のうち，製造設備が定置式製造設備である第一種製造者の製造施設に係る技術上の基準について冷凍保安規則上正しいものはどれか.

イ．冷媒設備に設けなければならない安全装置は，冷媒ガスの圧力が耐圧試験圧力を超えた場合に直ちに，その設備の運転を停止するものでなければならない.

ロ．冷媒設備の圧縮機は火気（その製造設備内のものを除く.）の付近に設置してはならないが，その火気に対して安全な措置を講じた場合はこの限りでない.

ハ．冷媒設備の配管の変更の工事の完成検査における気密試験は，安全装置が作動しないように許容圧力未満の圧力で行うことができる.

(1) イ　(2) ロ　(3) イ，ハ　(4) ロ，ハ　(5) イ，ロ，ハ

問18 次のイ，ロ，ハの記述のうち，製造設備が定置式製造設備である第一種製造者の製造施設に係る技術上の基準について冷凍保安規則上正しいものはどれか.

イ．冷媒設備の圧縮機が強制潤滑方式であって，潤滑油圧力に対する保護装置を有している場合であっても，その圧縮機の油圧系統を除く冷媒設備には圧力計を設けなければならない.

ロ．配管以外の冷媒設備について行う耐圧試験は，「水その他の安全な液体を使用することが困難であると認められるときは，空気，窒素等の気体を使用して許容圧力以上の圧力で行うことができる.」と定められている.

ハ．凝縮器には所定の耐震に関する性能を有しなければならないものがあるが，縦置円筒形であって，かつ，胴部の長さが5メートルの凝縮器は，その必要はない.

(1) イ　(2) ハ　(3) イ，ロ　(4) ロ，ハ　(5) イ，ロ，ハ

問19 次のイ，ロ，ハの記述のうち，冷凍保安規則で定める第一種製造者の製造の方法に係る技術上の基準に適合しているものはどれか.

イ．冷媒設備に設けた安全弁の修理及び清掃が終了した後，製造設備の運転を数日間停止するので，その間安全弁に付帯して設けた止め弁を閉止することとした．

ロ．冷媒設備の修理は，あらかじめ定めた修理の作業計画に従って行ったが，あらかじめ定めた作業の責任者の監視の下で行うことができなかったので，異常があったときに直ちにその旨をその責任者に通報するための措置を講じて行った．

ハ．高圧ガスの製造は，1日に1回以上その製造設備が属する製造施設の異常の有無を点検して行い，異常のあるときはその設備の補修その他の危険を防止する措置を講じて行っている．

(1)　イ　　(2)　ハ　　(3)　イ，ロ　　(4)　ロ，ハ　　(5)　イ，ロ，ハ

問20　次のイ，ロ，ハの記述のうち，認定指定設備について冷凍保安規則上正しいものはどれか．

イ．認定指定設備である条件の一つに，自動制御装置が設けられていなければならないことがある．

ロ．認定指定設備である条件の一つに，日常の運転操作に必要となる冷媒ガスの止め弁には手動式のものを使用しないことがある．

ハ．認定指定設備に変更の工事を施すと，指定設備認定証が無効になる場合がある．

(1)　イ　　(2)　ハ　　(3)　イ，ロ　　(4)　ロ，ハ　　(5)　イ，ロ，ハ

第三種冷凍機械　保安管理技術試験問題(試験時間90分)

次の各問について，正しいと思われる最も適切な答をその問の下に掲げてある(1)，(2)，(3)，(4)，(5)の選択肢の中から1個選びなさい．

問1　次のイ，ロ，ハ，ニの記述のうち，冷凍の原理，冷凍サイクルについて正しいものはどれか．

イ．吸収冷凍機では，圧縮機を使用せずに，吸収器，発生器，溶液ポンプなどを用いて冷媒を循環させ，冷熱を得る．

ロ．膨張弁における膨張過程では，冷媒液の一部が蒸発することにより，膨張後の蒸発圧力に対応した蒸発温度まで冷媒自身の温度が下がる．

ハ．圧縮機駆動の軸動力を小さくし，大きな冷凍能力を得るためには，蒸発温度はできるだけ低くして，凝縮温度は必要以上に高くし過ぎないことが重要である．

ニ．冷媒のp-h線図は，実用上の便利さから，縦軸の絶対圧力，横軸の比エンタルピーのいずれも対数目盛でそれぞれ目盛られている．

(1)　イ　(2)　ハ　(3)　イ，ロ　(4)　ロ，ニ　(5)　イ，ハ，ニ

問2　次のイ，ロ，ハ，ニの記述のうち，冷凍サイクル，熱の移動について正しいものはどれか．

イ．常温，常圧において，水あか，グラスウール，鉄鋼，空気のなかで，熱伝導率の値が一番小さいのは空気である．

ロ．固体壁を通過する伝熱量は，その壁で隔てられた両側の流体間の温度差，固体壁の伝熱面積および熱通過率に比例する．

ハ．水冷却器の交換熱量の計算において，冷却管の入口側の水と冷媒との温度差をΔt_1，出口側の温度差をΔt_2とすると，冷媒と水との算術平均温度差Δt_{m}は，$\Delta t_{\mathrm{m}} = (\Delta t_1 + \Delta t_2)/2$である．

ニ．冷凍サイクルの蒸発器で周囲が冷媒から奪う熱量のことを，冷凍効果という．

(1)　イ，ロ　(2)　イ，ハ　(3)　ロ，ニ　(4)　ハ，ニ　(5)　イ，ロ，ハ

問3　次のイ，ロ，ハ，ニの記述のうち，成績係数および冷媒循環量について正しいものはどれか．

イ．圧縮機の全断熱効率が大きくなると，圧縮機駆動の軸動力は小さくなり，冷凍装置の実際の成績係数は大きくなる．

ロ．蒸発温度と凝縮温度との温度差が大きくなると，断熱効率と機械効率が大きくなるとともに，冷凍装置の実際の成績係数は低下する．

ハ．往復圧縮機の冷媒循環量は，ピストン押しのけ量，圧縮機の吸込み蒸気の比体積および体積効率の大きさにより決まる．

ニ．圧縮機の吸込み圧力が低いほど，また，吸込み蒸気の過熱度が大きいほど，圧縮機の冷媒循環量および冷凍能力が大きくなる．

(1)　イ，ハ　(2)　イ，ニ　(3)　ロ，ハ　(4)　ロ，ニ　(5)　ハ，ニ

問4　次のイ，ロ，ハ，ニの記述のうち，冷媒について正しいものはどれか．

イ．アンモニアガスは空気より軽く，室内に漏えいした場合には，部屋の上方に滞留する．

ロ．R 134aとR 410Aは，ともに単一成分冷媒である．

ハ．非共沸混合冷媒は，圧力一定のもとで凝縮するとき，凝縮始めの冷媒温度（露点温度）と，凝縮終わりの冷媒温度（沸点温度）の間に差が生じる．

ニ．0℃における飽和圧力を標準沸点といい，冷媒の種類によって異なっている．

(1)　イ，ハ　(2)　イ，ニ　(3)　ロ，ハ　(4)　ロ，ニ　(5)　ハ，ニ

問5　次のイ，ロ，ハ，ニの記述のうち，圧縮機について正しいものはどれか．

イ．圧縮機は，冷媒蒸気の圧縮の方法により，往復式，スクリュー式およびスクロール式に大別される．

ロ．多気筒圧縮機のアンローダと呼ばれる容量制御装置は，圧縮機始動時の負荷軽減装置としても機能する．

ハ．スクリュー圧縮機の容量制御をスライド弁で行う場合，スクリューの溝の数に応じた段階的な容量制御となり，無段階制御はできない．

ニ．停止中のフルオロカーボン用圧縮機クランクケース内の油温が低いと，冷凍機油に冷媒が溶け込む溶解量は大きくなり，圧縮機始動時にオイルフォーミングを起こしやすい．

(1)　イ，ロ　(2)　イ，ハ　(3)　ロ，ハ　(4)　ロ，ニ　(5)　イ，ハ，ニ

問6　次のイ，ロ，ハ，ニの記述のうち，凝縮器および冷却塔について正しいものはどれか．

イ．水冷横形シェルアンドチューブ凝縮器は，円筒胴と管板に固定された冷却管で構成され，円筒胴の内側と冷却管の間に冷却水が流れ，冷却管内には冷媒が流れる．

ロ．水冷横形シェルアンドチューブ凝縮器では，冷却水中の汚れや不純物が冷却管表面に水あかとなって付着し，水あかの熱伝導率が小さいので，熱通過率の値が小さくなり，凝縮温度が低くなる．

ハ．蒸発式凝縮器は，水の蒸発潜熱を利用して冷媒を凝縮させるので，一般に，空冷凝縮器よりも凝縮温度を低く保つことができる．

ニ．冷却塔の出口水温と周囲空気の湿球温度との温度差をアプローチと呼び，その値は通常5K程度である．

(1)　イ，ロ　(2)　イ，ハ　(3)　ロ，ハ　(4)　ロ，ニ　(5)　ハ，ニ

問7　次のイ，ロ，ハ，ニの記述のうち，蒸発器について正しいものはどれか．

イ．蒸発器における冷凍能力は，冷却される空気や水などと冷媒との間の平均温度差，熱通過率および伝熱面積に正比例する．

ロ．蒸発器は，冷媒の供給方式により，乾式，満液式および冷媒液強制循環式などに分類される．シェル側に冷媒を供給し，冷却管内にブラインを流して冷却するシェルアンドチューブ蒸発器は乾式である．

ハ．シェルアンドチューブ乾式蒸発器では，水側の熱伝達率を向上させるために，バッフルプレートを設置する．

ニ．散水方式でデフロストをする場合，冷蔵庫外の排水管にトラップを設けることで，冷蔵庫内への外気の侵入を防止できる．

(1) イ，ロ　(2) イ，ハ　(3) ロ，ニ　(4) イ，ハ，ニ　(5) ロ，ハ，ニ

問8　次のイ，ロ，ハ，ニの記述のうち，自動制御機器について正しいものはどれか．

イ．温度自動膨張弁は，高圧の冷媒液を低圧部に絞り膨張させる機能と，過熱度により蒸発器への冷媒流量を調節して冷凍装置を効率よく運転する機能の，二つの機能をもっている．

ロ．キャピラリチューブは，細い銅管を流れる冷媒の流れ抵抗による圧力降下を利用して，冷媒の絞り膨張を行う機器である．

ハ．吸入圧力調整弁は，圧縮機吸込み配管に取り付けて，圧縮機吸込み圧力が設定値よりも高くならないように調整できる．また，圧縮機の始動時や蒸発器の除霜などのときに，圧縮機駆動用電動機の過負荷も防止できる．

ニ．内部均圧形温度自動膨張弁は，冷媒の流れの圧力降下の大きな蒸発器，ディストリビュータで冷媒を分配する蒸発器に使用される．

(1) イ，ロ，ハ　(2) イ，ロ，ニ　(3) イ，ハ，ニ　(4) ロ，ハ，ニ　(5) イ，ロ，ハ，ニ

問9　次のイ，ロ，ハ，ニの記述のうち，附属機器について正しいものはどれか．

イ．液分離器は，蒸発器と圧縮機との間の吸込み蒸気配管に取り付け，吸込み蒸気中に混在した液を分離して，冷凍装置外部に排出する．

ロ．フルオロカーボン冷凍装置では，凝縮器を出た冷媒液を過冷却させるとともに，圧縮機に戻る冷媒蒸気を適度に過熱させるために，液ガス熱交換器を設けることがある．

ハ．シリカゲルを乾燥剤に用いたドライヤは，フルオロカーボン冷凍装置の冷媒系統の水分を除去する．

ニ．往復圧縮機を用いたアンモニア冷凍装置では，一般に，油分離器で分離された鉱油を圧縮機クランクケース内に自動返油する．

(1) イ　(2) ロ　(3) ハ　(4) ニ　(5) ロ，ハ

問10　次のイ，ロ，ハ，ニの記述のうち，冷媒配管について正しいものはどれか．

イ．圧縮機吸込み蒸気配管の二重立ち上がり管は，冷媒液の戻り防止のために使用される．

ロ．高圧冷媒液管内にフラッシュガスが発生すると，膨張弁の冷媒流量が減少して，冷凍能力が減少する．

ハ．配管用炭素鋼鋼管（SGP）は，一般に，冷媒R 410Aの高圧冷媒配管に使用される．

ニ．圧縮機の停止中に，配管内で凝縮した冷媒液や油が逆流しないようにすることは，圧縮機吐出し管の施工上，重要なことである．

(1)　イ，ロ　(2)　イ，ハ　(3)　ロ，ニ　(4)　イ，ハ，ニ　(5)　ロ，ハ，ニ

問11　次のイ，ロ，ハ，ニの記述のうち，安全装置などについて正しいものはどれか．

イ．圧力容器に取り付ける安全弁の最小口径は，容器の外径と長さの積の平方根と，冷媒の種類ごとに高圧部，低圧部に分けて定められた定数の積で決まる．

ロ．溶栓は，取り付けられる容器内の圧力を直接検知して破裂し，内部の冷媒を放出することにより，圧力の異常な上昇を防ぐ．

ハ．高圧遮断装置は，高圧側の圧力の異常な上昇を検知して作動し，圧縮機を駆動している電動機の電源を切って圧縮機を停止させる．

ニ．ガス漏えい検知警報設備は，冷媒の種類や機械換気装置の有無にかかわらず，酸欠事故を防止するために必ず設置しなければならない．

(1)　イ，ロ　(2)　イ，ハ　(3)　ロ，ハ　(4)　ロ，ニ　(5)　イ，ハ，ニ

問12　次のイ，ロ，ハ，ニの記述のうち，圧力容器などについて正しいものはどれか．

イ．圧力容器の鏡板の板厚は，同じ設計圧力で，同じ材質では，さら形よりも半球形を用いたほうが薄くできる．

ロ．円筒胴の圧力容器の胴板に生じる応力は，円筒胴の接線方向に作用する応力と長手方向に作用する応力を考えればよい．円筒胴の接線方向の引張応力は，長手方向の引張応力よりも大きい．

ハ．圧力容器の腐れしろは，材料の種類により異なり，鋼，銅および銅合金は1 mmとする．また，ステンレス鋼には腐れしろを設ける必要がない．

ニ．圧力容器の強度や保安に関する圧力は，設計圧力，許容圧力ともに絶対圧力を使用する．

(1)　イ，ロ　(2)　イ，ハ　(3)　イ，ニ　(4)　ロ，ハ　(5)　ロ，ニ

問13　次のイ，ロ，ハ，ニの記述のうち，冷凍装置の据付け，圧力試験および試運転について正しいものはどれか．

イ．多気筒圧縮機を支持するコンクリート基礎の質量は，圧縮機の質量と同程度にする．

ロ．アンモニア冷凍装置の気密試験には，乾燥空気，窒素ガスまたは酸素を使用

し，炭酸ガスを使用してはならない．

ハ．受液器を設けた冷凍装置に冷媒を充てんするときは，受液器の冷媒出口弁を閉じ，圧縮機を運転しながら，その先の冷媒チャージ弁から液状の冷媒を充てんする．

ニ．真空試験では，装置内に残留水分があると真空になりにくいので，乾燥のために水分の残留しやすい場所を，120℃を超えない範囲で加熱するとよい．

(1) イ，ロ　(2) イ，ハ　(3) ロ，ハ　(4) ロ，ニ　(5) ハ，ニ

問14　次のイ，ロ，ハ，ニの記述のうち，冷凍装置の運転管理について正しいものはどれか．

イ．毎日運転する冷凍装置の運転開始前の準備では，配管中にある電磁弁の作動，操作回路の絶縁低下，電動機の始動状態の確認を省略できる場合がある．

ロ．蒸発圧力が一定のもとで，圧縮機の吐出しガス圧力が高くなると，圧力比は大きくなり，圧縮機の体積効率が増大し，圧縮機駆動の軸動力は増加する．

ハ．冷凍装置を長期間休止させる場合には，低圧側の冷媒を受液器に回収するが，装置内への空気の侵入を防ぐために，低圧側と圧縮機内に大気圧より高いガス圧力を残しておく．

ニ．水冷凝縮器の冷却水量が減少すると，凝縮圧力の低下，圧縮機吐出しガス温度の上昇，冷凍装置の冷凍能力の低下が起こる．

(1) イ，ロ　(2) イ，ハ　(3) ロ，ハ　(4) ロ，ニ　(5) ハ，ニ

問15　次のイ，ロ，ハ，ニの記述のうち，冷凍装置の保守管理について正しいものはどれか．

イ．横走り吸込み配管の途中の大きなUトラップに冷媒液や油がたまっていると，圧縮機の始動時やアンロードからロード運転に切り換わったときに，液戻りが生じる．とくに，圧縮機の近くでは，立ち上がり吸込み管以外には，Uトラップを，設けないようにする．

ロ．強制給油式の往復圧縮機では，潤滑装置と冷凍機油の状態がその潤滑作用に大きな影響を及ぼす．油圧が過大になると，シリンダ部への給油量が多くなり，凝縮器，蒸発器の熱交換部の汚れを引き起こす．

ハ．密閉形フルオロカーボン往復圧縮機では，冷媒充てん量が不足していると，吸込み蒸気による電動機の冷却が不十分になり，電動機を焼損するおそれがある．冷媒充てん量の不足は，運転中の受液器の冷媒液面の低下によって確認できる．

ニ．アンモニア冷凍装置の冷媒系統に水分が浸入すると，アンモニアがアンモニア水になるので，少量の水分の浸入であっても，冷凍装置内でのアンモニア冷媒の蒸発圧力の低下，冷凍機油の乳化による潤滑性能の低下などを引き起こし，運転に重大な支障をきたす．

(1) イ，ロ　(2) ハ，ニ　(3) イ，ロ，ハ　(4) ロ，ハ，ニ　(5) イ，ロ，ハ，ニ

令和2年度（令和2年11月8日施行）

第一種冷凍機械責任者試験

第一種冷凍機械　法令試験問題(試験時間60分)

次の各問について，高圧ガス保安法に係る法令上正しいと思われる最も適切な答えをその問の下に掲げてある(1)，(2)，(3)，(4)，(5)の選択肢の中から1個選びなさい．

なお，経済産業大臣が危険のおそれのないと認めた場合等における規定は適用しない．

(注) 試験問題中，「都道府県知事等」とは，都道府県知事又は高圧ガス保安法に関する事務を処理する指定都市の長をいう．

問1　次のイ，ロ，ハの記述のうち，正しいものはどれか．

イ．常用の温度において圧力が1.1メガパスカルとなる圧縮ガス（圧縮アセチレンガスを除く．）であって，現にその圧力が1.0メガパスカルであるものは，温度35度における圧力が0.8メガパスカルであっても，高圧ガスである．

ロ．圧力が0.2メガパスカルとなる場合の温度が30度である液化ガスであって，常用の温度において圧力が0.15メガパスカルであるものは，高圧ガスではない．

ハ．高圧ガス保安法は，高圧ガスによる災害を防止して公共の安全を確保する目的のため，高圧ガス保安協会による高圧ガスの保安に関する自主的な活動を促進することも定めている．

(1) イ　(2) ハ　(3) イ，ハ　(4) ロ，ハ　(5) イ，ロ，ハ

問2　次のイ，ロ，ハの記述のうち，正しいものはどれか．

イ．1日の冷凍能力が3トン未満の冷凍設備内における高圧ガスは，そのガスの種類にかかわらず，高圧ガス保安法の適用を受けない．

ロ．1日の冷凍能力が50トン以上である認定指定設備のみを使用して冷凍のため高圧ガスの製造をしようとする者は，都道府県知事等の許可を受けなくてよい．

ハ．第一種製造者は，製造施設の位置，構造又は設備について定められた軽微な変更の工事をしようとするときは，都道府県知事等の許可を受けなくてよいが，工事開始の日の20日前までにその旨を都道府県知事等に届け出なければならない．

(1) イ　(2) イ，ロ　(3) イ，ハ　(4) ロ，ハ　(5) イ，ロ，ハ

問３　次のイ，ロ，ハの記述のうち，正しいものはどれか．

イ．製造をする高圧ガスの種類がフルオロカーボン（不活性のものに限る．）である場合，1日の冷凍能力が20トン以上50トン未満である冷凍設備を使用して高圧ガスの製造をする者は，第二種製造者である．

ロ．第一種製造者がその高圧ガスの製造事業の全部を譲り渡したときは，その事業の全部を譲り受けた者はその第一種製造者の地位を承継する．

ハ．専ら冷凍設備に用いる機器の製造の事業を行う者（機器製造業者）が所定の技術上の基準に従って製造しなければならない機器は，可燃性ガス以外のフルオロカーボンを冷媒ガスとする冷凍機のものにあっては，1日の冷凍能力が20トン以上のものに限られる．

(1) イ　(2) イ，ロ　(3) イ，ハ　(4) ロ，ハ　(5) イ，ロ，ハ

問４　次のイ，ロ，ハの記述のうち，冷凍のため高圧ガスの製造をする第二種製造者について正しいものはどれか．

イ．冷凍設備（認定指定設備を除く．）を使用して高圧ガスの製造をしようとする者が，その旨を都道府県知事等に届け出なければならない場合の1日の冷凍能力の最小の値は，その冷媒ガスの種類がフルオロカーボン（不活性のものに限る．）とアンモニアとでは異なる．

ロ．冷凍のため製造をする第二種製造者が定期自主検査を実施しなければならない冷凍設備において，定期自主検査の検査記録に記載すべき事項の一つに「検査をした製造施設の設備ごとの検査方法及び結果」がある．

ハ．第二種製造者が従うべき製造の方法に係る技術上の基準は，定められていない．

(1) イ　(2) ロ　(3) イ，ロ　(4) ロ，ハ　(5) イ，ロ，ハ

問５　次のイ，ロ，ハの記述のうち，車両に積載した容器（内容積が48リットルのもの）による冷凍設備の冷媒ガスの補充用の高圧ガスの移動に係る技術上の基準等について一般高圧ガス保安規則上正しいものはどれか．

イ．不活性ガスである液化フルオロカーボン134ａを移動するときは，液化アンモニアを移動するときと同様に，その車両の見やすい箇所に警戒標を掲げなければならない．

ロ．液化アンモニアを移動するときは，その充塡容器及び残ガス容器には木枠又はパッキンを施さなければならない．

ハ．特定不活性ガスである液化フルオロカーボン32を移動するときは，消火設備並びに災害発生防止のための応急措置に必要な資材及び工具等を携行しなければならない．

(1) ロ　(2) イ，ロ　(3) イ，ハ　(4) ロ，ハ　(5) イ，ロ，ハ

問６　次のイ，ロ，ハの記述のうち，冷凍設備の冷媒ガスの補充用の高圧ガスを充塡するための容器（再充塡禁止容器を除く.）及びその附属品について正しいものはどれか.

イ．容器検査に合格した容器に刻印されている「TP 2.9 M」は，その容器の最高充塡圧力が2.9メガパスカルであることを表している.

ロ．容器に充塡する高圧ガスの種類に応じた塗色を行わなければならない場合，その容器の外面の見やすい箇所に，その表面積の２分の１以上について行わなければならない.

ハ．液化フルオロカーボンを充塡する溶接容器の容器再検査の期間は，その容器の製造後の経過年数に応じて定められている.

(1) イ　(2) ロ　(3) イ，ハ　(4) ロ，ハ　(5) イ，ロ，ハ

問７　次のイ，ロ，ハの記述のうち，冷凍に係る製造事業所における冷媒ガスの補充用としての容器による高圧ガスの貯蔵の方法に係る技術上の基準について一般高圧ガス保安規則上正しいものはどれか.

イ．貯蔵の方法に係る技術上の基準に従って貯蔵しなければならない液化ガスは，質量が1.5キログラムを超えるものである.

ロ．通風の良い場所で貯蔵しなければならない充塡容器（高圧ガスの質量が50キログラムのもの）は，可燃性ガスのものに限られる.

ハ．液化アンモニア（質量が50キログラムのもの）の充塡容器の貯蔵は，常に温度50度以下に保って行わなければならない.

(1) イ　(2) ロ　(3) ハ　(4) イ，ロ　(5) イ，ハ

問８　次のイ，ロ，ハのうち，容積圧縮式（往復動式）圧縮機を使用する製造設備の１日の冷凍能力の算定に必要な数値として冷凍保安規則上正しいものはどれか.

イ．冷媒ガスの種類に応じて定められた数値又は所定の算式により得られた数値（C）

ロ．圧縮機の原動機の定格出力の数値（W）

ハ．蒸発器の冷媒ガスに接する側の表面積の数値（A）

(1) イ　(2) ロ　(3) ハ　(4) イ，ロ　(5) イ，ロ，ハ

問９から問13までの問題は，次の例による事業所に関するものである.

［例］冷凍のため，次に掲げる高圧ガスの製造施設を有する事業所
　　なお，この事業者は認定完成検査実施者及び認定保安検査実施者ではない.

製造設備の種類：定置式製造設備（一つの製造設備であって，専用機械室に設置してあるもの）
冷媒ガスの種類：アンモニア
冷凍設備の圧縮機：容積圧縮式（往復動式）4台
1日の冷凍能力：250トン
主な冷媒設備：凝縮器（横置円筒形で胴部の長さが5メートルのもの）1基
：受液器（内容積が6,000リットルのもの）1基

問９　次のイ，ロ，ハの記述のうち，この事業者について正しいものはどれか．

イ．この事業者がこの事業所内において指定した場所では，その事業所に選任された冷凍保安責任者を除き，何人も火気を取り扱ってはならない．

ロ．この事業者は，危害予防規程を定め，これを都道府県知事等に届け出なければならない．また，この危害予防規程を守るべき者は，この事業者及びその従業者であると定められている．

ハ．この事業者は，この製造施設が危険な状態となったときは，直ちに，所定の応急の措置を講じなければならない．

(1) イ　(2) ハ　(3) イ，ロ　(4) ロ，ハ　(5) イ，ロ，ハ

問10　次のイ，ロ，ハの記述のうち，この事業者について正しいものはどれか．

イ．平成27年（2015年）11月1日に製造施設に異常があったので，その年月日及びそれに対してとった措置を帳簿に記載し，これを保存していたが，その後その製造施設に異常がなかったので，令和2年（2020年）11月1日にその帳簿を廃棄した．

ロ．この製造施設の高圧ガスについて災害が発生したときは，遅滞なく，その旨を都道府県知事等又は警察官に届け出なければならない．

ハ．その従業者に対する保安教育を随時実施していれば，保安教育計画は定めなくてよい．

(1) イ　(2) ロ　(3) イ，ロ　(4) ロ，ハ　(5) イ，ロ，ハ

問11　次のイ，ロ，ハの記述のうち，この製造施設について正しいものはどれか．

イ．この製造施設の冷媒設備の圧縮機の取替えの工事は，冷媒設備に係る切断，溶接を伴わない工事であって，その設備の冷凍能力の変更を伴わないものであっても，定められた軽微な変更の工事には該当しない．

ロ．既に完成検査を受け所定の技術上の基準に適合していると認められているこの製造施設の全部の引渡しがあった場合，その引渡しを受けた者は，都道府県知事等の許可を受けたのち，都道府県知事等又は高圧ガス保安協会若しくは指定完成検査機関が行う完成検査を受けることなく，この製造施設を使用するこ

とができる．

ハ．この製造施設の冷媒設備の凝縮器の取替えの工事において，冷媒設備に係る切断，溶接を伴わない工事をしようとするときは，都道府県知事等の許可を受けなければならないが，その変更の工事の完成検査は受ける必要はない．

(1) イ　(2) ハ　(3) イ，ロ　(4) ロ，ハ　(5) イ，ロ，ハ

問12　次のイ，ロ，ハの記述のうち，この事業所に適用される技術上の基準について正しいものはどれか．

イ．この冷媒設備の安全弁（大気に冷媒ガスを放出することのないものを除く．）には，放出管を設けなければならない．また，放出管の開口部の位置は，放出する冷媒ガスの性質に応じた適切な位置でなければならない．

ロ．この受液器にガラス管液面計を設ける場合には，丸形ガラス管液面計以外のものとし，その液面計に破損を防止するための措置か，受液器とその液面計とを接続する配管にその液面計の破損による漏えいを防止するための措置のいずれか一方の措置を講じることと定められている．

ハ．この凝縮器及び受液器は，その周囲に，その液状の冷媒ガスが漏えいした場合にその流出を防止するための措置を講じなければならないものに該当する．

(1) イ　(2) ハ　(3) イ，ロ　(4) イ，ハ　(5) イ，ロ，ハ

問13　次のイ，ロ，ハの記述のうち，この事業所に適用される技術上の基準について正しいものはどれか．

イ．この製造施設の冷媒設備に係る電気設備は，その設置場所及び冷媒ガスの種類に応じた防爆性能を有する構造のものでなければならないものに該当しない．

ロ．この製造設備には，冷媒ガスが漏えいしたときに安全に，かつ，速やかに除害するための措置を講じなければならない．

ハ．この受液器は，所定の耐震に関する性能を有するものとしなければならないものに該当する．

(1) ロ　(2) ハ　(3) イ，ロ　(4) イ，ハ　(5) イ，ロ，ハ

問14から問20までの問題は，次の例による事業所に関するものである．

［例］冷凍のため，次に掲げる定置式製造設備である高圧ガスの製造施設を有する一つの事業所として高圧ガスの製造の許可を受けている事業所
なお，この事業者は認定完成検査実施者及び認定保安検査実施者ではない．

製造設備Ａ：冷媒設備が一つの架台上に一体に組み立てられて

	いないもの　1基
製造設備Ｂ：	認定指定設備であるもの　1基 これら製造設備Ａ及び製造設備Ｂはブラインを共通とし，同一の専用機械室に設置されており，一体として管理されるものとして設計されたものであり，かつ，同一の計器室において制御されている．
冷媒ガスの種類：	製造設備Ａ及び製造設備Ｂとも，不活性ガスであるフルオロカーボン134ａ
冷凍設備の圧縮機：	製造設備Ａ及び製造設備Ｂとも，遠心式
1日の冷凍能力：	600トン（製造設備Ａ：300トン，製造設備Ｂ：300トン）
主な冷媒設備：	凝縮器（製造設備Ａ及び製造設備Ｂとも，横置円筒形で胴部の長さが4メートルのもの）　各1基

問14　次のイ，ロ，ハの記述のうち，この事業者について正しいものはどれか．

イ．選任している冷凍保安責任者及びその代理者を解任し，新たにこれらの者を選任したときは，遅滞なく，新たに選任した者についてその旨を都道府県知事等に届け出なければならないが，解任したこれらの者についてはその旨を都道府県知事等に届け出る必要はない．

ロ．選任している冷凍保安責任者の代理者は，冷凍保安責任者が疾病等によりその職務を行うことができないときに，その職務を代行する場合は，高圧ガス保安法の規定の適用については冷凍保安責任者とみなされる．

ハ．冷凍保安責任者には，第一種冷凍機械責任者免状の交付を受け，かつ，1日の冷凍能力が100トン以上の製造施設を使用して行う高圧ガスの製造に関する1年以上の経験を有する者のうちから選任しなければならない．

(1) イ　(2) ロ　(3) イ，ロ　(4) ロ，ハ　(5) イ，ロ，ハ

問15　次のイ，ロ，ハの記述のうち，この事業者が行う製造施設の変更の工事について正しいものはどれか．

イ．この製造施設にブラインを共通とする認定指定設備である定置式製造設備Ｃを増設する工事は，定められた軽微な変更の工事に該当する．

ロ．製造設備Ｂについて行う指定設備認定証が無効とならない認定指定設備に係る変更の工事は，定められた軽微な変更の工事に該当する．

ハ．製造設備Ａの圧縮機の取替えの工事において，冷媒設備に係る切断，溶接を伴わない工事であって，その冷凍能力の変更が所定の範囲であるものは，都道府県知事等の許可を受けなければならないが，その変更の工事の完成後，そ

の製造施設の完成検査を受けることなく使用することができる．

(1)　イ　　(2)　ロ　　(3)　イ，ロ　　(4)　イ，ハ　　(5)　イ，ロ，ハ

問16　次のイ，ロ，ハの記述のうち，この事業者が受ける保安検査について正しいものはどれか．

イ．保安検査は，特定施設の位置，構造及び設備並びに製造の方法が所定の技術上の基準に適合しているかどうかについて行われる．

ロ．特定施設について高圧ガス保安協会が行う保安検査を受けた場合，高圧ガス保安協会がその検査結果を都道府県知事等に報告することとなっているので，その保安検査を受けた旨を都道府県知事等に届け出る必要はない．

ハ．製造施設のうち，認定指定設備である製造設備Ｂに係る部分については，保安検査を受けることを要しない．

(1)　イ　　(2)　ロ　　(3)　ハ　　(4)　イ，ハ　　(5)　ロ，ハ

問17　次のイ，ロ，ハの記述のうち，この事業者が行う定期自主検査について正しいものはどれか．

イ．選任している冷凍保安責任者又はその冷凍保安責任者の代理者以外の者であっても，所定の製造保安責任者免状の交付を受けている者に，定期自主検査の実施について監督を行わせることができる．

ロ．定期自主検査は，製造施設の位置，構造及び設備が所定の技術上の基準に適合しているかどうかについて行わなければならないが，その技術上の基準のうち耐圧試験に係るものについては行わなくてよい．

ハ．定期自主検査を行ったときは，遅滞なく，その検査記録を都道府県知事等に届け出なければならない．

(1)　イ　　(2)　ロ　　(3)　ハ　　(4)　イ，ロ　　(5)　ロ，ハ

問18　次のイ，ロ，ハの記述のうち，この事業所に適用される技術上の基準について正しいものはどれか．

イ．冷媒設備の圧縮機は，その製造設備外の火気の付近にあってはならない．ただし，その火気に対して安全な措置を講じた場合は，この限りでない．

ロ．配管以外の冷媒設備は，許容圧力の1.5倍以上の圧力で水その他の安全な液体を使用して行う耐圧試験（液体を使用することが困難であると認められるときは，許容圧力の1.25倍以上の圧力で空気，窒素等の気体を使用して行う耐圧試験）又は経済産業大臣がこれと同等以上のものと認めた高圧ガス保安協会が行う試験に合格するものでなければならない．

ハ．製造設備Ｂの冷媒設備の圧縮機が強制潤滑方式であり，かつ，潤滑油圧力に対する保護装置を有しているものである場合は，製造設備Ｂの圧縮機の油圧系統を含む冷媒設備には，圧力計を設けなくてよい．

(1) イ　(2) ロ　(3) イ，ロ　(4) ロ，ハ　(5) イ，ロ，ハ

問19　次のイ，ロ，ハの記述のうち，この事業所に適用される技術上の基準について正しいものはどれか．

イ．この冷媒設備には，その設備内の冷媒ガスの圧力が許容圧力を超えた場合に直ちにその圧力を許容圧力以下に戻すことができる安全装置を設けなければならない．

ロ．冷媒設備の安全弁に付帯して設けた止め弁は，その設備を長期に運転停止する場合には，安全弁の誤作動防止のため，常に閉止しておかなければならない．

ハ．高圧ガスの製造は，１日に１回以上，その製造設備のうち冷媒設備のみについて異常の有無を点検し，異常のあるときは，その設備の補修その他の危険を防止する措置を講じて行わなければならない．

(1) イ　(2) ハ　(3) イ，ロ　(4) イ，ハ　(5) ロ，ハ

問20　次のイ，ロ，ハの記述のうち，認定指定設備である製造設備Bについて正しいものはどれか．

イ．この設備が認定指定設備である条件の一つには，「日常の運転操作に必要となる冷媒ガスの止め弁には，手動式のものを使用しないこと．」がある．

ロ．この設備が認定指定設備である条件の一つには，「冷媒設備は，使用場所である事業所に分割して搬入され，一つの架台上に組み立てられたものでなければならないこと．」がある．

ハ．この設備に変更の工事を施すことがない場合であっても，この設備を移設すると，その指定設備認定証が無効になる場合がある．

(1) イ　(2) ロ　(3) イ，ハ　(4) ロ，ハ　(5) イ，ロ，ハ

第一種冷凍機械　保安管理技術試験問題（試験時間90分）

次の各問について，正しいと思われる最も適切な答をその問の下に掲げてある(1)，(2)，(3)，(4)，(5)の選択肢の中から１個選びなさい．

問１　次のイ，ロ，ハ，ニの記述のうち，圧縮機の種類と構造，特徴について正しいものはどれか．

イ．全密閉形ロータリー圧縮機は，構造上，圧縮機の容器内は高圧であり，始動時のオイルフォーミングは発生しないが，圧縮機容器内で冷媒の凝縮が起こることがある．

ロ．半密閉コンパウンドスクリュー圧縮機では，一般に，中間冷却器からの冷媒ガスと低段側の吐出しガスを直接混合して，高段側に送る構造となっている．低段吐出しガス温度が比較的低いことから，低段吐出しガスは中間冷却器を通さない．

ハ．スクロール圧縮機は，トルク変動が非常に小さいので，振動や騒音が小さく，体積効率と断熱効率が高く，高速回転に適しているが，内部容積比によって圧縮の組込み圧力比が決まる．用途に応じて，組込み圧力比は大きく異なるため，運転条件にあった内部容積比を実現する圧縮機が必要となる．

ニ．往復圧縮機，ロータリー圧縮機，スクロール圧縮機，スクリュー圧縮機および遠心圧縮機の中で，吸込み弁を必要とするのは往復圧縮機だけであるが，吐出し弁を必要とするのは往復圧縮機とスクロール圧縮機である．

(1)　イ，ロ　　(2)　イ，ニ　　(3)　ハ，ニ　　(4)　イ，ロ，ハ　　(5)　ロ，ハ，ニ

問２　次のイ，ロ，ハ，ニの記述のうち，冷凍装置の容量制御について正しいものはどれか．

イ．ホットガスバイパス容量制御において，ホットガスバイパス量が多くなると，凝縮器の熱負荷のほとんどが電動機の入力だけとなり，凝縮圧力が低くなりすぎるので，必要量のホットガスが吸込み側にバイパスできなくなる．したがって，凝縮圧力の異常低下を防ぐ必要がある．

ロ．圧縮機に容量制御装置がないと，負荷減少時に吸込み圧力が低下し，圧縮機の吸込み蒸気の比体積が大きくなり，冷媒循環量が増加し，1冷凍トン当たりの消費動力が増加するので成績係数が小さくなる．

ハ．吸入圧力調整弁は，圧縮機吸込み蒸気配管に取り付け，吸込み蒸気を絞ることによって容量制御をする．一般に，吸入圧力調整弁を備えた冷凍装置では，始動時や蒸発器の除霜終了後の再始動時に，電動機が過負荷になりやすいので注意を要する．

ニ．圧縮機の運転でオン・オフ制御を行う場合には，圧縮機吸込み側の低圧圧力スイッチ，または冷却室内設置のサーモスタットによって圧縮機を発停させる．この方法は，短い時間間隔で圧縮機が発停を繰り返すと，装置の効率低下，圧縮機の油上がり，電動機の過熱や焼損を生じるおそれがある．

(1)　イ，ロ　(2)　イ，ハ　(3)　イ，ニ　(4)　ロ，ハ　(5)　ロ，ニ

問３　次のイ，ロ，ハ，ニの記述のうち，圧縮機の運転と保守管理について正しいものはどれか．

イ．スクリュー圧縮機の給油圧力は，差圧式の場合には吐出しガス圧力よりも0.2 MPaから0.3 MPa高い値が適正値である．また，スクリュー圧縮機の吐出しガス温度は，多気筒圧縮機のそれよりも低く，冷媒の種類にもよるが，通常90℃以下である．吐出しガス温度が高い場合は，油量不足，油温が高い，吸込み蒸気の過熱などが考えられる．

ロ．中形や大形の往復圧縮機では油ポンプによる強制給油潤滑式が採用されており，油圧調整弁の調整不良で油圧が高くなりすぎると，油圧保護圧力スイッチが作動して，圧縮機を停止させる．

ハ．圧縮機の湿り運転の原因として，冷凍機負荷の急激な変化，往復圧縮機のアンロード運転からフルロード運転への切り替わり時，温度自動膨張弁の感温筒の吸込み管からの外れ，などが挙げられる．また，多気筒圧縮機の液圧縮発生時の安全装置としては，シリンダ頭部の安全ぶたがある．

ニ．吸込み蒸気の温度が上昇し，吸込み蒸気の過熱度が大きくなると，圧縮機は過熱運転となる．また，蒸発器熱負荷の過大や，冬季の凝縮圧力の大幅な低下などにより，圧縮機は過熱運転となることがある．

(1)　イ，ロ　(2)　イ，ハ　(3)　ロ，ハ　(4)　ロ，ニ　(5)　ハ，ニ

問４　次のイ，ロ，ハ，ニの記述のうち，高圧部の保守管理について正しいものはどれか．

イ．凝縮負荷一定で水冷横形シェルアンドチューブ凝縮器が運転されているときに，その凝縮温度が変化する場合がある．その原因として考えられるのは，冷却管の汚れなどによる熱通過率の変化，または，冷却水入口温度の変化の２つである．

ロ．フルオロカーボン冷媒で水冷横形シェルアンドチューブ凝縮器を用いる場合，熱伝達率の小さい冷媒側に高さの低いフィンを設けたローフィンチューブ冷却管をつけて，冷媒側伝熱面積を大きくしている．このときの冷媒側と水側の伝熱面積の割合を有効内外伝熱面積比というが，その値は通常3.5から4.2くらいである．

ハ．空冷凝縮器を用いた冷凍装置が，冬季に冷凍能力の低下を起こすことを防止

するため，凝縮圧力調整弁を使用して凝縮器内の冷媒液量を調節して凝縮能力を制御することがある．その際に受液器を別途必要とするが，その理由は，液管内におけるフラッシュガスの発生を防止するためである．

ニ．液封は，配管などに液が充満した状態で，出入り口の両端が封鎖された状態をいう．この状態で液温が上昇すると，その比体積が増加することで封鎖された内部は，著しく高圧となる．通常使われる温度において，アンモニアとR 410 Aを比較した場合，液温上昇による比体積の増加割合が大きいのはアンモニアである．

(1)　イ，ロ　　(2)　イ，ニ　　(3)　ロ，ハ　　(4)　イ，ハ，ニ　　(5)　ロ，ハ，ニ

問５　次のイ，ロ，ハ，ニの記述のうち，低圧部の保守管理について正しいものはどれか．

イ．蒸発器には，熱負荷の増減に応じて膨張弁から適切な量の冷媒液が供給される必要がある．その冷媒循環量が不足する原因として，過小な容量の膨張弁を選定したこと，フラッシュガスの発生などが挙げられる．

ロ．一般的な冷凍装置の蒸発器における蒸発温度と被冷却物との温度差は，利用用途ごとに，ある程度経験的に決まっている．例えば，空気冷却器の温度差は，空調用で15 Kから20 K，冷蔵用で5 Kから10 Kとしている．この温度差が大きすぎると，伝熱面積の大きな蒸発器を必要とするうえ，成績係数の低下を招く．

ハ．フィンコイル乾式蒸発器を用いた冷凍装置における液戻り対策として，運転停止時に蒸発器内に冷媒液を残留させておくことが挙げられる．これは，再起動時に蒸発器内の液による液戻りを起こすことを防ぐためである．

ニ．冷凍装置の負荷は時間とともに変化するため，その変化に応じて，温度自動膨張弁が確実に動作することが必要であり，感温筒の取り付け方が重要である．外部均圧形温度自動膨張弁において，感温筒を吸込み蒸気配管の立ち上がり配管に取り付ける場合，感温筒はキャピラリチューブ側を上にして取り付ける．

(1)　イ，ロ　　(2)　イ，ニ　　(3)　ハ，ニ　　(4)　イ，ロ，ハ　　(5)　ロ，ハ，ニ

問６　次のイ，ロ，ハ，ニの記述のうち，熱交換器の合理的使用について正しいものはどれか．

イ．フィンコイル乾式蒸発器において，その伝熱量Φは，熱通過率K，空気側有効伝熱面積Aおよび，空気と冷媒の算術平均温度差Δt_{m}の積$KA\Delta t_{\mathrm{m}}$で表される．有効伝熱面積が一定で熱通過率が低下した場合でも，蒸発温度が低下し，空気と冷媒の温度差が大きくなるため冷凍装置の冷凍能力は変化しない．

ロ．空冷凝縮器では，冷媒と空気との算術平均温度差が大きいほど凝縮作用が活

発となるため，凝縮液膜が厚くなる．その結果，冷媒側の熱伝達率が小さくなる．このため，空冷凝縮器の設計で伝熱面積を決定するにあたり，一般に，入口空気温度より５Ｋから６Ｋ高い凝縮温度となるようにする．

ハ．ローフィンチューブを用いる水冷凝縮器において，設計時の冷媒と冷却水の温度差を大きくすると，管内面の汚れに起因する冷媒と冷却水の温度差の増加割合も大きくなる．

ニ．凝縮器内に不凝縮ガスが存在すると，伝熱が阻害される．これは，不凝縮ガスを含む混合気境界層が液膜の外側に存在するため，冷媒の液膜表面温度が冷媒蒸気分圧の圧力に対応する飽和温度まで低下することによる．装置を運転中に不凝縮ガスが凝縮器内に侵入すると，凝縮負荷が一定の条件では，気液界面と伝熱面との温度差が凝縮負荷に見合った温度差になるまで凝縮器内の圧力が高くなって平衡する．

(1) イ，ロ　(2) イ，ニ　(3) ロ，ハ　(4) ロ，ニ　(5) ハ，ニ

問７　次のイ，ロ，ハ，ニの記述のうち，膨張弁などについて正しいものはどれか．

イ．温度自動膨張弁本体の取付位置は蒸発器入口に近く，また，感温筒の取付位置は蒸発器出口に近いほうが，過熱度制御の安定性がよい．特に，蒸発器出入り口配管（冷媒液配管と圧縮機吸込み配管）が長い場合には，膨張弁本体と感温筒を蒸発器から大きく離れた位置に取り付けないようにする．

ロ．定圧自動膨張弁は，高圧冷媒液を絞り膨張して，一定の蒸発器内圧力を保持するための減圧弁の一種である．圧縮機が停止して，低圧圧力が高いときには，定圧自動膨張弁が閉じており，圧縮機が始動すると，低圧圧力が膨張弁の設定圧力に下がってから冷媒の送液を開始する．

ハ．温度自動膨張弁のクロスチャージ方式の特徴は，液チャージ方式などの，使用する蒸発温度域によって過熱度が変わる欠点を除いたことにより，蒸発温度が高温でも低温でも，ほぼ同じ過熱度設定値が保持できることである．

ニ．キャピラリチューブに過冷却状態で流入した冷媒液が，自己蒸発することで気液二相状態になると，蒸気の流速が上昇し，摩擦抵抗が著しく増大するので，冷媒の圧力が大きく低下し，温度を保持したままキャピラリチューブ出口から流出する．

(1) イ,ロ,ハ　(2) イ,ロ,ニ　(3) イ,ハ,ニ　(4) ロ,ハ,ニ　(5) イ,ロ,ハ,ニ

問８　次のイ，ロ，ハ，ニの記述のうち，調整弁について正しいものはどれか．

イ．温度式冷却水調整弁は，冷媒に直接触れることなく動作するので，凝縮器以外のオイルクーラなどの液体の温度制御用にも使える．温度式冷却水調整弁の特徴は，一般に，弁の応答の遅れが大きく，緩やかな制御になり，冷媒側と絶縁されて安全性が高く，調整弁の交換が容易なことである．

ロ．直動形凝縮圧力調整弁は，空冷凝縮器の出口側に取り付け，調整弁の出口圧力が低下すると弁が閉じ，上昇すると弁が開く圧力比例制御弁である．凝縮圧力調整弁は，必要とする凝縮圧力に設定し，夏季の外気温度が高いときには全開となり，冷媒液の流れの抵抗は最小の状態となる．

ハ．吸入圧力調整弁は，圧縮機の吸込み圧力が低下して圧縮機が過熱しないように，圧縮機吸込み冷媒量を調整して圧縮機の吸込み圧力を維持する圧力調整弁であり，圧縮機吸込み蒸気配管に取り付けられる．

ニ．蒸発圧力調整弁を流れるときの冷媒の状態変化は，等エンタルピーの絞り膨張である．圧縮機能力に対して蒸発器の冷却負荷が小さくなった場合は，蒸発圧力調整弁での圧力降下が大きくなるので，圧縮機吸込み圧力が大きく低下し，冷凍装置の成績係数が低下する．

(1)　イ，ロ　(2)　イ，ニ　(3)　ロ，ハ　(4)　ハ，ニ　(5)　イ，ハ，ニ

問９　次のイ，ロ，ハ，ニの記述のうち，制御機器について正しいものはどれか．

イ．満液式蒸発器，低圧受液器，中間冷却器などの液面レベルを一定に保持するためのフロート弁は，低圧フロート弁と呼ばれ，高圧冷媒液を絞り膨張させて低圧機器内に送液する．フロート弁は，一般に，各種冷媒で共用になっているが，冷媒液の密度の違いによる影響は小さい．

ロ．電磁弁は，冷媒用，水用，ブライン用などがあり，用途に応じて使い分ける．直動式の電磁弁は，その作動機構により弁前後の圧力差がゼロでも開閉できるが，パイロット式電磁弁は弁前後の圧力差が十分でないと作動しないことがあるので注意が必要である．

ハ．高圧圧力スイッチを安全装置として使用する冷凍装置では，一般に，冷媒圧力が上昇して設定圧力になった場合，圧縮機電源回路を遮断して圧縮機を停止させる．異常高圧で作動した場合には，冷凍装置の停止した原因を修復してから運転再開する必要がある．

ニ．バイメタル式サーモスタットは，熱伝導率の異なる2種類の金属を溶着または一緒にロール加工して作られ，温度が変化すると機械的なわん曲を生じる．バイメタル式サーモスタットは，このわん曲による力を利用して電気接点の開閉を行う．

(1)　イ，ロ，ハ　(2)　イ，ロ，ニ　(3)　イ，ハ，ニ　(4)　ロ，ハ，ニ　(5)　イ，ロ，ハ，ニ

問10　次のイ，ロ，ハ，ニの記述のうち，附属機器について正しいものはどれか．

イ．油分離器は，冷凍装置の圧縮機と凝縮器との間に設置し，圧縮機吐出しガスに含まれている油を分離する附属機器であり，バッフル式，金網式，デミスタ式などの油分離器がある．バッフル式油分離器は，多数の小孔がある複数枚のバッフル板を立型円筒内に斜めに設け，吐出しガスが小孔を通る際に油滴を分

離する．

ロ．高圧受液器は，凝縮器で凝縮した冷媒液を蓄える容器であり，この容器内で凝縮器と蒸発器の冷媒量の変化を吸収し，冷凍装置を円滑に運転できるようにする．一般に，大形の受液器には反射式液面計を取り付け，小容量の受液器にはサイトグラスを設置したりする．

ハ．低圧受液器は，冷媒液強制循環式冷凍装置の蒸発器冷却管に低圧冷媒液を送り込む液溜めの役割をもっている．一般に，蒸発器から低圧受液器に戻ってくる冷媒は気液混合状態であり，圧縮機へ液戻りしないように，圧縮機の吸込み配管には液分離器を取り付ける必要がある．

ニ．フルオロカーボン冷凍装置に取付ける，ろ過乾燥器の乾燥剤には，水分を吸着しても化学変化せず，砕けにくいゼオライト，活性アルミナ，シリカゲルなどが用いられる．アンモニア冷凍装置の冷媒系統内の水分はアンモニアと結合しているため，乾燥剤による吸着分離効果は期待できない．

(1) イ，ロ　(2) イ，ハ　(3) ハ，ニ　(4) イ，ロ，ニ　(5) ロ，ハ，ニ

問11　次のイ，ロ，ハ，ニの記述のうち，附属機器について正しいものはどれか．

イ．液ガス熱交換器は，凝縮器から出た高温冷媒液と，蒸発器から出た低温冷媒蒸気との間で熱交換させるものであり，アンモニア冷凍装置では，圧縮機の吸込み蒸気過熱度の増大にともなう吐出しガス温度の上昇が著しいので，使用されない．

ロ．フルオロカーボン冷凍装置において，満液式蒸発器や低圧受液器に入り込んだ冷凍機油は冷媒液に溶解しているので，油だけを分離して容器外に抜き出すことはできない．そこで，油の濃度が高い冷媒液を抜き出し，冷媒液は加熱して蒸気とし，冷媒と油に分離する機能をもった油回収器を使用する．不燃性冷媒液の加熱には，高圧冷媒液または高圧吐出しガスを利用し，過熱による油の劣化をさけるため，電気ヒータは，加熱源としては使用しない．

ハ．アンモニア用の多孔板式の液分離器は，円筒胴内の流速が1 m/s以下の蒸気の流れに乗った液滴が多孔板に衝突して下方に落ち，蒸気は孔を通り抜けて流れることによって，液と蒸気を分離する．

ニ．冷媒液強制循環式蒸発器では，一般に，液ポンプにより蒸発量の3倍から5倍の冷媒量を流す．また，冷凍機油を低圧受液器に戻すために，一般に，蒸発器本体に油戻し用の配管を設ける．

(1) イ，ロ　(2) イ，ハ　(3) イ，ニ　(4) ロ，ハ　(5) ロ，ニ

問12　次のイ，ロ，ハ，ニの記述のうち，配管について正しいものはどれか．

イ．配管用炭素鋼鋼管（SGP）は，毒性ガスの冷媒には使用できない．また，フルオロカーボン冷媒では設計圧力が1 MPaを超える耐圧部分，温度100℃を超

える耐圧部分，温度－25℃よりも低温の耐圧部分にSGPは使用できない．

ロ．ろう付けに使用するろう材のろう付け温度は，銀ろう系のほうが黄銅ろう系よりも低い．銀ろう系は，溶融したろうの流動性がよく，強度も大きいが，過熱すると亜鉛が蒸発して気泡を発生することが多い．

ハ．蒸発器が2基以上の装置では，無負荷の蒸発器に主管内の油や冷媒が流れ込むので，蒸発器吸込み管は，主管の下部（下面側）に接続するのがよい．

ニ．2基以上の凝縮器から一本の主管にまとめて受液器へ冷媒液を落とす場合には，各液落とし管にトラップを設けて，液の流れの抵抗による圧力差をトラップで吸収する．

(1)　イ，ハ　　(2)　イ，ニ　　(3)　ロ，ハ　　(4)　ロ，ニ　　(5)　ハ，ニ

問13　次のイ，ロ，ハ，ニの記述のうち，圧力容器と安全装置について正しいものはどれか．

イ．安全弁，破裂板，溶栓，高圧遮断装置などの安全装置は，設定の圧力や温度で作動し，外部に冷媒ガスを放出することで冷媒設備の圧力を許容圧力以下にする．

ロ．高圧遮断圧力スイッチの設定圧力は，高圧部に取り付けられた内蔵安全弁を除くすべての安全弁の最低吹始め圧力以下で，高圧部の許容圧力以下で作動するように設定する．また，設定圧力の範囲が1 MPa未満の場合，圧力スイッチの精度は，設定圧力の－15％以内でなければならない．

ハ．圧縮機用安全弁は，吹出し圧力において，圧縮機が吐き出すガスの全量を噴出することが求められる．また，圧力容器用安全弁は，冷媒ガスの飽和圧力が設定された圧力に達したときに冷媒ガスを噴出し，過度の圧力上昇を防止する．

ニ．破裂板は，圧力によって金属の薄板が破れる方式の安全装置であり，その最小口径は圧力容器に取り付けるべき安全弁の必要最小口径と同じとする．また，破裂板は，経年変化により破裂圧力が低下する傾向があるため，破裂圧力は，耐圧試験圧力より高くする．

(1)　ロ，ハ　　(2)　ハ，ニ　　(3)　イ，ロ，ハ　　(4)　イ，ロ，ニ　　(5)　イ，ハ，ニ

問14　次のイ，ロ，ハ，ニの記述のうち，溶接部の試験と圧力試験について正しいものはどれか．

イ．溶接部を対象に実施される非破壊試験には，放射線透過試験，超音波探傷試験，磁粉探傷試験，浸透探傷試験がある．突合せ溶接継手を対象に，放射線透過試験を実施した場合には，溶接継手の効率の値を高く設定できることがある．

ロ．耐圧試験は，耐圧強度を確認する構成機器や部品ごとに行う全数試験である．なお，部品ごとに試験したものを組み立てた機器については，耐圧強度が確認できたとみなし，試験を行わなくてもよい．

ハ．冷媒配管を完了した設備を対象に行う気密試験では，冷媒の種類によらずに，ボンベに詰められた二酸化炭素，窒素ガス，試験用空気圧縮機で加圧された空気を用いて行う．ただし，圧縮空気を用いる場合は，圧縮機の吐出し空気温度が140℃を超えないようにする．

ニ．真空試験は，冷媒設備の気密の最終確認をするために実施する試験である．十分に長い時間にわたって真空のまま放置した後，試験開始前よりも５Ｋくらいの温度変化の場合には，1.2 kPa程度の圧力変化であればよい．

(1) イ，ロ　(2) イ，ハ　(3) イ，ニ　(4) ロ，ハ　(5) ハ，ニ

問15　次のイ，ロ，ハ，ニの記述のうち，据付けおよび試運転について正しいものはどれか．

イ．地盤自身の弾力性による基礎の固有振動数は，機械が発生する振動の振動数よりも少なくとも20％以上の差をつけて，機械と基礎とが共振しないようにする．また，多気筒圧縮機の基礎の質量は，基礎の上に据え付ける機械の質量の2倍から3倍にするのが一般的である．

ロ．フルオロカーボン冷媒設備内の真空乾燥を行う際，冷媒設備内の圧力が，周囲温度が5℃のとき約0.87 kPa，周囲温度が10℃のとき約1.23 kPaに到達した時点で真空乾燥が完了したと判断してよい．

ハ．冷凍機油の選定条件として，酸に対する安定性がよいこと，熱安定性がよく，引火点が高いこと，水分や酸類などが含まれていないことなどが挙げられる．

ニ．冷凍装置に冷媒を充てんする際，冷媒量が不足すると，蒸発圧力が低下し，圧縮機の吸込み蒸気の過熱度と比体積が大きくなり，吐出し圧力が低下し，吐出しガス温度が上昇する．吐出しガス温度の上昇は油の劣化を促進する．

(1) ロ，ニ　(2) ハ，ニ　(3) イ，ロ，ハ　(4) イ，ハ，ニ　(5) イ，ロ，ハ，ニ

第一種冷凍機械　学識試験問題(試験時間120分)

問１　R 410 A を冷媒とする二段圧縮一段膨張の冷凍装置を下記の冷凍サイクルの運転条件で運転するとき，低段圧縮機吸込み蒸気の密度 ρ_1，高段圧縮機吸込み蒸気の密度 ρ_3 および実際の圧縮機駆動の総軸動力 P をそれぞれ求めよ．なお，解答用紙の所定欄に計算式を示して答えよ．

ただし，圧縮機の機械的摩擦損失仕事は吐出しガスに熱として加わるものとし，配管での熱の出入りおよび圧力損失はないものとする．（20点）

（理論冷凍サイクルの運転条件）

低段圧縮機吸込み蒸気の比エンタルピー	$h_1 = 423$ kJ/kg
低段圧縮機の断熱圧縮後の吐出しガスの比エンタルピー	$h_2 = 460$ kJ/kg
高段圧縮機吸込み蒸気の比エンタルピー	$h_3 = 437$ kJ/kg
高段圧縮機の断熱圧縮後の吐出しガスの比エンタルピー	$h_4 = 479$ kJ/kg
中間冷却器用膨張弁直前の液の比エンタルピー	$h_5 = 241$ kJ/kg
蒸発器用膨張弁直前の液の比エンタルピー	$h_7 = 221$ kJ/kg

（実際の冷凍装置の運転条件）

冷凍能力	$\Phi_o = 220$ kW
低段側ピストン押しのけ量	$V_L = 660$ m^3/h
押しのけ量比	$a = 2.0$
圧縮機の体積効率（低段側，高段側とも）	$\eta_v = 0.75$
圧縮機の断熱効率（低段側，高段側とも）	$\eta_c = 0.70$
圧縮機の機械効率（低段側，高段側とも）	$\eta_m = 0.85$

問２　下図に示す液ガス熱交換器付きのR 404 A 冷凍装置が次の条件で運転されている．次の(1)の問に，解答用紙の所定欄に計算式を示して答えよ．また，(2)の問に答えよ．

ただし，圧縮機の機械的摩擦損失仕事は吐出しガスに熱として加わるものとする．また，配管での熱の出入りおよび圧力損失はないものとする．（20点）

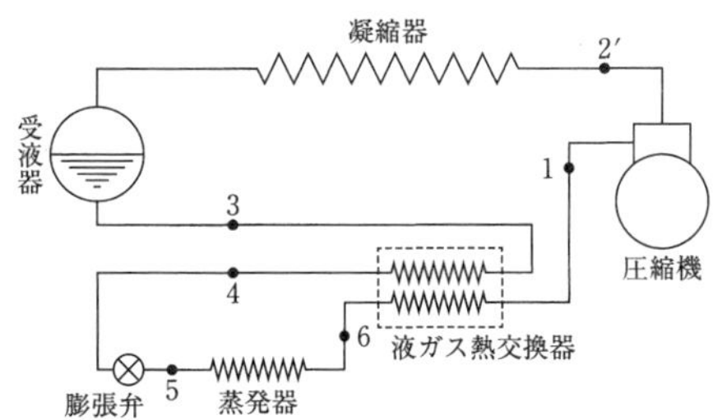

（条件）

圧縮機吸込み蒸気の比エンタルピー　$h_1 = 374\ \mathrm{kJ/kg}$

圧縮機の断熱圧縮後の吐出しガスの比エンタルピー　$h_2 = 418\ \mathrm{kJ/kg}$

受液器出口の液の比エンタルピー　$h_3 = 238\ \mathrm{kJ/kg}$

膨張弁直前の液の比エンタルピー　$h_4 = 215\ \mathrm{kJ/kg}$

冷凍能力　$\Phi_\mathrm{o} = 100\ \mathrm{kW}$

圧縮機の断熱効率　$\eta_\mathrm{c} = 0.75$

圧縮機の機械効率　$\eta_\mathrm{m} = 0.90$

(1) 液ガス熱交換器における熱交換量Φ_h(kW)およびこの冷凍装置の実際の成績係数$(COP)_\mathrm{R}$をそれぞれ求めよ．

(2) 液ガス熱交換器の主な使用目的を2つ記せ．

問3　以下に示す設計条件で，冷蔵庫パネル外表面での結露を防ぐために，パネル外表面温度t_{a3}が34.5℃以上となるように，冷蔵庫パネルの芯材厚さを決定したい．その場合の最も薄い芯材の厚さを計算式を示して求めよ．さらに，下記の選択肢の中から最も適切な芯材厚さを選択し，その理由を記せ．

（選択肢）

パネル芯材厚さ：100 mm，110 mm，120 mm，130 mm　（20点）

（設計条件）

外気温度　$t_\mathrm{a} = 35$℃

外気の露点温度　$t_{\mathrm{a2}} = 31$℃

庫内温度　$t_\mathrm{r} = -25$℃

パネル外表面（外気側）の熱伝達率　$\alpha_\mathrm{a} = 30\ \mathrm{W/(m^2{\cdot}K)}$

パネル内表面（庫内側）の熱伝達率　$\alpha_\mathrm{r} = 5.0\ \mathrm{W/(m^2{\cdot}K)}$

パネル外皮材，内皮材の厚さ　$\delta_1 = \delta_3 = 0.5\ \mathrm{mm}$

パネル外皮材，内皮材の熱伝導率　$\lambda_1 = \lambda_3 = 40\ \mathrm{W/(m{\cdot}K)}$

パネル芯材（硬質ポリウレタンフォーム）の熱伝導率　$\lambda_2 = 0.030\ \mathrm{W/(m{\cdot}K)}$

問4　冷媒に関する次の(1)から(3)の問に答えよ．　（20点）

(1) 以下の単成分ふっ素系冷媒の冷媒記号を構成する，X_1からX_3のそれぞれの0または正の整数が表す意味を，X_4に対する解答用紙の解答例にならって簡潔に記せ．また，小文字アルファベットxが表す意味を簡潔に記せ．さらに，R 32の分子式を記せ．

R $X_1X_2X_3X_4$x（例：R 134a　この例ではX_1が省略されている．）

X_1，X_2，X_3，X_4：0または正の整数

x：小文字アルファベット（a，b，c・・・）

注）X_1，X_2，xは，省略する場合がある．

X_1の表す意味：＿＿＿＿＿＿＿＿＿＿＿＿＿＿＿＿＿＿＿＿＿＿＿＿＿＿
X_2の表す意味：＿＿＿＿＿＿＿＿＿＿＿＿＿＿＿＿＿＿＿＿＿＿＿＿＿＿
X_3の表す意味：＿＿＿＿＿＿＿＿＿＿＿＿＿＿＿＿＿＿＿＿＿＿＿＿＿＿
X_4の表す意味：（例）冷媒1分子あたりのふっ素原子の数
xの表す意味　：＿＿＿＿＿＿＿＿＿＿＿＿＿＿＿＿＿＿＿＿＿＿＿＿＿＿
R 32の分子式：＿＿＿＿＿＿＿＿＿＿＿＿＿＿＿＿＿＿＿＿＿＿＿＿＿＿

(2)　下表の混合冷媒の混合成分と成分比を，解答用紙の解答例にならって解答欄に記入せよ．

混合冷媒	混合成分	成分比（mass%）
（例）R 401 A	R 22 / R 152a / R 124	53 / 13 / 34
R 404 A		
R 407 C		
R 410 A		

(3)　(2)の表に示した例（R 401 A）を除く3つの混合冷媒のうち，以下の項目に該当するものの冷媒記号をそれぞれ記せ．

・GWPが最も大きいもの
・モル質量が最も大きいもの
・臨界温度が最も高いもの
・標準大気圧における沸点が最も低いもの

問５　下記仕様の鋼板がある．この鋼板を用いて，屋外に設置して凝縮温度55℃で運転されるR 410 A用高圧受液器を設計したい．この高圧受液器について，設計可能な最大の円筒胴の内径D_i(mm)と，この円筒胴に取り付ける半球形鏡板の必要板厚t_a(mm)を，それぞれ計算式を示して整数値で求めよ．

ただし，R 410 A冷凍装置の基準凝縮温度55℃における高圧部設計圧力は3.33 MPaとし，円筒胴の溶接継手の効率は0.70，鏡板には溶接継手はないものとする．また，円筒胴と鏡板は内径寸法D_i(mm)を同一とする．　(20点)

（鋼板の仕様）

使用鋼板　SM 400 B
円筒胴に使用する鋼板の厚さ　t_{a1} = 9 mm

令和２年度（令和２年11月８日施行）

第二種冷凍機械責任者試験

第二種冷凍機械　法令試験問題(試験時間60分)

次の各問について，高圧ガス保安法に係る法令上正しいと思われる最も適切な答えをその問の下に掲げてある(1)，(2)，(3)，(4)，(5)の選択肢の中から１個選びなさい．

なお，経済産業大臣が危険のおそれのないと認めた場合等における規定は適用しない．

(注) 試験問題中，「都道府県知事等」とは，都道府県知事又は高圧ガス保安法に関する事務を処理する指定都市の長をいう．

問１　次のイ，ロ，ハの記述のうち，正しいものはどれか．

イ．常用の温度において圧力が1.1メガパスカルとなる圧縮ガス（圧縮アセチレンガスを除く．）であって，現にその圧力が1.0メガパスカルであるものは，温度35度における圧力が0.8メガパスカルであっても，高圧ガスである．

ロ．圧力が0.2メガパスカルとなる場合の温度が30度である液化ガスであって，常用の温度において圧力が0.15メガパスカルであるものは，高圧ガスではない．

ハ．高圧ガス保安法は，高圧ガスによる災害を防止して公共の安全を確保する目的のため，高圧ガス保安協会による高圧ガスの保安に関する自主的な活動を促進することも定めている．

(1) イ　(2) ハ　(3) イ，ハ　(4) ロ，ハ　(5) イ，ロ，ハ

問２　次のイ，ロ，ハの記述のうち，正しいものはどれか．

イ．１日の冷凍能力が３トン未満の冷凍設備内における高圧ガスは，そのガスの種類にかかわらず，高圧ガス保安法の適用を受けない．

ロ．１日の冷凍能力が50トン以上である認定指定設備のみを使用して冷凍のため高圧ガスの製造をしようとする者は，都道府県知事等の許可を受けなくてよい．

ハ．第一種製造者は，製造施設の位置，構造又は設備について定められた軽微な変更の工事をしようとするときは，都道府県知事等の許可を受けなくてよいが，工事開始の日の20日前までにその旨を都道府県知事等に届け出なければならない．

(1) イ　(2) イ，ロ　(3) イ，ハ　(4) ロ，ハ　(5) イ，ロ，ハ

問３　次のイ，ロ，ハの記述のうち，正しいものはどれか．

イ．製造をする高圧ガスの種類がフルオロカーボン（不活性のものに限る．）である場合，１日の冷凍能力が20トン以上50トン未満である冷凍設備を使用して高圧ガスの製造をする者は，第二種製造者である．

ロ．第一種製造者がその高圧ガスの製造事業の全部を譲り渡したときは，その事業の全部を譲り受けた者はその第一種製造者の地位を承継する．

ハ．専ら冷凍設備に用いる機器の製造の事業を行う者（機器製造業者）が所定の技術上の基準に従って製造しなければならない機器は，可燃性ガス以外のフルオロカーボンを冷媒ガスとする冷凍機のものにあっては，１日の冷凍能力が20トン以上のものに限られる．

(1) イ　(2) イ，ロ　(3) イ，ハ　(4) ロ，ハ　(5) イ，ロ，ハ

問４　次のイ，ロ，ハの記述のうち，冷凍のため高圧ガスの製造をする第二種製造者について正しいものはどれか．

イ．冷凍設備（認定指定設備を除く．）を使用して高圧ガスの製造をしようとする者が，その旨を都道府県知事等に届け出なければならない場合の１日の冷凍能力の最小の値は，その冷媒ガスの種類がフルオロカーボン（不活性のものに限る．）とアンモニアとでは異なる．

ロ．冷凍のため製造をする第二種製造者が定期自主検査を実施しなければならない冷凍設備において，定期自主検査の検査記録に記載すべき事項の一つに「検査をした製造施設の設備ごとの検査方法及び結果」がある．

ハ．第二種製造者が従うべき製造の方法に係る技術上の基準は，定められていない．

(1) イ　(2) ロ　(3) イ，ロ　(4) ロ，ハ　(5) イ，ロ，ハ

問５　次のイ，ロ，ハの記述のうち，車両に積載した容器（内容積が48リットルのもの）による冷凍設備の冷媒ガスの補充用の高圧ガスの移動に係る技術上の基準等について一般高圧ガス保安規則上正しいものはどれか．

イ．不活性ガスである液化フルオロカーボン134aを移動するときは，液化アンモニアを移動するときと同様に，その車両の見やすい箇所に警戒標を掲げなければならない．

ロ．液化アンモニアを移動するときは，その充塡容器及び残ガス容器には木枠又はパッキンを施さなければならない．

ハ．特定不活性ガスである液化フルオロカーボン32を移動するときは，消火設備並びに災害発生防止のための応急措置に必要な資材及び工具等を携行しなければならない．

(1) ロ　(2) イ，ロ　(3) イ，ハ　(4) ロ，ハ　(5) イ，ロ，ハ

問６　次のイ，ロ，ハの記述のうち，冷凍設備の冷媒ガスの補充用の高圧ガスを充塡するための容器（再充塡禁止容器を除く.）及びその附属品について正しいものはどれか.

イ．容器検査に合格した容器に刻印されている「TP 2.9 M」は，その容器の最高充塡圧力が2.9メガパスカルであることを表している.

ロ．容器に充塡する高圧ガスの種類に応じた塗色を行わなければならない場合，その容器の外面の見やすい箇所に，その表面積の2分の1以上について行わなければならない.

ハ．液化フルオロカーボンを充塡する溶接容器の容器再検査の期間は，その容器の製造後の経過年数に応じて定められている.

(1) イ　(2) ロ　(3) イ，ハ　(4) ロ，ハ　(5) イ，ロ，ハ

問７　次のイ，ロ，ハの記述のうち，冷凍に係る製造事業所における冷媒ガスの補充用としての容器による高圧ガスの貯蔵の方法に係る技術上の基準について一般高圧ガス保安規則上正しいものはどれか.

イ．貯蔵の方法に係る技術上の基準に従って貯蔵しなければならない液化ガスは，質量が1.5キログラムを超えるものである.

ロ．通風の良い場所で貯蔵しなければならない充塡容器（高圧ガスの質量が50キログラムのもの）は，可燃性ガスのものに限られる.

ハ．液化アンモニア（質量が50キログラムのもの）の充塡容器の貯蔵は，常に温度50度以下に保って行わなければならない.

(1) イ　(2) ロ　(3) ハ　(4) イ，ロ　(5) イ，ハ

問８　次のイ，ロ，ハのうち，容積圧縮式（往復動式）圧縮機を使用する製造設備の1日の冷凍能力の算定に必要な数値として冷凍保安規則上正しいものはどれか.

イ．冷媒ガスの種類に応じて定められた数値又は所定の算式により得られた数値（C）

ロ．圧縮機の原動機の定格出力の数値（W）

ハ．蒸発器の冷媒ガスに接する側の表面積の数値（A）

(1) イ　(2) ロ　(3) ハ　(4) イ，ロ　(5) イ，ロ，ハ

問９から問14までの問題は，次の例による事業所に関するものである.

［例］冷凍のため，次に掲げる高圧ガスの製造施設を有する事業所
なお，この事業者は認定完成検査実施者及び認定保安検査実施者ではない.

製造設備の種類	：定置式製造設備（一つの製造設備であって，専用機械室に設置してあるもの）
冷媒ガスの種類	：アンモニア
冷凍設備の圧縮機	：容積圧縮式（往復動式）4台
1日の冷凍能力	：250トン
主な冷媒設備	：凝縮器（横置円筒形で胴部の長さが5メートルのもの）1基
	：受液器（内容積が6,000リットルのもの）1基

問9　次のイ，ロ，ハの記述のうち，この事業者について正しいものはどれか．

イ．この事業者がこの事業所内において指定した場所では，その事業所に選任された冷凍保安責任者を除き，何人も火気を取り扱ってはならない．

ロ．この事業者は，危害予防規程を定め，これを都道府県知事等に届け出なければならない．また，この危害予防規程を守るべき者は，この事業者及びその従業者であると定められている．

ハ．この事業者は，この製造施設が危険な状態となったときは，直ちに，所定の応急の措置を講じなければならない．

(1)　イ　　(2)　ハ　　(3)　イ，ロ　　(4)　ロ，ハ　　(5)　イ，ロ，ハ

問10　次のイ，ロ，ハの記述のうち，この事業者について正しいものはどれか．

イ．平成27年（2015年）11月1日に製造施設に異常があったので，その年月日及びそれに対してとった措置を帳簿に記載し，これを保存していたが，その後その製造施設に異常がなかったので，令和2年（2020年）11月1日にその帳簿を廃棄した．

ロ．この製造施設の高圧ガスについて災害が発生したときは，遅滞なく，その旨を都道府県知事等又は警察官に届け出なければならない．

ハ．その従業者に対する保安教育を随時実施していれば，保安教育計画は定めなくてよい．

(1)　イ　　(2)　ロ　　(3)　イ，ロ　　(4)　ロ，ハ　　(5)　イ，ロ，ハ

問11　次のイ，ロ，ハの記述のうち，この事業者について正しいものはどれか．

イ．この事業所の冷凍保安責任者の代理者には，所定の冷凍機械責任者免状の交付を受けている者であれば，高圧ガスの製造に関する所定の経験を有しない者を選任することができる．

ロ．冷凍保安責任者が旅行，疾病などのためその職務を行うことができない場合，あらかじめ選任した冷凍保安責任者の代理者にその職務を代行させなければならない．

ハ．選任している冷凍保安責任者を解任し，新たに冷凍保安責任者を選任したと

きは，遅滞なく，その解任及び選任の旨を都道府県知事等に届け出なければならない．

(1) イ　(2) ロ　(3) イ，ロ　(4) ロ，ハ　(5) イ，ロ，ハ

問12　次のイ，ロ，ハの記述のうち，この製造施設について正しいものはどれか．

イ．製造施設の変更の工事のうちには，その工事の完成後遅滞なく，その旨を都道府県知事等に届け出ればよい軽微な変更の工事があるが，この事業所の製造施設のうち冷媒設備の取替えの工事には適用されない．

ロ．既に完成検査を受け所定の技術上の基準に適合していると認められているこの製造施設の全部の引渡しがあった場合，その引渡しを受けた者は，都道府県知事等の許可を受けることなくこの製造施設を使用することができる．

ハ．製造施設の変更の工事のうちには，都道府県知事等の許可を受けた場合であっても，完成検査を受けることなく，その製造施設を使用することができる変更の工事があり，この事業所の製造施設のうち冷媒設備の取替えの工事に適用される．

(1) イ　(2) ハ　(3) イ，ロ　(4) ロ，ハ　(5) イ，ロ，ハ

問13　次のイ，ロ，ハの記述のうち，この事業所に適用される技術上の基準について正しいものはどれか．

イ．この受液器にガラス管液面計を設ける場合には，丸形ガラス管液面計以外のものとし，その液面計の破損を防止するための措置とともに，受液器とガラス管液面計とを接続する配管にその液面計の破損による漏えいを防止するための措置も講じなければならない．

ロ．この製造設備は定置式製造設備のため，製造施設から漏えいした冷媒ガスが滞留するおそれのある場所に，そのガスの漏えいを検知し，かつ，警報するための設備を設けなければならないものに該当しない．

ハ．この受液器並びにその支持構造物及び基礎は，所定の耐震に関する性能を有するものとしなければならない．

(1) イ　(2) ロ　(3) イ，ハ　(4) ロ，ハ　(5) イ，ロ，ハ

問14　次のイ，ロ，ハの記述のうち，この事業所に適用される技術上の基準について正しいものはどれか．

イ．この製造設備は，その設備から冷媒ガスが漏えいしたときに安全に，かつ，速やかに除害するための措置を講じなければならないものに該当しない．

ロ．この受液器は，その周囲に液状の冷媒ガスが漏えいした場合にその流出を防止するための措置を講じなければならないものに該当する．

ハ．圧縮機，凝縮器及び受液器並びにこれらを接続する配管が設置してある専用機械室は，冷媒ガスが漏えいしたとき滞留しないような構造としなければなら

ない.

(1) イ　(2) ロ　(3) ハ　(4) ロ, ハ　(5) イ, ロ, ハ

問15から問20までの問題は, 次の例による事業所に関するものである.

［例］冷凍のため, 次に掲げる定置式製造設備である高圧ガスの製造施設を有する一つの事業所として高圧ガスの製造の許可を受けている事業所
なお, この事業者は認定完成検査実施者及び認定保安検査実施者ではない.

製造設備Ａ：冷媒設備が一つの架台上に一体に組み立てられていないもの　1基
製造設備Ｂ：認定指定設備であるもの　1基
これら製造設備Ａ及び製造設備Ｂはブラインを共通とし, 同一の専用機械室に設置されており, 一体として管理されるものとして設計されたものであり, かつ, 同一の計器室において制御されている.
冷媒ガスの種類：製造設備Ａ及び製造設備Ｂとも, 不活性ガスであるフルオロカーボン134ａ
冷凍設備の圧縮機：製造設備Ａ及び製造設備Ｂとも, 遠心式
1日の冷凍能力：600トン（製造設備Ａ：300トン, 製造設備Ｂ：300トン）
主な冷媒設備：凝縮器（製造設備Ａ及び製造設備Ｂとも, 横置円筒形で胴部の長さが4メートルのもの）　各1基

問15　次のイ, ロ, ハのうち, この事業者が行う製造施設の変更の工事であって, 冷凍保安規則で定める軽微な変更の工事に該当するものはどれか.

イ. 製造設備Ａの冷媒設備に係る切断, 溶接を伴わない圧縮機の取替えの工事であって, その取り替える圧縮機の冷凍能力の変更がないもの

ロ. この製造施設に製造設備Ａと同じ製造設備Ｃを増設し, 製造設備Ａ及び製造設備Ｂとブラインを共通とする工事

ハ. 製造設備Ｂについて行う指定設備認定証が無効とならない認定指定設備に係る変更の工事

(1) ハ　(2) イ, ロ　(3) イ, ハ　(4) ロ, ハ　(5) イ, ロ, ハ

問16　次のイ, ロ, ハの記述のうち, この事業者が受ける保安検査及びこの事業者が行う定期自主検査について正しいものはどれか.

イ．定期自主検査を行うときは，選任している冷凍保安責任者にその実施について監督を行わせなければならない．

ロ．定期自主検査は，製造設備Ａについては1年に1回以上，認定指定設備である製造設備Ｂについては3年に1回以上行わなければならないと定められている．

ハ．保安検査を受けなければならない高圧ガスの製造のための施設を特定施設というが，この事業所の特定施設は，製造施設のうち，認定指定設備である製造設備Ｂの部分を除いたものである．

(1) イ　(2) イ，ロ　(3) イ，ハ　(4) ロ，ハ　(5) イ，ロ，ハ

問17　次のイ，ロ，ハの記述のうち，この事業所に適用される技術上の基準について正しいものはどれか．

イ．この製造施設の製造設備は専用機械室に設置されているので，製造施設に警戒標を掲げる必要はない．

ロ．配管以外の冷媒設備について行う耐圧試験は，水その他の安全な液体を使用することが困難であると認められるときは，空気，窒素等の気体を使用して許容圧力の1.25倍以上の圧力で行うことができる．

ハ．製造設備Ａに設けた手動で操作されるバルブ又はコックには，作業員がそのバルブ又はコックを適切に操作することができるような措置を講じなければならない．

(1) ロ　(2) ハ　(3) イ，ロ　(4) ロ，ハ　(5) イ，ロ，ハ

問18　次のイ，ロ，ハの記述のうち，この事業所に適用される技術上の基準について正しいものはどれか．

イ．製造設備Ａの冷媒設備の配管の変更の工事後の完成検査における気密試験は，許容圧力以上の圧力で行えばよい．

ロ．冷媒設備の圧縮機が強制潤滑方式であって，潤滑油圧力に対する保護装置を有している場合であっても，その圧縮機の油圧系統を除く冷媒設備には圧力計を設けなければならない．

ハ．1日に1回以上製造施設の異常の有無を点検しなければならない旨の定めは，認定指定設備である製造設備Ｂには適用されない．

(1) イ　(2) ロ　(3) ハ　(4) イ，ロ　(5) イ，ロ，ハ

問19　次のイ，ロ，ハの記述のうち，この事業所に適用される技術上の基準に適合しているものはどれか．

イ．製造設備Ａの圧縮機と凝縮器との間の配管の付近に，製造設備外の火気を設置せざるを得なくなったので，その火気に対して安全な措置を講じた．

ロ．冷媒設備に，その設備内の冷媒ガスの圧力が許容圧力を超えた場合に直ちにその圧力を許容圧力以下に戻すことができる安全装置を設けた．

ハ．冷媒設備の修理は，あらかじめ作業の責任者を定め，あらかじめ定めた修理の作業計画に従って，異常があったときに直ちにその旨をその責任者に通報するための措置を講じて行うこととした．

(1) イ　(2) ハ　(3) イ，ロ　(4) ロ，ハ　(5) イ，ロ，ハ

問20　次のイ，ロ，ハの記述のうち，認定指定設備である製造設備Bについて正しいものはどれか．

イ．「冷媒設備は，この設備の製造業者の事業所において試運転を行い，使用場所に分割されずに搬入されること．」は，認定指定設備として認定を受けるときの条件の一つである．

ロ．「製造設備の日常の運転操作に必要となる冷媒ガスの止め弁には，手動式のものを使用しないこと．」は，認定指定設備として認定を受けるときの条件の一つである．

ハ．この設備を移設すると，その指定設備認定証が無効になる場合がある．

(1) イ　(2) ロ　(3) イ，ハ　(4) ロ，ハ　(5) イ，ロ，ハ

第二種冷凍機械　保安管理技術試験問題（試験時間90分）

次の各問について，正しいと思われる最も適切な答をその問の下に掲げてある(1)，(2)，(3)，(4)，(5)の選択肢の中から１個選びなさい．

問１　次のイ，ロ，ハ，ニの記述のうち，圧縮機の運転管理について正しいものはどれか．

イ．往復圧縮機の過熱運転の原因には，圧縮機の不具合や吐出しガス圧力の上昇などがあり，密閉往復圧縮機では，加えて電源の異常な高電圧および低電圧もある．

ロ．往復圧縮機の吐出し弁に漏れがあると，圧縮機の吐出しガス温度が上昇し，体積効率と断熱効率が大きく低下する．

ハ．多気筒圧縮機が湿り蒸気を吸い込むと，吐出しガス温度が低下する．この運転状態が続き，液戻りの状態が続いても，一般に，油圧保護圧力スイッチが作動することはなく，圧縮機は停止しない．

ニ．密閉圧縮機，半密閉圧縮機の電動機が焼損すると，巻線の絶縁物や潤滑油が焼けて，圧縮機内にカーボンが付着したり，冷媒の分解が生じることがある．この場合の対処は，一般に，圧縮機の交換だけでよい．

(1)　イ，ロ　　(2)　イ，ニ　　(3)　ハ，ニ　　(4)　イ，ロ，ハ　　(5)　ロ，ハ，ニ

問２　次のイ，ロ，ハ，ニの記述のうち，高圧部の保守管理について正しいものはどれか．

イ．受液器兼用のシェルアンドチューブ凝縮器を備える装置に冷媒を過充てんすると，凝縮に有効に使われる冷却管の伝熱面積が減少して凝縮温度が上昇し，凝縮器から出る冷媒液の過冷却度は小さくなる．

ロ．液管内に冷媒液が封鎖され，周囲から熱が侵入すると，冷媒液の熱膨張が配管の熱膨張より大きいために配管内の圧力が上昇し，弁や配管が破損する．配管内の圧力上昇幅は，封鎖時の液温によらず，配管内の液の温度上昇幅によって決まる．

ハ．空冷凝縮器を用いた冷凍装置では，冬季の外気温度の低下によって，凝縮圧力が極端に低下した場合，液管内の冷媒液にフラッシュガスが発生することがある．フラッシュガスが発生すると，蒸発器の冷却能力不足を引き起こす．

ニ．アンモニアは鉱油をあまり溶解しないので，凝縮器伝熱面に油膜を形成する．この油膜は，それほど厚くならないものの，冷却能力の低下につながる．

(1)　イ，ロ　　(2)　ロ，ニ　　(3)　ハ，ニ　　(4)　イ，ロ，ハ　　(5)　イ，ハ，ニ

問３　次のイ，ロ，ハ，ニの記述のうち，蒸発器などについて正しいものはどれか．

イ．蒸発温度低下の原因の1つが，蒸発器への霜付きである．霜付きによる熱伝導抵抗の増大および送風量の減少による熱伝達率の低下によって蒸発器の熱通過率が大きくなり，蒸発温度が低下する．

ロ．空気冷却器における蒸発温度と空気温度との温度差は，使用目的によって設定されており，設定温度差に従って装置が運転される．冷房の場合には，空気を除湿する必要があるので，設定温度差は大きくとり，15 Kから20 K程度である．冷蔵の場合には，冷房の場合に比べて小さくとり，5 Kから10 K程度である．

ハ．満液式シェルアンドチューブ蒸発器では，冷却管内に冷媒を流し，シェル側に水やブラインを流すので，水やブラインが凍結しても冷却管を破損させる危険は少ない．

ニ．フィンコイル乾式蒸発器のMOP付きの温度自動膨張弁が適切に作動するためには，弁本体温度が感温筒温度よりも低くなるように取り付ける必要がある．

(1) イ　(2) ロ　(3) ハ　(4) イ，ニ　(5) ロ，ニ

問４　次のイ，ロ，ハ，ニの記述のうち，冷媒および冷凍機油について正しいものはどれか．

イ．ふっ素系冷媒は安定した冷媒であって，CFC系冷媒は大気に放出されると成層圏のオゾン層を破壊するが，GWPはゼロであり，地球温暖化には影響をあたえない．

ロ．ふっ素系冷媒に水分が混入した場合，冷媒の温度が低下すると水分の溶解度が小さくなって，冷媒中に溶解していた水分が遊離する．この水分がキャピラリチューブの低温部で氷結して，閉塞（詰まり）を生じる．

ハ．空調機の配管や圧縮機の部品加工に使用される切削加工油が，冷凍装置の中に残留すると，HFC系冷媒は極性を持たないため，加工油が溶解せず，スラッジが発生する原因となる．

ニ．ふっ素系冷媒の冷凍空調装置では，密閉電動機による加熱などで圧縮機吐出しガス温度が高くなることがあるが，一般に，120℃を超えなければ冷凍機油の劣化のおそれはない．

(1) イ，ハ　(2) ロ，ニ　(3) イ，ロ，ニ　(4) イ，ハ，ニ　(5) ロ，ハ，ニ

問５　次のイ，ロ，ハ，ニの記述のうち，制御機器について正しいものはどれか．

イ．流量式断水リレーの1つであるパドル形フロースイッチは，配管内にパドルを入れて流れを検知する．流量による作動の設定値は調整ねじで設定でき，パドルは流量の変化により連続的に働き，流量感度が高い．

ロ．低圧受液器などの液面レベルを一定に保持する低圧フロート弁は，直接式フロート弁とフロート室付フロート弁があり，高圧冷媒液を絞り膨張させて低圧

機器内に送液する.

ハ. 高圧圧力スイッチは，冷凍装置の高圧圧力の異常な上昇を防止するための安全装置として用いるほか，空冷凝縮器の送風機の台数制御にも用いられる．これらの目的で使用される場合の高圧圧力スイッチは，手動復帰形でなければならない.

ニ. 電子式サーモスタットは，応答が速く，温度感度と精度が高く，作動温度範囲を広くできる．また，温度検出対象は，水などの流体だけでなく，固体表面に接触させる温度検出用にも使用される.

(1) イ，ニ　(2) ロ，ハ　(3) ハ，ニ　(4) イ，ロ，ハ　(5) イ，ロ，ニ

問6 次のイ，ロ，ハ，ニの記述のうち，附属機器について正しいものはどれか.

イ. アンモニア冷凍装置の冷媒系統に水分が存在すると，膨張弁での氷結や金属材料の腐食など装置各部に悪影響を及ぼす．そこで，吸込み蒸気配管にフィルタドライヤを取り付け，水分を吸着除去する.

ロ. 蒸発温度が−40℃以下の冷凍装置では，蒸発器からの油戻しが難しいため，油分離器を設けて冷凍装置内を循環する冷凍機油を減らすようにする.

ハ. 低圧受液器は，冷媒液強制循環式冷凍装置の蒸発器へ低圧冷媒を送り込むための液溜めとしての機能がある．冷凍装置の運転状態が大きく変化しても，冷媒液ポンプと蒸発器が安定して運転できるように，十分な冷媒液量の保持と一定した液ポンプ吸込み揚程の確保が必要である.

ニ. ヒートポンプでは，冷房と暖房の間で運転モードを切り換えたときに熱交換器内の冷媒量が変化するため，液分離器を設置し，この変化量を吸収する.

(1) イ，ロ　(2) イ，ハ　(3) イ，ニ　(4) ロ，ハ　(5) ロ，ニ

問7 次のイ，ロ，ハ，ニの記述のうち，配管について正しいものはどれか.

イ. 低温配管には，配管用炭素鋼鋼管（SGP）や圧力配管用炭素鋼鋼管（STPG）などがあり，SGPのほうがSTPGよりも低温で使用することができる.

ロ. 銅管のろう付けに使用するろう材には，BAg系やBCuZn系などのろう材があり，BCuZn系のほうがBAg系よりもろう付け温度が高い.

ハ. ポンプダウン停止をしない装置では，圧縮機が蒸発器より下側に設置されている装置の吸込み配管を，蒸発器上部まで一度立ち上げてから圧縮機へ接続し，装置停止中に冷媒液が圧縮機に流れ落ちるのを防止する.

ニ. 大型の冷凍装置では，圧縮機の吸込み側の横走り管が非常に長い場合，途中にUトラップを設けて，液戻りを防止する.

(1) イ，ロ　(2) イ，ハ　(3) イ，ニ　(4) ロ，ハ　(5) ロ，ニ

問8 次のイ，ロ，ハ，ニの記述のうち，安全装置について正しいものはどれか.

イ. 高圧遮断圧力スイッチは安全弁が作動する前に圧縮機を停止させる．停止後

の圧力スイッチの復帰は，原則として手動復帰形とするが，冷媒の種類に関係なく，冷凍能力や運転方式によっては，自動復帰形でもよい．

ロ．安全弁から放出する不燃性の冷媒ガスの場合は，毒性がなくても酸欠にならないように放出する必要がある．また，毒性ガスや可燃性ガスの場合は，火気に注意して，除害装置へ放出するようにしなければならない．

ハ．溶栓は，圧力で作動する安全装置ではなく，温度で作動する安全装置であり，圧力容器が火災などで表面から加熱され昇温されたときに作動して冷媒を放出するためのものである．

ニ．アンモニア冷凍装置の低圧部の容器で，容器本体に附属する止め弁によって封鎖（液封）されるものは，安全弁，破裂板または圧力逃がし装置を取り付ける．

(1)　イ　　(2)　ロ　　(3)　ハ　　(4)　ニ　　(5)　イ，ロ

問９　次のイ，ロ，ハ，ニの記述のうち，圧力試験，溶接施工などについて正しいものはどれか．

イ．耐圧試験は，耐圧強度を確認しなければならない構成機器，または，その部品ごとに行う抜取り試験である．部品ごとに試験したときは，それを組み立てた機器も耐圧強度が確認されたものとみなされる．

ロ．気密試験では圧力をかけたままで発泡液を塗布し，つち打ちなどの軽い衝撃を与え，漏れ箇所の確認を行う．漏れ箇所の修理はすべての圧力を大気圧まで下げてから行い，修理完了後に改めて規定の圧力まで加圧して，再び漏れの点検を行う．

ハ．冷凍装置を構成する各機器のアーク溶接施工の良否は，母材の材質，板厚と開先形状，溶接棒の種類，溶接の電流と電圧，溶接の姿勢などの条件が関係する．溶接する金属（母材）の間に設ける溝を開先またはグルーブといい，その形状にはI，V，X形などがある．

ニ．気密試験は，一般に，耐圧試験を実施した後の圧縮機や圧力容器などの，冷媒設備の配管部分を除く構成機器の個々の組立品について行うものと，冷媒配管および防熱施工が完了したあとに，冷媒設備全系統の漏れを調べるために行うものがある．

(1)　ハ　　(2)　イ，ロ　　(3)　イ，ニ　　(4)　ロ，ハ　　(5)　ハ，ニ

問10　次のイ，ロ，ハ，ニの記述のうち，据付けおよび試運転について正しいものはどれか．

イ．機器の据付けに際し留意することは，使用する基礎ボルトに規格品を用いるだけでなく，基礎ボルトの周囲に流し込むモルタルには，セメントと砂の比が２：１の良質なものを使用することである．

ロ．冷凍機器を据え付ける場合，一般的に，基礎の質量は据え付ける機器の質量

より大きくする必要がある．圧縮機は，運転中の負荷変動が大きく，特に多気筒圧縮機では，基礎の質量を圧縮機の質量の4倍から5倍としている．

ハ．フルオロカーボン冷媒設備では，設備内に水分が混入すると正常な運転を阻害するため，事前に真空乾燥が必要である．その際，水蒸気飽和圧力曲線を参考にして，所定以下の真空度を保持しながら，必要に応じて，設備内の水分残留場所の加熱を実施する．

ニ．冷凍装置運転中，冷蔵室床下の土壌が氷結して床面が盛り上がる，凍上という現象を引き起こすことがある．その原因は，床下の土壌の性質あるいは床下の構造が大きく関係することもあるが，地質調査をしても凍上が起こるかどうか事前に適切な判断ができないため凍上防止対策が必要である．

(1)　イ，ロ　　(2)　イ，ハ　　(3)　ロ，ハ　　(4)　ロ，ニ　　(5)　ハ，ニ

第二種冷凍機械　学識試験問題(試験時間120分)

次の各問について，正しいと思われる最も適切な答をその問の下に掲げてある(1)，(2)，(3)，(4)，(5)の選択肢の中から１個選びなさい．

問１　下図の理論冷凍サイクルの$p-h$線図において，次のイ，ロ，ハ，ニの記述のうち，正しいものはどれか．ただし，装置の冷媒循環量は2 700 kg/hである．

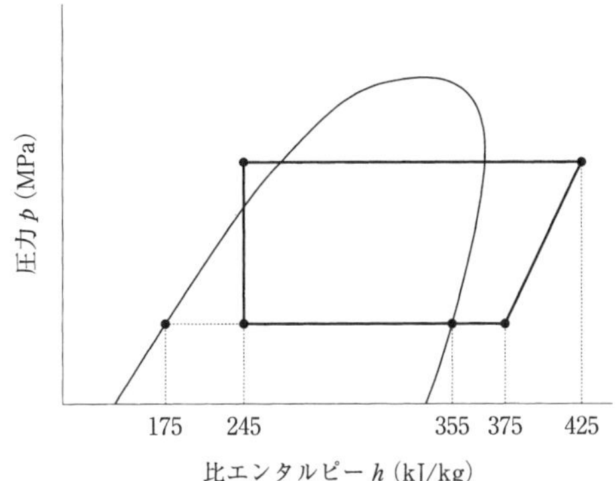

イ．冷凍能力は，25 Rt（日本冷凍トン）である．

ロ．凝縮負荷は，180 kWである．

ハ．冷凍装置の成績係数は，2.6である．

ニ．蒸発器入口の冷媒乾き度は，0.39である．

(1)　イ，ロ　　(2)　イ，ハ　　(3)　ロ，ニ　　(4)　イ，ハ，ニ　　(5)　ロ，ハ，ニ

問２　アンモニア冷凍装置が，下記の条件で運転されている．このとき，圧縮機のピストン押しのけ量V(m^3/h)，実際の成績係数$(COP)_R$について，次の(1)から(5)の組合せのうち，正しい答に最も近いものはどれか．

ただし，圧縮機の機械的摩擦損失仕事は吐出しガスに熱として加わるものとする．また，配管での熱の出入りおよび圧力損失はないものとする．

（運転条件）

冷凍能力	Φ_o = 180 kW
圧縮機吸込み蒸気の比体積	v_1 = 0.60 m^3/kg
圧縮機吸込み蒸気の比エンタルピー	h_1 = 1 480 kJ/kg
断熱圧縮後の吐出しガスの比エンタルピー	h_2 = 1 750 kJ/kg
蒸発器入口冷媒の比エンタルピー	h_4 = 430 kJ/kg
圧縮機の体積効率	η_v = 0.75

圧縮機の断熱効率　　$\eta_c = 0.80$

圧縮機の機械効率　　$\eta_m = 0.90$

(1)　$V = 492\ m^3/h$，$(COP)_R = 2.81$　　(2)　$V = 492\ m^3/h$，$(COP)_R = 3.12$

(3)　$V = 0.14\ m^3/h$，$(COP)_R = 2.81$　　(4)　$V = 0.14\ m^3/h$，$(COP)_R = 3.12$

(5)　$V = 0.14\ m^3/h$，$(COP)_R = 3.51$

問３　次のイ，ロ，ハ，ニの記述のうち，圧縮機について正しいものはどれか．

イ．1台の圧縮機で二段圧縮を行うコンパウンド多気筒圧縮機では，高段用と低段用の気筒数を自動的に切り換えることにより，中間圧力を最適に制御する．

ロ．スクリュー圧縮機は，吸込み弁と吐出し弁を必要としないために，部品点数が少なく，液圧縮に比較的強いが，停止時に高低圧の差圧でロータが逆回転するので，逆回転防止のために，吐出し側に逆止め弁を必要とする．

ハ．多気筒圧縮機の大きな特徴は，容量制御機構を持っていることである．冷凍負荷が大きく減少した場合，一般に，圧縮機の複数の気筒のうちのいくつかの気筒の吐出し弁を開放して，圧縮の作動をする気筒数を変えることにより圧縮機の容量を減らす．

ニ．スクロール圧縮機は，吸込み弁と吐出し弁を必要としないこと，液圧縮に比較的強いこと，振動や騒音が小さく吸込みと吐出しの動作が滑らかであること，体積効率，断熱効率，機械効率のいずれもが高いことなど，多くのすぐれた特徴をもっている．

(1)　イ，ロ　　(2)　イ，ハ　　(3)　ロ，ニ　　(4)　ハ，ニ　　(5)　イ，ロ，ハ

問４　次のイ，ロ，ハ，ニの記述のうち，伝熱について正しいものはどれか．

イ．単位時間に移動する熱量を伝熱量という．熱流束は，単位面積当たりの伝熱量である．

ロ．流動している流体と固体壁面との間に温度差があると熱移動を生じ，その伝熱量は「伝熱面積」と「伝熱壁面温度と周囲流体温度との温度差」に比例する．この関係は，フーリエの法則として知られている．

ハ．フィン効率は，フィンの全表面がフィン根元温度に等しいと仮定したときの，フィン部の伝熱量に対する実際のフィンの伝熱量の比である．この値は，フィン材の熱伝導率，フィンの形状，熱伝達率などによって変わる．

ニ．一般に，物体から電磁波の形で単位面積，単位時間当たりに放射されるエネルギーは，その物体の摂氏温度の4乗に比例する．

(1)　イ，ロ　　(2)　イ，ハ　　(3)　ロ，ハ　　(4)　ハ，ニ　　(5)　イ，ロ，ニ

問５　次のイ，ロ，ハ，ニの記述のうち，凝縮器について正しいものはどれか．

イ．蒸発式凝縮器は，主として冷却水の蒸発潜熱で冷媒蒸気を凝縮している．冷却水の補給量は，一般に，蒸発によって失われる量と飛沫となって失われる量

の和に等しい.

ロ．水冷横形シェルアンドチューブ凝縮器では，一般に，冷却水側の熱伝達率が冷媒側の熱伝達率より大きいので，管外面の冷媒蒸気側にフィン加工して伝熱面積を拡大する工夫をしている．その代表的な冷却管がローフィンチューブである．

ハ．ブレージングプレート凝縮器は，板状のステンレス製伝熱プレートを多数積層し，これらを，ろう付けによって密封した熱交換器である．この凝縮器は，小形高性能であり，冷媒充てん量が少なくて済むことなどが特徴である．

ニ．凝縮負荷は，凝縮器において冷媒から放出される単位時間当たりの熱量であり，冷凍負荷と圧縮機駆動の軸動力との和となる．圧縮機内に冷凍機油の噴射を行うスクリュー圧縮機の場合には，この値から油冷却器における放熱量を引いたものが凝縮負荷となる．

(1) イ，ハ　(2) イ，ロ，ハ　(3) イ，ロ，ニ　(4) ロ，ハ，ニ　(5) イ，ロ，ハ，ニ

問６　次のイ，ロ，ハ，ニの記述のうち，蒸発器について正しいものはどれか．

イ．乾式シェルアンドチューブ蒸発器には，裸管のほかに，管内の伝熱性能向上のため，インナフィンチューブ，コルゲートチューブ，内面溝付き管，らせん形の溝を付けたコルゲートチューブなどが一般に使用される．

ロ．フィンコイル乾式蒸発器に用いる主な除霜方法には，ブライン散布方式，散水方式，ホットガスデフロスト方式，電気ヒータ方式，オフサイクル方式がある．庫内温度が5℃程度の冷蔵庫では，庫内の空気を熱源として霜を融かすオフサイクル方式が使われる．一般に，オフサイクル除霜では，庫内温度が上昇するのを防止するために送風機を停止する．

ハ．フィンコイル乾式蒸発器において，冷媒の過熱領域の伝熱面積はほとんど蒸発器の熱交換に寄与しない．過熱領域の伝熱面積を小さくするためには，被冷却物と冷媒は並流（平行流）で熱交換するのが有利である．

ニ．フィンコイル乾式蒸発器の熱通過率は，冷却管外表面（フィンを含む）の空気側を基準伝熱面とし，内外表面積の違いによる熱通過率への影響を考慮して，有効外表面積を有効内表面積で除した有効内外伝熱面積比を熱通過率の計算に使用する．

(1) イ，ロ　(2) イ，ニ　(3) ロ，ハ　(4) ハ，ニ　(5) イ，ロ，ニ

問７　次のイ，ロ，ハ，ニの記述のうち，熱交換器について正しいものはどれか．

イ．水冷凝縮器において，冷媒と冷却水との算術平均温度差が大きいほど熱流束が大きくなって，冷媒側熱伝達率が大きくなる．これは凝縮液膜の熱伝導抵抗が小さくなるためである．

ロ．凝縮器内（冷媒側）に空気が存在すると，伝熱作用が阻害されるため，冷凍

装置の運転中には，空気の分圧相当分以上に凝縮圧力がより高くなる．

ハ．蒸発器内の蒸発温度が低くなるほど，吸込み蒸気の比体積は小さくなり，体積効率と蒸発器出入口間の比エンタルピー差はそれぞれ少し小さくなる．また，圧縮機の冷凍能力は蒸発温度が低くなると小さくなる．

ニ．一般に，水冷凝縮器では，凝縮温度と冷却水温度との間の算術平均温度差は５Ｋから６Ｋ程度，空冷凝縮器では，入口空気温度よりも12Ｋから20Ｋ高い凝縮温度になるように，伝熱面積が選ばれる．

(1)　イ，ロ　　(2)　イ，ハ　　(3)　イ，ニ　　(4)　ロ，ハ　　(5)　ロ，ニ

問８　次のイ，ロ，ハ，ニの記述のうち，自動制御機器について正しいものはどれか．

イ．液チャージ方式の温度自動膨張弁の感温筒では，膨張弁本体の温度条件は弁動作に影響しない．この膨張弁では，弁開度を一定とした場合，蒸発温度が下がると，過熱度は小さくなる．

ロ．温度自動膨張弁の感温筒を蒸発器出口の垂直管部に取り付ける場合，弁本体と連結されている感温筒のキャピラリチューブ接続部を下側にすると，管内冷媒温度をより適切に検知できるようになる．

ハ．定圧自動膨張弁は，高圧冷媒液を絞り膨張させて一定の蒸発圧力を制御する減圧弁の一種であり，熱負荷の変動の大きな装置には使用できない．

ニ．キャピラリチューブは，チューブの入口の冷媒の状態に大きく影響を受け，出口の圧力の影響は受けにくい流量特性があり，凝縮器の圧力と過冷却度を制御する特性をもっている．

(1)　イ，ロ　　(2)　イ，ニ　　(3)　ハ，ニ　　(4)　イ，ロ，ハ　　(5)　ロ，ハ，ニ

問９　次のイ，ロ，ハ，ニの記述のうち，冷媒，冷凍機油およびブラインについて正しいものはどれか．

イ．冷媒には，固有の番号が付けられているが，単成分ふっ素系冷媒の異性体は，番号の後に大文字のアルファベットを付けて表す．

ロ．圧縮機の単位吸込み体積当たりの冷凍能力を体積能力と呼び，沸点の低い冷媒の体積能力は大きくなる傾向にある．この値を参照して圧縮機の大きさを決める．

ハ．HFC系冷媒は，アルキルベンゼン系鉱油などの炭化水素系冷凍機油には溶解しないが，合成油であるポリオールエステル（POE）油などには相溶性がある．

ニ．塩化カルシウムブラインは金属に対する腐食性が強い．プロピレングリコールブラインは，人体に有害であることから，食品の冷却用には使用が禁止されている．

(1) イ，ニ　(2) ロ，ハ　(3) イ，ロ，ハ　(4) イ，ロ，ニ　(5) ロ，ハ，ニ

問10　次のイ，ロ，ハ，ニの記述のうち，圧力容器の強度について正しいものはどれか．

イ．限界圧力は，圧力容器の実際厚さから腐れしろを除いた厚さを用いて算出される．限界圧力は，許容圧力を求めるときに用い，設計圧力または限界圧力のいずれかの低いほうの圧力を許容圧力とする．

ロ．アンモニアは銅および銅合金に対して，とくに水分と共存するときに激しい腐食性を示すため，アンモニア冷凍装置には銅および銅合金を使用することができない．ただし，圧縮機の軸受またはこれに類する部分であって，常時油膜に覆われ，液化アンモニアに直接接触することがない部分には，青銅類を使用できる．

ハ．高圧部の設計圧力は，通常の運転状態中に予想される当該冷媒ガスの最高使用圧力で決定される．冷凍機停止中は高圧ガスを製造しないため，その状態での冷媒ガス圧力は考慮する必要はない．

ニ．鋼材に対し，引張荷重を増大させていくと，ひずみが急激に増すようになり，荷重を取り除いてもひずみが残って元の長さに戻らなくなる．この点の応力を比例限度という．

(1) イ，ロ　(2) ロ，ニ　(3) イ，ロ，ハ　(4) イ，ハ，ニ　(5) ロ，ハ，ニ

令和２年度（令和２年11月８日施行）

第三種冷凍機械責任者試験

第三種冷凍機械　法令試験問題(試験時間60分)

次の各問について，高圧ガス保安法に係る法令上正しいと思われる最も適切な答えをその問の下に掲げてある(1)，(2)，(3)，(4)，(5)の選択肢の中から１個選びなさい．

なお，経済産業大臣が危険のおそれのないと認めた場合等における規定は適用しない．

（注）試験問題中，「都道府県知事等」とは，都道府県知事又は高圧ガス保安法に関する事務を処理する指定都市の長をいう．

問１　次のイ，ロ，ハの記述のうち，正しいものはどれか．

イ．常用の温度において圧力が1メガパスカル以上となる圧縮ガス（圧縮アセチレンガスを除く．）であって，現にその圧力が1メガパスカル以上であるものは高圧ガスである．

ロ．温度35度以下で圧力が0.2メガパスカルとなる液化ガスは，高圧ガスである．

ハ．高圧ガス保安法は，高圧ガスによる災害を防止して公共の安全を確保する目的のために，民間事業者による高圧ガスの保安に関する自主的な活動を促進することを定めているが，高圧ガス保安協会による高圧ガスの保安に関する自主的な活動を促進することは定めていない．

(1)　イ　　(2)　ロ　　(3)　イ，ロ　　(4)　イ，ハ　　(5)　イ，ロ，ハ

問２　次のイ，ロ，ハの記述のうち，正しいものはどれか．

イ．冷凍のための設備を使用して高圧ガスの製造をしようとする者が，都道府県知事等の許可を受けなければならない場合の1日の冷凍能力の最小の値は，冷媒ガスである高圧ガスの種類に関係なく同じである．

ロ．1日の冷凍能力が3トン未満の冷凍設備内における高圧ガスは，そのガスの種類にかかわらず，高圧ガス保安法の適用を受けない．

ハ．専ら冷凍設備に用いる機器の製造の事業を行う者（機器製造業者）が，1日の冷凍能力が10トンの冷凍機を製造するときは，所定の技術上の基準に従ってその機器の製造をしなければならない．

(1) ロ　(2) ハ　(3) イ，ハ　(4) ロ，ハ　(5) イ，ロ，ハ

問３　次のイ，ロ，ハの記述のうち，正しいものはどれか．

イ．第一種製造者は，高圧ガスの製造施設の位置，構造又は設備の変更の工事をしようとするときは，その工事が定められた軽微なものである場合を除き，都道府県知事等の許可を受けなければならない．

ロ．冷凍のための製造施設の冷媒設備内の高圧ガスであるアンモニアは，冷凍保安規則で定める高圧ガスの廃棄に係る技術上の基準に従って廃棄しなければならないものに該当する．

ハ．冷媒ガスの補充用の高圧ガスの販売の事業を営もうとする者は，特に定められた場合を除き，販売所ごとに，事業開始の日の20日前までに，その旨を都道府県知事等に届け出なければならない．

(1) イ　(2) ロ　(3) イ，ハ　(4) ロ，ハ　(5) イ，ロ，ハ

問４　次のイ，ロ，ハの記述のうち，冷凍に係る製造事業所における冷媒ガスの補充用としての容器による高圧ガス（質量が1.5キログラムを超えるもの）の貯蔵の方法に係る技術上の基準について一般高圧ガス保安規則上正しいものはどれか．

イ．アンモニアの充塡容器及び残ガス容器を貯蔵する場合は，通風の良い場所で行わなければならないが，不活性ガスのフルオロカーボンについては，その定めはない．

ロ．充塡容器を車両に積載した状態で貯蔵することは，特に定められた場合を除き，禁じられている．

ハ．液化アンモニアを充塡した容器を貯蔵する場合は，その容器を常に温度40度以下に保たなければならないが，液化フルオロカーボン134aを充塡した容器については，いかなる場合であっても，その定めはない．

(1) ロ　(2) イ，ロ　(3) イ，ハ　(4) ロ，ハ　(5) イ，ロ，ハ

問５　次のイ，ロ，ハの記述のうち，車両に積載した容器（内容積が48リットルのもの）による冷凍設備の冷媒ガスの補充用の高圧ガスの移動に係る技術上の基準等について一般高圧ガス保安規則上正しいものはどれか．

イ．液化フルオロカーボン134aを移動するときは，液化アンモニアを移動するときと同様に，その車両の見やすい箇所に警戒標を掲げなければならない．

ロ．液化アンモニアを移動するときは，その容器に転倒等による衝撃を防止する措置を講じなければならない．

ハ．液化アンモニアを移動するときは，消火設備のほか防毒マスク，手袋その他の保護具並びに災害発生防止のための応急措置に必要な資材，薬剤及び工具等も携行しなければならない．

(1) イ　(2) ロ　(3) イ，ハ　(4) ロ，ハ　(5) イ，ロ，ハ

問６　次のイ，ロ，ハの記述のうち，冷凍設備の冷媒ガスの補充用の高圧ガスを充填するための容器（再充填禁止容器を除く.）及びその附属品について正しいものはどれか.

イ．液化アンモニアを充填する容器に表示をすべき事項の一つに，「その高圧ガスの性質を示す文字を明示すること.」がある.

ロ．液化フルオロカーボンを充填する容器に表示をすべき事項の一つに，「その容器の外面の見やすい箇所に，その表面積の2分の1以上について白色の塗色をすること.」がある.

ハ．容器の廃棄をする者は，その容器をくず化し，その他容器として使用することができないように処分しなければならないが，容器の附属品の廃棄については，その定めはない.

(1) イ　(2) ロ　(3) ハ　(4) イ，ロ　(5) イ，ハ

問７　次のイ，ロ，ハの記述のうち，冷凍能力の算定基準について冷凍保安規則上正しいものはどれか.

イ．冷媒ガスの種類に応じて定められた数値又は所定の算式で得られた数値（C）は，回転ピストン型圧縮機を使用する製造設備の1日の冷凍能力の算定に必要な数値の一つである.

ロ．圧縮機の標準回転速度における1時間のピストン押しのけ量の数値（V）は，遠心式圧縮機を使用する製造設備の1日の冷凍能力の算定に必要な数値の一つである.

ハ．冷媒設備内の冷媒ガスの充填量の数値（W）は，往復動式圧縮機を使用する製造設備の1日の冷凍能力の算定に必要な数値の一つである.

(1) イ　(2) イ，ロ　(3) イ，ハ　(4) ロ，ハ　(5) イ，ロ，ハ

問８　次のイ，ロ，ハの記述のうち，冷凍のため高圧ガスの製造をする第二種製造者について正しいものはどれか.

イ．全ての第二種製造者は，製造施設について定期自主検査を行う必要はない.

ロ．第二種製造者は，製造のための施設を，その位置，構造及び設備が所定の技術上の基準に適合するように維持しなければならない.

ハ．第二種製造者は，事業所ごとに，高圧ガスの製造開始の日の20日前までに，その旨を都道府県知事等に届け出なければならない.

(1) イ　(2) ロ　(3) イ，ロ　(4) ロ，ハ　(5) イ，ロ，ハ

問９　次のイ，ロ，ハの記述のうち，冷凍保安責任者を選任しなければならない事業所における冷凍保安責任者及びその代理者について正しいものはどれか.

イ．1日の冷凍能力が90トンである製造施設の冷凍保安責任者には，第三種冷凍

機械責任者免状の交付を受け，かつ，高圧ガスの製造に関する所定の経験を有する者を選任することができる.

ロ．冷凍保安責任者の代理者は，冷凍保安責任者の職務を代行する場合は，高圧ガス保安法の規定の適用については，冷凍保安責任者とみなされる.

ハ．選任している冷凍保安責任者を解任し，新たな者を選任したときは，遅滞なく，その旨を都道府県知事等に届け出なければならないが，冷凍保安責任者の代理者を解任及び選任したときには届け出る必要はない.

(1) ロ　(2) ハ　(3) イ，ロ　(4) イ，ハ　(5) イ，ロ，ハ

問10　次のイ，ロ，ハの記述のうち，冷凍のため高圧ガスの製造をする第一種製造者（認定保安検査実施者である者を除く.）が受ける保安検査について正しいものはどれか.

イ．保安検査を冷凍保安責任者に行わせなければならない.

ロ．保安検査は，特定施設についてその位置，構造及び設備が所定の技術上の基準に適合しているかどうかについて行われる.

ハ．特定施設について，高圧ガス保安協会が行う保安検査を受け，その旨を都道府県知事等に届け出た場合は，都道府県知事等が行う保安検査を受けなくてよい.

(1) イ　(2) ロ　(3) イ，ハ　(4) ロ，ハ　(5) イ，ロ，ハ

問11　次のイ，ロ，ハの記述のうち，冷凍のため高圧ガスの製造をする第一種製造者が行う定期自主検査について正しいものはどれか.

イ．定期自主検査は，冷媒ガスが不活性ガスである製造施設の場合は行わなくてよいと定められている.

ロ．定期自主検査は，製造施設の位置，構造及び設備が所定の技術上の基準に適合しているかどうかについて行わなければならないが，その技術上の基準のうち耐圧試験に係るものについては行わなくてよい.

ハ．定期自主検査を実施したときは，所定の検査記録を作成し，これを保存しなければならない.

(1) イ　(2) ハ　(3) イ，ロ　(4) ロ，ハ　(5) イ，ロ，ハ

問12　次のイ，ロ，ハの記述のうち，冷凍のため高圧ガスの製造をする第一種製造者が定めるべき危害予防規程及び保安教育計画について正しいものはどれか.

イ．危害予防規程を守るべき者は，その第一種製造者及びその従業者である.

ロ．危害予防規程には，製造設備の安全な運転及び操作に関することを定めなければならないが，危害予防規程の変更の手続に関することは定める必要がない.

ハ．従業者に対する保安教育計画を定め，その計画を都道府県知事等に届け出なければならない.

(1) イ　(2) ロ　(3) イ，ハ　(4) ロ，ハ　(5) イ，ロ，ハ

問13　次のイ，ロ，ハの記述のうち，冷凍のため高圧ガスの製造をする第一種製造者について正しいものはどれか．

イ．高圧ガスの製造施設が危険な状態となったときは，直ちに，応急の措置を講じなければならない．また，この第一種製造者に限らずこの事態を発見した者は，直ちに，その旨を都道府県知事等又は警察官，消防吏員若しくは消防団員若しくは海上保安官に届け出なければならない．

ロ．事業所ごとに帳簿を備え，その製造施設に異常があった場合，異常があった年月日及びそれに対してとった措置をその帳簿に記載し，製造開始の日から10年間保存しなければならない．

ハ．その占有する液化アンモニアの充塡容器を盗まれたときは，遅滞なく，その旨を都道府県知事等又は警察官に届け出なければならないが，残ガス容器を喪失したときは，その必要はない．

(1) イ　(2) ロ　(3) イ，ロ　(4) ロ，ハ　(5) イ，ロ，ハ

問14　次のイ，ロ，ハの記述のうち，冷凍のため高圧ガスの製造をする第一種製造者（認定完成検査実施者である者を除く．）が行う製造施設の変更の工事について正しいものはどれか．

イ．不活性ガスを冷媒ガスとする製造設備の圧縮機の取替えの工事を行う場合，切断，溶接を伴わない工事であって，冷凍能力の変更を伴わないものであれば，その完成後遅滞なく，都道府県知事等にその旨を届け出ればよい．

ロ．製造施設の特定変更工事を完成したときに受ける完成検査は，都道府県知事等又は高圧ガス保安協会若しくは指定完成検査機関のいずれかが行うものでなければならない．

ハ．製造施設の変更の工事について都道府県知事等の許可を受けた場合であっても，完成検査を受けることなくその施設を使用することができる変更の工事がある．

(1) ロ　(2) イ，ロ　(3) イ，ハ　(4) ロ，ハ　(5) イ，ロ，ハ

問15　次のイ，ロ，ハの記述のうち，製造設備がアンモニアを冷媒ガスとする定置式製造設備（吸収式アンモニア冷凍機であるものを除く．）である第一種製造者の製造施設に係る技術上の基準について冷凍保安規則上正しいものはどれか．

イ．圧縮機，油分離器，受液器又はこれらの間の配管を設置する室は，冷媒ガスであるアンモニアが漏えいしたとき滞留しないような構造としなければならないが，凝縮器を設置する室については定められていない．

ロ．製造設備が専用機械室に設置され，かつ，その室に運転中常時強制換気できる装置を設けている場合であっても，製造施設から漏えいしたガスが滞留する

おそれのある場所には，そのガスの漏えいを検知し，かつ，警報するための設備を設けなければならない.

ハ．受液器にガラス管液面計を設ける場合には，丸形ガラス管液面計以外のものとし，その液面計に破損を防止するための措置か，受液器とその液面計とを接続する配管にその液面計の破損による漏えいを防止するための措置のいずれか一方の措置を講じることと定められている.

(1) イ　(2) ロ　(3) ハ　(4) イ，ロ　(5) ロ，ハ

問16　次のイ，ロ，ハの記述のうち，製造設備がアンモニアを冷媒ガスとする定置式製造設備（吸収式アンモニア冷凍機であるものを除く.）である第一種製造者の製造施設に係る技術上の基準について冷凍保安規則上正しいものはどれか.

イ．受液器には，その周囲に，冷媒ガスである液状のアンモニアが漏えいした場合にその流出を防止するための措置を講じなければならないものがあるが，その受液器の内容積が5000リットルであるものは，それに該当しない.

ロ．この製造施設は，消火設備を設けなければならない施設に該当しない.

ハ．この製造設備は，冷媒ガスが漏えいしたときに安全に，かつ，速やかに除害するための措置を講じるべき設備に該当する.

(1) イ　(2) ハ　(3) イ，ロ　(4) イ，ハ　(5) イ，ロ，ハ

問17　次のイ，ロ，ハの記述のうち，製造設備が定置式製造設備である第一種製造者の製造施設に係る技術上の基準について冷凍保安規則上正しいものはどれか.

イ．製造設備に設けたバルブ（特に定められたバルブを除く.）には，作業員が適切に操作することができるような措置を講じなければならない.

ロ．圧縮機，凝縮器等が引火性又は発火性の物（作業に必要なものを除く.）をたい積した場所の付近にあってはならない旨の定めは，不活性ガスを冷媒ガスとする製造施設には適用されない.

ハ．冷媒設備の配管の変更の工事後の完成検査における気密試験は，許容圧力以上の圧力で行えばよい.

(1) イ　(2) ロ　(3) イ，ハ　(4) ロ，ハ　(5) イ，ロ，ハ

問18　次のイ，ロ，ハの記述のうち，製造設備が定置式製造設備である第一種製造者の製造施設に係る技術上の基準について冷凍保安規則上正しいものはどれか.

イ．冷媒設備の圧縮機が強制潤滑方式であり，かつ，潤滑油圧力に対する保護装置を有しているものである場合は，その冷媒設備には，圧力計を設けなくてよい.

ロ．配管以外の冷媒設備について行う耐圧試験は，水その他の安全な液体を使用することが困難であると認められるときは，空気，窒素等の気体を使用して許容圧力の1.25倍以上の圧力で行うことができる.

ハ．内容積が5000リットル以上の受液器並びにその支持構造物及び基礎は，所

定の耐震に関する性能を有するものとしなければならない.

(1) イ　(2) ハ　(3) イ，ロ　(4) ロ，ハ　(5) イ，ロ，ハ

問19 次のイ，ロ，ハの記述のうち，冷凍保安規則に定める第一種製造者の製造の方法に係る技術上の基準に適合しているものはどれか.

イ．製造設備の運転を長期に停止したが，その間も冷媒設備の安全弁に付帯して設けた止め弁は，全開しておいた.

ロ．冷媒設備の修理を行うときは，あらかじめ，その作業計画及び作業の責任者を定めることとしているが，冷媒設備を開放して清掃のみを行うときは，その作業計画及び作業の責任者を定めないこととしている.

ハ．製造設備とブラインを共通にする認定指定設備による高圧ガスの製造は，認定指定設備に自動制御装置が設けられているため，その認定指定設備の部分については1か月に1回，異常の有無を点検して行っている.

(1) イ　(2) ロ　(3) イ，ハ　(4) ロ，ハ　(5) イ，ロ，ハ

問20 次のイ，ロ，ハの記述のうち，認定指定設備について冷凍保安規則上正しいものはどれか.

イ．認定指定設備の日常の運転操作に必要となる冷媒ガスの止め弁には，手動式のものを使用しなければならない.

ロ．認定指定設備の冷媒設備は，その認定指定設備の製造業者の事業所において試運転を行い，使用場所に分割して搬入されるものでなければならない.

ハ．認定指定設備に変更の工事を施したとき又は認定指定設備を移設したときは，指定設備認定証を返納しなければならない場合がある.

(1) イ　(2) ハ　(3) イ，ロ　(4) ロ，ハ　(5) イ，ロ，ハ

第三種冷凍機械　保安管理技術試験問題（試験時間90分）

次の各問について，正しいと思われる最も適切な答をその問の下に掲げてある⑴，⑵，⑶，⑷，⑸の選択肢の中から１個選びなさい．

問１　次のイ，ロ，ハ，ニの記述のうち，冷凍の原理などについて正しいものはどれか．

イ．蒸発温度や凝縮温度が一定の運転状態では，圧縮機の駆動軸動力は，凝縮器の凝縮負荷と冷凍装置の冷凍能力の差に等しい．

ロ．冷凍装置における各種の熱計算では，比エンタルピーの絶対値は特に必要ない．冷媒は，0℃の飽和液の比エンタルピー値を200 kJ/kgとし，これを基準としている．

ハ．蒸気圧縮冷凍装置の一種である家庭用冷蔵庫は，一般に，圧縮機，蒸発器，膨張弁および凝縮器で構成されており，受液器なしで凝縮器の出口に液を溜め込むようにし，装置を簡略化している．

ニ．吸収冷凍機は，圧縮機を用いずに，機械的な可動部である吸収器，発生器，溶液ポンプを用いて冷媒を循環させ，冷媒に温度差を発生させて冷熱を得る冷凍機である．

⑴　イ，ロ　　⑵　ロ，ニ　　⑶　ハ，ニ　　⑷　イ，ロ，ハ　　⑸　イ，ハ，ニ

問２　次のイ，ロ，ハ，ニの記述のうち，冷凍サイクルおよび熱の移動について正しいものはどれか．

イ．冷凍サイクルの蒸発器で，冷媒から奪う熱量のことを冷凍効果という．この冷凍効果の値は，同じ冷媒でも冷凍サイクルの運転条件によって変わる．

ロ．理論ヒートポンプサイクルの成績係数は，理論冷凍サイクルの成績係数よりも1だけ大きい．

ハ．固体壁で隔てられた流体間で熱が移動するとき，固体壁両表面の熱伝達率と固体壁の熱伝導率が与えられれば，水あかの付着を考慮しない場合の熱通過率の値を計算することができる．

ニ．熱の移動には，熱伝導，熱放射および熱伝達の3つの形態がある．一般に，熱量の単位はJまたはkJであり，伝熱量の単位はWまたはkWである．

⑴　イ，ロ　　⑵　イ，ハ　　⑶　ロ，ハ　　⑷　ロ，ニ　　⑸　イ，ハ，ニ

問３　次のイ，ロ，ハ，ニの記述のうち，圧縮機の性能，軸動力などについて正しいものはどれか．

イ．冷凍装置の実際の成績係数は，理論冷凍サイクルの成績係数に断熱効率，機械効率，体積効率を乗じて求められる．

ロ．実際の圧縮機の駆動軸動力は，理論断熱圧縮動力と断熱効率により決まる．

ハ．往復圧縮機の断熱効率は，一般に，圧力比が大きくなると小さくなる．

ニ．圧縮機の実際の冷媒吸込み蒸気量は，ピストン押しのけ量と圧縮機の体積効率の積で求められる．

(1) イ，ロ　(2) ロ，ハ　(3) ハ，ニ　(4) イ，ロ，ニ　(5) イ，ハ，ニ

問４　次のイ，ロ，ハ，ニの記述のうち，冷媒，ブラインの性質などについて正しいものはどれか．

イ．R 410 A は共沸混合冷媒である．

ロ．単一成分冷媒の飽和圧力が標準大気圧に等しいときの飽和温度を標準沸点といい，冷媒の種類によって異なる．

ハ．有機ブラインの溶質には，エチレングリコール系やプロピレングリコール系のほかに，塩化カルシウムや塩化ナトリウムなどがある．

ニ．フルオロカーボン冷凍装置では，圧縮機から吐き出された冷凍機油は，冷媒とともに装置内を循環する．

(1) イ，ロ　(2) ロ，ニ　(3) ハ，ニ　(4) イ，ロ，ハ　(5) イ，ハ，ニ

問５　次のイ，ロ，ハ，ニの記述のうち，圧縮機について正しいものはどれか．

イ．ロータリー圧縮機は遠心式に分類され，ロータの回転による遠心力で冷媒蒸気を圧縮する．

ロ．運転条件が同じであれば，圧縮機の体積効率が小さくなるほど冷媒循環量は減少する．

ハ．スクリュー圧縮機は，高圧力比に適しているため，ヒートポンプ装置に利用される．

ニ．往復圧縮機では，停止中のクランクケース内の油温が高いほど，始動時にオイルフォーミングを起こしやすくなる．

(1) イ，ロ　(2) イ，ハ　(3) イ，ニ　(4) ロ，ハ　(5) ロ，ニ

問６　次のイ，ロ，ハ，ニの記述のうち，凝縮器について正しいものはどれか．

イ．水冷横形シェルアンドチューブ凝縮器は，円筒胴，管板，冷却管などによって構成され，高温高圧の冷媒ガスは冷却管内を流れる冷却水により冷却され，凝縮液化する．

ロ．冷却管の水あかの熱伝導抵抗を汚れ係数で表すと，汚れ係数が大きいほど，熱通過率が低下する．

ハ．空冷凝縮器は，空気の潜熱を用いて冷媒を凝縮させる凝縮器である．

ニ．凝縮器への不凝縮ガスの混入は，冷媒側の熱伝達の不良や凝縮圧力の低下を招く．

(1) イ，ロ　(2) イ，ハ　(3) イ，ニ　(4) ロ，ハ　(5) ロ，ニ

問７　次のイ，ロ，ハ，ニの記述のうち，蒸発器について正しいものはどれか．

イ．蒸発器の冷凍能力は，冷却される空気や水などと冷媒との間の平均温度差，熱通過率および伝熱面積に比例する．

ロ．大きな容量の乾式蒸発器は，多数の伝熱管へ均等に冷媒を送り込むために，蒸発器出口側にディストリビュータを取り付ける．

ハ．液ポンプ方式の冷凍装置では，蒸発液量の3倍から5倍程度の冷媒液を強制循環させるため，蒸発器内に冷凍機油が滞留することはない．

ニ．一般的な散水方式の除霜は，送風機を運転しながら水を冷却器に散水し，霜を融解させる方式である．

(1)　イ，ハ　　(2)　イ，ニ　　(3)　ロ，ニ　　(4)　イ，ロ，ハ　　(5)　ロ，ハ，ニ

問８　次のイ，ロ，ハ，ニの記述のうち，自動制御機器について正しいものはどれか．

イ．電磁弁には，直動式とパイロット式がある．直動式では，電磁コイルに通電すると，磁場が作られてプランジャに力が作用し，弁が閉じる．

ロ．吸入圧力調整弁は，弁入口側の冷媒蒸気の圧力が設定値よりも高くならないように作動する．このことにより圧縮機駆動用電動機の過負荷を防止できる．

ハ．温度自動膨張弁から蒸発器出口までの圧力降下が大きい場合には，外部均圧形温度自動膨張弁が使用されている．

ニ．低圧圧力スイッチは，設定値よりも圧力が下がると圧縮機が停止するので，過度の低圧運転を防止できる．

(1)　イ，ロ　　(2)　ロ，ハ　　(3)　ロ，ニ　　(4)　ハ，ニ　　(5)　イ，ハ，ニ

問９　次のイ，ロ，ハ，ニの記述のうち，附属機器について正しいものはどれか．

イ．低圧受液器は，冷媒液強制循環式冷凍装置において，冷凍負荷が変動しても液ポンプが蒸気を吸い込まないように，液面レベル確保と液面位置の制御を行う．

ロ．油分離器にはいくつかの種類があるが，そのうちの一つに，大きな容器内にガスを入れることによりガス速度を大きくし，油滴を重力で落下させて分離するものがある．

ハ．アンモニア冷凍装置では，圧縮機の吸込み蒸気過熱度の増大にともなう吐出しガス温度の上昇が著しいので，液ガス熱交換器は使用しない．

ニ．サイトグラスは，のぞきガラスとその内側のモイスチャーインジケータからなる．のぞきガラスのないモイスチャーインジケータだけのものもある．

(1)　イ，ハ　　(2)　イ，ニ　　(3)　ロ，ハ　　(4)　ロ，ニ　　(5)　イ，ロ，ハ

問10　次のイ，ロ，ハ，ニの記述のうち，冷媒配管について正しいものはどれか．

イ．フルオロカーボン冷媒，アンモニア冷媒用の配管には，銅および銅合金の配管がよく使用される．

ロ．高圧液配管は，冷媒液が気化するのを防ぐために，流速ができるだけ大きくなるような管径とする．

ハ．横走り吸込み蒸気配管に大きなＵトラップがあると，トラップの底部に油や冷媒液の溜まる量が多くなり，圧縮機始動時などに，一挙に多量の液が圧縮機に吸い込まれて液圧縮の危険が生じる．

ニ．吐出しガス配管では，冷媒ガス中に混在している冷凍機油が確実に運ばれるだけのガス速度が必要である．ただし，摩擦損失による圧力降下は，20 kPaを超えないことが望ましい．

(1) イ，ロ　(2) イ，ハ　(3) ハ，ニ　(4) イ，ロ，ニ　(5) ロ，ハ，ニ

問11 次のイ，ロ，ハ，ニの記述のうち，安全装置などについて正しいものはどれか．

イ．冷凍装置の安全弁の作動圧力とは，吹始め圧力と吹出し圧力のことである．この圧力は耐圧試験圧力を基準として定める．

ロ．圧縮機に取り付ける安全弁の最小口径は，冷媒の種類に応じて決まるが，圧縮機のピストン押しのけ量の平方根に比例する．

ハ．許容圧力以下に戻す安全装置の一つに溶栓がある．溶栓の口径は，取り付ける容器の外径と長さの積の平方根と，冷媒毎に定められた定数の積で求められた値の1/2以下としなくてはならない．

ニ．高圧遮断装置は，原則として手動復帰式とする．

(1) イ，ロ　(2) ロ，ニ　(3) イ，ロ，ハ　(4) イ，ハ，ニ　(5) ロ，ハ，ニ

問12 次のイ，ロ，ハ，ニの記述のうち，材料の強さおよび圧力容器について正しいものはどれか．

イ．圧力容器では，使用する材料の応力－ひずみ線図における弾性限度以下の応力の値とするように設計する必要がある．

ロ．設計圧力とは，圧力容器の設計や耐圧試験圧力などの基準となるものであり，高圧部においては，一般に，通常の運転状態で起こりうる最高の圧力を設計圧力としている．

ハ．円筒胴圧力容器の胴板内部に発生する応力は，円筒胴の接線方向に作用する応力と，円筒胴の長手方向に作用する応力のみを考えればよく，圧力と内径に比例し，板厚に反比例する．

ニ．溶接継手の効率は，溶接継手の種類に依存せず，溶接部の全長に対する放射線透過試験を行った部分の長さの割合によって決められている．

(1) イ，ロ　(2) イ，ニ　(3) ロ，ハ　(4) ロ，ニ　(5) ハ，ニ

問13 次のイ，ロ，ハ，ニの記述のうち，冷凍装置の据付け，圧力試験および試運転について正しいものはどれか．

イ．圧縮機を防振支持し，吸込み蒸気配管に可とう管（フレキシブルチューブ）

を用いる場合，可とう管表面が氷結し破損するおそれのあるときは，可とう管をゴムで被覆することがある．

ロ．気密試験は，気密の性能を確かめるための試験であり，漏れを確認しやすいように，ガス圧で試験を行う．

ハ．真空試験は，気密試験の後に行い，微少な漏れの確認および装置内の水分と油分の除去を目的に行われる．

ニ．真空乾燥の後に水分が混入しないように配慮しながら冷凍装置に冷凍機油と冷媒を充てんし，電力，制御系統，冷却水系統などを十分に点検してから始動試験を行う．

(1)　イ，ロ　　(2)　イ，ハ　　(3)　ロ，ハ　　(4)　ハ，ニ　　(5)　イ，ロ，ニ

問14　次のイ，ロ，ハ，ニの記述のうち，冷凍装置の運転状態について正しいものはどれか．

イ．アンモニア冷媒の場合は，蒸発と凝縮のそれぞれの温度が同じ運転状態でも，フルオロカーボン冷媒に比べて圧縮機の吐出しガス温度が高くなる．

ロ．水冷凝縮器の冷却水量が減少すると，凝縮圧力の低下，圧縮機吐出しガス温度の上昇，装置の冷凍能力の低下が起こる．

ハ．冷蔵庫の蒸発器に厚く着霜すると，空気の流れ抵抗が増加するので風量が減少し，蒸発器の熱通過率が小さくなる．

ニ．冷蔵庫の負荷が大きく増加したとき，冷蔵庫の庫内温度と蒸発温度が上昇し，温度自動膨張弁の冷媒流量が増加するが，蒸発器における空気の出入口の温度差は変化しない．

(1)　イ，ロ　　(2)　イ，ハ　　(3)　ロ，ハ　　(4)　ロ，ニ　　(5)　ハ，ニ

問15　次のイ，ロ，ハ，ニの記述のうち，冷凍装置の保守管理について正しいものはどれか．

イ．冷媒充てん量が大きく不足していると，圧縮機の吸込み蒸気の過熱度が大きくなり，圧縮機吐出しガスの圧力と温度がともに上昇する．

ロ．圧縮機が過熱運転となると，冷凍機油の温度が上昇し，冷凍機油の粘度が下がるため，油膜切れを起こすおそれがある．

ハ．冷凍負荷が急激に増大すると，蒸発器での冷媒の沸騰が激しくなり，蒸気とともに液滴が圧縮機に吸い込まれ，液戻り運転となることがある．

ニ．不凝縮ガスが冷凍装置内に存在すると，圧縮機吐出しガスの圧力と温度がともに上昇する．

(1)　イ，ロ　　(2)　イ，ニ　　(3)　ロ，ハ　　(4)　イ，ハ，ニ　　(5)　ロ，ハ，ニ

令和３年度（令和３年11月14日施行）

第一種冷凍機械責任者試験

第一種冷凍機械　法令試験問題（試験時間60分）

次の各問について，高圧ガス保安法に係る法令上正しいと思われる最も適切な答えをその問の下に掲げてある(1)，(2)，(3)，(4)，(5)の選択肢の中から１個選びなさい．

なお，経済産業大臣が危険のおそれのないと認めた場合等における規定は適用しない．

（注）試験問題中，「都道府県知事等」とは，都道府県知事又は高圧ガス保安法に関する事務を処理する指定都市の長をいう．

問１　次のイ，ロ，ハの記述のうち，正しいものはどれか．

イ．高圧ガス保安法は，高圧ガスによる災害を防止して公共の安全を確保する目的のために，民間事業者による高圧ガスの保安に関する自主的な活動を促進することも定めている．

ロ．常用の温度において圧力が0.1メガパスカルとなる液化ガスであって，圧力が0.2メガパスカルとなる温度が35度であるものは，高圧ガスである．

ハ．1日の冷凍能力が5トン未満の冷凍設備内における冷媒ガスである全てのフルオロカーボンは，高圧ガス保安法の適用を受けない．

(1)　イ　(2)　ロ　(3)　イ，ロ　(4)　ロ，ハ　(5)　イ，ロ，ハ

問２　次のイ，ロ，ハの記述のうち，正しいものはどれか．

イ．冷凍のための設備を使用して高圧ガスの製造をしようとする者が，その製造について都道府県知事等の許可を受けなければならない場合の1日の冷凍能力の最小の値は，冷媒ガスである高圧ガスの種類に関係なく同じである．

ロ．第一種製造者について合併があり，その合併により新たに法人を設立した場合，その法人は第一種製造者の地位を承継する．

ハ．第一種製造者は，その製造をする高圧ガスの種類を変更したときは，遅滞なく，その旨を都道府県知事等に届け出なければならない．

(1)　イ　(2)　ロ　(3)　ハ　(4)　ロ，ハ　(5)　イ，ロ，ハ

問３　次のイ，ロ，ハの記述のうち，正しいものはどれか．

イ．容器に充塡された冷媒ガス用の高圧ガスの販売の事業を営もうとする者（特に定められたものを除く.）は，販売所ごとに，事業開始の日の20日前までに，その旨を都道府県知事等に届け出なければならない.

ロ．第一種製造者は，高圧ガスの製造を開始し，又は廃止したときは，遅滞なく，その旨を都道府県知事等に届け出なければならない.

ハ．専ら冷凍設備に用いる機器の製造の事業を行う者（機器製造業者）が所定の技術上の基準に従って製造しなければならない機器は，可燃性ガス以外のフルオロカーボンを冷媒ガスとする冷凍機のものにあっては，１日の冷凍能力が20トン以上のものに限られている.

(1) イ　(2) イ，ロ　(3) イ，ハ　(4) ロ，ハ　(5) イ，ロ，ハ

問４　次のイ，ロ，ハの記述のうち，冷凍のため高圧ガスの製造をする第二種製造者について正しいものはどれか.

イ．アンモニアを冷媒ガスとする冷凍設備であって，その１日の冷凍能力が５トンである設備のみを使用して高圧ガスの製造をする者は，第二種製造者である.

ロ．第二種製造者は，製造設備の設置又は変更の工事が完成したとき，酸素以外のガスを使用する試運転又は許容圧力以上の圧力で行う気密試験を行った後でなければ，製造をしてはならない.

ハ．アンモニアを冷媒ガスとする１日の冷凍能力が30トンの製造施設は，保安検査を受けなければならない.

(1) イ　(2) ロ　(3) ハ　(4) イ，ロ　(5) イ，ロ，ハ

問５　次のイ，ロ，ハの記述のうち，車両に積載した容器（内容積が48リットルのもの）による冷凍設備の冷媒ガスの補充用の高圧ガスの移動に係る技術上の基準等について一般高圧ガス保安規則上正しいものはどれか.

イ．アンモニアを移動するときは，その車両の見やすい箇所に警戒標を掲げなければならないが，特定不活性ガスであるフルオロカーボン32を移動するときはその定めはない.

ロ．アンモニアを移動するときは，そのガスの名称，性状及び移動中の災害防止のために必要な注意事項を記載した書面を運転者に交付し，移動中携帯させ，これを遵守させなければならないが，特定不活性ガスであるフルオロカーボン32を移動するときはその定めはない.

ハ．アンモニアを移動するときは，その容器に木枠又はパッキンを施す必要があるが，特定不活性ガスであるフルオロカーボン32を移動するときはその定めはない.

(1) ロ　(2) ハ　(3) イ，ハ　(4) ロ，ハ　(5) イ，ロ，ハ

問６　次のイ，ロ，ハの記述のうち，冷凍設備の冷媒ガスの補充用の高圧ガスを充

填するための容器（再充填禁止容器を除く.）及びその附属品について正しいものはどれか.

イ. 容器に充填することができる液化ガスの質量は，その容器の内容積を容器保安規則で定められた数値で除して得られた質量以下と定められている.

ロ. 附属品検査に合格したバルブには，そのバルブが装置されるべき容器の内容積を示す記号の刻印がされている.

ハ. 容器の所有者は，容器再検査に合格しなかった容器について所定の期間内に所定の刻印等がされなかったときは，遅滞なく，これをくず化し，その他容器として使用することができないように処分しなければならない.

(1) イ　(2) ハ　(3) イ，ロ　(4) イ，ハ　(5) イ，ロ，ハ

問7　次のイ，ロ，ハの記述のうち，冷凍に係る製造事業所における冷媒ガスの補充用としての容器による高圧ガス（質量が1.5 キログラムを超えるもの）の貯蔵の方法に係る技術上の基準について一般高圧ガス保安規則上正しいものはどれか.

イ. 液化アンモニアを充填した容器を貯蔵する場合，その容器は常に温度40度以下に保たなければならないが，液化フルオロカーボンを充填した容器は，常に温度40度以下に保つべき定めはない.

ロ. 可燃性ガス又は毒性ガスの充填容器及び残ガス容器の貯蔵は，通風の良い場所でしなければならない.

ハ. 車両に固定した容器により高圧ガスを貯蔵することは禁じられているが，車両に積載した容器により高圧ガスを貯蔵することはいかなる場合でも禁じられていない.

(1) イ　(2) ロ　(3) ハ　(4) イ，ロ　(5) ロ，ハ

問8　次のイ，ロ，ハの記述のうち，冷凍能力の算定基準について冷凍保安規則上正しいものはどれか.

イ. 蒸発器を通過する冷水の温度差の数値は，遠心式圧縮機を使用する製造設備の1日の冷凍能力の算定に必要な数値の一つである.

ロ. 冷媒ガスの種類に応じて定められた数値（C）は，回転ピストン型圧縮機を使用する製造設備の1日の冷凍能力の算定に必要な数値の一つである.

ハ. 圧縮機の気筒の内径の数値は，回転ピストン型圧縮機を使用する製造設備の1日の冷凍能力の算定に必要な数値の一つである.

(1) イ　(2) ロ　(3) イ，ロ　(4) イ，ハ　(5) ロ，ハ

問９から問14までの問題は，次の例による事業所に関するものである.

［例］冷凍のため，次に掲げる高圧ガスの製造施設を有する事業所
なお，この事業者は認定完成検査実施者及び認定保安検査実施者ではない．
製造設備の種類：定置式製造設備（一つの製造設備であって，専用機械室に設置してあるもの）
冷媒ガスの種類：アンモニア
冷凍設備の圧縮機：容積圧縮式（往復動式）４台
1日の冷凍能力：250トン
主な冷媒設備：凝縮器（横置円筒形で胴部の長さが5メートルのもの）　1基
：受液器（内容積が6,000リットルのもの）　1基

問９　次のイ，ロ，ハの記述のうち，この事業者について正しいものはどれか．

イ．この事業者は，危害予防規程を定め，これを都道府県知事等に届け出なければならない．また，この危害予防規程を守るべき者は，この事業所の冷凍保安責任者と従業者のみである．

ロ．この事業者は，その従業者に対する保安教育計画を定め，これを忠実に実行しなければならないが，その計画を都道府県知事等に届け出る必要はない．

ハ．この事業者は，その占有する液化アンモニアの充塡容器を盗まれたときは，遅滞なく，その旨を都道府県知事等又は警察官に届け出なければならない．

(1)　イ　　(2)　ロ　　(3)　ハ　　(4)　ロ，ハ　　(5)　イ，ロ，ハ

問10　次のイ，ロ，ハの記述のうち，この事業者について正しいものはどれか．

イ．この事業者がこの事業所において指定する場所では，何人も，その事業者の承諾を得ないで，発火しやすい物を携帯してその場所に立ち入ってはならない．

ロ．この事業者がこの事業所において指定する場所では，その事業所の従業者を除き，何人も火気を取り扱ってはならない．

ハ．この事業者は，事業所ごとに帳簿を備え，製造施設に異常があった場合，異常があった年月日及びそれに対してとった措置をその帳簿に記載しなければならない．また，その帳簿は製造開始の日から10年間保存しなければならない．

(1)　イ　　(2)　イ，ロ　　(3)　イ，ハ　　(4)　ロ，ハ　　(5)　イ，ロ，ハ

問11　次のイ，ロ，ハの記述のうち，この事業者が行う製造施設の変更の工事について正しいものはどれか．

イ．この冷媒設備の凝縮器と受液器とをつなぐ配管の取替えの工事において，冷媒設備に係る切断，溶接を伴わない工事であって，その設備の冷凍能力の変更を伴わないものは，軽微な変更の工事に該当する．

ロ．この冷媒設備の圧縮機の取替えの工事において，冷媒設備に係る切断，溶接を伴わない工事であって，その冷凍能力の変更が所定の範囲であるものは，都

道府県知事等の許可を受けなければならないが，その変更の工事の完成後，その製造施設の完成検査を受けることなく使用することができる．

ハ．この冷媒設備の受液器の取替えの工事は，冷媒設備に係る切断，溶接を伴わない工事であっても，完成検査を受けなければならない特定変更工事である．

(1) ロ　(2) ハ　(3) イ，ロ　(4) イ，ハ　(5) イ，ロ，ハ

問12　次のイ，ロ，ハの記述のうち，この事業所に適用される技術上の基準について正しいものはどれか．

イ．製造設備を設置する室のうち，冷媒ガスであるアンモニアが漏えいしたとき滞留しないような構造としなければならない室は，圧縮機，油分離器，凝縮器を設置する室に限られている．

ロ．この受液器は，その周囲に冷媒ガスである液状のアンモニアが漏えいした場合にその流出を防止するための措置を講じなければならないものに該当しない．

ハ．この凝縮器は，所定の耐震に関する性能を有するものとしなければならないものに該当しないが，この受液器は，それに該当する．

(1) イ　(2) ロ　(3) イ，ハ　(4) ロ，ハ　(5) イ，ロ，ハ

問13　次のイ，ロ，ハの記述のうち，この事業所に適用される技術上の基準について正しいものはどれか．

イ．この製造施設は，消火設備を設けなければならないものに該当する．

ロ．この製造施設の冷媒設備に係る電気設備は，その設置場所及び冷媒ガスの種類に応じた防爆性能を有する構造のものでなければならないものに該当する．

ハ．この製造施設は，その施設から漏えいするガスが滞留するおそれのある場所に，そのガスの漏えいを検知し，かつ，警報するための設備を設けなければならないものに該当する．

(1) イ　(2) ロ　(3) イ，ハ　(4) ロ，ハ　(5) イ，ロ，ハ

問14から問20までの問題は，次の例による事業所に関するものである．

［例］冷凍のため，次に掲げる定置式製造設備である高圧ガスの製造施設を有する一つの事業所として高圧ガスの製造の許可を受けている事業所
なお，この事業者は認定完成検査実施者及び認定保安検査実施者ではない．

製造設備Ａ：冷媒設備が一つの架台上に一体に組み立てられていないもの　1基

製造設備Ｂ：認定指定設備であるもの　1基

	これら製造設備A及び製造設備Bはブラインを共通とし，同一の専用機械室に設置されており，一体として管理されるものとして設計されたものであり，かつ，同一の計器室において制御されている.
冷媒ガスの種類：	製造設備A及び製造設備Bとも，不活性ガスであるフルオロカーボン134a
冷凍設備の圧縮機：	製造設備A及び製造設備Bとも，遠心式
1日の冷凍能力：	600トン(製造設備A：300トン，製造設備B：300トン)
主な冷媒設備：	凝縮器(製造設備A及び製造設備Bとも，横置円筒形で胴部の長さが4メートルのもの)　各1基

問14　次のイ，ロ，ハの記述のうち，この事業者について正しいものはどれか.

イ．認定指定設備でない製造設備Aを認定指定設備に取り替えて，全ての製造設備が認定指定設備となった場合は，この事業者は第二種製造者となる.

ロ．選任した冷凍保安責任者が旅行，疾病その他の事故によってその職務を行うことができなくなったときは，遅滞なく，高圧ガスの製造に関する所定の経験を有する者のうちから代理者を選任し，その職務を代行させなければならない.

ハ．この事業所の冷凍保安責任者に選任することができる者が交付を受けている製造保安責任者免状は，第一種冷凍機械責任者免状に限られている.

(1)　イ　(2)　ハ　(3)　イ，ハ　(4)　ロ，ハ　(5)　イ，ロ，ハ

問15　次のイ，ロ，ハの記述のうち，この事業者が行う製造施設の変更の工事について正しいものはどれか.

イ．製造設備Aの圧縮機の取替えの工事において，冷媒設備に係る切断，溶接を伴わない工事であって，冷凍能力の変更を伴わないものは，軽微な変更の工事として，その完成後遅滞なく，都道府県知事等に届け出ればよい.

ロ．この製造施設に認定指定設備である製造設備Cを増設し，製造設備A及び製造設備Bとブラインを共通にするときは，軽微な変更の工事として，その完成後遅滞なく，都道府県知事等に届け出ればよい.

ハ．製造設備Aの圧縮機の取替えの工事において，冷媒設備に係る切断，溶接を伴う場合であって，その取り替える圧縮機の冷凍能力の変更がない場合は，都道府県知事等の許可を受けなければならないが，その変更の工事の完成検査は受けなくてよい.

(1)　イ　(2)　ロ　(3)　イ，ロ　(4)　イ，ハ　(5)　イ，ロ，ハ

問16　次のイ，ロ，ハの記述のうち，この事業者が受ける保安検査について正しい

ものはどれか.

イ. 保安検査は, 製造施設のうち認定指定設備である製造設備Bの部分を除いて行われる.

ロ. 保安検査は, 高圧ガスの製造の方法が所定の技術上の基準に適合しているかどうかについて行われる.

ハ. 保安検査を受けるときは, 選任している冷凍保安責任者にその実施について監督を行わせなければならない.

(1) イ　(2) イ, ロ　(3) イ, ハ　(4) ロ, ハ　(5) イ, ロ, ハ

問17 次のイ, ロ, ハの記述のうち, この事業者が行う定期自主検査について正しいものはどれか.

イ. 定期自主検査は, 製造の方法が所定の技術上の基準に適合しているかどうかについて, 1年に1回以上行わなければならない.

ロ. 定期自主検査は, 認定指定設備である製造設備Bの部分については行う必要はない.

ハ. 定期自主検査を行ったとき, その検査記録に記載しなければならない事項の一つに, 検査の実施について監督を行った者の氏名がある.

(1) イ　(2) ロ　(3) ハ　(4) イ, ロ　(5) イ, ハ

問18 次のイ, ロ, ハの記述のうち, この事業所に適用される技術上の基準について正しいものはどれか.

イ. この製造施設の冷媒設備には, その設備内の冷媒ガスの圧力が耐圧試験圧力を超えた場合に直ちにその圧力を耐圧試験圧力以下に戻すことができる安全装置を設けなければならない.

ロ. 冷媒設備の配管は, 許容圧力以上の圧力で行う気密試験又は経済産業大臣がこれと同等以上のものと認めた高圧ガス保安協会が行う試験に合格するものである旨の定めはない.

ハ. 冷媒設備の圧縮機が強制潤滑方式であって, 潤滑油圧力に対する保護装置を有している場合であっても, その圧縮機の油圧系統を除く冷媒設備には圧力計を設けなければならない.

(1) イ　(2) ロ　(3) ハ　(4) イ, ハ　(5) ロ, ハ

問19 次のイ, ロ, ハの記述のうち, この事業所に適用される技術上の基準について正しいものはどれか.

イ. 製造設備に設けたバルブであって, 操作ボタン等を使用することなく自動制御で開閉されるバルブ以外のものには, 作業員が適切にそのバルブを操作することができるような措置を講じなければならない.

ロ. 高圧ガスの製造は, 1日に1回以上, 認定指定設備である製造設備Bの部分

を除く製造設備が属する製造施設の異常の有無を点検して行えばよい．

ハ．冷媒設備を開放して修理するときは，冷媒ガスが不活性ガスであるため，その開放する部分に他の部分からガスが漏えいすることを防止するための措置は講じなくてよい．

(1)　イ　(2)　ロ　(3)　ハ　(4)　イ，ロ　(5)　ロ，ハ

問20　次のイ，ロ，ハの記述のうち，製造設備Bの指定設備の認定に係る技術上の基準について冷凍保安規則上正しいものはどれか．

イ．製造設備の日常の運転操作に必要となる冷媒ガスの止め弁には，手動式のものを使用しなければならない．

ロ．製造設備の冷媒設備は，この設備の製造業者の事業所で行う所定の気密試験及び配管以外の部分について所定の耐圧試験に合格するものでなければならない．

ハ．製造設備の冷媒設備は，この設備の製造業者の事業所において，脚上又は一つの架台上に組み立てられていなければならない．

(1)　イ　(2)　ハ　(3)　イ，ロ　(4)　ロ，ハ　(5)　イ，ロ，ハ

第一種冷凍機械　保安管理技術試験問題(試験時間90分)

次の各問について，正しいと思われる最も適切な答をその問の下に掲げてある(1)，(2)，(3)，(4)，(5)の選択肢の中から1個選びなさい．

問1　次のイ，ロ，ハ，ニの記述のうち，圧縮機の構造と特徴について正しいものはどれか．

イ．ロータリー圧縮機は，構造上，圧縮機の容器内は高圧であり，運転時の電動機巻線温度は吐出しガス温度よりも高くなる．また，油ポンプによって底部の油溜りから汲み上げられた冷凍機油は，高圧側にあるため，高低圧の差圧によってロータとシリンダとの隙間を通り，低圧側のシリンダ内へ流れ込む．

ロ．スクロール圧縮機は容積式圧縮機の一種で，吸込み弁と吐出し弁を必要としないが，停止時に高低圧の差圧で圧縮機の旋回スクロールが逆回転するので，逆止め弁などの逆転防止機能を付けたものが多い．また，トルク変動が非常に小さいので振動や騒音が小さく，体積効率，断熱効率も高く，高速回転に適している．

ハ．コンパウンド圧縮機は，二段圧縮の冷凍サイクルを実現するために，1台の圧縮機に低段側と高段側の気筒を配置し，1台の電動機で駆動するようにした圧縮機である．低段側と高段側の気筒数比によって，それぞれのピストン押しのけ量の比が決まってしまうので，中間圧力は最適値から若干のずれを生じることがある．

ニ．一般に，遠心圧縮機は，遠心冷凍機として凝縮器および蒸発器とともに一つのユニットにまとめられており，羽根車が高速回転するので，材料，強度，動的バランス，防食処理などに配慮して設計されている．また，容量制御を吸込み側にあるベーンによって行う場合，低流量になると，流量の低下とともに振動や騒音が低下し，運転が不安定になることはない．

(1) イ，ロ，ハ　(2) イ，ロ，ニ　(3) イ，ハ，ニ　(4) ロ，ハ，ニ　(5) イ，ロ，ハ，ニ

問2　次のイ，ロ，ハ，ニの記述のうち，冷凍装置の容量制御について正しいものはどれか．

イ．圧縮機の吸込み蒸気配管に蒸発圧力調整弁を取り付けることにより，この弁の作動時には圧縮機の吸込み圧力が低下し，圧縮機の容量制御ができる．この蒸発圧力調整弁は，温度自動膨張弁の感温筒取付け位置と均圧管接続位置よりも上流側の圧縮機吸込み蒸気配管に取り付けなければならない．

ロ．往復圧縮機の容量制御をインバータで行う場合，圧縮機の回転速度をあまり低速にすると，クランク軸端に油ポンプを付けている圧縮機では，適正な油圧

が得られず，潤滑が悪くなる．

ハ．吸入圧力調整弁は，圧縮機の吸込み蒸気配管に取り付ける．この調整弁を取り付ける目的は，圧縮機の吸込み圧力が所定の圧力以上にならないように，吸込み蒸気を絞り，容量制御することである．この容量制御は，冷凍装置の始動時や蒸発器の除霜終了後の再始動時に圧縮機の過負荷を防止することもできる．

ニ．アンローダ機構を備えたスクリュー圧縮機は，冷凍装置の冷凍負荷が大きく減少した場合でも，スクリュー圧縮機の容量をある範囲内で無段階に調整できるため，負荷変動に対して追従性がよい．この容量制御は，圧縮機始動時の負荷軽減装置としても使われている．しかし，低負荷で長時間運転すると，吐出しガス温度が高くなることがある．

(1) イ，ロ，ハ　(2) イ，ロ，ニ　(3) イ，ハ，ニ　(4) ロ，ハ，ニ　(5) イ，ロ，ハ，ニ

問３　次のイ，ロ，ハ，ニの記述のうち，圧縮機の運転と保守管理について正しいものはどれか．

イ．往復圧縮機の潤滑の方法として，はねかけ式，強制給油潤滑式がある．はねかけ式では，クランクケース内の油量が少ないと潤滑が不十分となり，油量が多すぎると圧縮機からの油上がり量が多くなる．強制給油潤滑式では，油圧が低くなりすぎると油圧保護圧力スイッチが作動して，圧縮機が停止する．

ロ．往復圧縮機の吐出し弁の弁板の割れや変形による逆流によって，吐出しガス温度は高くなり，体積効率と断熱効率の低下を招く．また，吸込み弁の漏れは，圧縮機の吐出しガス量が減少するので，吐出しガス温度は大きく上昇し，体積効率の低下を招く．

ハ．フルオロカーボン冷媒を用いた冷凍装置では，圧縮機停止中の冷凍機油温が低いときに，冷凍機油に冷媒が溶け込む割合が大きくなる．このような状態で往復圧縮機を始動すると，クランクケース内の圧力が急速に低下するので，冷凍機油に溶け込んでいる冷媒が急激に気化し，冷凍機油が沸騰したようなオイルフォーミングが発生する．

ニ．圧縮機の運転を手動で短時間停止する場合には，冷媒液配管での液封の防止および始動時の冷媒液戻り防止のために，受液器液出口弁を閉じてからしばらく運転し，低圧側の冷媒液を受液器に回収する．

(1) イ，ロ　(2) ロ，ハ　(3) ハ，ニ　(4) イ，ロ，ニ　(5) イ，ハ，ニ

問４　次のイ，ロ，ハ，ニの記述のうち，高圧部の保守管理について正しいものはどれか．

イ．水冷凝縮器における凝縮圧力上昇の原因として，冷却水ポンプの吸込み管でのストレーナの目詰まり，吸込み管内面への水あかの付着，散水ノズルの閉

塞，冷却塔の水位の低下，冷却管への水あかや油膜の付着，受液器への凝縮液の落ち込み不良，冷媒や冷凍機油の分解などが挙げられる．

ロ．空冷凝縮器を用いた冷凍装置では，冬季の外気温度低下によって，凝縮圧力が低下して膨張弁の容量が不足する．この対策として，凝縮器入口側に設置した凝縮圧力調整弁により，凝縮器内に冷媒液を滞留させ，凝縮圧力を上昇させる方法がある．

ハ．受液器兼用の水冷横形シェルアンドチューブ凝縮器において，装置内に冷媒を過充てんすると，余分な冷媒液が凝縮器に貯えられ，多数の冷却管が冷媒液に浸され，冷媒蒸気の凝縮に有効に使われる冷却管の伝熱面積が減少し，凝縮温度が高くなり，凝縮器出口の冷媒液の過冷却度が小さくなる．

ニ．満液式蒸発器において，散水方式のデフロストを行うときには，散水する前に冷媒液の供給を止めて，あらかじめ，コイル内の冷媒を回収するか，補助受液器に冷媒液を移動させてから，散水を実施する．

(1) イ，ロ　(2) イ，ハ　(3) イ，ニ　(4) ロ，ハ　(5) ハ，ニ

問5　次のイ，ロ，ハ，ニの記述のうち，低圧部の保守管理について正しいものはどれか．

イ．冷凍装置の使用目的によって，蒸発温度と被冷却物の温度との温度差が設定され，それに従って装置が運転される．一般に，設定温度差の値は空調用で15～20K程度であり，冷蔵用では5～10K程度である．この設定温度差が小さ過ぎると，冷蔵品の乾燥や蒸発器への着霜などの問題が起きる．

ロ．冷凍能力は圧縮機に吸い込まれる冷媒の蒸気量により変化する．蒸発温度が低下すると，湿り蒸気の密度が大きくなり，結果として冷凍能力は減少するので，蒸発温度を必要以上に下げないように努めなければならない．

ハ．強制通風式冷却器と冷却塔を利用した冷蔵庫用冷凍装置において，蒸発温度が低下する原因としては，蒸発器への冷媒供給量不足，蒸発器熱交換不良，冷却風量の減少，蒸発器の熱負荷の減少，冬季の冷却塔の冷却水温の低下などがある．

ニ．乾式空気冷却器に霜が付くと，霜の熱伝導抵抗により熱通過率が低下し，蒸発圧力の低下，冷却能力の低下を招く．一般に，霜の厚さが厚くなるほど，熱通過率は低下する．

(1) イ，ロ　(2) イ，ハ　(3) ロ，ハ　(4) ロ，ニ　(5) ハ，ニ

問6　次のイ，ロ，ハ，ニの記述のうち，熱交換器について正しいものはどれか．

イ．冷媒と空気との算術平均温度差が大きくなれば，蒸発器の伝熱量が増大し，冷媒側熱伝達率が大きくなるが，空気側の熱伝達抵抗が小さいために，熱通過率の値はあまり大きくならない．

ロ．水冷横形シェルアンドチューブ凝縮器内（冷媒側）に不凝縮ガスが存在すると，伝熱面近くに混合気境界層が形成されて伝熱作用が阻害される．また，冷凍装置の運転停止中における凝縮器の圧力は，凝縮器内に存在する不凝縮ガスの分圧相当分だけ高くなる．

ハ．ローフィンチューブを用いる水冷凝縮器における汚れ係数の値が小さい範囲では，汚れ係数が増加しても熱通過率はあまり低下しない．しかし，汚れ係数の値が大きい範囲では，汚れ係数が増加すると，熱通過率は大幅に低下する．

ニ．フルオロカーボン冷媒液は，冷凍機油を溶解すると粘度が高くなる．そのため，過度に冷凍機油を溶解すると，熱交換器における伝熱を阻害することになる．一般に，冷凍機油の溶解量が３％以下であれば，伝熱には特に支障がない．

(1)　イ，ロ　(2)　イ，ハ　(3)　ロ，ハ　(4)　ロ，ニ　(5)　ハ，ニ

問７　次のイ，ロ，ハ，ニの記述のうち，膨張弁などについて正しいものはどれか．

イ．液チャージ方式の温度自動膨張弁では，膨張弁本体の温度が感温筒温度よりも低くなると，感温筒内のチャージ媒体の飽和液の全てが弁本体側に集まり，膨張弁は，弁本体の温度に感応してしまい，適切な過熱度制御ができなくなる．

ロ．ダイアフラム形の温度自動膨張弁は，ばね力と，ダイアフラム上下に加わる感温筒圧力および蒸発圧力の圧力差により，蒸発器出口の過熱度を制御する．内部均圧形温度自動膨張弁では，蒸発器内での冷媒の圧力降下が大きいと，感温筒取付け位置での冷媒圧力を正確に検知できなくなるため，冷凍装置運転中の実際の過熱度は大きくなる．

ハ．電子膨張弁は，温度センサの信号をもとに調節器において過熱度を算出し，その値と過熱度設定値との偏差に応じて膨張弁の開閉操作を行うため，幅広い制御特性を得ることができる．しかし，冷凍装置を停止するときに，蒸発器への送液停止をさせるための電磁弁の機能を兼ねることはできない．

ニ．キャピラリチューブにおいて，チューブ入口，出口の圧力，チューブの口径，長さなどが，チューブ内を流れる冷媒の流量に影響を及ぼす．ただし，チューブ内で冷媒の流れが臨界状態に到達する場合は，チューブ出口の圧力は流量に影響を及ぼさない．

(1)　イ，ハ　(2)　イ，ニ　(3)　ロ，ニ　(4)　イ，ロ，ハ　(5)　ロ，ハ，ニ

問８　次のイ，ロ，ハ，ニの記述のうち，調整弁について正しいものはどれか．

イ．直動形の圧力式冷却水調整弁は，凝縮圧力の変化に対応して弁開度の制御を行う．このため，凝縮負荷，水温，凝縮器の熱通過率の変化などに応じて，冷却水量を調節することができる．しかし，冷凍装置の始動時には，凝縮圧力が低いため，冷却水量の調節を行うことはできない．

ロ．直動形蒸発圧力調整弁は，バルブプレートに作用する蒸発圧力が，ばねで設

定した値以上になると，その差圧で弁が開く．また，一般に，蒸発圧力が変化しない場合でも，バルブプレートに作用する圧縮機の吸込み圧力が低下した場合には，弁前後の差圧が大きくなり弁が開く．

ハ．パイロット形蒸発圧力調整弁では，パイロット弁にダイアフラムと圧力設定用ばねを備える．蒸発圧力が設定した圧力を超えれば，パイロット弁が開き，主弁のピストン上面に蒸発圧力を伝えて弁開度を制御する．ピストン上部に流入した冷媒蒸気は，ピストンに設けたノズルから調整弁の上流側に排出される．

ニ．パイロット形吸入圧力調整弁では，パイロット弁に圧縮機吸込み管と接続する均圧用ポートを有する．吸込み圧力が設定よりも低下すれば，パイロット弁が開き，蒸発器側の圧力を主弁のピストン上部に導き主弁を開く．

⑴　イ，ニ　⑵　ロ，ハ　⑶　ロ，ニ　⑷　イ，ロ，ハ　⑸　イ，ハ，ニ

問９　次のイ，ロ，ハ，ニの記述のうち，制御機器について正しいものはどれか．

イ．低圧フロート弁は，満液式蒸発器などの液面レベルを一定に保持するものである．液面レベルの変動に応じて送液を行うので，フロートスイッチを使用した液面制御に比べ，液面レベルの変動を小さくすることができる．また，冷媒液の密度変化の影響が小さく，一般に，各種冷媒で共用することが可能である．

ロ．電磁弁には，直動式，パイロット式などがある．直動式は，電磁力で弁を直接操作するので，弁前後の圧力差が無くても弁の開閉を行うことができる．それに対し，パイロット式は，一般に，弁上流側の圧力が下流側に比べて7～30 kPa程度高くなければ動作しない．

ハ．低圧圧力スイッチは，圧縮機運転中の吸込み圧力の低下を検出し，電気接点を開にして圧縮機を停止させるが，機器保護の目的以外に用いる場合は，使用目的に応じ，手動復帰形か自動復帰形のいずれかを用いる．これに対し，高圧圧力スイッチは，原則として手動復帰形を用いる．

ニ．電子式サーモスタットは，金属線あるいは半導体の温度変化による電気抵抗の変化を利用するもので，温度感度と精度が高い．このため，電子回路にPIDの補償をした制御に用いられるなど，応用範囲が広い．しかし，一般に，設定温度での電気接点の開閉動作のみに使用されるものが多い．

⑴　イ，ロ，ハ　⑵　イ，ロ，ニ　⑶　イ，ハ，ニ　⑷　ロ，ハ，ニ　⑸　イ，ロ，ハ，ニ

問10　次のイ，ロ，ハ，ニの記述のうち，附属機器などについて正しいものはどれか．

イ．冷凍装置に設置されている附属機器には，多くのものがある．一般に，主な附属機器の冷凍装置内の配置は，圧縮機を起点として，冷媒の流れに沿って，油分離器，フィルタドライヤ，高圧受液器，低圧受液器の順となる．

ロ．鉱油を用いたアンモニア冷凍装置では，油分離器は圧縮機と凝縮器との間に

設置され，圧縮機吐出しガスに含まれる冷凍機油を冷媒から分離して，その油を圧縮機のクランクケースへ戻す．

ハ．高圧受液器には，運転中の大きな負荷変動，蒸発器の運転台数の変化，ヒートポンプ装置の運転モードの切換えなど，冷媒量の変化を吸収する役割がある．そのため，高圧受液器の容積は，冷媒をすべて回収しても，少なくとも受液器の内容積の20％の冷媒蒸気空間を保持できるように決定する．

ニ．低圧受液器は，蒸発器から戻ってきた気液混合状態の冷媒を蒸気と液に分離し，圧縮機に液が戻らないようにする液分離器としての機能をもっているので，吸込み蒸気配管に，液分離器を取り付ける必要はない．

(1)　イ，ロ　(2)　ロ，ニ　(3)　ハ，ニ　(4)　イ，ロ，ハ　(5)　イ，ハ，ニ

問11　次のイ，ロ，ハ，ニの記述のうち，附属機器について正しいものはどれか．

イ．二段圧縮二段膨張式冷凍装置に利用されるフラッシュ式中間冷却器では，冷媒液の一部が凝縮する．冷媒液はその潜熱により自己冷却して中間圧力の飽和液となり，蒸発器へ送られる．

ロ．小形のフルオロカーボン冷凍装置に用いられるＵ字管を内蔵した液分離器では，入口から入った液滴を含んだ冷媒蒸気は，蒸気の流れ方向の変化と速度の低下によって，密度の差で液と蒸気に分離される．

ハ．フルオロカーボン冷凍装置に用いる油回収器では，満液式蒸発器内の油の濃度が高まらないように，冷媒液と油を一緒に蒸発器の外部に抜き出した後，これらを加熱して冷媒蒸気と油に分離する．その熱源には，電気ヒータのほか，高圧冷媒液や高圧冷媒ガスが用いられる．

ニ．大形冷凍装置などで利用する冷媒液強制循環式蒸発器では，冷媒を液ポンプで強制循環する．この蒸発器では，冷媒充てん量が乾式蒸発器の場合よりも多くなることが欠点であり，液戻りを防ぐために液分離器を設ける必要がある．

(1)　イ，ニ　(2)　ロ，ハ　(3)　ハ，ニ　(4)　イ，ロ，ハ　(5)　イ，ハ，ニ

問12　次のイ，ロ，ハ，ニの記述のうち，配管について正しいものはどれか．

イ．配管用炭素鋼鋼管（SGP）は，フルオロカーボン冷媒およびアンモニア冷媒の配管に使用できる．また，この鋼管は，設計圧力が1 MPaを超える耐圧部分には使用できない．

ロ．液配管に取り付けられている附属品の一つである止め弁は，耐圧，気密性能が十分であることが要求される．止め弁は，管と比べて圧力降下が大きく，冷媒漏れの原因となることもあるので，設置する数をできるだけ少なくし，弁のグランド部を下向きに取り付けないようにする．

ハ．圧縮機と凝縮器が同じ高さに設置されている場合，凝縮器と圧縮機を接続する吐出しガス配管は，凝縮器からいったん立ち上がり管を設けて，圧縮機へ下

がり勾配で配管する．これは，停止中に吐出しガス配管内の油が圧縮機へ戻りやすくするためである．

ニ．2台以上のフィンコイル乾式蒸発器が異なった高さに設置されている場合には，それぞれの蒸発器出口の吸込み蒸気配管はトラップを設けてから蒸発器より高い位置まで立ち上げる．その後，吸込み蒸気配管の主管への接続は，主管の上部（上面側）から行う．

(1) イ，ハ　(2) イ，ニ　(3) ロ，ハ　(4) ロ，ニ　(5) ハ，ニ

問13　次のイ，ロ，ハ，ニの記述のうち，安全装置について正しいものはどれか．

イ．高圧遮断圧力スイッチは，圧縮機吐出し部で吐出し圧力を正確に検出する位置に圧力誘導管で接続する必要があり，配管の下側から圧力誘導管を接続することは避ける必要がある．また，高圧遮断圧力スイッチは，原則として手動復帰形とするが，毒性ガス以外の冷媒を用いた自動運転方式の冷凍装置では，自動復帰形を用いてもよい．

ロ．冷媒設備では，安全弁の異常による冷媒の漏れや放出を避けなければならない．圧縮機用安全弁は，吹出し圧力において，圧縮機が吐き出すガスの全量を噴出することができなければならない．

ハ．溶栓は，全ての冷凍装置に設けられるが，温度によって作動するので，高温の吐出しガスの影響を受けやすい場所や冷却水で冷却される管板などに取り付けてはならない．

ニ．R 134a冷媒を使用する冷凍装置の低圧部の容器で，容器本体に附属する止め弁によって封鎖（液封）される構造のものには，安全弁，破裂板または圧力逃がし装置を取り付ける．

(1) イ，ロ　(2) イ，ニ　(3) ロ，ハ　(4) ロ，ニ　(5) ハ，ニ

問14　次のイ，ロ，ハ，ニの記述のうち，圧力試験について正しいものはどれか．

イ．耐圧試験圧力は，設計圧力に対して高いほうが信頼性も増すが，加圧時に機器の材料に発生する応力が，その材料の降伏点よりも低くなければならない．耐圧試験では，部品ごとに試験したものを組み立てた機器については試験を行わなくてもよい．

ロ．配管を除く圧縮機や容器の部分について，その強さを確認するために，耐圧試験の代わりに量産品について適用する強度試験がある．強度試験の試験圧力は，設計圧力の3倍以上の高い圧力である．

ハ．真空試験は，真空ポンプを使用し，冷媒設備内を周囲大気温度に相当する飽和水蒸気圧力以下として実施する．なお，真空試験は，微量な漏れの有無は確認できるが，漏れ箇所の特定はできない．

ニ．気密試験と耐圧試験を実施した圧力は保安上重要な事項であり，被試験品本

体への刻印や銘板により表示しなければならない．なお，気密試験は，冷媒設備の配管の部分を除く構成機器の個々のものについて，耐圧試験を実施する前に気密を確認するために行う．

(1) イ，ロ　(2) イ，ロ，ハ　(3) イ，ハ，ニ　(4) ロ，ハ，ニ　(5) イ，ロ，ハ，ニ

問15　次のイ，ロ，ハ，ニの記述のうち，据付けおよび試運転について正しいものはどれか．

イ．冷凍装置の試運転を行う場合，試運転開始前に電力系統，制御系統，冷却水系統，冷媒系統の冷媒量，冷凍機油量，弁の開閉状態などを点検することが必要である．これらの点検の後，装置の始動試験を行い，異常がなければ数時間運転を継続し，運転データを採取する．

ロ．アンモニア冷凍設備において，アンモニアには強い刺激臭があり，機器からの微量な漏えいでも早期に発見できるため，漏えい検知警報設備は必要ないが，毒性ガスに指定されているため除害設備の設置が義務付けられている．

ハ．冷凍機油の選定は，冷媒の種類，冷凍装置の構造，運転温度条件などにより異なるが，一般に，低温用の冷凍装置には，流動点が低い油を選定し，高速回転圧縮機で軸受荷重の比較的小さいものには，粘度の高い油を選定する．

ニ．アンモニアの可燃性は爆燃範囲が体積割合で15～28％の濃度であり，プロパンよりも比較的広いが，その下限値は15％の濃度で比較的高い．また，アンモニアは銅および銅合金を腐食するので，漏えいがあったときは電気設備の点検が必要である．

(1) イ，ロ　(2) イ，ニ　(3) ロ，ハ　(4) イ，ハ，ニ　(5) ロ，ハ，ニ

第一種冷凍機械　学識試験問題（試験時間120分）

問１　R 404A を冷媒とするコンパウンド圧縮機を使用した二段圧縮一段膨張冷凍装置を，下記の冷凍サイクルの条件で運転するとき，次の(1)および(2)の問に，解答用紙の所定欄に計算式を示して答えよ．

ただし，圧縮機の機械的摩擦損失仕事は吐出しガスに熱として加わるものとする．また，配管での熱の出入りおよび圧力損失はないものとする．　(20点)

（冷凍サイクルの運転条件）

低段圧縮機吸込み蒸気の比エンタルピー	$h_1 = 348$ kJ/kg
低段圧縮機吸込み蒸気の比体積	$v_1 = 0.17$ m^3/kg
低段圧縮機の断熱圧縮後の吐出しガスの比エンタルピー	$h_2 = 375$ kJ/kg
高段圧縮機吸込み蒸気の比エンタルピー	$h_3 = 366$ kJ/kg
高段圧縮機吸込み蒸気の比体積	$v_3 = 0.041$ m^3/kg
高段圧縮機の断熱圧縮後の吐出しガスの比エンタルピー	$h_4 = 395$ kJ/kg
中間冷却器用膨張弁直前の液の比エンタルピー	$h_5 = 260$ kJ/kg
蒸発器用膨張弁直前の液の比エンタルピー	$h_7 = 242$ kJ/kg

（圧縮機の仕様）

低段側ピストン押しのけ量	$V_L = 60$ m^3/h
体積効率（低段側，高段側とも）	$\eta_v = 0.80$
断熱効率（低段側，高段側とも）	$\eta_c = 0.75$
機械効率（低段側，高段側とも）	$\eta_m = 0.90$

(1)　コンパウンド圧縮機の低段側と高段側の最適な気筒数比（低段側／高段側）を示し，実際の圧縮機駆動の総軸動力 P (kW) を求めよ．なお，低段と高段の1気筒あたりのピストン押しのけ量は同じとする．

(2)　実際の冷凍装置の成績係数 $(COP)_R$ を求めよ．

問２　下図に示す液ガス熱交換器付きのR 410A冷凍装置が次の条件で運転されている．次の(1)から(3)の問に，解答用紙の所定欄に計算式を示して答えよ．

ただし，圧縮機の機械的摩擦損失仕事は吐出しガスに熱として加わるものとする．また，配管での熱の出入りおよび圧力損失はないものとする．　(20点)

（運転条件）

圧縮機吸込み蒸気の比エンタルピー	$h_1 = 426$ kJ/kg
圧縮機の断熱圧縮後の吐出しガスの比エンタルピー	$h_2 = 470$ kJ/kg
受液器出口の液の比エンタルピー	$h_3 = 266$ kJ/kg
膨張弁直前の液の比エンタルピー	$h_4 = 240$ kJ/kg
蒸発圧力における飽和液の比エンタルピー	$h_B = 200$ kJ/kg

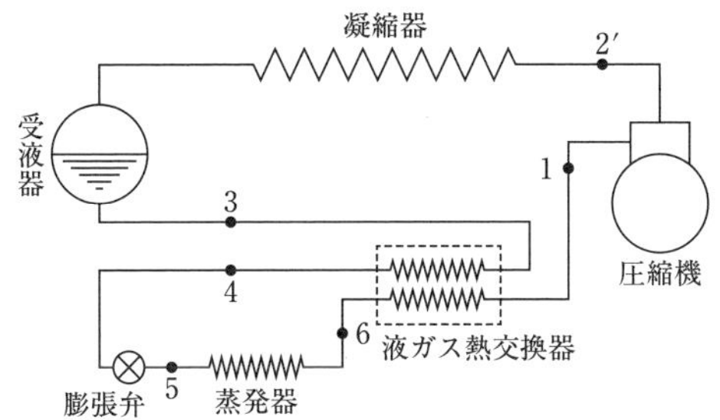

蒸発器出口の湿り蒸気の乾き度	$x_6 = 0.90$
圧縮機のピストン押しのけ量	$V = 70\ \mathrm{m^3/h}$
圧縮機の断熱効率	$\eta_c = 0.85$
圧縮機の機械効率	$\eta_m = 0.90$
圧縮機の体積効率	$\eta_v = 0.85$
圧縮機吸込み蒸気の密度	$\rho_1 = 30\ \mathrm{kg/m^3}$

(1)　凝縮器の凝縮負荷 Φ_k(kW) を求めよ．

(2)　蒸発圧力における飽和蒸気の比エンタルピー h_D(kJ/kg) を求めよ．

(3)　実際の冷凍装置の成績係数 $(COP)_R$ を求めよ．

問３　下図のように硬質ポリウレタンフォーム製断熱材を用いて，銅管を断熱し，ブライン搬送用の配管を製作した．以下の仕様および使用条件でこの配管を使用したとき，断熱材内表面の温度 t_1（℃）を解答用紙の所定欄に計算式を示して求めよ．ただし，配管の半径方向にのみ，一様に熱が流れるものとする．

必要であれば，$\ln 2 = 0.69$，$\ln 3 = 1.10$，$\ln 5 = 1.61$ を用いよ．　(20点)

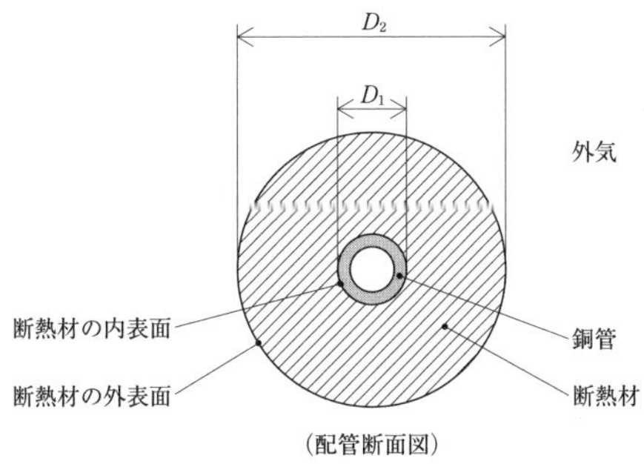

(配管断面図)

(仕様および使用条件)

銅管の外径および断熱材の内径	$D_1 = 6\ \mathrm{mm}$
断熱材の外径	$D_2 = 30\ \mathrm{mm}$

外気温度	$t_a = 30.2$℃
断熱材の外表面温度	$t_2 = 25.2$℃
断熱材の外表面側（外気側）の熱伝達率	$\alpha_a = 10$ W/(m²·K)
断熱材の熱伝導率	$\lambda_p = 0.030$ W/(m·K)

問４　次のイ，ロ，ハ，ニは，冷媒とブラインについて述べたものである．文中の①から⑳に最も適切な語句を解答用紙の所定欄に記入せよ．ただし，同じ語句を何回使用してもよい．（20点）

イ．冷媒の蒸発温度が臨界温度に近づくと［①］と［②］の比エンタルピーの差が小さくなるので，冷凍効果が小さくなる傾向がある．また，沸点の［③］い冷媒は，一般に所定の冷凍能力を得るための圧縮機押しのけ量が小さくてすむ．すなわち，同じ圧縮機押しのけ量に対する冷凍能力である［④］が大きい．しかし，蒸発温度が低い場合には，圧縮機吐出しガス温度が［⑤］くなる．なお，比熱比が大きいと，圧縮機吐出しガス温度が［⑥］くなる．

ロ．アンモニアは強い毒性と微燃性を有するが，その独特の［⑦］によって容易に漏えいを知ることができる．また，水に対する［⑧］が大きく，吸収冷凍装置の［⑨］としても使用される．さらに，アンモニアと水とが互いに溶け合ってアンモニア水を作り，水よりも［⑩］が低下するので，フルオロカーボン冷凍装置に比べて膨張弁における氷結による［⑪］は起こりにくい．

ハ．ローレンツサイクルは，非共沸混合冷媒の相変化にともなって生じる温度勾配を利用して，成績係数の向上を図ったサイクルである．非共沸混合冷媒は，［⑫］過程下の相変化中に温度が変化するので，冷媒液を［⑬］過程で加熱していく（吸熱させる）と，液相状態から蒸発し始める温度である［⑭］と，蒸発終了時の温度である［⑮］との間に差が生じる．この相変化にともなって生じる温度変化幅を温度勾配という．また，一般にこの相変化時の冷媒側熱伝達率は単成分冷媒よりも［⑯］する．

ニ．ブラインには，塩化カルシウムや塩化ナトリウムなどの水溶液の［⑰］ブラインと，エチレングリコールやプロピレングリコールなどの水溶液の［⑱］ブラインがある．塩化カルシウムブラインや塩化ナトリウムブラインが，空気中の［⑲］を溶かし込むと，金属の腐食を促進させ，空気中の［⑳］を取り込むと，ブラインの濃度が低下するので，空気とできるだけ接触させないようにする．

問５　下記仕様の鋼板がある．この鋼板を用いて，屋外に設置して凝縮温度50℃で運転されるR 407C用高圧受液器を設計したい．この高圧受液器について，設計可能な最大の円筒胴の外径D_o(mm)を解答用紙の所定欄に計算式を示して，整数値で求めよ．ただし，溶接継手の効率は0.70，R 407Cを冷媒とする冷凍装置の凝縮温度50℃における高圧部設計圧力は2.11 MPaとする．

また，この円筒胴に，溶接継手のない半球形鏡板を取り付け，この鏡板の内面に設計圧力2.11 MPaが作用した場合，半球面の接線方向に誘起される引張応力 σ_t(N/mm^2) を，解答用紙の所定欄に計算式を示して，小数点以下1桁まで求めよ．円筒胴と鏡板は外径寸法 D_o(mm) を同一とする．（20点）

（鋼板の仕様）

使用鋼板	SM 400 B
円筒胴に使用する鋼板の厚さ	t_{a1} = 7 mm
鏡板に使用する鋼板の厚さ	t_{a2} = 7 mm

令和３年度（令和３年11月14日施行）

第二種冷凍機械責任者試験

第二種冷凍機械　法令試験問題(試験時間60分)

次の各問について，高圧ガス保安法に係る法令上正しいと思われる最も適切な答えをその問の下に掲げてある(1)，(2)，(3)，(4)，(5)の選択肢の中から１個選びなさい．

なお，経済産業大臣が危険のおそれのないと認めた場合等における規定は適用しない．

（注）試験問題中，「都道府県知事等」とは，都道府県知事又は高圧ガス保安法に関する事務を処理する指定都市の長をいう．

問１　次のイ，ロ，ハの記述のうち，正しいものはどれか．

イ．高圧ガス保安法は，高圧ガスによる災害を防止して公共の安全を確保する目的のために，民間事業者による高圧ガスの保安に関する自主的な活動を促進することも定めている．

ロ．常用の温度において圧力が0.1メガパスカルとなる液化ガスであって，圧力が0.2メガパスカルとなる温度が35度であるものは，高圧ガスである．

ハ．１日の冷凍能力が5トン未満の冷凍設備内における冷媒ガスである全てのフルオロカーボンは，高圧ガス保安法の適用を受けない．

(1) イ　(2) ロ　(3) イ，ロ　(4) ロ，ハ　(5) イ，ロ，ハ

問２　次のイ，ロ，ハの記述のうち，正しいものはどれか．

イ．冷凍のための設備を使用して高圧ガスの製造をしようとする者が，その製造について都道府県知事等の許可を受けなければならない場合の１日の冷凍能力の最小の値は，冷媒ガスである高圧ガスの種類に関係なく同じである．

ロ．第一種製造者について合併があり，その合併により新たに法人を設立した場合，その法人は第一種製造者の地位を承継する．

ハ．第一種製造者は，その製造をする高圧ガスの種類を変更したときは，遅滞なく，その旨を都道府県知事等に届け出なければならない．

(1) イ　(2) ロ　(3) ハ　(4) ロ，ハ　(5) イ，ロ，ハ

問３　次のイ，ロ，ハの記述のうち，正しいものはどれか．

イ．容器に充塡された冷媒ガス用の高圧ガスの販売の事業を営もうとする者（特に定められたものを除く．）は，販売所ごとに，事業開始の日の20日前までに，その旨を都道府県知事等に届け出なければならない．

ロ．第一種製造者は，高圧ガスの製造を開始し，又は廃止したときは，遅滞なく，その旨を都道府県知事等に届け出なければならない．

ハ．専ら冷凍設備に用いる機器の製造の事業を行う者（機器製造業者）が所定の技術上の基準に従って製造しなければならない機器は，可燃性ガス以外のフルオロカーボンを冷媒ガスとする冷凍機のものにあっては，1日の冷凍能力が20トン以上のものに限られている．

(1) イ　(2) イ，ロ　(3) イ，ハ　(4) ロ，ハ　(5) イ，ロ，ハ

問４　次のイ，ロ，ハの記述のうち，冷凍のため高圧ガスの製造をする第二種製造者について正しいものはどれか．

イ．アンモニアを冷媒ガスとする冷凍設備であって，その1日の冷凍能力が5トンである設備のみを使用して高圧ガスの製造をする者は，第二種製造者である．

ロ．第二種製造者は，製造設備の設置又は変更の工事が完成したとき，酸素以外のガスを使用する試運転又は許容圧力以上の圧力で行う気密試験を行った後でなければ，製造をしてはならない．

ハ．アンモニアを冷媒ガスとする1日の冷凍能力が30トンの製造施設は，保安検査を受けなければならない．

(1) イ　(2) ロ　(3) ハ　(4) イ，ロ　(5) イ，ロ，ハ

問５　次のイ，ロ，ハの記述のうち，車両に積載した容器（内容積が48リットルのもの）による冷凍設備の冷媒ガスの補充用の高圧ガスの移動に係る技術上の基準等について一般高圧ガス保安規則上正しいものはどれか．

イ．アンモニアを移動するときは，その車両の見やすい箇所に警戒標を掲げなければならないが，特定不活性ガスであるフルオロカーボン32を移動するときはその定めはない．

ロ．アンモニアを移動するときは，そのガスの名称，性状及び移動中の災害防止のために必要な注意事項を記載した書面を運転者に交付し，移動中携帯させ，これを遵守させなければならないが，特定不活性ガスであるフルオロカーボン32を移動するときはその定めはない．

ハ．アンモニアを移動するときは，その容器に木枠又はパッキンを施す必要があるが，特定不活性ガスであるフルオロカーボン32を移動するときはその定めはない．

(1) ロ　(2) ハ　(3) イ，ハ　(4) ロ，ハ　(5) イ，ロ，ハ

問６　次のイ，ロ，ハの記述のうち，冷凍設備の冷媒ガスの補充用の高圧ガスを充

塡するための容器（再充塡禁止容器を除く．）及びその附属品について正しいものはどれか．

イ．容器に充塡することができる液化ガスの質量は，その容器の内容積を容器保安規則で定められた数値で除して得られた質量以下と定められている．

ロ．附属品検査に合格したバルブには，そのバルブが装置されるべき容器の内容積を示す記号の刻印がされている．

ハ．容器の所有者は，容器再検査に合格しなかった容器について所定の期間内に所定の刻印等がされなかったときは，遅滞なく，これをくず化し，その他容器として使用することができないように処分しなければならない．

(1)　イ　(2)　ハ　(3)　イ，ロ　(4)　イ，ハ　(5)　イ，ロ，ハ

問７　次のイ，ロ，ハの記述のうち，冷凍に係る製造事業所における冷媒ガスの補充用としての容器による高圧ガス（質量が1.5キログラムを超えるもの）の貯蔵の方法に係る技術上の基準について一般高圧ガス保安規則上正しいものはどれか．

イ．液化アンモニアを充塡した容器を貯蔵する場合，その容器は常に温度40度以下に保たなければならないが，液化フルオロカーボンを充塡した容器は，常に温度40度以下に保つべき定めはない．

ロ．可燃性ガス又は毒性ガスの充塡容器及び残ガス容器の貯蔵は，通風の良い場所でしなければならない．

ハ．車両に固定した容器により高圧ガスを貯蔵することは禁じられているが，車両に積載した容器により高圧ガスを貯蔵することはいかなる場合でも禁じられていない．

(1)　イ　(2)　ロ　(3)　ハ　(4)　イ，ロ　(5)　ロ，ハ

問８　次のイ，ロ，ハの記述のうち，冷凍能力の算定基準について冷凍保安規則上正しいものはどれか．

イ．蒸発器を通過する冷水の温度差の数値は，遠心式圧縮機を使用する製造設備の１日の冷凍能力の算定に必要な数値の一つである．

ロ．冷媒ガスの種類に応じて定められた数値（C）は，回転ピストン型圧縮機を使用する製造設備の１日の冷凍能力の算定に必要な数値の一つである．

ハ．圧縮機の気筒の内径の数値は，回転ピストン型圧縮機を使用する製造設備の１日の冷凍能力の算定に必要な数値の一つである．

(1)　イ　(2)　ロ　(3)　イ，ロ　(4)　イ，ハ　(5)　ロ，ハ

問９から問14までの問題は，次の例による事業所に関するものである．

［例］冷凍のため，次に掲げる高圧ガスの製造施設を有する事業所
なお，この事業者は認定完成検査実施者及び認定保安検査実施者ではない．
製造設備の種類：定置式製造設備（一つの製造設備であって，専用機械室に設置してあるもの）
冷媒ガスの種類：アンモニア
冷凍設備の圧縮機：容積圧縮式（往復動式）4台
1日の冷凍能力：250トン
主な冷媒設備：凝縮器（横置円筒形で胴部の長さが5メートルのもの）　1基
：受液器（内容積が6,000リットルのもの）　1基

問9　次のイ，ロ，ハの記述のうち，この事業者について正しいものはどれか．

イ．この事業者は，危害予防規程を定め，これを都道府県知事等に届け出なければならない．また，この危害予防規程を守るべき者は，この事業所の冷凍保安責任者と従業者のみである．

ロ．この事業者は，その従業者に対する保安教育計画を定め，これを忠実に実行しなければならないが，その計画を都道府県知事等に届け出る必要はない．

ハ．この事業者は，その占有する液化アンモニアの充塡容器を盗まれたときは，遅滞なく，その旨を都道府県知事等又は警察官に届け出なければならない．

(1)　イ　(2)　ロ　(3)　ハ　(4)　ロ，ハ　(5)　イ，ロ，ハ

問10　次のイ，ロ，ハの記述のうち，この事業者について正しいものはどれか．

イ．この事業者がこの事業所において指定する場所では，何人も，その事業者の承諾を得ないで，発火しやすい物を携帯してその場所に立ち入ってはならない．

ロ．この事業者がこの事業所において指定する場所では，その事業所の従業者を除き，何人も火気を取り扱ってはならない．

ハ．この事業者は，事業所ごとに帳簿を備え，製造施設に異常があった場合，異常があった年月日及びそれに対してとった措置をその帳簿に記載しなければならない．また，その帳簿は製造開始の日から10年間保存しなければならない．

(1)　イ　(2)　イ，ロ　(3)　イ，ハ　(4)　ロ，ハ　(5)　イ，ロ，ハ

問11　次のイ，ロ，ハの記述のうち，この事業者について正しいものはどれか．

イ．冷凍保安責任者には，第二種冷凍機械責任者免状の交付を受けている者であって，1日の冷凍能力が20トン以上の製造施設を使用して行う高圧ガスの製造に関する1年以上の経験を有する者を選任することができる．

ロ．この事業所の冷凍保安責任者が疾病によってその職務を行うことができなかったが，その冷凍保安責任者の代理者に職務を代行させなかった．

ハ．冷凍保安責任者及びその代理者をあらかじめ選任し，その冷凍保安責任者に

ついては，遅滞なく，その旨を都道府県知事等に届け出なければならないが，その代理者については，その届出は不要である．

(1) イ　(2) ロ　(3) ハ　(4) イ，ロ　(5) ロ，ハ

問12　次のイ，ロ，ハの記述のうち，この製造施設について正しいものはどれか．

イ．この冷媒設備の圧縮機の取替えの工事において，冷媒設備に係る切断，溶接を伴わない工事であって，冷凍能力の変更を伴わないものは，軽微な変更の工事としてその工事の完成後遅滞なく，その旨を都道府県知事等に届け出ればよい．

ロ．既に完成検査を受け所定の技術上の基準に適合していると認められているこの製造施設の全部の引渡しがあった場合，その引渡しを受けた者はその旨を都道府県知事等に届け出れば，都道府県知事等又は高圧ガス保安協会若しくは指定完成検査機関が行う完成検査を受けることなく，この製造施設を使用することができる．

ハ．この冷媒設備の受液器の取替えの工事は，冷媒設備に係る切断，溶接を伴わない工事であっても，完成検査を受けなければならない特定変更工事である．

(1) イ　(2) ハ　(3) イ，ロ　(4) イ，ハ　(5) イ，ロ，ハ

問13　次のイ，ロ，ハの記述のうち，この事業所に適用される技術上の基準について正しいものはどれか．

イ．この製造施設は，その規模に応じて，適切な消火設備を適切な箇所に設けなければならない施設に該当しない．

ロ．この製造設備には，冷媒ガスが漏えいしたときに安全に，かつ，速やかに除害するための措置を講じなければならない．

ハ．受液器に設けた液面計に丸形ガラス管液面計以外のガラス管液面計を使用している場合は，その液面計には破損を防止するための措置を講じなくてよい．

(1) ロ　(2) ハ　(3) イ，ロ　(4) イ，ハ　(5) ロ，ハ

問14　次のイ，ロ，ハの記述のうち，この事業所に適用される技術上の基準について正しいものはどれか．

イ．この冷媒設備の安全弁（大気に冷媒ガスを放出することのないものを除く．）には，放出管を設けなければならないが，その放出管の開口部の位置については，特に定めはない．

ロ．この受液器は，その周囲に冷媒ガスである液状のアンモニアが漏えいした場合に，その流出を防止するための措置を講じなければならないものに該当しない．

ハ．受液器，その支持構造物及びその基礎には所定の耐震に関する性能を有するものとしなければならないものがあるが，この事業所の製造設備に係る受液器

にはその基準は適用されない．

(1)　ロ　(2)　ハ　(3)　イ，ロ　(4)　イ，ハ　(5)　ロ，ハ

問15から問20までの問題は，次の例による事業所に関するものである．

［例］冷凍のため，次に掲げる定置式製造設備である高圧ガスの製造施設を有する一つの事業所として高圧ガスの製造の許可を受けている事業所
なお，この事業者は認定完成検査実施者及び認定保安検査実施者ではない．

製造設備Ａ：冷媒設備が一つの架台上に一体に組み立てられていないもの　1基
製造設備Ｂ：認定指定設備であるもの　1基
これら製造設備Ａ及び製造設備Ｂはブラインを共通とし，同一の専用機械室に設置されており，一体として管理されるものとして設計されたものであり，かつ，同一の計器室において制御されている．
冷媒ガスの種類：製造設備Ａ及び製造設備Ｂとも，不活性ガスであるフルオロカーボン134ａ
冷凍設備の圧縮機：製造設備Ａ及び製造設備Ｂとも，遠心式
1日の冷凍能力：600トン（製造設備Ａ：300トン，製造設備Ｂ：300トン）
主な冷媒設備：凝縮器（製造設備Ａ及び製造設備Ｂとも，横置円筒形で胴部の長さが4メートルのもの）　各1基

問15　次のイ，ロ，ハの記述のうち，この事業者が行う製造施設の変更の工事について正しいものはどれか．

イ．製造設備Ａの冷媒設備に係る切断，溶接を伴わない圧縮機の取替えの工事であって，冷凍能力の変更を伴わないものは，軽微な変更の工事として，その完成後遅滞なく，その旨を都道府県知事等に届け出なければならない．

ロ．この製造施設にブラインを共通とする認定指定設備である製造設備Ｃを増設する場合は，軽微な変更の工事として，その完成後遅滞なく，その旨を都道府県知事等に届け出なければならない．

ハ．製造設備Ａの冷媒設備に係る切断，溶接を伴わない凝縮器の取替えの工事であって，その取替えに係る凝縮器が耐震設計構造物の適用を受けないものである場合は，軽微な変更の工事として，その完成後遅滞なく，その旨を都道府県

県知事等に届け出なければならない．

(1) イ　(2) ロ　(3) ハ　(4) イ，ロ　(5) イ，ロ，ハ

問16 次のイ，ロ，ハの記述のうち，この事業者が受ける保安検査及びこの事業者が行う定期自主検査について正しいものはどれか．

イ．高圧ガス保安協会が行う保安検査を受け，その旨を都道府県知事等に届け出た場合は，その都道府県知事等が行う保安検査を受ける必要はない．

ロ．保安検査は，製造施設の位置，構造及び設備が所定の技術上の基準に適合しているかどうかについて行われる．

ハ．認定指定設備である製造設備Ｂについては，定期自主検査を実施しなくてよい．

(1) イ　(2) ロ　(3) イ，ロ　(4) ロ，ハ　(5) イ，ロ，ハ

問17 次のイ，ロ，ハの記述のうち，この事業所に適用される技術上の基準について正しいものはどれか．

イ．製造設備Ａ及び製造設備Ｂとも専用機械室に設置され，かつ，不活性ガスであるフルオロカーボン134ａを冷媒ガスに使用しているので，冷媒設備の圧縮機が引火性又は発火性の物（作業に必要なものを除く．）をたい積した場所の付近にあってはならない旨の定めは適用されない．

ロ．製造設備を設置した室に外部から容易に立ち入ることができない措置を講じた場合，製造施設に警戒標を掲げる必要はない．

ハ．冷媒設備の配管は，許容圧力以上の圧力で行う気密試験又は経済産業大臣がこれと同等以上のものと認めた高圧ガス保安協会が行う試験に合格するものでなければならない．

(1) イ　(2) ロ　(3) ハ　(4) イ，ハ　(5) ロ，ハ

問18 次のイ，ロ，ハの記述のうち，この事業所に適用される技術上の基準について正しいものはどれか．

イ．製造設備Ｂの冷媒設備の圧縮機が強制潤滑方式であり，かつ，潤滑油圧力に対する保護装置を有しているものである場合は，製造設備Ｂの圧縮機の油圧系統を含む冷媒設備には，圧力計を設けなくてよい．

ロ．製造設備Ａ及び製造設備Ｂの冷媒設備には，それらの設備内の冷媒ガスの圧力が許容圧力の1.25倍を超えた場合に直ちにその圧力を許容圧力以下に戻すことができる安全装置を設けなければならない．

ハ．製造設備に設けたバルブ又はコックが操作ボタン等により開閉されるものである場合は，その操作ボタン等には，作業員がその操作ボタン等を適切に操作することができるような措置を講じる必要がある．

(1) イ　(2) ロ　(3) ハ　(4) イ，ハ　(5) ロ，ハ

問19　次のイ，ロ，ハの記述のうち，この事業所に適用される技術上の基準について正しいものはどれか．

イ．冷媒設備を開放して修理するとき，冷媒ガスが不活性ガスであるため，その開放する部分に他の部分からガスが漏えいすることを防止するための措置を講じる必要はない．

ロ．製造設備の運転を数日間停止する場合であっても，特に定める場合を除き，その間も冷媒設備の安全弁に付帯して設けた止め弁を常に全開しておかなければならない．

ハ．製造設備Ｂには自動制御装置が設けられているので，製造設備Ｂにおける高圧ガスの製造は，１日に１回以上その製造設備が属する製造施設の異常の有無を点検して行わなくてよい．

(1)　イ　　(2)　ロ　　(3)　ハ　　(4)　イ，ロ　　(5)　ロ，ハ

問20　次のイ，ロ，ハの記述のうち，製造設備Bの指定設備の認定に係る技術上の基準について冷凍保安規則上正しいものはどれか．

イ．製造設備の日常の運転操作に必要となる冷媒ガスの止め弁には，手動式のものを使用しなければならない．

ロ．製造設備の冷媒設備は，この設備の製造業者の事業所で行う所定の気密試験及び配管以外の部分について所定の耐圧試験に合格するものでなければならない．

ハ．製造設備の冷媒設備は，この設備の製造業者の事業所において，脚上又は一つの架台上に組み立てられていなければならない．

(1)　イ　　(2)　ハ　　(3)　イ，ロ　　(4)　ロ，ハ　　(5)　イ，ロ，ハ

第二種冷凍機械　保安管理技術試験問題（試験時間90分）

次の各問について，正しいと思われる最も適切な答をその問の下に掲げてある(1)，(2)，(3)，(4)，(5)の選択肢の中から１個選びなさい．

問１　次のイ，ロ，ハ，ニの記述のうち，圧縮機の運転および保守管理について正しいものはどれか．

イ．圧縮機を手動で操作して停止させる場合，受液器液出口弁を閉じてしばらく運転し，受液器に冷媒液を回収する必要がある．これは，液封の防止などのために必要な措置である．

ロ．往復圧縮機の吐出し弁に漏れがあると，吸込み工程で高圧側のガスの一部がシリンダ内に逆流する．このため，漏れのない場合と比較して，冷凍装置の冷凍能力，成績係数，圧縮機の吐出しガス温度および吐出しガス量がそれぞれ低下する．

ハ．フルオロカーボンを冷媒とする往復圧縮機では，始動時にオイルフォーミングなどを引き起こすことがある．これを防止するため，圧縮機運転前に油温を周囲温度より高く上げる必要がある．アンモニアを冷媒としている場合は，一般に，圧縮機運転前に油温を高める必要はない．

ニ．圧縮機内における圧縮が断熱変化であり，吐出しガスと吸込み蒸気の絶対圧力の比および断熱指数が一定であると仮定すると，吸込み蒸気絶対温度が10％上昇すれば，計算上，吐出しガス絶対温度は10％上昇する．

(1)　イ，ハ　　(2)　イ，ニ　　(3)　ロ，ハ　　(4)　ロ，ニ　　(5)　ハ，ニ

問２　次のイ，ロ，ハ，ニの記述のうち，高圧部の保守管理について正しいものはどれか．

イ．受液器兼用の水冷横形シェルアンドチューブ凝縮器を備える装置に冷媒を過充てんすると，凝縮に有効に使われる冷却管の伝熱面積が減少して凝縮温度が上昇し，凝縮器から出る冷媒液の過冷却度は小さくなる．

ロ．温度自動膨張弁を用いた冷凍装置では，冬季に空冷凝縮器の熱交換能力が増大するので，冷凍能力が増大し，冷却不良は起きない．

ハ．水冷横形シェルアンドチューブ凝縮器を使用した冷凍装置の運転中に，凝縮圧力が異常に上昇した．その原因として，装置内への空気の侵入，冷却管の汚れ，冷却水量の不足，冷却水温の上昇などが挙げられる．

ニ．空冷凝縮器を用いた冷凍装置において，冬季に外気温度が低下する場合の高圧維持対策として，空冷凝縮器の送風機運転台数を減らす，送風機回転速度を下げるなどがあるが，凝縮圧力調整弁を用いて空冷凝縮器のコイル内に凝縮液

を溜め込み，伝熱面積を減少させる方法もある．

(1)　イ，ロ　(2)　イ，ハ　(3)　ロ，ハ　(4)　ロ，ニ　(5)　ハ，ニ

問３　次のイ，ロ，ハ，ニの記述のうち，低圧部の保守管理について正しいものはどれか．

イ．乾式シェルアンドチューブ蒸発器における熱通過率を低下させる要因には，冷却管内のブライン側では，水あかの付着などがある．また，冷却管外の冷媒側では，冷却管表面への油膜の形成などがある．

ロ．蒸発温度が低下し，冷媒蒸気の密度が小さくなると，圧縮機に吸い込まれる冷媒蒸気の質量流量が低下し，冷媒循環量が小さくなるので，冷凍能力が減少する．

ハ．空気冷却器での冷媒側の圧力低下の原因には，空気冷却器の汚れや着霜による熱通過率の低下，腐食による空気冷却器フィンの脱落などがある．

ニ．乾式蒸発器のMOP付きの温度自動膨張弁は，弁本体温度が感温筒温度よりも高くなるような温度条件で使用すると，適切に作動しなくなる．

(1)　イ，ロ　(2)　イ，ハ　(3)　ロ，ハ　(4)　ロ，ニ　(5)　ハ，ニ

問４　次のイ，ロ，ハ，ニの記述のうち，冷媒について正しいものはどれか．

イ．HFC系冷媒は安定した冷媒であり，一般に，毒性や燃焼性が小さいが，オゾン層を破壊し，地球温暖化をもたらすので，大気放出を極力抑える必要がある．

ロ．自然冷媒の一種であるR 717は，その独特の臭気によって漏えいを知ることができるため，電気的に濃度を検知する検知器は用いない．

ハ．フルオロカーボン冷媒を使用したヒートポンプ装置が，100℃の圧縮機吐出しガス温度で運転されているとき，この温度による冷凍機油の劣化のおそれはない．

ニ．R 407Cなどの非共沸混合冷媒は，液と蒸気が共存する飽和二相域においては，液と蒸気のそれぞれの成分比は異なる．一般に，非共沸混合冷媒の相変化時の伝熱性能は単成分冷媒よりも劣る．

(1)　イ，ロ　(2)　ロ，ハ　(3)　ロ，ニ　(4)　ハ，ニ　(5)　イ，ハ，ニ

問５　本問は，正しい選択肢のない不適切な問題だったため，採点について相応の措置がとられました．そのため，本問題集には掲載しておりません．

問６　次のイ，ロ，ハ，ニの記述のうち，附属機器について正しいものはどれか．

イ．フルオロカーボン冷凍装置では，冷媒系統内の水分を除去するために，ろ過乾燥器が使用される．ろ過乾燥器内に収められたシリカゲルが水分を吸着した場合は，化学変化するため，交換する必要がある．

ロ．冷凍装置全体の配管距離が長い場合や，蒸発器の台数が多く，冷凍機油が冷

媒系統内を循環して圧縮機クランクケースに戻ってくるのに時間がかかる冷凍装置では，クランクケース内の油がなくなってしまうことがあるため，油分離器を設ける．

ハ．サイトグラスは，冷媒配管中のフィルタドライヤの上流に設置して，冷媒の流れの状態とフルオロカーボン冷媒中の水分含有量を見るためのものである．

ニ．低圧受液器では，運転状態が大きく変化しても，十分な冷媒液量の保持と一定した液ポンプ吸込み揚程が確保できるようにするために，フロート弁あるいはフロートスイッチと電磁弁の組み合わせで液面高さの制御が行われる．

(1) イ，ロ　(2) イ，ハ　(3) ロ，ニ　(4) ロ，ハ，ニ　(5) イ，ハ，ニ

問7　次のイ，ロ，ハ，ニの記述のうち，配管について正しいものはどれか．

イ．アンモニア冷凍装置において，−35℃の冷媒ガス用低温配管には，一般に，配管用炭素鋼鋼管（SGP）を使用する．

ロ．銅管のろう付けは，ろう付け継手に銅管を差し込んで接合面を重ね合わせ，その隙間に溶けたろう材を流し込み溶着させる．銅管の外径が5 mm以上8 mm未満では，最小差込み深さは3 mmとする．

ハ．吸込み蒸気配管の横走り管にトラップを設けることにより，負荷変動時の油や冷媒液を溜めて，液が圧縮機に戻るのを防止する．

ニ．フルオロカーボン冷凍装置では，蒸発器から圧縮機への油戻しが重要である．満液式シェルアンドチューブ蒸発器に取り付けられた油戻し配管では，絞り弁を通して油を含んだ冷媒液を少しずつ抜き出し，液ガス熱交換器で冷媒液を気化した後，圧縮機に油を戻している．

(1) ハ　(2) ニ　(3) イ，ロ　(4) イ，ニ　(5) ロ，ハ

問8　次のイ，ロ，ハ，ニの記述のうち，安全装置について正しいものはどれか．

イ．高圧遮断圧力スイッチの設定圧力は，高圧部に取り付けられたすべての安全弁（内蔵形安全弁を除く）の最低吹始め圧力以下で，かつ，高圧部の許容圧力以下の圧力で作動するように設定する．

ロ．アンモニア冷凍装置の低圧部の容器で，容器本体に附属する止め弁によって液封されるものには，安全弁または圧力逃がし装置を取り付ける．

ハ．圧力容器用安全弁は，火災などの際に外部から加熱されて容器内の冷媒が温度上昇することによって，その飽和圧力が設定された圧力に達したときに，蒸発する冷媒を噴出して，過度に圧力が上昇することを防止することができなければならない．

ニ．冷凍装置の安全弁は，一般に，ばね式安全弁が使用されており，圧縮機に取り付けるときは，吐出し止め弁の手前に取り付ける．

(1) イ，ロ　(2) ロ，ニ　(3) イ，ハ，ニ　(4) ロ，ハ，ニ　(5) イ，ロ，ハ，ニ

問９　次のイ，ロ，ハ，ニの記述のうち，圧力試験などについて正しいものはどれか．

イ．耐圧試験の試験圧力は，設計圧力に対して高い方が信頼性も増すが，その材料が変形しないように，加圧時に材料に発生する応力が比例限度よりも低くなければならないので，試験圧力を必要以上に高くしてはならない．

ロ．構成機器の組立品の気密試験における漏れの確認は，試験品の外面に発泡液を塗布して，泡の発生の有無で行うが，試験品を水槽に浸漬して，気泡発生の有無によっても行うことができる．

ハ．冷媒配管（施工工事）を完了した設備の気密試験は，全冷媒系統を低圧側試験圧力で試験を実施し，全冷媒系統の漏れがないことを確認した後に，高圧側試験圧力で高圧側について実施する．

ニ．気密試験の前の真空放置試験は，微少な漏れでも判定できるが，漏れ箇所の特定はできない．装置内に残留水分が存在すると，真空になるのに時間がかかり，真空ポンプを止めると圧力が上昇する．

(1)　イ，ロ　　(2)　イ，ハ　　(3)　ロ，ハ　　(4)　ロ，ニ　　(5)　ハ，ニ

問10　次のイ，ロ，ハ，ニの記述のうち，冷凍装置の据付けおよび試運転について正しいものはどれか．

イ．機器の基礎底面にかかる荷重は，どの部分でも地盤の許容応力以下にし，できるだけ荷重が地盤に均等にかかるようにする．また，基礎の質量は，一般にその上に据え付ける機器の質量よりも大きくする．

ロ．冷凍機油を選定する場合には，凝固点が低く，ろう分が多いことなどの条件が必要であり，その選定した冷凍機油は，常用の蒸発温度で凝固しないものでなければならない．

ハ．冷凍装置の冷媒の充てん量が不足すると，蒸発圧力が低下し，圧縮機の吸込み蒸気の過熱度が大きくなり，吐出し圧力が低下するが，吐出しガス温度は上昇するので，油が劣化するおそれがある．

ニ．冷媒の漏えい時の注意事項として，酸欠に対する危険，空気に対する比重などがある．冷凍装置から冷媒ガスが漏れた場合，大気中で空気よりも重い冷媒であるR 404A，R 407C，R 410A，R 717は，床面での滞留に注意が必要である．

(1)　イ，ハ　　(2)　イ，ニ　　(3)　ロ，ハ　　(4)　イ，ロ，ニ　　(5)　ロ，ハ，ニ

第二種冷凍機械　学識試験問題(試験時間120分)

次の各問について，正しいと思われる最も適切な答をその問の下に掲げてある(1)，(2)，(3)，(4)，(5)の選択肢の中から１個選びなさい．

問１　R 404A 冷凍装置が下図の理論冷凍サイクルで運転されている．次のイ，ロ，ハ，ニの記述のうち正しいものはどれか．ただし，装置の冷凍能力は132 Rt（日本冷凍トン）である．

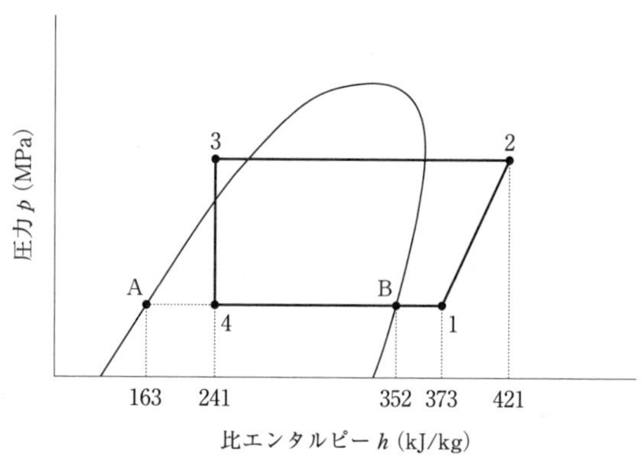

イ．冷媒循環量は，3.86 kg/s である．

ロ．凝縮器の放熱量は，695 kW である．

ハ．蒸発器入口の冷媒の乾き度は，0.241 である．

ニ．圧縮機軸動力は，185 kW である．

(1) ハ　(2) イ，ロ　(3) イ，ニ　(4) ロ，ハ　(5) イ，ロ，ニ

問２　アンモニア冷凍装置が，下記の条件で運転されている．このとき，圧縮機吸込み蒸気の密度 ρ (kg/m^3)，実際の成績係数 $(COP)_R$ について，次の(1)から(5)の組合せのうち，正しい答に最も近いものはどれか．

ただし，圧縮機の機械的摩擦損失仕事は吐出しガスに熱として加わるものとする．また，配管での熱の出入りおよび圧力損失はないものとする．

（運転条件）

冷凍能力	$\Phi_o = 150$ kW
圧縮機のピストン押しのけ量	$V = 350$ m^3/h
圧縮機吸込み蒸気の比エンタルピー	$h_1 = 1\,460$ kJ/kg
断熱圧縮後の吐出しガスの比エンタルピー	$h_2 = 1\,680$ kJ/kg
蒸発器入口冷媒の比エンタルピー	$h_4 = 340$ kJ/kg

圧縮機の体積効率　$\eta_{\mathrm{v}} = 0.80$
圧縮機の断熱効率　$\eta_{\mathrm{c}} = 0.85$
圧縮機の機械効率　$\eta_{\mathrm{m}} = 0.90$

(1)　$\rho = 0.67\ \mathrm{kg/m^3}$，$(COP)_{\mathrm{R}} = 3.9$　(2)　$\rho = 0.67\ \mathrm{kg/m^3}$，$(COP)_{\mathrm{R}} = 5.1$
(3)　$\rho = 1.34\ \mathrm{kg/m^3}$，$(COP)_{\mathrm{R}} = 3.0$　(4)　$\rho = 1.72\ \mathrm{kg/m^3}$，$(COP)_{\mathrm{R}} = 3.9$
(5)　$\rho = 1.72\ \mathrm{kg/m^3}$，$(COP)_{\mathrm{R}} = 5.1$

問３　次のイ，ロ，ハ，ニの記述のうち，圧縮機について正しいものはどれか．

イ．ロータリー圧縮機は，吸込み蒸気配管がシリンダに直接接続されているので，液圧縮を起こしやすい構造となっている．そのために，吸込み側にアキュムレータを付けて液圧縮を防止している．

ロ．スクリュー圧縮機は，圧縮の機構上，吸込み弁と吐出し弁を必要としないが，停止時に圧力差によりロータが逆回転するので，その防止のために，逆止め弁を設ける．

ハ．スクロール圧縮機は，渦巻状の曲線で構成された固定スクロールと旋回スクロールを組み合わせ，冷媒を外周部より吸い込み，圧縮空間を徐々に減少させながら，中心部の吐出し口から圧縮ガスを吐き出す．

ニ．遠心圧縮機の容量制御は，吐出し側にあるベーンによって行う．この場合，低流量になると運転が不安定となり，振動や騒音を発生する．

(1)　イ，ロ　(2)　イ，ニ　(3)　イ，ロ，ハ　(4)　ロ，ハ，ニ　(5)　イ，ロ，ハ，ニ

問４　次のイ，ロ，ハ，ニの記述のうち，伝熱について正しいものはどれか．

イ．平板の厚さ方向（x方向）にのみ，一様に熱が流れる場合，位置xにおける温度をtとすると，熱流束は温度勾配（dt/dx）に比例する．また，円筒壁を半径方向（r方向）にのみ，一様に熱が流れる場合，位置rにおける温度をtとすると，熱流束は温度勾配（dt/dr）に比例する．

ロ．流動している流体とその流体に接している固体壁面との間に温度差があると，熱移動を生じ，その伝熱量は「伝熱面積」と「伝熱壁面温度と周囲流体温度との温度差」に比例する．このときの比例定数α［$\mathrm{kW/(m^2 \cdot K)}$］を熱伝達率と呼び，熱の伝わりやすさを表す．

ハ．一般に，物体から電磁波の形で放射される熱エネルギーは，その物体表面の摂氏温度の４乗に比例する．

ニ．固体壁を介して一方の流体から他方の流体へ熱が伝わる際の熱通過量は，両壁面における熱伝達率の和に，流体間の温度差と伝熱面積を乗ずることで求められる．

(1)　イ，ロ　(2)　イ，ハ　(3)　ロ，ハ　(4)　ロ，ニ　(5)　ハ，ニ

問５　次のイ，ロ，ハ，ニの記述のうち，凝縮器について正しいものはどれか．

イ．凝縮器における冷却トンあたりの伝熱面積は，一般に，空冷凝縮器の場合が最も大きく，空冷凝縮器＞水冷凝縮器＞蒸発式凝縮器の順に小さくなり，蒸発式凝縮器の場合が最も小さくなる．

ロ．空冷凝縮器の凝縮熱量の計算に用いる温度差として，実用的には，対数平均温度差の代わりに，冷媒と空気の算術平均温度差を用いることができる．

ハ．水冷横形シェルアンドチューブ凝縮器では，冷却水側の熱伝達率が冷媒側より小さく，冷却水側の伝熱面積を拡大するような工夫がなされている．

ニ．蒸発式凝縮器では，主として水の蒸発潜熱によって冷媒蒸気が冷却され凝縮している．冷却水の補給量は，一般に，蒸発によって失われる量，不純物の濃縮防止のための量および飛沫となって失われる量の和に等しい．

(1) イ，ロ　(2) イ，ニ　(3) ロ，ハ　(4) ロ，ニ　(5) ハ，ニ

問６　次のイ，ロ，ハ，ニの記述のうち，蒸発器について正しいものはどれか．

イ．冷凍・冷蔵庫用のユニットクーラのフィンピッチは，着霜することを考慮して6～12 mmの間で選ばれる．フィンコイルの前面風速は3 m/s程度，庫内温度と蒸発温度との温度差は10 K程度，フィンコイル出入り口間の空気の温度差は3～5 K程度で使用する．

ロ．満液式蒸発器は，蒸発器内の冷媒が核沸騰状態で蒸発するため，乾式蒸発器に比べ伝熱性能がよく，かつ，圧力降下が少ない．冷却管には，ローフィンチューブが使用されるが，高性能の沸騰伝熱促進管も使用されている．

ハ．乾式蒸発器では，冷却管内を冷媒が流れる際の圧力降下が避けられないが，冷却管内での圧力降下が大きくなっても，蒸発器出入り口の冷媒飽和温度に差は生じない．

ニ．冷媒液強制循環式蒸発器は，低圧受液器と液ポンプを備え，蒸発量の3～5倍の冷媒液量を冷却管内に循環させる．冷媒循環量が多く，冷却管内面の大部分が冷媒液でぬれた状態のため，高い熱伝達率が得られる．

(1) イ，ロ　(2) イ，ロ，ニ　(3) イ，ハ，ニ　(4) ロ，ハ，ニ　(5) イ，ロ，ハ，ニ

問７　次のイ，ロ，ハ，ニの記述のうち，熱交換器について正しいものはどれか．

イ．フィンコイル乾式蒸発器では，空気を蒸発器の冷媒入口側から吹き込む並流方式にすると，過熱部での冷媒と空気との平均温度差が向流方式の場合よりも小さくなって，伝熱性能上不利であり，過熱部の管長が長くなる．

ロ．水冷凝縮器内（冷媒側）に不凝縮ガスが混入すると，冷凍装置の運転停止中は，不凝縮ガスの分圧相当分だけ高圧側圧力は高くなる．一方，冷凍装置の運転中は，混入した不凝縮ガスの分圧相当分以上に高圧側圧力が高くなる．

ハ．冷凍装置の成績係数は，蒸発器の蒸発温度と被冷却媒体温度との温度差が小さいほど，凝縮器の凝縮温度と冷却媒体の水や空気との温度差が小さいほど，

大きくなる.

ニ. フルオロカーボン冷媒液は, 油を溶解すると粘度が高くなる. したがって, 過度に油を溶解すると熱交換器における伝熱を阻害することになるが, 一般に, 油の溶解量が３%以下であれば支障はない.

(1) イ, ロ, ハ　(2) イ, ロ, ニ　(3) イ, ハ, ニ　(4) ロ, ハ, ニ　(5) イ, ロ, ハ, ニ

問８　次のイ, ロ, ハ, ニの記述のうち, 自動制御機器について正しいものはどれか.

イ. 乾式蒸発器では, 蒸発器の熱負荷変化に応じて冷媒流量を調節するため, 一般に, 温度自動膨張弁や電子膨張弁が使用される. なお, 小容量の冷凍装置には, 膨張弁の代わりにキャピラリチューブが使用されている.

ロ. 温度自動膨張弁の弁本体の取付け姿勢は, ダイアフラムがある部分を下側にするのがよい.

ハ. 蒸発圧力調整弁を用いると, 蒸発圧力が一定値以下にならないように冷凍装置を制御することができ, 1台の圧縮機で, 蒸発温度の異なる複数の蒸発器を運転することが可能となる.

ニ. 冷暖房兼用ヒートポンプに用いられる差圧式四方切換弁は, 一般に, 切換え時に高圧側と低圧側の圧力に差があると完全な切換えができない.

(1) イ, ハ　(2) イ, ニ　(3) ロ, ハ　(4) ロ, ニ　(5) ハ, ニ

問９　次のイ, ロ, ハ, ニの記述のうち, 冷媒などについて正しいものはどれか.

イ. 冷媒R 134aの百の位の「1」は「炭素原子数－1」の数を示すが, 十の位の「3」はふっ素原子数を表す.

ロ. 一般に, 低沸点冷媒は, 高沸点冷媒と同じ温度条件で比較すると, サイクルの凝縮圧力および蒸発圧力が高くなり, 圧縮機押しのけ量に対する冷凍能力が大きいものの理論成績係数は低下する傾向にある.

ハ. R 404A, R 407C, R 410Aなどの非共沸混合冷媒は, 一定圧力下で蒸発を始める温度（沸点）と蒸発終了時の温度（露点）とに違いがあり, 露点よりも沸点のほうが温度が低い.

ニ. 地球温暖化を評価する指標である総合的地球温暖化指数（TEWI）は, 直接効果と間接効果の和として定義されており, その直接効果は, その機器のエネルギー消費に伴って排出される二酸化炭素による直接的な影響分である.

(1) イ, ロ　(2) イ, ハ　(3) ロ, ハ　(4) ロ, ニ　(5) ロ, ハ, ニ

問10　次のイ, ロ, ハ, ニの記述のうち, 圧力容器の強度などについて正しいものはどれか.

イ. 溶接構造用圧延鋼材SM 400 Bのアルファベットの記号Sは鋼（Steel）, 記号Mは船舶用（Marine）の頭文字をとっている. また, アルファベットの記号B

は炭素含有量の程度を示している．

ロ．設計圧力は，圧力容器などの設計において，その各部について，必要厚さの計算または耐圧強度を決定するときに用いる圧力で，絶対圧力を用いる．

ハ．圧力容器のさら形鏡板における隅の丸み部分には，応力集中により大きな応力が生じやすい．したがって，さら形鏡板の最小板厚は，さら形の形状に関する係数を導入した式によって求める．

ニ．円筒胴板の必要厚さは，最小厚さに腐れしろを加えて算出するが，一般の腐食性のない冷媒では，圧力容器の内面側は腐食しないと考えてよい．

(1) イ，ハ　(2) ロ，ニ　(3) イ，ロ，ハ　(4) イ，ロ，ニ　(5) イ，ハ，ニ

令和３年度（令和３年11月14日施行）

第三種冷凍機械責任者試験

第三種冷凍機械　法令試験問題(試験時間60分)

次の各問について，高圧ガス保安法に係る法令上正しいと思われる最も適切な答えをその問の下に掲げてある(1)，(2)，(3)，(4)，(5)の選択肢の中から１個選びなさい．

なお，経済産業大臣が危険のおそれのないと認めた場合等における規定は適用しない．

(注) 試験問題中，「都道府県知事等」とは，都道府県知事又は高圧ガス保安法に関する事務を処理する指定都市の長をいう．

問１　次のイ，ロ，ハの記述のうち，正しいものはどれか．

イ．高圧ガス保安法は，高圧ガスによる災害を防止して公共の安全を確保する目的のため，民間事業者及び高圧ガス保安協会による高圧ガスの保安に関する自主的な活動を促進することも定めている．

ロ．常用の温度において圧力が0.9メガパスカルの圧縮ガス（圧縮アセチレンガスを除く．）であっても，温度35度において圧力が1メガパスカル以上となるものは高圧ガスである．

ハ．圧力が0.2メガパスカルとなる場合の温度が32度である液化ガスは，現在の圧力が0.1メガパスカルであっても高圧ガスである．

(1) イ　(2) ハ　(3) イ，ロ　(4) イ，ハ　(5) イ，ロ，ハ

問２　次のイ，ロ，ハの記述のうち，正しいものはどれか．

イ．冷凍のための設備を使用して高圧ガスの製造をしようとする者が，都道府県知事等の許可を受けなければならない場合の１日の冷凍能力の最小の値は，冷媒ガスである高圧ガスの種類に関係なく同じである．

ロ．１日の冷凍能力が5トン未満の冷凍設備内におけるフルオロカーボン（不活性のものに限る．）は，高圧ガス保安法の適用を受けない．

ハ．専ら冷凍設備に用いる機器の製造の事業を行う者（機器製造業者）が所定の技術上の基準に従って製造しなければならない機器は，冷媒ガスの種類にかかわらず，１日の冷凍能力が20トン以上の冷凍機に用いられるものに限られている．

⑴　イ　⑵　ロ　⑶　イ，ロ　⑷　イ，ハ　⑸　ロ，ハ

問３　次のイ，ロ，ハの記述のうち，正しいものはどれか．

イ．第一種製造者は，製造設備の冷媒ガスの種類を変更しようとするときは，その製造設備の変更の工事を伴わない場合であっても，都道府県知事等の許可を受けなければならない．

ロ．第一種製造者は，高圧ガスの製造を開始したときは，遅滞なく，その旨を都道府県知事等に届け出なければならないが，高圧ガスの製造を廃止したときは，その旨を届け出る必要はない．

ハ．冷媒ガスの補充用の高圧ガスの販売の事業を営もうとする者は，特に定められた場合を除き，販売所ごとに，事業の開始後遅滞なく，その旨を都道府県知事等に届け出なければならない．

⑴　イ　⑵　ロ　⑶　ハ　⑷　イ，ロ　⑸　イ，ハ

問４　次のイ，ロ，ハの記述のうち，冷凍に係る製造事業所における冷媒ガスの補充用としての容器による高圧ガス（質量が1.5キログラムを超えるもの）の貯蔵の方法に係る技術上の基準について一般高圧ガス保安規則上正しいものはどれか．

イ．一般高圧ガス保安規則に定められている高圧ガスの貯蔵の方法に係る技術上の基準に従うべき高圧ガスは，可燃性ガス及び毒性ガスの種類に限られている．

ロ．液化アンモニアの充塡容器及び残ガス容器の貯蔵は，通風の良い場所で行わなければならない．

ハ．内容積が5リットルを超える充塡容器及び残ガス容器には，転落，転倒等による衝撃及びバルブの損傷を防止する措置を講じ，かつ，粗暴な取扱いをしてはならない．

⑴　イ　⑵　ハ　⑶　イ，ロ　⑷　ロ，ハ　⑸　イ，ロ，ハ

問５　次のイ，ロ，ハの記述のうち，車両に積載した容器（内容積が48リットルのもの）による冷凍設備の冷媒ガスの補充用の高圧ガスの移動に係る技術上の基準等について一般高圧ガス保安規則上正しいものはどれか．

イ．不活性ガスである液化フルオロカーボンを移動するときは，移動に係る技術上の基準等の適用を受けない．

ロ．液化アンモニアを移動するときは，そのガスの名称，性状及び移動中の災害防止のために必要な注意事項を記載した書面を運転者に交付し，移動中携帯させ，これを遵守させなければならない．

ハ．液化アンモニアを移動するときは，充塡容器及び残ガス容器には，転落，転倒等による衝撃及びバルブの損傷を防止する措置を講じ，かつ，粗暴な取扱いをしてはならない．

(1) ロ　(2) ハ　(3) イ，ハ　(4) ロ，ハ　(5) イ，ロ，ハ

問６　次のイ，ロ，ハの記述のうち，冷凍設備の冷媒ガスの補充用の高圧ガスを充填するための容器（再充填禁止容器を除く.）について正しいものはどれか.

イ．容器検査に合格した容器に刻印等すべき事項の一つに，充填すべき高圧ガスの種類がある.

ロ．容器の外面の塗色は高圧ガスの種類に応じて定められており，液化アンモニアの容器の場合は，ねずみ色である.

ハ．液化アンモニアを充填する容器にすべき表示の一つに，その容器の外面にそのガスの性質を示す文字の明示があるが，その文字として「毒」のみの明示が定められている.

(1) イ　(2) ロ　(3) ハ　(4) イ，ロ　(5) イ，ハ

問７　次のイ，ロ，ハの記述のうち，冷凍能力の算定基準について冷凍保安規則上正しいものはどれか.

イ．吸収式冷凍設備の１日の冷凍能力は，発生器を加熱する１時間の入熱量をもって算定する.

ロ．圧縮機の原動機の定格出力の数値は，冷媒設備の往復動式圧縮機を使用する製造設備の１日の冷凍能力の算定に必要な数値の一つである.

ハ．蒸発器の冷媒ガスに接する側の表面積の数値は，回転ピストン型圧縮機を使用する製造設備の１日の冷凍能力の算定に必要な数値の一つである.

(1) イ　(2) ロ　(3) イ，ロ　(4) イ，ハ　(5) ロ，ハ

問８　次のイ，ロ，ハの記述のうち，冷凍のため高圧ガスの製造をする第二種製造者について正しいものはどれか.

イ．第二種製造者は，事業所ごとに，高圧ガスの製造開始の日の20日前までに，その旨を都道府県知事等に届け出なければならない.

ロ．第二種製造者は，製造設備の変更の工事を完成したとき，許容圧力以上の圧力で行う所定の気密試験を行った後に高圧ガスの製造をすることができる.

ハ．全ての第二種製造者は，冷凍保安責任者を選任しなくてよい.

(1) イ　(2) ロ　(3) イ，ロ　(4) ロ，ハ　(5) イ，ロ，ハ

問９　次のイ，ロ，ハの記述のうち，第一種製造者が冷凍保安責任者を選任しなければならない事業所における冷凍保安責任者及びその代理者について正しいものはどれか.

イ．１日の冷凍能力が90トンの製造施設を有する事業所には，第三種冷凍機械責任者免状の交付を受けている者であって，かつ，所定の経験を有する者のうちから冷凍保安責任者を選任することができる.

ロ．定期自主検査において，冷凍保安責任者が旅行，疾病その他の事故によって

その検査の実施について監督を行うことができない場合，あらかじめ選任したその代理者にその職務を行わせなければならない．

ハ．選任している冷凍保安責任者及びその代理者を解任し，新たな者を選任したときは，遅滞なく，その冷凍保安責任者の解任及び選任について都道府県知事等に届け出なければならないが，冷凍保安責任者の代理者の解任及び選任については届け出なくてよい．

(1) イ　(2) ロ　(3) イ，ロ　(4) ロ，ハ　(5) イ，ロ，ハ

問10　次のイ，ロ，ハの記述のうち，冷凍のため高圧ガスの製造をする第一種製造者（認定保安検査実施者である者を除く．）が受ける保安検査について正しいものはどれか．

イ．保安検査の実施を監督することは，冷凍保安責任者の職務の一つとして定められている．

ロ．製造施設のうち認定指定設備である部分は，保安検査を受けなくてよい．

ハ．特定施設について，定期に，都道府県知事等，高圧ガス保安協会又は指定保安検査機関が行う保安検査を受けなければならない．

(1) ハ　(2) イ，ロ　(3) イ，ハ　(4) ロ，ハ　(5) イ，ロ，ハ

問11　次のイ，ロ，ハの記述のうち，冷凍のため高圧ガスの製造をする第一種製造者が行う定期自主検査について正しいものはどれか．

イ．定期自主検査を行ったときは，所定の検査記録を作成し，遅滞なく，これを都道府県知事等に届け出なければならない．

ロ．定期自主検査は，3年以内に少なくとも1回以上行うことと定められている．

ハ．定期自主検査は，製造施設の位置，構造及び設備が所定の技術上の基準に適合しているかどうかについて行わなければならないが，その技術上の基準のうち耐圧試験に係るものは除かれている．

(1) イ　(2) ハ　(3) イ，ロ　(4) イ，ハ　(5) ロ，ハ

問12　次のイ，ロ，ハの記述のうち，冷凍のため高圧ガスの製造をする第一種製造者が定めるべき危害予防規程及び保安教育計画について正しいものはどれか．

イ．危害予防規程に記載しなければならない事項の一つに，製造施設の保安に係る巡視及び点検に関することがある．

ロ．保安教育計画は，その計画及びその実行の結果を都道府県知事等に届け出なければならない．

ハ．危害予防規程は，公共の安全の維持又は災害の発生の防止のため必要があると認められるときは，都道府県知事等からその規程の変更を命じられることがある．

(1) イ　(2) ロ　(3) イ，ハ　(4) ロ，ハ　(5) イ，ロ，ハ

問13　次のイ，ロ，ハの記述のうち，冷凍のため高圧ガスの製造をする第一種製造者について正しいものはどれか．

イ．その所有し，又は占有する高圧ガス又は容器を喪失し，又は盗まれたときは，遅滞なく，その旨を都道府県知事等又は警察官に届け出なければならない．

ロ．事業所ごとに帳簿を備え，製造施設に異常があった場合，異常があった年月日及びそれに対してとった措置をその帳簿に記載しなければならない．また，その帳簿は製造開始の日から10年間保存しなければならない．

ハ．高圧ガスの製造のための施設が危険な状態となっている事態を発見したときは，直ちに，応急の措置を講じれば，その旨を都道府県知事等又は警察官，消防吏員若しくは消防団員若しくは海上保安官に届け出る必要はない．

(1)　イ　　(2)　ロ　　(3)　イ，ロ　　(4)　イ，ハ　　(5)　ロ，ハ

問14　次のイ，ロ，ハの記述のうち，冷凍のため高圧ガスの製造をする第一種製造者（認定完成検査実施者である者を除く．）が行う製造施設の変更の工事について正しいものはどれか．

イ．特定不活性ガスであるフルオロカーボン32を冷媒ガスとする冷媒設備の圧縮機の取替えの工事は，冷媒設備に係る切断，溶接を伴わない工事であって，その設備の冷凍能力の変更を伴わないものであっても，定められた軽微な変更の工事には該当しない．

ロ．製造施設の特定変更工事が完成した後，高圧ガス保安協会が行う完成検査を受け，これが所定の技術上の基準に適合していると認められ，その旨を都道府県知事等に届け出た場合は，都道府県知事等が行う完成検査を受けなくてよい．

ハ．冷媒設備に係る切断，溶接を伴う凝縮器の取替えの工事を行うときは，あらかじめ，都道府県知事等の許可を受け，その完成後は，所定の完成検査を受け，これが技術上の基準に適合していると認められた後でなければその施設を使用してはならない．

(1)　ハ　　(2)　イ，ロ　　(3)　イ，ハ　　(4)　ロ，ハ　　(5)　イ，ロ，ハ

問15　次のイ，ロ，ハの記述のうち，製造設備がアンモニアを冷媒ガスとする定置式製造設備（吸収式アンモニア冷凍機であるものを除く．）である第一種製造者の製造施設に係る技術上の基準について冷凍保安規則上正しいものはどれか．

イ．製造施設の冷媒設備に設けた安全弁の放出管の開口部の位置は，冷媒ガスであるアンモニアの性質に応じた適切な位置でなければならない．

ロ．製造施設には，その施設の規模に応じて，適切な消火設備を適切な箇所に設けなければならない．

ハ．製造設備が専用機械室に設置されている場合は，冷媒ガスであるアンモニアが漏えいしたときに安全に，かつ，速やかに除害するための措置を講じなくて

よい.

(1) イ　(2) ハ　(3) イ，ロ　(4) ロ，ハ　(5) イ，ロ，ハ

問16　次のイ，ロ，ハの記述のうち，製造設備がアンモニアを冷媒ガスとする定置式製造設備（吸収式アンモニア冷凍機であるものを除く.）である第一種製造者の製造施設に係る技術上の基準について冷凍保安規則上正しいものはどれか.

イ．冷媒設備の受液器には，その周囲に，冷媒ガスである液状のアンモニアが漏えいした場合にその流出を防止するための措置を講じなければならないものがあるが，その受液器の内容積が1万リットルであるものは，それに該当する.

ロ．冷媒設備の圧縮機を設置する室は，冷媒設備から冷媒ガスであるアンモニアが漏えいしたときに，滞留しないような構造としなければならない.

ハ．冷媒設備の受液器にガラス管液面計を設ける場合には，丸形ガラス管液面計以外のものとし，その液面計の破損を防止するための措置のほか，受液器とその液面計とを接続する配管にその液面計の破損による漏えいを防止するための措置を講じなければならない.

(1) イ　(2) ハ　(3) イ，ロ　(4) ロ，ハ　(5) イ，ロ，ハ

問17　次のイ，ロ，ハの記述のうち，冷凍保安規則に定める第一種製造者の定置式製造設備である製造施設に係る技術上の基準に適合しているものはどれか.

イ．冷媒設備の配管の完成検査における気密試験を，許容圧力の1.1倍の圧力で行った.

ロ．製造設備に設けたバルブ又はコックが操作ボタン等により開閉されるものであっても，作業員がその操作ボタン等を適切に操作することができるような措置を講じなかった.

ハ．配管以外の冷媒設備の完成検査において行う耐圧試験を，水その他の安全な液体を使用することが困難であると認められたので，窒素ガスを使用して許容圧力の1.25倍の圧力で行うこととした.

(1) イ　(2) ロ　(3) イ，ハ　(4) ロ，ハ　(5) イ，ロ，ハ

問18　次のイ，ロ，ハの記述のうち，製造設備が定置式製造設備である第一種製造者の製造施設に係る技術上の基準について冷凍保安規則上正しいものはどれか.

イ．冷媒設備には，その冷媒ガスの圧力が許容圧力の1.5倍を超えた場合に直ちにその圧力を許容圧力以下に戻すことができる安全装置を設けなければならない.

ロ．冷媒設備の圧縮機が強制潤滑方式であり，かつ，潤滑油圧力に対する保護装置を有している場合であっても，その圧縮機の油圧系統を除く冷媒設備には圧力計を設けなければならない.

ハ．凝縮器には，その構造，形状等により耐震に関する性能を有しなければなら

ないものがあるが，横置円筒形の凝縮器は，その胴部の長さにかかわらず，耐震に関する性能を有すべき定めはない．

(1) イ　(2) ロ　(3) イ，ハ　(4) ロ，ハ　(5) イ，ロ，ハ

問19　次のイ，ロ，ハの記述のうち，第一種製造者の製造の方法に係る技術上の基準について冷凍保安規則上正しいものはどれか．

イ．冷媒設備の安全弁に付帯して設けた止め弁は，その安全弁の修理又は清掃のため特に必要な場合を除き，常に全開しておかなければならない．

ロ．冷媒設備の修理又は清掃を行うときは，あらかじめ，その作業計画及びその作業の責任者を定め，修理又は清掃はその作業計画に従うとともに，その作業の責任者の監視の下で行うか，又は異常があったときに直ちにその旨をその責任者に通報するための措置を講じて行わなければならない．

ハ．高圧ガスの製造は，製造する高圧ガスの種類及び製造設備の態様に応じ，1日に1回以上その製造設備の属する製造施設の異常の有無を点検し，異常のあるときは，その設備の補修その他の危険を防止する措置を講じて行わなければならない．

(1) イ　(2) ロ　(3) イ，ハ　(4) ロ，ハ　(5) イ，ロ，ハ

問20　次のイ，ロ，ハの記述のうち，指定設備の認定に係る技術上の基準について冷凍保安規則上正しいものはどれか．

イ．製造設備の日常の運転操作に必要となる冷媒ガスの止め弁には，手動式のものを使用しなければならない．

ロ．製造設備の冷媒設備は，この設備の製造業者の事業所で行う所定の気密試験及び配管以外の部分について所定の耐圧試験に合格するものでなければならない．

ハ．製造設備の冷媒設備は，この設備の製造業者の事業所において，脚上又は一つの架台上に組み立てられていなければならない．

(1) イ　(2) ハ　(3) イ，ロ　(4) ロ，ハ　(5) イ，ロ，ハ

第三種冷凍機械　保安管理技術試験問題（試験時間90分）

次の各問について，正しいと思われる最も適切な答をその問の下に掲げてある(1)，(2)，(3)，(4)，(5)の選択肢の中から１個選びなさい．

問１　次のイ，ロ，ハ，ニの記述のうち，冷凍の原理などについて正しいものはどれか．

イ．ブルドン管圧力計で指示される圧力は，管内圧力である大気圧と管外圧力である冷媒圧力の差であり，この圧力をゲージ圧力と呼ぶ．

ロ．液体1 kgを等圧のもとで蒸発させるのに必要な熱量を，蒸発潜熱という．

ハ．冷凍装置の冷凍能力に圧縮機の駆動軸動力を加えたものが，凝縮器の凝縮負荷である．

ニ．必要な冷凍能力を得るための圧縮機の駆動軸動力が小さいほど，冷凍装置の性能が良い．この圧縮機の駆動軸動力あたりの冷凍能力の値が，圧縮機の効率である．

(1)　イ，ロ　(2)　ロ，ハ　(3)　ハ，ニ　(4)　イ，ロ，ニ　(5)　イ，ハ，ニ

問２　次のイ，ロ，ハ，ニの記述のうち，熱の移動について正しいものはどれか．

イ．冷凍装置に使用される蒸発器や凝縮器の伝熱量は，対数平均温度差を使用すると正確に求められるが，条件によっては，算術平均温度差でも数％の差で求めることができる．

ロ．固体壁を隔てた流体間の伝熱量は，伝熱面積，固体壁で隔てられた両側の流体間の温度差と熱通過率を乗じたものである．

ハ．固体壁と流体との熱交換による伝熱量は，固体壁表面と流体との温度差，伝熱面積および比例係数の積で表され，この比例係数を熱伝導率という．

ニ．熱の移動には，熱放射，対流熱伝達，熱伝導の三つの形態が存在し，冷凍・空調装置で取り扱う熱移動現象は，主に熱放射と熱伝導である．

(1)　イ，ロ　(2)　イ，ニ　(3)　ロ，ハ　(4)　ロ，ニ　(5)　ハ，ニ

問３　次のイ，ロ，ハ，ニの記述のうち，冷凍装置の冷凍能力，軸動力，成績係数などについて正しいものはどれか．

イ．圧縮機の実際の駆動に必要な軸動力は，理論断熱圧縮動力と機械的摩擦損失動力の和で表される．

ロ．圧縮機の全断熱効率が低下するほど，実際の圧縮機吐出しガスの比エンタルピーは大きくなる．

ハ．実際の冷凍装置の成績係数は，理論冷凍サイクルの成績係数に圧縮機の断熱効率と体積効率を乗じて求められる．

ニ．機械的摩擦損失仕事が熱となって冷媒に加わる場合，実際のヒートポンプ装置の成績係数の値は，同一運転温度条件における実際の冷凍装置の成績係数の値よりも常に1の数値だけ大きい．

(1) イ，ハ　(2) イ，ニ　(3) ロ，ニ　(4) イ，ロ，ハ　(5) ロ，ハ，ニ

問４　次のイ，ロ，ハ，ニの記述のうち，冷媒およびブラインについて正しいものはどれか．

イ．R 290，R 717，R 744は，自然冷媒と呼ばれることがある．

ロ．臨界点は，気体と液体の区別がなくなる状態点である．この臨界点は飽和圧力曲線の終点として表される．臨界点における温度および圧力を臨界温度および臨界圧力という．

ハ．塩化カルシウムブラインの凍結温度は，濃度が0 mass％から共晶点の濃度までは塩化カルシウム濃度の増加に伴って低下し，最低の凍結温度は－40℃である．

ニ．二酸化炭素は，アンモニア冷凍機などと組み合わせた冷凍・冷却装置の二次冷媒（ブライン）としても使われている．

(1) イ，ハ　(2) イ，ニ　(3) ロ，ハ　(4) イ，ロ，ニ　(5) ロ，ハ，ニ

問５　次のイ，ロ，ハ，ニの記述のうち，圧縮機について正しいものはどれか．

イ．開放圧縮機は，動力を伝えるための軸が圧縮機ケーシングを貫通して外部に突き出ている．

ロ．一般の往復圧縮機のピストンには，ピストンリングとして，上部にコンプレッションリング，下部にオイルリングが付いている．

ハ．多気筒の往復圧縮機の容量制御装置では，吸込み板弁を開放することで，無段階制御が可能である．

ニ．スクリュー圧縮機は，遠心式に比べて高圧力比での使用に適しているため，ヒートポンプや冷凍用に使用されることが多い．

(1) イ，ロ　(2) ロ，ハ　(3) ハ，ニ　(4) イ，ロ，ニ　(5) イ，ハ，ニ

問６　次のイ，ロ，ハ，ニの記述のうち，凝縮器および冷却塔について正しいものはどれか．

イ．シェルアンドチューブ凝縮器は，円筒胴と管板に固定された冷却管で構成され，円筒胴の内側と冷却管の間に圧縮機吐出しガスが流れ，冷却管内には冷却水が流れる．

ロ．二重管凝縮器は，冷却水を内管と外管との間に通し，内管内で圧縮機吐出しガスを凝縮させる．

ハ．冷却塔の運転性能は，水温，水量，風量および湿球温度によって定まる．また，冷却塔の出入口の冷却水の温度差は，クーリングレンジといい，その値は

ほぼ5K程度である．

ニ．蒸発式凝縮器は，空冷凝縮器と比較して凝縮温度が高く，主としてアンモニア冷凍装置に使われている．

(1) イ，ロ　(2) イ，ハ　(3) ロ，ハ　(4) ロ，ニ　(5) イ，ハ，ニ

問７　次のイ，ロ，ハ，ニの記述のうち，蒸発器および蒸発器の除霜について正しいものはどれか．

イ．蒸発器における冷凍能力は，冷却される空気や水などと冷媒との間の平均温度差，熱通過率および伝熱面積に比例する．

ロ．大きな容量の乾式蒸発器では，蒸発器の冷媒の出口側にディストリビュータを取り付けるが，これは多数の伝熱管に冷媒を均等に分配するためである．

ハ．満液式蒸発器における平均熱通過率は，乾式蒸発器の平均熱通過率よりも大きい．

ニ．ホットガス除霜は，冷却管の内部から冷媒ガスの熱によって霜を均一に融解でき，霜が厚くなってからの除霜に適した方法である．

(1) イ，ハ　(2) イ，ニ　(3) ロ，ハ　(4) ロ，ニ　(5) ハ，ニ

問８　次のイ，ロ，ハ，ニの記述のうち，自動制御機器について正しいものはどれか．

イ．温度自動膨張弁は，蒸発器出口冷媒蒸気の過熱度が一定になるように，冷媒流量を調節する．

ロ．温度自動膨張弁の感温筒が外れると，膨張弁が閉じて，蒸発器出口冷媒蒸気の過熱度が高くなり，冷凍能力が小さくなる．

ハ．キャピラリチューブは，冷媒の流動抵抗による圧力降下を利用して冷媒の絞り膨張を行うとともに，冷媒の流量を制御し，蒸発器出口冷媒蒸気の過熱度の制御を行う．

ニ．断水リレーとして使用されるフロースイッチは，水の流れを直接検出する機構をもっている．

(1) イ，ハ　(2) イ，ニ　(3) ロ，ハ　(4) ロ，ニ　(5) ハ，ニ

問９　次のイ，ロ，ハ，ニの記述のうち，附属機器について正しいものはどれか．

イ．高圧受液器内には，常に冷媒液が保持されるようにし，受液器出口から冷媒ガスが冷媒液とともに流れ出ないように，その冷媒の液面よりも低い位置に液出口管端を設ける．

ロ．圧縮機から吐き出される冷媒ガスとともに，若干の冷凍機油が一緒に吐き出されるので，小形のフルオロカーボン冷凍装置でも，一般に，油分離器を設ける場合が多い．

ハ．冷凍機油は，凝縮器や蒸発器に送られると伝熱を妨げるので，液分離器を圧縮機の吸込み蒸気配管に設け，冷媒蒸気と冷凍機油を分離する．

ニ．サイトグラスは，冷媒液配管のフィルタドライヤの下流に設置され，冷媒充填量の不足やフィルタドライヤの交換時期などの判断に用いられる．

(1) イ，ロ　(2) イ，ハ　(3) イ，ニ　(4) ロ，ハ　(5) ハ，ニ

問10　次のイ，ロ，ハ，ニの記述のうち，冷媒配管について正しいものはどれか．

イ．配管用炭素鋼鋼管（SGP）は，低温用の冷媒配管として，−30℃で使用できる．

ロ．フルオロカーボン冷凍装置の配管でろう付け作業を実施する場合，配管内に乾燥空気を流して，配管内に酸化皮膜を生成させないようにする．

ハ．高圧冷媒液管内にフラッシュガスが発生すると，膨張弁の冷媒流量が変動して，安定した冷凍作用が得られなくなる．

ニ．圧縮機吸込み管の二重立ち上がり管は，容量制御装置をもった圧縮機の吸込み管に，油戻しのために設置する．

(1) イ，ロ　(2) イ，ハ　(3) ロ，ハ　(4) ロ，ニ　(5) ハ，ニ

問11　次のイ，ロ，ハ，ニの記述のうち，安全装置について正しいものはどれか．

イ．圧力容器などに取り付ける安全弁には，修理等のために止め弁を設ける．修理等のとき以外は，この止め弁を常に閉じておかなければならない．

ロ．破裂板は，構造が簡単であるために，容易に大口径のものを製作できるが，比較的高い圧力の装置や可燃性または毒性を有する冷媒を使用した装置には使用しない．

ハ．圧縮機に取り付けるべき安全弁の最小口径は，ピストン押しのけ量の平方根に反比例する．

ニ．液封による事故は，低圧液配管で発生することが多く，弁操作ミスなどが原因になることが多い．

(1) イ，ロ　(2) イ，ニ　(3) ロ，ハ　(4) ロ，ニ　(5) ハ，ニ

問12　次のイ，ロ，ハ，ニの記述のうち，材料の強さおよび圧力容器について正しいものはどれか．

イ．JISの定める溶接構造用圧延鋼材SM 400 Bの許容引張応力は100 N/mm^{2}であり，最小引張強さは400 N/mm^{2}である．

ロ．高圧部の設計圧力は，凝縮温度が基準凝縮温度以外のときには，最も近い下位の基準凝縮温度に対応する圧力とする．

ハ．フルオロカーボン冷媒は，プラスチック，ゴムなどの有機物を溶解したり，その浸透によって材料を膨張させたりする．

ニ．圧力容器を設計するときは，一般に，材料に生じる引張応力が，材料の引張強さの1/2の応力である許容引張応力以下になるようにする．

(1) イ，ハ　(2) ロ，ニ　(3) イ，ロ，ハ　(4) ロ，ハ，ニ　(5) イ，ロ，ハ，ニ

問13　次のイ，ロ，ハ，ニの記述のうち，据付けおよび試験について正しいものは

どれか.

イ．耐圧試験は，耐圧強度を確認するための試験であり，被試験品の破壊の有無を確認しやすいように，体積変化の大きい気体を用いて試験を行わなくてはならない.

ロ．真空試験は，法規で定められたものではないが，装置全体からの微量な漏れを発見できるため，気密試験の前に実施する.

ハ．圧縮機の据付けにおいて，圧縮機の加振力による動荷重も考慮し，十分に質量をもたせたコンクリート基礎を地盤に築き，固定する.

ニ．冷凍装置に使用する冷凍機油は，圧縮機の種類，冷媒の種類などによって異なり，特に常用の蒸発温度に注意して冷凍機油を選定する必要がある.

⑴　イ，ロ　⑵　イ，ハ　⑶　ロ，ハ　⑷　ロ，ニ　⑸　ハ，ニ

問14　次のイ，ロ，ハ，ニの記述のうち，冷凍装置の運転などについて正しいものはどれか.

イ．外気温度が一定の状態で，冷蔵庫内の品物から出る熱量が減少すると，冷凍装置における蒸発器出入口の空気温度差は変化しないが，凝縮圧力は低下する.

ロ．冷凍装置を長期間休止させる場合，冷媒系統全体の漏れを点検し，漏れ箇所を発見した場合は，完全に修理しておく.

ハ．蒸発圧力一定で運転中の冷凍装置において，往復圧縮機の吐出しガス圧力が上昇した場合，吐出しガス温度も上昇するが，圧縮機の体積効率は変化しない.

ニ．冷凍装置運転中における，水冷凝縮器の冷却水の標準的な出入口温度差は，４～６Ｋであり，標準的な凝縮温度は，冷却水出口温度よりも３～５Ｋほど高い温度である.

⑴　イ，ハ　⑵　イ，ニ　⑶　ロ，ニ　⑷　イ，ロ，ハ　⑸　ロ，ハ，ニ

問15　次のイ，ロ，ハ，ニの記述のうち，保守管理について正しいものはどれか.

イ．冷凍負荷が急激に増大すると，蒸発器での冷媒の沸騰が激しくなり，蒸気とともに液滴が圧縮機に吸い込まれ，液戻り運転となることがある.

ロ．アンモニア冷凍装置の液封事故を防ぐため，液封が起こりそうな箇所には，安全弁や破裂板を取り付ける.

ハ．フルオロカーボン冷媒の大気への排出を抑制するため，フルオロカーボン冷凍装置内の不凝縮ガスを含んだ冷媒を全量回収し，装置内に混入した不凝縮ガスを排除した.

ニ．フルオロカーボン冷凍装置において，冷凍機油の充填には，水分への配慮は必要ないが，冷媒の充填には，水分が混入しないように細心の注意が必要である.

⑴　イ，ロ　⑵　イ，ハ　⑶　イ，ニ　⑷　ロ，ハ　⑸　ロ，ニ

令和４年度（令和４年11月13日施行）

第一種冷凍機械責任者試験

第一種冷凍機械　法令試験問題（試験時間60分）

次の各問について，高圧ガス保安法に係る法令上正しいと思われる最も適切な答えをその問の下に掲げてある(1)，(2)，(3)，(4)，(5)の選択肢の中から１個選びなさい．

なお，高圧ガス保安法は令和４年６月22日付けで改正され公布されたが，現在，この改正法は施行されておらず，本年度のこの試験は，現在施行されている高圧ガス保安法令に基づき出題している．

また，経済産業大臣が危険のおそれのないと認めた場合等における規定は適用しない．

（注）試験問題中，「都道府県知事等」とは，都道府県知事又は高圧ガス保安法に関する事務を処理する指定都市の長をいう．

問１　次のイ，ロ，ハの記述のうち，正しいものはどれか．

イ．高圧ガス保安法は，高圧ガスによる災害を防止して公共の安全を確保する目的のために，高圧ガスの製造，貯蔵，販売，移動その他の取扱及び消費の規制をすることのみを定めている．

ロ．現在の圧力が0.1メガパスカルの圧縮ガス（圧縮アセチレンガスを除く．）であって，温度35度において圧力が0.2メガパスカルとなるものは，高圧ガスである．

ハ．１日の冷凍能力が3トン以上5トン未満の冷凍設備内における高圧ガスであっても，そのガスの種類によっては，高圧ガス保安法の適用を受けないものがある．

(1)　イ　　(2)　ハ　　(3)　イ，ロ　　(4)　ロ，ハ　　(5)　イ，ロ，ハ

問２　次のイ，ロ，ハの記述のうち，正しいものはどれか．

イ．認定指定設備のみを使用して冷凍のため高圧ガスの製造をしようとする者は，その設備の１日の冷凍能力が50トン以上である場合であっても，その製造について都道府県知事等の許可を受ける必要はないが，製造開始の日の20日前までにその旨を都道府県知事等に届け出なければならない．

ロ．冷凍のため高圧ガスの製造をする第一種製造者は，高圧ガスの製造を廃止しようとするとき，都道府県知事等の許可を受けなければならない．

ハ．冷凍のため高圧ガスの製造をする第一種製造者は，高圧ガスの製造施設の位置，構造又は設備の変更の工事をしようとするときは，その工事が定められた軽微なものである場合を除き，都道府県知事等の許可を受けなければならない．

(1) イ　(2) ロ　(3) イ，ハ　(4) ロ，ハ　(5) イ，ロ，ハ

問3　次のイ，ロ，ハの記述のうち，正しいものはどれか．

イ．冷凍のため高圧ガスの製造をする第一種製造者がその高圧ガスの製造事業の全部を譲り渡したときは，その事業の全部を譲り受けた者はその第一種製造者の地位を承継する．

ロ．特定不活性ガスを除く不活性ガスは，冷凍保安規則に定められている高圧ガスの廃棄に係る技術上の基準に従って廃棄しなければならない高圧ガスとして定められていない．

ハ．1日の冷凍能力が5トンの専ら冷凍設備に用いる機器の製造の事業を行う者（機器製造業者）は，所定の技術上の基準に従ってその機器の製造をしなければならない．

(1) イ　(2) ロ　(3) イ，ハ　(4) ロ，ハ　(5) イ，ロ，ハ

問4　次のイ，ロ，ハの記述のうち，冷凍のため高圧ガスの製造をする第二種製造者について正しいものはどれか．

イ．アンモニアを冷媒ガスとする冷凍設備であって，1日の冷凍能力が10トンのもののみを使用して高圧ガスの製造をする者は，第二種製造者である．

ロ．第二種製造者のうちには，製造施設について定期自主検査を行わなければならない者がある．

ハ．製造設備の変更の工事を完成したときは，酸素以外のガスを使用する試運転又は所定の気密試験を行った後でなければ高圧ガスの製造をしてはならない．

(1) ロ　(2) ハ　(3) イ，ハ　(4) ロ，ハ　(5) イ，ロ，ハ

問5　次のイ，ロ，ハの記述のうち，車両に積載した容器（内容積が48リットルのもの）による冷凍設備の冷媒ガスの補充用の高圧ガスの移動に係る技術上の基準等について一般高圧ガス保安規則上正しいものはどれか．

イ．特定不活性ガスである液化フルオロカーボン32を移動するときは，消火設備並びに災害発生防止のための応急措置に必要な資材及び工具等を携行しなければならない．

ロ．液化アンモニアを移動するときは，その高圧ガスの種類に応じた防毒マスク，手袋その他の保護具並びに災害発生防止のための応急措置に必要な資材，薬剤及び工具等も携行しなければならない．

ハ．特定不活性ガスである液化フルオロカーボン32を移動するときは，その高圧ガスの名称，性状及び移動中の災害防止のために必要な注意事項を記載した書面を運転者に交付し，移動中携帯させ，これを遵守させなければならない．

(1)　ロ　(2)　ハ　(3)　イ，ロ　(4)　ロ，ハ　(5)　イ，ロ，ハ

問6　次のイ，ロ，ハの記述のうち，冷凍設備の冷媒ガスの補充用の高圧ガスを充填するための容器（再充填禁止容器を除く．）及びその附属品について正しいものはどれか．

イ．容器に装置されているバルブの附属品再検査の期間は，そのバルブの製造後の経過年数のみに応じて定められている．

ロ．容器の製造又は輸入をした者は，特に定められた容器を除き，所定の容器検査を受け，これに合格したものとして所定の刻印等がされているものでなければ，容器を譲渡し，又は引き渡してはならない．

ハ．容器の附属品が附属品検査に合格したときは，特に定める場合を除き，その附属品に所定の方法で刻印しなければならない．

(1)　イ　(2)　ロ　(3)　イ，ハ　(4)　ロ，ハ　(5)　イ，ロ，ハ

問7　次のイ，ロ，ハの記述のうち，冷凍に係る製造事業所における冷媒ガスの補充用としての容器による高圧ガス（質量が1.5キログラムを超えるもの）の貯蔵の方法に係る技術上の基準について一般高圧ガス保安規則上正しいものはどれか．

イ．液化アンモニアの容器置場には，携帯電燈以外の燈火を携えて立ち入ってはならない．

ロ．車両に積載した容器により高圧ガスを貯蔵するときは，都道府県知事等の許可を受けて設置する第一種貯蔵所又は都道府県知事等に届出を行って設置する第二種貯蔵所において貯蔵することができる．

ハ．アンモニアの充填容器及び残ガス容器を貯蔵する場合は，通風の良い場所で行わなければならないが，特定不活性ガスであるフルオロカーボン32については，その定めはない．

(1)　イ　(2)　イ，ロ　(3)　イ，ハ　(4)　ロ，ハ　(5)　イ，ロ，ハ

問8　次のイ，ロ，ハの記述のうち，冷凍能力の算定基準について冷凍保安規則上正しいものはどれか．

イ．多段圧縮方式による製造設備の1日の冷凍能力の算定に必要な数値の一つに，蒸発器の冷媒ガスに接する側の表面積の数値がある．

ロ．吸収式冷凍設備にあっては，発生器を加熱する1時間の入熱量2万7800キロジュールをもって1日の冷凍能力1トンとする．

ハ．遠心式圧縮機を使用する製造設備にあっては，その圧縮機の原動機の定格出

力1.2キロワットをもって１日の冷凍能力１トンとする．

(1) ロ　(2) イ，ロ　(3) イ，ハ　(4) ロ，ハ　(5) イ，ロ，ハ

問９から問14までの問題は，次の例による事業所に関するものである．

［例］冷凍のため，次に掲げる高圧ガスの製造施設を有する事業所
なお，この事業者は認定完成検査実施者及び認定保安検査実施者ではない．
製造設備の種類：定置式製造設備（一つの製造設備であって，専用機械室に設置してあるもの）
冷媒ガスの種類：アンモニア
冷凍設備の圧縮機：容積圧縮式（往復動式）４台
１日の冷凍能力：250トン
主な冷媒設備：凝縮器（横置円筒形で胴部の長さが5メートルのもの）１基
：受液器（内容積が6,000リットルのもの）１基

問９　次のイ，ロ，ハの記述のうち，この事業者について正しいものはどれか．

イ．この事業者がその事業所内において指定した場所では，その事業所の従業者を除き，何人も火気を取り扱ってはならない．

ロ．高圧ガスの製造施設が危険な状態になったときは，直ちに，特に定める災害の発生の防止のための応急の措置を講じなければならない．また，この事業者に限らずこの事態を発見した者は，直ちに，その旨を都道府県知事等又は警察官，消防吏員若しくは消防団員若しくは海上保安官に届け出なければならない．

ハ．この事業者は，危害予防規程を定め，従業者とともに，これを忠実に守らなければならないが，その危害予防規程を都道府県知事等に届け出るべき定めはない．

(1) イ　(2) ロ　(3) ハ　(4) イ，ロ　(5) ロ，ハ

問10　次のイ，ロ，ハの記述のうち，この事業者について正しいものはどれか．

イ．この事業者は，従業者に対する保安教育計画を定め，その計画を都道府県知事等に届け出なければならない．

ロ．この事業者は，この事業所に所定の帳簿を備え，製造施設に異常があった場合，その年月日及びそれに対してとった措置を帳簿に記載し，記載の日から10年間保存しなければならない．

ハ．この事業者は，その所有し，又は占有する高圧ガスについて災害が発生したときは，遅滞なく，その旨を都道府県知事等又は警察官に届け出なければならない．

(1) ロ　(2) ハ　(3) イ，ハ　(4) ロ，ハ　(5) イ，ロ，ハ

問11　次のイ，ロ，ハの記述のうち，この製造施設について正しいものはどれか．

イ．この製造施設の製造設備の取替えの工事においては，定められた軽微な変更の工事に該当するものはない．

ロ．既に完成検査を受け所定の技術上の基準に適合していると認められているこの製造施設の全部の引渡しがあった場合，その引渡しを受けた者は，都道府県知事等の許可を受け，改めて都道府県知事等が行う完成検査を受けなければこの製造施設を使用することができない．

ハ．製造施設の変更の工事のうちには，都道府県知事等の許可を受けた場合であっても，完成検査を受けることなく，その製造施設を使用することができる変更の工事があり，この製造施設のうち冷媒設備の取替えの工事に適用される．

(1) イ　(2) ハ　(3) イ，ロ　(4) ロ，ハ　(5) イ，ロ，ハ

問12　次のイ，ロ，ハの記述のうち，この事業所に適用される技術上の基準について正しいものはどれか．

イ．この受液器にガラス管液面計を設ける場合には，その液面計の破損を防止するための措置又は受液器とガラス管液面計とを接続する配管にその液面計の破損による漏えいを防止するための措置のいずれか一方の措置を講じなければならない．

ロ．この受液器は，その周囲にその液状の冷媒ガスが漏えいした場合に，その流出を防止するための措置を講じなければならないものに該当する．

ハ．この冷媒設備の安全弁（大気に冷媒ガスを放出することのないものを除く．）には，放出管を設けなければならない．また，放出管の開口部の位置は，放出する冷媒ガスの性質に応じた適切な位置でなければならない．

(1) イ　(2) ロ　(3) ハ　(4) イ，ロ　(5) ロ，ハ

問13　次のイ，ロ，ハの記述のうち，この事業所に適用される技術上の基準について正しいものはどれか．

イ．この製造施設は，その規模に応じて，適切な消火設備を適切な箇所に設けなければならない施設に該当する．

ロ．冷媒設備の安全弁に放出管を設けた場合は，製造設備には，冷媒ガスが漏えいしたときに安全に，かつ，速やかに除害するための措置を講じる必要はない．

ハ．この凝縮器及び受液器のいずれも，所定の耐震に関する性能を有しなければならないものに該当する．

(1) イ　(2) ロ　(3) ハ　(4) イ，ロ　(5) イ，ハ

問14から問20までの問題は，次の例による事業所に関するものである．

[例] 冷凍のため，次に掲げる定置式製造設備である高圧ガスの製造施設を有する一つの事業所として高圧ガスの製造の許可を受けている事業所
なお，この事業者は認定完成検査実施者及び認定保安検査実施者ではない.

製造設備Ａ：冷媒設備が一つの架台上に一体に組み立てられていないもの　1基
製造設備Ｂ：認定指定設備であるもの　1基
これら製造設備Ａ及び製造設備Ｂはブラインを共通とし，同一の専用機械室に設置されており，一体として管理されるものとして設計されたものであり，かつ，同一の計器室において制御されている.
冷媒ガスの種類：製造設備Ａ及び製造設備Ｂとも，不活性ガスであるフルオロカーボン134a
冷凍設備の圧縮機：製造設備Ａ及び製造設備Ｂとも，遠心式
1日の冷凍能力：600トン（製造設備Ａ：300トン，製造設備Ｂ：300トン）
主な冷媒設備：凝縮器（製造設備Ａ及び製造設備Ｂとも，横置円筒形で胴部の長さが4メートルのもの）　各1基

問14　次のイ，ロ，ハの記述のうち，この事業者について正しいものはどれか.

イ．この事業所の冷凍保安責任者には，第一種冷凍機械責任者免状の交付を受け，かつ，1日の冷凍能力が100トン以上の製造施設を使用して行う高圧ガスの製造に関する1年以上の経験を有する者を選任しなければならない.

ロ．冷凍保安責任者が疾病その他の事故によって，その職務を行うことができないときは，直ちに，その代理者を選任しなければならない.

ハ．選任している冷凍保安責任者を解任し，新たな者を選任したときは，遅滞なく，選任した者についてその旨を都道府県知事等に届け出なければならないが，解任した者についてはその旨を都道府県知事等に届け出る必要はない.

(1) イ　(2) ロ　(3) イ，ロ　(4) イ，ハ　(5) ロ，ハ

問15　次のイ，ロ，ハの記述のうち，この事業者が行う製造設備の変更の工事について正しいものはどれか.

イ．製造設備Ａの凝縮器の取替えの工事において，冷媒設備に係る切断，溶接を伴わない工事であって，その取替えに係る凝縮器が耐震設計構造物の適用を受けないものである場合，軽微な変更の工事として，その完成後遅滞なく，都道府県知事等に届け出ればよい.

ロ．製造設備以外の製造施設に係る設備の取替え工事を行う場合，軽微な変更の工事として，その完成後遅滞なく，都道府県知事等に届け出ればよい．

ハ．製造設備Ａの圧縮機の取替えの工事において，冷媒設備に係る切断，溶接を伴わない工事であって，その冷凍能力の変更が所定の範囲であるものは，都道府県知事等の許可を受けなくてよいが，その変更の工事の完成後，所定の完成検査を受けなければこれを使用することはできない．

(1)　イ　　(2)　イ，ロ　　(3)　イ，ハ　　(4)　ロ，ハ　　(5)　イ，ロ，ハ

問16　次のイ，ロ，ハの記述のうち，この事業者が受ける保安検査について正しいものはどれか．

イ．保安検査を実施することは，冷凍保安責任者の職務の一つとして定められている．

ロ．保安検査は，製造設備Ｂの部分を除き，製造施設の位置，構造及び設備並びに製造の方法が所定の技術上の基準に適合しているかどうかについて行われる．

ハ．保安検査は，都道府県知事等，高圧ガス保安協会又は指定保安検査機関のいずれかが行う．

(1)　イ　　(2)　ロ　　(3)　ハ　　(4)　イ，ハ　　(5)　ロ，ハ

問17　次のイ，ロ，ハの記述のうち，この事業者が行う定期自主検査について正しいものはどれか．

イ．定期自主検査の検査記録に記載すべき事項の一つに，検査をした製造施設の設備ごとの検査方法及び結果がある．

ロ．認定指定設備である製造設備Ｂについては，定期自主検査を行わなくてよい．

ハ．定期自主検査を行うときは，あらかじめ，その検査計画を都道府県知事等に届け出なければならない．

(1)　イ　　(2)　ロ　　(3)　ハ　　(4)　イ，ロ　　(5)　イ，ハ

問18　次のイ，ロ，ハの記述のうち，この事業所に適用される技術上の基準について正しいものはどれか．

イ．冷媒設備の圧縮機は，その製造設備外の火気の付近にあってはならない．ただし，その火気に対して安全な措置を講じた場合は，この限りでない．

ロ．配管以外の冷媒設備について耐圧試験を行うときは，水その他の安全な液体を使用する場合，許容圧力の1.25倍の圧力で行わなければならない．

ハ．製造設備に設けたバルブ又はコックを操作ボタン等により開閉する場合には，作業員がその操作ボタン等を適切に操作することができるような措置を講じることと定められている．

(1)　イ　　(2)　イ，ロ　　(3)　イ，ハ　　(4)　ロ，ハ　　(5)　イ，ロ，ハ

問19　次のイ，ロ，ハの記述のうち，この事業所に適用される技術上の基準につい

て正しいものはどれか.

イ. 冷媒設備の圧縮機が強制潤滑方式であり, かつ, 潤滑油圧力に対する保護装置を有するものであれば, その油圧系統を除く冷媒設備に圧力計を設ける必要はない.

ロ. 認定指定設備である製造設備Bの冷媒設備のうち, 凝縮器の気密試験は, 許容圧力と同じ圧力で行ってよい.

ハ. 高圧ガスの製造は, 1日に1回以上, その製造設備のうち冷媒設備のみについて異常の有無を点検し, 異常のあるときは, その設備の補修その他の危険を防止する措置を講じて行わなければならない.

(1) イ　(2) ロ　(3) ハ　(4) イ, ロ　(5) ロ, ハ

問20 次のイ, ロ, ハの記述のうち, 認定指定設備である製造設備Bについて冷凍保安規則上正しいものはどれか.

イ. この製造設備に変更の工事を施したとき, 又はこの製造設備を移設したときは, 指定設備認定証を返納しなければならない場合がある.

ロ. この製造設備には, 自動制御装置が設けられていなければならない.

ハ. この製造設備の冷媒設備は, 使用場所であるこの事業所において, 一つの架台上に組み立てられたものである.

(1) イ　(2) ハ　(3) イ, ロ　(4) ロ, ハ　(5) イ, ロ, ハ

第一種冷凍機械　保安管理技術試験問題（試験時間90分）

次の各問について，正しいと思われる最も適切な答をその問の下に掲げてある⑴，⑵，⑶，⑷，⑸の選択肢の中から１個選びなさい．

問１　次のイ，ロ，ハ，ニの記述のうち，圧縮機の種類と構造，特徴について正しいものはどれか．

イ．一般に，ツインスクリュー圧縮機は，冷凍機油の噴射によってロータ歯間，ロータ歯とケーシングの間の潤滑を行い，動力の伝達をスクリューロータの歯自身で行っている．

ロ．一般に，遠心圧縮機は，遠心冷凍機として凝縮器および蒸発器とともに一つのユニットにまとめられている．また，羽根車は高速回転するので，振動や騒音を抑制するために，遠心圧縮機は密閉形のみとなり，開放形はない．

ハ．家庭用ルームエアコンディショナのロータリー圧縮機の電動機は，一般に，密閉容器の高圧ガス内に置かれ，吐出しガスによって冷却される構造になっている．そこで，電動機は吐出しガスよりも高い温度になる．

ニ．開放形の往復圧縮機は，電動機から圧縮機へ動力を伝えるために，クランク軸が圧縮機のケーシングを貫通して外部に突き出ており，そこに冷媒の漏れ止め用のシャフトシール（軸封装置）を必要とする．

⑴　イ，ハ　⑵　ロ，ニ　⑶　イ，ロ，ニ　⑷　イ，ハ，ニ　⑸　ロ，ハ，ニ

問２　次のイ，ロ，ハ，ニの記述のうち，冷凍装置の容量制御について正しいものはどれか．

イ．インバータを用いて圧縮機の回転速度を調整する容量制御方法では，圧縮機の回転速度と容量は常に比例するため，回転速度を変化させた容量制御が可能であるが，クランク軸端に油ポンプを付けている往復圧縮機では，回転速度をあまり小さくすると，潤滑不良を起こすので注意が必要である．

ロ．吸入圧力調整弁は，圧縮機の吸込み圧力が所定圧力以上にならないように吸込み蒸気を絞り，圧縮機の容量制御を行うが，密閉圧縮機では，吸込み圧力があまり低圧になると圧縮機を流れる冷媒が減少し，電動機が過熱するので注意が必要である．

ハ．多気筒圧縮機のアンローダ機構は，一般に，吸込み弁を開放して作動気筒数を減らすことにより，容量を無段階で任意に変えられるようになっている．また，圧縮機の始動時には，冷凍機油の油圧が正常に上がるまではアンロード状態になっている．

ニ．ホットガスバイパスによる容量制御では，ホットガスバイパス弁のほかに，

ホットガス冷却専用の液噴射弁を取り付け，バイパス配管内でホットガスに冷媒液を混合して，ホットガスを冷却する場合がある．

(1) イ，ロ　(2) ロ，ニ　(3) ハ，ニ　(4) イ，ロ，ハ　(5) イ，ハ，ニ

問3　次のイ，ロ，ハ，ニの記述のうち，圧縮機の運転と保守管理について正しいものはどれか．

イ．スクリュー圧縮機の給油圧力は，強制給油式（給油ポンプ方式）では，吐出し圧力より0.2～0.3 MPa高い値が適正値であり，差圧式（給油ポンプなし）では，吐出し圧力より0.05～0.15 MPa高い値が適正値である．

ロ．アンモニアを冷媒とする往復圧縮機では，アンモニアと相溶性のある合成油を用いた場合には，フルオロカーボン冷媒と同様に油分離器から直接圧縮機に油を戻す．油分離器を用いない場合は，装置内を循環させて圧縮機に戻す．

ハ．多気筒圧縮機の適正な給油圧力は，

(給油圧力)＝(油圧計指示圧力)－(クランクケース内圧力)

で判断する．

ニ．電動機を内蔵した全密閉圧縮機は，一般に蒸発温度条件により高温用（冷房用），中温用（冷蔵用），低温用（冷凍用）の仕様に区分されており，例えば，高温用の圧縮機を中温用の冷凍装置の蒸発温度条件で使用することは好ましくない．

(1) イ，ニ　(2) ロ，ハ　(3) イ，ロ，ハ　(4) イ，ロ，ニ　(5) ロ，ハ，ニ

問4　次のイ，ロ，ハ，ニの記述のうち，高圧部の保守管理などについて正しいものはどれか．

イ．空冷凝縮器内に空気などの不凝縮ガスが混入すると，冷却管の冷媒側の熱伝達率が小さくなり，凝縮温度が高くなる．そのため，圧縮機の吐出しガスの圧力と温度が高くなり，圧縮機用電動機の消費電力が増加し，冷凍能力と成績係数が低下する．

ロ．空冷凝縮器を用いた冷凍装置でホットガスデフロスト方式の除霜サイクルを採用した場合，高温のホットガスの顕熱のみを利用して除霜を行う．したがって，冬季に外気温度が低下して高圧側圧力が極端に低くなると，温度の低い吐出しガスのために，その顕熱の利用効果が減少し，除霜が適切にできなくなる．

ハ．水あかや油膜が水冷横形シェルアンドチューブ凝縮器の冷却管に付着すると，それらの熱伝導抵抗によって熱通過率の値が小さくなる．そのため，圧縮機の消費電力は増加するが，冷凍能力は変わらない．冷却管が裸管の場合よりもローフィンチューブの場合のほうが，水あかが厚く付着することによる熱通過率の低下割合が大きい．

ニ．液管内で液封された冷媒液の液温が上昇すると，その比体積が増加すること

で封鎖された内部は著しく高圧になり，止め弁や配管の弱い部分を破壊する．液温が0℃から30℃に上昇した場合，アンモニアとR 410 Aの飽和液を比較すると，液温上昇による比体積の増加割合が大きいのはR 410 Aである．

(1)　イ，ロ　　(2)　イ，ニ　　(3)　ハ，ニ　　(4)　イ，ロ，ハ　　(5)　ロ，ハ，ニ

問５　次のイ，ロ，ハ，ニの記述のうち，低圧部の保守管理などについて正しいものはどれか．

イ．温度自動膨張弁の感温筒は，蒸発器出口の過熱された冷媒蒸気温度を吸込み蒸気配管の管壁を介して検出し，圧縮機の吸込み蒸気過熱度を制御する．そのため，管壁から感温筒が外れ，感温筒の温度が上がると膨張弁は閉じる方向に作動する．

ロ．冷凍装置の使用目的によって，蒸発温度と被冷却物との温度差が設定され，それに従って装置が運転される．この設定温度差が小さ過ぎると，伝熱面積の大きな蒸発器を使用しなければならなくなる．

ハ．冷凍装置における蒸発温度の低下は，蒸発器内の冷媒圧力の低下や冷媒蒸気の比体積の増大を招く．また，冷凍能力は圧縮機に吸い込まれる蒸気量（冷媒循環量）によって変わるので，蒸発温度の低下は冷凍能力を減少させる．

ニ．フィンコイル乾式蒸発器に霜が厚く付着すると，空気の流れ抵抗の減少や蒸発器の熱通過率の低下にともない蒸発器への冷媒供給量が減少し，低圧側圧力が正常値よりも低下する．このため，冷凍能力は大きく低下する．

(1)　イ，ロ　　(2)　イ，ハ　　(3)　イ，ニ　　(4)　ロ，ハ　　(5)　ロ，ニ

問６　次のイ，ロ，ハ，ニの記述のうち，熱交換器の合理的使用について正しいものはどれか．

イ．アンモニアと冷凍機油（鉱油）は，ほとんど溶け合わない．温度によって異なるが，冷凍機油の粘度はアンモニア液の3倍程度であり，冷凍機油の熱伝導率はアンモニア液の1/3程度である．アンモニアの蒸発および凝縮の際の伝熱面上の油膜は，伝熱の大きな障害となるので，伝熱面からできるだけ排除することが望ましい．

ロ．フィンコイル乾式蒸発器では，蒸発器の冷媒出口側から入口側に向かって冷却しようとする空気を流す向流方式と，蒸発器の冷媒入口側から出口側に向かって空気を流す並流方式がある．一般に，単一冷媒を用いた場合は，並流方式の冷媒と空気との平均温度差は，向流方式よりも小さくなる．

ハ．凝縮器内に不凝縮ガスが存在すると，伝熱作用が阻害されるため，冷凍装置の運転中には，不凝縮ガスの分圧相当分以上に凝縮圧力が高くなる．なお，冷凍装置の運転停止中における凝縮器の圧力は，凝縮器内に存在する不凝縮ガスの分圧相当分だけ高くなる．

ニ．空気冷却用のフィンコイル乾式蒸発器では，空気と冷媒との平均温度差が大きくなると伝熱量が増大して熱流束も大きくなる．このとき，冷媒側熱伝達率は大きくなるが，空気側の熱伝達抵抗が冷媒側熱伝達抵抗に比べて大きく，空気側伝熱面積基準の熱通過率はあまり大きくならない．

(1)　イ，ハ　(2)　イ，ニ　(3)　ロ，ハ　(4)　イ，ロ，ニ　(5)　ロ，ハ，ニ

問７　次のイ，ロ，ハ，ニの記述のうち，膨張弁について正しいものはどれか．

イ．内部均圧形の温度自動膨張弁を使用する場合，蒸発器の冷媒側圧力降下が大きいと，その圧力降下分だけ過熱度が小さくなる．蒸発器入口にディストリビュータを付けた蒸発器などでは，外部均圧形の温度自動膨張弁を使用することが望ましい．

ロ．ダイアフラム形の温度自動膨張弁は，高圧力，高温に耐えられるように，外周を弁本体に溶接し，固定されたダイアフラム（薄膜）を使用し，その両面に作用する圧力差によるたわみが，弁に伝えられて開閉する．たわみの動作が小さいので，過熱度調節の動作の制御偏差が，ベローズ形よりも大きい．

ハ．温度自動膨張弁は，弁本体と感温筒とがキャピラリチューブで接続されているので，その長さによる取付位置の制限がある．また，弁本体の取付姿勢は，ダイアフラムのある頭部を上側にすることや，ガスチャージ方式では，弁本体の温度を感温筒の温度よりも低くしないことが必要である．

ニ．蒸発器の容量変化幅が大きく，膨張弁の容量を決めにくいときは，オリフィス交換形の膨張弁を選定し，弁体セットを2から3種類用意すると実用的である．特に，圧縮機がインバータで容量可変の場合には，蒸発器の容量変化幅が大きくなるので，温度自動膨張弁を複数用いて，切り替えて過熱度を制御することができる．

(1)　イ，ロ　(2)　イ，ハ　(3)　ロ，ハ　(4)　ロ，ニ　(5)　ハ，ニ

問８　次のイ，ロ，ハ，ニの記述のうち，調整弁について正しいものはどれか．

イ．パイロット形蒸発圧力調整弁は，圧力設定用のパイロット弁と主弁とから構成されており，被冷却対象の温度をセンサで検出し，その温度信号により調節器からの出力を電子パイロット弁に伝送し，被冷却対象の温度によって蒸発温度を制御することができる．

ロ．大容量の吸入圧力調整弁はパイロット形を用い，その主弁は蒸発圧力調整弁と共用であるが，パイロット弁は圧縮機吸込み管に接続する均圧用ポートを持っている．吸込み圧力が設定値よりも高くなるとパイロット弁を開いて，蒸発器側の圧力で主弁を開く構造となっている．

ハ．凝縮圧力調整弁は，水冷凝縮器や空冷凝縮器の凝縮圧力を制御する．凝縮器出口側に取り付けて，凝縮器の圧力が設定値以下に下がると，弁が閉方向に作

動し，凝縮器に液を滞留させて凝縮圧力を制御する．受液器の圧力が低下した場合は，バイパス弁を開き，送液に必要な圧力を供給する．

ニ．温度式冷却水調整弁は，冷媒に直接触れることなく動作するので，凝縮器以外のオイルクーラなどの液体温度制御用にも使える．圧力式冷却水調整弁は，冷凍装置が停止して凝縮圧力が低下すると，自動的に弁を絞り冷却水を止める．始動時には，凝縮圧力が高くなるまで弁が開かないので，バイパス弁が必要である．

(1)　イ，ロ　　(2)　イ，ハ　　(3)　イ，ニ　　(4)　ロ，ハ　　(5)　ロ，ニ

問９　次のイ，ロ，ハ，ニの記述のうち，制御機器について正しいものはどれか．

イ．圧力式断水リレーは，冷却水出入口間の差圧の変化を検出し，その信号で警報を発し，圧縮機を停止させる．圧力降下が小さい流路には，フロースイッチと呼ばれる流量式を用いる．フロースイッチは，圧力降下や水圧が不明でも選択できる．

ロ．高圧フロート弁は，ターボ冷凍機の高圧受液器などの液面レベルによる送液量の制御に用いる．高圧受液器に取り付けられたパイロット式高圧フロート弁を用いる場合，液面レベルの下降で弁を開き，上昇で弁を閉じることにより，満液式蒸発器の液量を制御する．

ハ．油圧保護圧力スイッチは，事故防止のために，圧縮機始動後または運転中に一定時間経過しても，給油圧力が定められた圧力を保持できない場合には，圧力スイッチの接点を開き，圧縮機を停止させる．作動を遅らせる理由は，起動時には，定められた油圧に達するのを待つ必要があることと，運転中には，ごく短時間油圧が低下することがあるためである．

ニ．蒸気圧式サーモスタットは，感温筒内のチャージ方式により，ガスチャージ方式，吸着チャージ方式，液チャージ方式に分類される．これらのうち，ガスチャージ方式は，受圧部の本体の温度が，感温筒の温度よりも低くないと，正常に作動しない．

(1)　イ，ロ　　(2)　イ，ハ　　(3)　ロ，ハ　　(4)　ロ，ニ　　(5)　ハ，ニ

問10　次のイ，ロ，ハ，ニの記述のうち，附属機器について正しいものはどれか．

イ．相溶性の冷凍機油を用いるアンモニア冷凍装置では，油分離器は，冷凍装置の圧縮機と凝縮器の間に設置する．分離した冷凍機油は，一般に，自動返油せず，油溜め器に抜き取る．

ロ．冷凍装置の運転状態の変化に起因する凝縮器内と蒸発器内の冷媒量の変化が大きいときには，この冷媒量の変化を吸収できるように高圧受液器の容量を決定する．

ハ．低圧受液器は，冷媒液強制循環式冷凍装置の蒸発器冷却管に低圧冷媒液を送

り込むための液溜めであり，また，冷却管から戻った冷媒蒸気と液を分離する役割ももつ．低圧受液器では，運転状態が変化しても，冷媒液ポンプと蒸発器が安定した運転を続けられるように，一般に，温度自動膨張弁で流量制御が行われる．

ニ．ろ過乾燥器は，フルオロカーボン冷凍装置の冷媒系統内の水分を吸着して除去するために，乾燥剤を用いる．その乾燥剤には，水分を吸着しても化学変化を起こさず，砕けにくいものを使用する．

(1) イ，ハ　(2) イ，ニ　(3) ロ，ニ　(4) イ，ロ，ハ　(5) ロ，ハ，ニ

問11　次のイ，ロ，ハ，ニの記述のうち，附属機器について正しいものはどれか．

イ．フルオロカーボン冷凍装置では，液配管が長い場合や液配管の立ち上がりが高いときの対策として，液ガス熱交換器で高温冷媒液と低温冷媒蒸気との間で熱交換し，高温冷媒液に適度な過冷却度をもたせる方法がある．アンモニア冷凍装置では，圧縮機の吸込み蒸気過熱度の増大に伴う吐出しガス温度の上昇が著しいため，液ガス熱交換器を使用しない．

ロ．二段圧縮一段膨張式冷凍装置に利用される直接膨張式中間冷却器は，シェルアンドチューブ熱交換器と同様の構造をしており，温度自動膨張弁により高段側圧縮機に吸い込まれる冷媒の過熱度の制御を行う．この冷却器は，フルオロカーボン冷凍装置によく利用される．

ハ．フルオロカーボン冷凍装置に用いられる液分離器は，冷凍装置の蒸発器と圧縮機の間に設置され，油の濃度が高い冷媒液を抽出し，吐出しガスなどと熱交換することにより油を分離して，冷媒蒸気とともに吸込み管を経由して圧縮機に戻す機能がある．

ニ．液ポンプで冷媒を強制循環する冷媒液強制循環式蒸発器を使用した大形冷凍装置では，低圧受液器で気液分離を行っているが，この冷凍装置では，圧縮機における吸込み蒸気の適正な過熱度を確保するために，液分離器を別に設ける必要がある．

(1) イ，ロ　(2) ロ，ハ　(3) ハ，ニ　(4) イ，ロ，ニ　(5) イ，ハ，ニ

問12　次のイ，ロ，ハ，ニの記述のうち，配管について正しいものはどれか．

イ．銅管は，ろう付けによって接合する．ろう付け温度は銀ろう系のほうが黄銅ろう系よりも低い．銀ろう系ろう材は，溶融したろうの流動性がよく，強度も大きい．一方，黄銅ろう系ろう材は若干強度が劣る．そのため，銅管のろう付けに使用するろう材として，銀ろう系のろう材が使われており，黄銅ろう系のろう材は使用しない．

ロ．フルオロカーボン冷凍装置の吸込み蒸気配管では，冷媒蒸気の流れを利用して，冷媒中に溶解している冷凍機油を蒸発器から圧縮機へ返油するので，返油

のために必要な最小の蒸気速度を確保しなければならない．必要とする蒸気速度は，横走り管では3.5 m/s以上，立ち上がり管では6 m/s以上とする．

ハ．吸込み蒸気配管の横走り管中にトラップがあると，軽負荷運転時に油や冷媒液がたまり，再始動時や軽負荷から全負荷に切り換わったときに液が圧縮機に戻る．冷媒液が圧縮機に戻るのを防ぐために，吸込み蒸気配管の横走り管は，トラップを設けないで冷媒蒸気の流れ方向に上り勾配の配管にする．

ニ．満液式や冷媒液強制循環式の蒸発器を使用するフルオロカーボン冷凍装置では，蒸発器または低圧受液器内から圧縮機への油戻しが重要であり，絞り弁を通して，油を含んだ冷媒液を蒸発器や低圧受液器から少しずつ抜き出し，液ガス熱交換器で冷媒液を気化した後，油を圧縮機に戻すようにしている．

(1)　イ，ロ　(2)　イ，ハ　(3)　ロ，ニ　(4)　イ，ロ，ニ　(5)　ロ，ハ，ニ

問13　次のイ，ロ，ハ，ニの記述のうち，安全装置について正しいものはどれか．

イ．二段圧縮冷凍装置の過冷却液管や液ポンプ方式の低圧受液器まわりは，弁の誤操作で液封になりやすいので，液封防止のため圧力逃がし装置を取り付ける．可燃性ガス，毒性ガスの装置の安全装置として，破裂板は使用できない．

ロ．高圧遮断装置の設定圧力は，高圧部に取り付けられたすべての安全弁の最低吹始め圧力以下であり，高圧部の許容圧力以下の圧力で作動するように設定する．

ハ．高圧遮断圧力スイッチは，原則として手動復帰形とするが，毒性ガス以外の冷媒を用いた自動運転方式の冷凍装置では，自動復帰形を用いてもよい．

ニ．圧力容器に取り付ける溶栓の口径は，取り付けるべき安全弁の口径の1/2以上，破裂板の口径は，取り付けるべき安全弁の口径と同一であり，どちらも圧力容器の温度により作動する．

(1)　イ，ロ　(2)　イ，ハ　(3)　ハ，ニ　(4)　イ，ロ，ニ　(5)　ロ，ハ，ニ

問14　次のイ，ロ，ハ，ニの記述のうち，圧力試験について正しいものはどれか．

イ．耐圧試験は，耐圧強度を確認する構成機器や部品ごとに行う全数試験である．なお，部品ごとに試験したものを組み立てた機器については，耐圧強度が確認できたとみなし，試験を行わなくてもよい．

ロ．配管を除く圧縮機や容器の部分について，その強さを確認するために，耐圧試験の代わりに量産品について適用する強度試験がある．強度試験の試験圧力は，設計圧力の3倍以上の高い圧力である．

ハ．気密試験に使用するガスは，空気または窒素ガスなどの不燃性で非毒性のガスを用い，酸素のような支燃性ガスは使用してはならない．空気圧縮機を使用して圧縮空気を供給する場合は，圧縮により空気が高温になるので，空気圧縮機の吐出し温度が140℃を超えないようにする．

ニ．冷媒設備の気密の最終確認をするための真空試験は，高真空を必要とするため真空ポンプを使用して行い，設備からの漏れの有無の確認とともに，設備内を真空にしながら，水分を蒸発させて設備内を乾燥させる．設備内は，周囲の大気温度に相当する飽和水蒸気圧力以下とする．この試験では，真空計を用いて真空度を測定する．

⑴ イ，ロ，ハ　⑵ イ，ロ，ニ　⑶ イ，ハ，ニ　⑷ ロ，ハ，ニ　⑸ イ，ロ，ハ，ニ

問15 次のイ，ロ，ハ，ニの記述のうち，据付けおよび試運転について正しいものはどれか．

イ．屋外に設置する空冷凝縮器と蒸発式凝縮器は，重く，重心も比較的高い．このため，地震によって据付け位置がずれることがある．したがって，設置する基礎の鉄筋を強固に組み合わせ，床盤の鉄筋に固く結び付け，また凝縮器本体と基礎も十分に固定する必要がある．

ロ．フルオロカーボン冷媒設備では，設備系統内に水分があると正常な運転を阻害するので，据付け時の真空乾燥で水分を完全に排除するために，必要に応じて，水分が残留しやすい箇所を加熱する．

ハ．アンモニアは，毒性があり，多量に浴びると死に至る危険がある．一方，可燃性ガスではないため，アンモニアを冷媒とする冷凍装置では，電気設備に対して防爆性能を必要としない．

ニ．凍上は，1階の冷蔵室床下の土壌が氷結して体積が膨張し，床面が盛り上がる現象である．床下の構造や土壌の性質は，凍上の発生に大きく影響する．そこで，プラットホームをもつ高床式大形冷蔵庫では，床の防熱材を十分に厚くする方法によって，凍上を防止するのが一般的である．

⑴ イ，ロ　⑵ イ，ロ，ハ　⑶ イ，ロ，ニ　⑷ イ，ハ，ニ　⑸ ロ，ハ，ニ

第一種冷凍機械　学識試験問題（試験時間120分）

問1　R 404 A を冷媒とする二段圧縮一段膨張の冷凍装置を，下記の冷凍サイクルの条件で運転する．このとき，次の(1)から(3)の問に，解答用紙の所定欄に計算式を示して答えよ．

ただし，圧縮機の機械的摩擦損失仕事は，吐出しガスに熱として加わるものとする．また，配管での熱の出入りおよび圧力損失はないものとする．(20点)

（理論冷凍サイクルの運転条件）

低段圧縮機吸込み蒸気の比エンタルピー	$h_1 = 360$ kJ/kg
低段圧縮機の断熱圧縮後の吐出しガスの比エンタルピー	$h_2 = 380$ kJ/kg
高段圧縮機吸込み蒸気の比エンタルピー	$h_3 = 365$ kJ/kg
高段圧縮機の断熱圧縮後の吐出しガスの比エンタルピー	$h_4 = 390$ kJ/kg
中間冷却器用膨張弁直前の液の比エンタルピー	$h_5 = 255$ kJ/kg
蒸発器用膨張弁直前の液の比エンタルピー	$h_7 = 200$ kJ/kg
低段圧縮機吸込み蒸気の比体積	$v_1 = 0.1$ m^3/kg

（実際の冷凍装置の運転条件）

低段圧縮機のピストン押しのけ量	$q_{\mathrm{vro}} = 500$ m^3/h
圧縮機の体積効率（低段，高段とも）	$\eta_{\mathrm{v}} = 0.7$
圧縮機の断熱効率（低段，高段とも）	$\eta_{\mathrm{c}} = 0.8$
圧縮機の機械効率（低段，高段とも）	$\eta_{\mathrm{m}} = 0.9$

(1)　中間冷却器へのバイパス冷媒循環量 q'_{mro}(kg/s) を求めよ（バイパス冷媒循環量は小数点以下第3位までとする）．

(2)　実際の圧縮機駆動の総軸動力 P(kW) を求めよ（総軸動力は小数点以下第1位までとする）．

(3)　実際の冷凍装置の成績係数 $(COP)_{\mathrm{R}}$ を求めよ（成績係数は小数点以下第2位までとする）．

問2　下図に示すアンモニアを冷媒とする蒸発温度の異なる2台の蒸発器を1台の圧縮機で冷却する冷凍装置が，下記の条件で運転されている．この装置について，次の(1)の問は解答用紙の p–h 線図上に，(2)および(3)の問は解答用紙の所定欄に計算式を示して答えよ．

ただし，圧縮機の機械的摩擦損失仕事は吐出しガスに熱として加わるものとする．また，配管での熱の出入りおよび圧力損失はないものとする．(20点)

（運転条件）

圧縮機吸込み蒸気の比エンタルピー	$h_1 = 1\,540$ kJ/kg
圧縮機の断熱圧縮後の吐出しガスの比エンタルピー	$h_2 = 1\,780$ kJ/kg

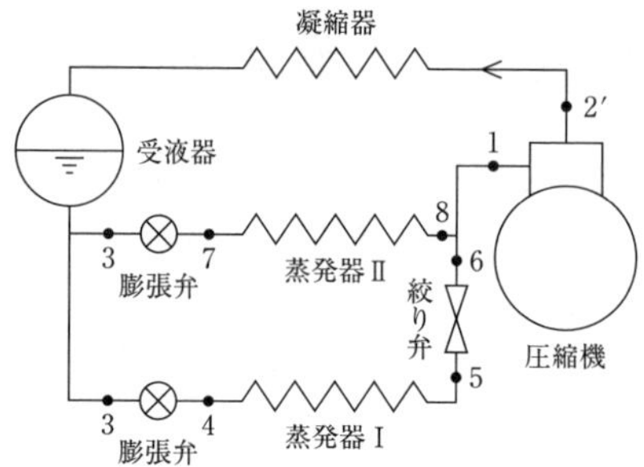

膨張弁直前の液の比エンタルピー	$h_3 = 280$ kJ/kg
蒸発器Ⅰの出口冷媒の比エンタルピー	$h_5 = 1\,580$ kJ/kg
蒸発器Ⅱの出口冷媒の比エンタルピー	$h_8 = 1\,480$ kJ/kg
圧縮機のピストン押しのけ量	$V = 270$ m^3/h
圧縮機吸込み蒸気の比体積	$v_1 = 0.45$ m^3/kg
凝縮圧力p_kにおける飽和液の比エンタルピー	$h_{kB} = 345$ kJ/kg
凝縮圧力pkにおける飽和蒸気の比エンタルピー	$h_{kD} = 1\,485$ kJ/kg
蒸発器Ⅰの蒸発圧力p_{o1}における飽和液の比エンタルピー	$h_{o1B} = 220$ kJ/kg
蒸発器Ⅰの蒸発圧力p_{o1}における飽和蒸気の比エンタルピー	$h_{o1D} = 1\,470$ kJ/kg
蒸発器Ⅱの蒸発圧力p_{o2}における飽和液の比エンタルピー	$h_{o2B} = 150$ kJ/kg
蒸発器Ⅱの蒸発圧力p_{o2}における飽和蒸気の比エンタルピー	$h_{o2D} = 1\,450$ kJ/kg
圧縮機の体積効率	$\eta_v = 0.75$
圧縮機の断熱効率	$\eta_c = 0.70$
圧縮機の機械効率	$\eta_m = 0.85$

(1)　この冷凍装置の冷凍サイクルを，運転条件の数値を参照して解答用紙のp–h線図上に描き，点3から点8の各状態点を図中の適切な位置に記入せよ．ただし，点1および点2′は，解答用紙のそれぞれの点を通るものとする．なお，点2′は実際の圧縮機の吐出しガスの状態点を示す．

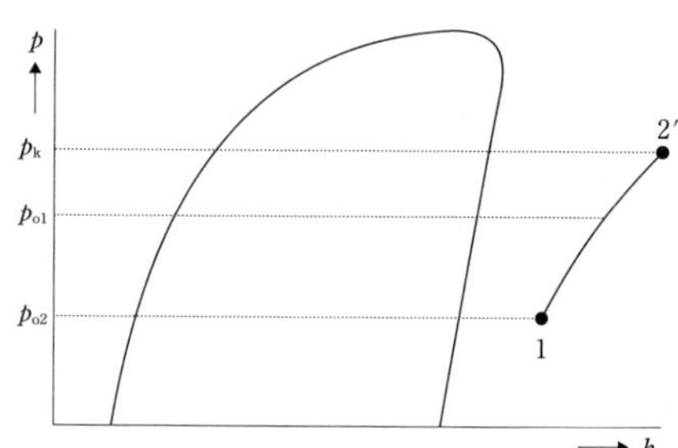

(2)　蒸発器Ⅰの冷媒循環量q_{mr1}(kg/s)および蒸発器Ⅱの冷媒循環量q_{mr2}(kg/s)をそれぞれ求め，蒸発器Ⅰと蒸発器Ⅱの合計の実際の冷凍能力Φ_o(kW)を求めよ(冷媒循環量は小数点以下第3位，冷凍能力は小数点以下第1位までとする)．

(3)　この冷凍装置の実際の成績係数$(COP)_R$を求めよ（成績係数は小数点以下第2位までとする)．

問3　冷蔵庫用のフィンコイル乾式蒸発器が，着霜のない状態で次の仕様および運転条件で運転されている．この蒸発器について，次の(1)から(3)の問に，解答用紙の所定欄に計算式を示して答えよ．

ただし，蒸発器出口における冷媒の状態は乾き飽和蒸気とし，冷媒と空気との間の温度差は算術平均温度差Δt_mを用い，フィンコイル材の熱伝導抵抗は無視できるものとする．(20点)

（仕様および運転条件）

冷凍能力	$\Phi_o = 10$ kW
空気側伝熱面積	$A = 40$ m^2
冷媒蒸発温度	$t_o = -14$℃
空気側平均熱伝達率	$\alpha_a = 0.04$ kW/(m^2·K)
冷媒側平均熱伝達率	$\alpha_r = 3.8$ kW/(m^2·K)
入口空気温度	$t_{a1} = -4$℃
出口空気温度	$t_{a2} = -9$℃

(1)　着霜のない状態における蒸発器の外表面積基準の平均熱通過率K[kW/(m^2·K)]を求めよ．

(2)　着霜のない状態における蒸発器の有効内外伝熱面積比mを求めよ．

(3)　着霜した場合の蒸発器の外表面積基準の平均熱通過率K'[kW/(m^2·K)]を求めよ．ただし，霜の熱伝導率λは0.14 W/(m·K)，霜の厚さδは2.5 mmとし，これら以外の条件は変わらないものとする．

問4　冷媒に関する次の(1)から(3)の問に答えよ．(20点)

(1)　R 22，R 32，R 134a，R 290のうち，以下の項目に該当するものの冷媒記号をそれぞれ記せ．

・GWPが最も高いもの
・モル質量が最も大きいもの
・臨界温度が最も高いもの
・標準大気圧における沸点が最も低いもの

(2)　R 404A，R 407C，R 410A，R 507Aのうち，以下の項目に該当するものの冷媒記号をそれぞれ記せ．

・GWPが最も高いもの

・モル質量が最も大きいもの

・臨界温度が最も高いもの

・標準大気圧における沸点が最も低いもの

(3)　下表の混合冷媒の混合成分と成分比を，解答用紙の解答例にならって解答欄に記入せよ．

混合冷媒	混合成分	成分比（mass%）
（例）R 401 A	R 22 / R 152 a / R 124	53 / 13 / 34
R 404 A		
R 407 C		
R 410 A		

問５　下記の仕様で，屋外に設置して凝縮温度50℃で運転されるR 410 A冷凍装置の高圧受液器（円筒胴圧力容器）を製作したい．この高圧受液器について，円筒胴板の必要厚さt_a(mm)を求め，その必要厚さで製作した高圧受液器に設計圧力が作用したとき，円筒胴板に誘起される接線方向の引張応力σ_t(N/mm^2)と長手方向の引張応力σ_l(N/mm^2)をそれぞれ求めよ．

ただし，R 410 Aの凝縮温度50℃における高圧部設計圧力Pは，2.96 MPaとする．また，円筒胴板の必要厚さは整数値で求めよ．　(20点)

（高圧受液器の仕様）

使用鋼板	SM 400 B
円筒胴の内径	D_i = 420 mm
円筒胴の腐れしろ	α = 1 mm
円筒胴板の溶接継手の効率	η = 0.70

令和４年度（令和４年11月13日施行）

第二種冷凍機械責任者試験

第二種冷凍機械　法令試験問題(試験時間60分)

次の各問について，高圧ガス保安法に係る法令上正しいと思われる最も適切な答えをその問の下に掲げてある(1)，(2)，(3)，(4)，(5)の選択肢の中から１個選びなさい．

なお，高圧ガス保安法は令和４年６月22日付けで改正され公布されたが，現在，この改正法は施行されておらず，本年度のこの試験は，現在施行されている高圧ガス保安法令に基づき出題している．

また，経済産業大臣が危険のおそれのないと認めた場合等における規定は適用しない．

（注）試験問題中，「都道府県知事等」とは，都道府県知事又は高圧ガス保安法に関する事務を処理する指定都市の長をいう．

問１　次のイ，ロ，ハの記述のうち，正しいものはどれか．

イ．高圧ガス保安法は，高圧ガスによる災害を防止して公共の安全を確保する目的のために，高圧ガスの製造，貯蔵，販売，移動その他の取扱及び消費の規制をすることのみを定めている．

ロ．現在の圧力が0.1メガパスカルの圧縮ガス（圧縮アセチレンガスを除く.）であって，温度35度において圧力が0.2メガパスカルとなるものは，高圧ガスである．

ハ．１日の冷凍能力が3トン以上5トン未満の冷凍設備内における高圧ガスであっても，そのガスの種類によっては，高圧ガス保安法の適用を受けないものがある．

(1)　イ　　(2)　ハ　　(3)　イ，ロ　　(4)　ロ，ハ　　(5)　イ，ロ，ハ

問２　次のイ，ロ，ハの記述のうち，正しいものはどれか．

イ．認定指定設備のみを使用して冷凍のため高圧ガスの製造をしようとする者は，その設備の１日の冷凍能力が50トン以上である場合であっても，その製造について都道府県知事等の許可を受ける必要はないが，製造開始の日の20日前までにその旨を都道府県知事等に届け出なければならない．

ロ．冷凍のため高圧ガスの製造をする第一種製造者は，高圧ガスの製造を廃止しようとするとき，都道府県知事等の許可を受けなければならない．

ハ．冷凍のため高圧ガスの製造をする第一種製造者は，高圧ガスの製造施設の位置，構造又は設備の変更の工事をしようとするときは，その工事が定められた軽微なものである場合を除き，都道府県知事等の許可を受けなければならない．

(1) イ　(2) ロ　(3) イ，ハ　(4) ロ，ハ　(5) イ，ロ，ハ

問３　次のイ，ロ，ハの記述のうち，正しいものはどれか．

イ．冷凍のため高圧ガスの製造をする第一種製造者がその高圧ガスの製造事業の全部を譲り渡したときは，その事業の全部を譲り受けた者はその第一種製造者の地位を承継する．

ロ．特定不活性ガスを除く不活性ガスは，冷凍保安規則に定められている高圧ガスの廃棄に係る技術上の基準に従って廃棄しなければならない高圧ガスとして定められていない．

ハ．1日の冷凍能力が5トンの専ら冷凍設備に用いる機器の製造の事業を行う者（機器製造業者）は，所定の技術上の基準に従ってその機器の製造をしなければならない．

(1) イ　(2) ロ　(3) イ，ハ　(4) ロ，ハ　(5) イ，ロ，ハ

問４　次のイ，ロ，ハの記述のうち，冷凍のため高圧ガスの製造をする第二種製造者について正しいものはどれか．

イ．アンモニアを冷媒ガスとする冷凍設備であって，1日の冷凍能力が10トンのもののみを使用して高圧ガスの製造をする者は，第二種製造者である．

ロ．第二種製造者のうちには，製造施設について定期自主検査を行わなければならない者がある．

ハ．製造設備の変更の工事を完成したときは，酸素以外のガスを使用する試運転又は所定の気密試験を行った後でなければ高圧ガスの製造をしてはならない．

(1) ロ　(2) ハ　(3) イ，ハ　(4) ロ，ハ　(5) イ，ロ，ハ

問５　次のイ，ロ，ハの記述のうち，車両に積載した容器（内容積が48リットルのもの）による冷凍設備の冷媒ガスの補充用の高圧ガスの移動に係る技術上の基準等について一般高圧ガス保安規則上正しいものはどれか．

イ．特定不活性ガスである液化フルオロカーボン32を移動するときは，消火設備並びに災害発生防止のための応急措置に必要な資材及び工具等を携行しなければならない．

ロ．液化アンモニアを移動するときは，その高圧ガスの種類に応じた防毒マスク，手袋その他の保護具並びに災害発生防止のための応急措置に必要な資材，薬剤及び工具等も携行しなければならない．

ハ．特定不活性ガスである液化フルオロカーボン32を移動するときは，その高圧ガスの名称，性状及び移動中の災害防止のために必要な注意事項を記載した書面を運転者に交付し，移動中携帯させ，これを遵守させなければならない．

(1)　ロ　　(2)　ハ　　(3)　イ，ロ　　(4)　ロ，ハ　　(5)　イ，ロ，ハ

問６　次のイ，ロ，ハの記述のうち，冷凍設備の冷媒ガスの補充用の高圧ガスを充塡するための容器（再充塡禁止容器を除く．）及びその附属品について正しいものはどれか．

イ．容器に装置されているバルブの附属品再検査の期間は，そのバルブの製造後の経過年数のみに応じて定められている．

ロ．容器の製造又は輸入をした者は，特に定められた容器を除き，所定の容器検査を受け，これに合格したものとして所定の刻印等がされているものでなければ，容器を譲渡し，又は引き渡してはならない．

ハ．容器の附属品が附属品検査に合格したときは，特に定める場合を除き，その附属品に所定の方法で刻印しなければならない．

(1)　イ　　(2)　ロ　　(3)　イ，ハ　　(4)　ロ，ハ　　(5)　イ，ロ，ハ

問７　次のイ，ロ，ハの記述のうち，冷凍に係る製造事業所における冷媒ガスの補充用としての容器による高圧ガス（質量が1.5キログラムを超えるもの）の貯蔵の方法に係る技術上の基準について一般高圧ガス保安規則上正しいものはどれか．

イ．液化アンモニアの容器置場には，携帯電燈以外の燈火を携えて立ち入ってはならない．

ロ．車両に積載した容器により高圧ガスを貯蔵するときは，都道府県知事等の許可を受けて設置する第一種貯蔵所又は都道府県知事等に届出を行って設置する第二種貯蔵所において貯蔵することができる．

ハ．アンモニアの充塡容器及び残ガス容器を貯蔵する場合は，通風の良い場所で行わなければならないが，特定不活性ガスであるフルオロカーボン32については，その定めはない．

(1)　イ　　(2)　イ，ロ　　(3)　イ，ハ　　(4)　ロ，ハ　　(5)　イ，ロ，ハ

問８　次のイ，ロ，ハの記述のうち，冷凍能力の算定基準について冷凍保安規則上正しいものはどれか．

イ．多段圧縮方式による製造設備の１日の冷凍能力の算定に必要な数値の一つに，蒸発器の冷媒ガスに接する側の表面積の数値がある．

ロ．吸収式冷凍設備にあっては，発生器を加熱する１時間の入熱量２万7800キロジュールをもって１日の冷凍能力１トンとする．

ハ．遠心式圧縮機を使用する製造設備にあっては，その圧縮機の原動機の定格出

力1.2キロワットをもって1日の冷凍能力1トンとする.

(1) ロ　(2) イ，ロ　(3) イ，ハ　(4) ロ，ハ　(5) イ，ロ，ハ

問９から問14までの問題は，次の例による事業所に関するものである.

[例] 冷凍のため，次に掲げる高圧ガスの製造施設を有する事業所
なお，この事業者は認定完成検査実施者及び認定保安検査実施者ではない.

製造設備の種類：定置式製造設備（一つの製造設備であって，専用機械室に設置してあるもの）
冷媒ガスの種類：アンモニア
冷凍設備の圧縮機：容積圧縮式（往復動式）4台
1日の冷凍能力：250トン
主な冷媒設備：凝縮器(横置円筒形で胴部の長さが5メートルのもの) 1基
：受液器(内容積が6,000リットルのもの) 1基

問９ 次のイ，ロ，ハの記述のうち，この事業者について正しいものはどれか.

イ. この事業者がその事業所内において指定した場所では，その事業所の従業者を除き，何人も火気を取り扱ってはならない.

ロ. 高圧ガスの製造施設が危険な状態になったときは，直ちに，特に定める災害の発生の防止のための応急の措置を講じなければならない．また，この事業者に限らずこの事態を発見した者は，直ちに，その旨を都道府県知事等又は警察官，消防吏員若しくは消防団員若しくは海上保安官に届け出なければならない.

ハ. この事業者は，危害予防規程を定め，従業者とともに，これを忠実に守らなければならないが，その危害予防規程を都道府県知事等に届け出るべき定めはない.

(1) イ　(2) ロ　(3) ハ　(4) イ，ロ　(5) ロ，ハ

問10 次のイ，ロ，ハの記述のうち，この事業者について正しいものはどれか.

イ. この事業者は，従業者に対する保安教育計画を定め，その計画を都道府県知事等に届け出なければならない.

ロ. この事業者は，この事業所に所定の帳簿を備え，製造施設に異常があった場合，その年月日及びそれに対してとった措置を帳簿に記載し，記載の日から10年間保存しなければならない.

ハ. この事業者は，その所有し，又は占有する高圧ガスについて災害が発生したときは，遅滞なく，その旨を都道府県知事等又は警察官に届け出なければならない.

(1) ロ　(2) ハ　(3) イ，ハ　(4) ロ，ハ　(5) イ，ロ，ハ

問11　次のイ，ロ，ハの記述のうち，この事業者が選任する冷凍保安責任者及びその代理者について正しいものはどれか．

イ．選任している冷凍保安責任者を解任し，新たに冷凍保安責任者を選任したときは，遅滞なく，新たに選任した者についてその旨を都道府県知事等に届け出なければならないが，解任した者についてはその旨を届け出る必要はない．

ロ．選任している冷凍保安責任者の代理者は，冷凍保安責任者が疾病等によりその職務を行うことができないときに，その職務を代行する場合は，高圧ガス保安法の規定の適用については冷凍保安責任者とみなされる．

ハ．この事業所の冷凍保安責任者には，第一種冷凍機械責任者免状又は第二種冷凍機械責任者免状の交付を受けている者であって，1日の冷凍能力が20トン以上の製造施設を使用して行う高圧ガスの製造に関する1年以上の経験を有している者のうちから選任しなければならない．

(1) ロ　(2) ハ　(3) イ，ロ　(4) ロ，ハ　(5) イ，ロ，ハ

問12　次のイ，ロ，ハの記述のうち，この事業者が行う製造施設の変更の工事について正しいものはどれか．

イ．製造施設の冷媒設備の圧縮機の取替えの工事においては，冷媒設備に係る切断，溶接を伴わない工事であって，その設備の冷凍能力の変更を伴わないものであっても，軽微な変更の工事には該当しない．

ロ．製造施設の特定変更工事が完成した後，高圧ガス保安協会が行う完成検査を受け，これが製造施設の位置，構造及び設備に係る技術上の基準に適合していると認められ，その旨を都道府県知事等に届け出た場合は，都道府県知事等が行う完成検査を受けなくてよい．

ハ．製造施設の位置，構造又は設備の変更の工事について，都道府県知事等の許可を受けた場合であっても，完成検査を受けることなく，その製造施設を使用することができる変更の工事があるが，この事業所の製造設備の取替えの工事には適用されない．

(1) イ　(2) ロ　(3) イ，ハ　(4) ロ，ハ　(5) イ，ロ，ハ

問13　次のイ，ロ，ハの記述のうち，この事業所に適用される技術上の基準について正しいものはどれか．

イ．この凝縮器は，所定の耐震に関する性能を有しなければならないものに該当しない．

ロ．冷媒設備に係る電気設備は，その設置場所及び冷媒ガスの種類に応じた防爆性能を有する構造のものとすべき定めはない．

ハ．製造設備が専用機械室に設置されているので，冷媒ガスであるアンモニアが

漏えいしたときに安全に，かつ，速やかに除害するための措置を講じなくてよい．

(1) イ　(2) ロ　(3) ハ　(4) イ，ロ　(5) ロ，ハ

問14 次のイ，ロ，ハの記述のうち，この事業所に適用される技術上の基準について正しいものはどれか．

イ．この受液器は，その周囲にその液状の冷媒ガスが漏えいした場合にその流出を防止するための措置を講じなければならないものに該当する．

ロ．圧縮機，凝縮器及び受液器並びにこれらを接続する配管が設置してある専用機械室は，冷媒ガスが漏えいしたとき滞留しないような構造としなければならない．

ハ．受液器に設ける液面計には，その液面計の破損を防止するための措置を講じれば，丸形ガラス管液面計を使用することができる．

(1) イ　(2) ロ　(3) ハ　(4) イ，ロ　(5) ロ，ハ

問15から問20までの問題は，次の例による事業所に関するものである．

［例］冷凍のため，次に掲げる定置式製造設備である高圧ガスの製造施設を有する一つの事業所として高圧ガスの製造の許可を受けている事業所
なお，この事業者は認定完成検査実施者及び認定保安検査実施者ではない．

製造設備A：冷媒設備が一つの架台上に一体に組み立てられていないもの　1基

製造設備B：認定指定設備であるもの　1基
これら製造設備A及び製造設備Bはブラインを共通とし，同一の専用機械室に設置されており，一体として管理されるものとして設計されたものであり，かつ，同一の計器室において制御されている．

冷媒ガスの種類：製造設備A及び製造設備Bとも，不活性ガスであるフルオロカーボン134a

冷凍設備の圧縮機：製造設備A及び製造設備Bとも，遠心式

1日の冷凍能力：600トン（製造設備A：300トン，製造設備B：300トン）

主な冷媒設備：凝縮器（製造設備A及び製造設備Bとも，横置円筒形で胴部の長さが4メートルのもの）　各1基

問15　次のイ，ロ，ハの記述のうち，この事業者が受ける保安検査について正しいものはどれか．

イ．製造設備Ａについて，定期に保安検査を受けなければならない．

ロ．製造設備Ｂについて，保安検査を受ける必要はない．

ハ．保安検査は，選任している冷凍保安責任者に行わせなければならない．

(1)　イ　　(2)　ハ　　(3)　イ，ロ　　(4)　ロ，ハ　　(5)　イ，ロ，ハ

問16　次のイ，ロ，ハの記述のうち，この事業者が行う定期自主検査について正しいものはどれか．

イ．定期自主検査は，製造施設の位置，構造及び設備が所定の技術上の基準（耐圧試験に係るものを除く．）に適合しているかどうかについて行わなければならない．

ロ．定期自主検査を行うときは，あらかじめ，その検査計画を都道府県知事等に届け出なければならない．

ハ．製造設備Ｂについて，定期自主検査を実施しなければならない．

(1)　イ　　(2)　ロ　　(3)　イ，ハ　　(4)　ロ，ハ　　(5)　イ，ロ，ハ

問17　次のイ，ロ，ハの記述のうち，この事業所に適用される技術上の基準について正しいものはどれか．

イ．製造設備Ｂの圧縮機には，「引火性又は発火性の物（作業に必要なものを除く．）をたい積した場所及び火気（その製造設備内のものを除く．）の付近にないこと．」の定めは，その火気に対して安全な措置を講じていない場合であっても適用されない．

ロ．配管以外の冷媒設備について耐圧試験を行うときは，水その他の安全な液体を使用する場合，許容圧力の1.25倍の圧力で行わなければならない．

ハ．製造設備Ｂの冷媒設備には，その設備内の冷媒ガスの圧力が許容圧力を超えた場合に直ちに許容圧力以下に戻すことができる安全装置を設けなければならない．

(1)　ハ　　(2)　イ，ロ　　(3)　イ，ハ　　(4)　ロ，ハ　　(5)　イ，ロ，ハ

問18　次のイ，ロ，ハの記述のうち，この事業所に適用される技術上の基準について正しいものはどれか．

イ．製造設備Ａの冷媒設備の配管の変更の工事の完成検査における気密試験は，許容圧力以上の圧力で行えばよい．

ロ．この製造施設の冷媒設備（圧縮機の油圧系統を含む．）には圧力計を設けなければならないが，その冷媒設備の圧縮機が強制潤滑方式であり，かつ，潤滑油圧力に対する保護装置を有しているものである場合は，その圧縮機の油圧系統には圧力計を設けなくてよい．

ハ．高圧ガスの製造は，１日に１回以上，その製造設備のうち冷媒設備のみについて異常の有無を点検し，異常のあるときは，その設備の補修その他の危険を防止する措置を講じて行わなければならない．

(1)　イ　(2)　ロ　(3)　ハ　(4)　イ，ロ　(5)　イ，ロ，ハ

問19　次のイ，ロ，ハの記述のうち，この事業所に適用される技術上の基準について正しいものはどれか．

イ．製造設備において，作業員が適切に操作することができるような措置を講じなければならないのはバルブのみと定められている．

ロ．冷媒設備の安全弁に付帯して設けた止め弁は，安全弁の修理又は清掃のため特に必要な場合を除き，夜間等の運転停止時であっても全開しておかなければならない．

ハ．冷媒設備の修理は，あらかじめ定めた修理の作業計画に従って行わなければならないが，あらかじめ定めた作業の責任者の監視の下で行うことができない場合は，異常があったときに直ちにその旨をその責任者に通報するための措置を講じて行うことと定められている．

(1)　ロ　(2)　イ，ロ　(3)　イ，ハ　(4)　ロ，ハ　(5)　イ，ロ，ハ

問20　次のイ，ロ，ハの記述のうち，認定指定設備である製造設備Ｂについて冷凍保安規則上正しいものはどれか．

イ．この製造設備に変更の工事を施したとき，又はこの製造設備を移設したときは，指定設備認定証を返納しなければならない場合がある．

ロ．この製造設備には，自動制御装置が設けられていなければならない．

ハ．この製造設備の冷媒設備は，使用場所であるこの事業所において，一つの架台上に組み立てられたものである．

(1)　イ　(2)　ハ　(3)　イ，ロ　(4)　ロ，ハ　(5)　イ，ロ，ハ

第二種冷凍機械　保安管理技術試験問題(試験時間90分)

次の各問について，正しいと思われる最も適切な答をその問の下に掲げてある(1)，(2)，(3)，(4)，(5)の選択肢の中から１個選びなさい．

問１　次のイ，ロ，ハ，ニの記述のうち，圧縮機の運転および保守管理について正しいものはどれか．

イ．圧縮機の湿り圧縮や液戻りの原因としては，冷凍負荷の急激な変化，吸込み蒸気配管の途中に設けた大きなトラップ，温度自動膨張弁の感温筒が吸込み蒸気配管から外れることなどがある．

ロ．蒸発圧力の低い低温用冷凍装置では，蒸発器の熱負荷の低下や，サクションフィルタの目詰まりなどによって，圧縮機の吸込み蒸気圧力が正常な状態から異常に低下すると，圧力比が大きくなって，圧縮機の吐出しガス温度は低下する．

ハ．冷媒を過充てんして運転すると，膨張弁手前のサイトグラスに気泡が発生し，高圧部圧力が高くなる．そのため，保安の点からも冷媒の過充てんは行ってはならない．

ニ．冷凍機油に鉱油を用いたアンモニアを冷媒とする往復圧縮機では，吐出しガス温度が高く，鉱油が劣化しやすくなるため，一般に，圧縮機から吐き出された冷凍機油を圧縮機に戻すことはしない．

(1)　イ，ロ　　(2)　イ，ニ　　(3)　ロ，ハ　　(4)　イ，ハ，ニ　　(5)　ロ，ハ，ニ

問２　次のイ，ロ，ハ，ニの記述のうち，凝縮器について正しいものはどれか．

イ．水冷横形シェルアンドチューブ凝縮器において，冷却水側の熱伝達率は冷媒側の熱伝達率よりも小さい．したがって，冷却管として冷却水側に高さの低いフィンを付けたローフィンチューブを用いて，冷却水側の伝熱面積を冷媒側よりも大きくしている．

ロ．空冷凝縮器の伝熱面積は，同じ冷凍能力で比較した場合には，蒸発式凝縮器よりも大きくなる．これは，空冷凝縮器の空気側熱伝達率が水の蒸発潜熱を利用する蒸発式凝縮器の蒸発側熱伝達率よりも小さいことによる．

ハ．水冷横形シェルアンドチューブ凝縮器において，冷却管に水あかが付着する，あるいは，アンモニアの装置で冷却管の冷媒側に油が付着すると，いずれの場合も伝熱作用を阻害して熱通過率が小さくなる．このため，凝縮温度が低下する．

ニ．空冷凝縮器を用いる小容量の冷凍装置では，冬季の凝縮圧力の低下を防ぐため，凝縮圧力調整弁を用いて凝縮器内に液を溜め込む方法をとることがある．

(1) イ，ロ　(2) イ，ハ　(3) ロ，ニ　(4) ハ，ニ　(5) イ，ロ，ニ

問3　次のイ，ロ，ハ，ニの記述のうち，低圧部の保守管理について正しいものはどれか．

イ．フィンコイル乾式蒸発器では，冷媒供給量の不足，蒸発器への霜付き，送風量の減少，冷媒への多量な油の溶解などによって，蒸発温度が低下する．

ロ．蒸発温度が低い場合には，圧縮機吸込み蒸気の比体積が大きくなり，装置の冷凍能力は減少する．

ハ．乾式蒸発器使用の冷凍装置において，蒸発器内に多量の冷媒液が残留しないように運転停止前に圧縮機で冷媒を吸引することは，再始動時の圧縮機への液戻り運転防止に有効である．

ニ．冷媒循環量の不足は，冷媒の充てん量の不足や液管におけるフラッシュガスの発生などのほか，膨張弁の容量不足によっても発生する．

(1) イ，ロ　(2) イ，ニ　(3) イ，ロ，ハ　(4) ロ，ハ，ニ　(5) イ，ロ，ハ，ニ

問4　次のイ，ロ，ハ，ニの記述のうち，冷媒の性質について正しいものはどれか．

イ．フルオロカーボン冷媒の水分溶解度はアンモニアに比べて小さい．フルオロカーボン冷媒に水分が混入すると，冷媒が加水分解を起こしてふっ化水素などが発生し，腐食の原因になったり，冷凍機油が加水分解して劣化したりする．

ロ．アンモニアは，一般に，フルオロカーボン冷媒に比べると吐出しガス温度が高くなる．吐出しガス温度が高すぎると，冷凍機油の炭化，酸化，分解生成物の発生などが起こることで，冷媒中にスラッジを生じやすい．

ハ．アンモニアの伝熱性能は，フルオロカーボン冷媒に比べると劣るので，熱交換器などに工夫して伝熱性能を改善することが多い．また，非共沸混合冷媒の相変化時の伝熱性能は，単成分冷媒よりも劣るため，熱交換器などに伝熱性能向上策を講じる．

ニ．アンモニアが漏れた場合は，臭気によって検知できるので酸欠となる事故は起きにくい．一方，フルオロカーボン冷媒，二酸化炭素，炭化水素系冷媒は無臭であるために，酸欠事故や爆発火災などの事故を招くことがある．

(1) イ，ロ　(2) ロ，ハ　(3) ハ，ニ　(4) イ，ロ，ニ　(5) イ，ハ，ニ

問5　次のイ，ロ，ハ，ニの記述のうち，自動制御機器について正しいものはどれか．

イ．断水リレーには，圧力式と流量式がある．圧力式断水リレーは，流水状態と断水状態とで，冷却水出入り口間の差圧の変化を検出する圧力スイッチである．流量式は，圧力降下の少ない流路に用いられ，フロースイッチと呼ばれる．

ロ．低圧圧力スイッチは，冷凍装置の圧縮機吸込み蒸気配管に圧力検出端を接続し，冷凍負荷が大きくなって蒸発圧力が低下したとき，吸込み圧力の低下を検

出して圧縮機の電源回路を遮断し，停止させるのに使用する．

ハ．保安のための安全装置として用いる高圧圧力スイッチは，原則として手動復帰形であるが，高圧圧力スイッチを凝縮器の送風機の台数制御などに用いる場合には，制御用であるので自動復帰形を用いる．

ニ．ガスチャージ方式の蒸気圧式サーモスタットは，最高使用温度で感温筒内に封入した媒体がすべて気化するように制限チャージされている．このサーモスタットは，主に高温用に使われ，感温筒よりも受圧部の温度が高くないと正常に作動しない．

(1)　イ，ロ　(2)　イ，ハ　(3)　ロ，ニ　(4)　ハ，ニ　(5)　イ，ロ，ハ

問6　次のイ，ロ，ハ，ニの記述のうち，附属機器について正しいものはどれか．

イ．油分離器は，圧縮機と凝縮器との間に設置し，圧縮機吐出しガスに含まれている冷凍機油を分離する．遠心分離形の油分離器は，立形円筒内に旋回板を設け，吐出しガスを旋回運動させ，油滴を遠心力で分離する方式である．

ロ．フルオロカーボン冷凍装置の液管が長い場合や液管の立ち上がりの高さが大きいときに，液ガス熱交換器で冷媒液を過冷却することは，液管内でのフラッシュガス発生防止に有効である．

ハ．液分離器は，蒸発器と圧縮機との間の吸込み蒸気配管に取り付け，冷凍装置の負荷変動の際に，圧縮機吸込み蒸気に混入した冷媒液を分離して蒸気だけを圧縮機に吸い込ませ，液戻りによる圧縮機の事故を防ぐ．

ニ．中間冷却器には，その冷却方法により，フラッシュ式，液冷却式，直接膨張式がある．フラッシュ式は，二段圧縮一段膨張式冷凍装置に利用される中間冷却器である．

(1)　イ，ロ，ハ　(2)　イ，ロ，ニ　(3)　イ，ハ，ニ　(4)　ロ，ハ，ニ　(5)　イ，ロ，ハ，ニ

問7　次のイ，ロ，ハ，ニの記述のうち，配管について正しいものはどれか．

イ．2台以上の圧縮機を並列運転する場合には，停止している圧縮機の油に冷媒が溶け込まないよう，それぞれの圧縮機の吐出しガス配管に逆止め弁を取り付けるが，均圧管および均油管で結ぶ場合は取り付ける必要はない．

ロ．管径が19.05 mmまでの小口径の銅管で取り外す可能性のある部位には，フレア継手を使用することが多い．フレアナットを過大に締め過ぎると，銅管のフレア部の肉厚が薄くなって割れることがある．

ハ．冷凍装置に用いる止め弁は，耐圧，気密性能が十分で，冷媒の流れの抵抗の小さいことが要求される．弁と管との接続方法には，フランジ式，フレア式，溶接式，ろう付け式およびねじ込み式などがある．

ニ．銅管のろう付けに使用するろう材にはBAg系とBCuZn系のろう材があり，BAg系のほうがろう付け温度が高い．

(1) イ，ロ　(2) イ，ハ　(3) ロ，ハ　(4) ハ，ニ　(5) イ，ロ，ニ

問8　次のイ，ロ，ハ，ニの記述のうち，安全装置について正しいものはどれか．

イ．圧力容器に取り付ける破裂板は，使用する板と同一の材料，形状，寸法の板で破壊圧力を確認する必要がある．

ロ．高圧遮断圧力スイッチの設定圧力は，高圧部に取り付けられた内蔵安全弁を除くすべての安全弁の最低吹始め圧力以下で，かつ，高圧部の許容圧力以下の圧力で作動するように設定する．

ハ．溶栓は，圧力で作動する安全装置ではなく温度により作動する安全装置であり，溶融すると，内部が大気圧になるまで放出を続ける．

ニ．アンモニア冷凍装置において，液封によって著しい圧力上昇のおそれのある部分（銅管および外径26 mm未満の配管を除く．）には，安全弁，破裂板または圧力逃がし装置を取り付ける．

(1) イ，ロ　(2) イ，ニ　(3) ハ，ニ　(4) イ，ロ，ハ　(5) ロ，ハ，ニ

問9　次のイ，ロ，ハ，ニの記述のうち，圧力試験について正しいものはどれか．

イ．耐圧試験と気密試験を実施した圧力は，保安上重要な事項であり，被試験品本体の銘板や刻印に絶対圧力で表示しなければならない．

ロ．真空放置試験は，微少な漏れでも判定できるが，漏れ箇所の特定はできない．装置内に残留水分が存在すると，真空になるのに時間がかかり，また，真空ポンプを止めると直ちに圧力が上昇する．

ハ．アンモニア冷凍装置の気密試験では，試験流体に空気，窒素，二酸化炭素などの非毒性ガスが用いられるが，フルオロカーボン冷凍装置では，空気は水分が多いので用いられない．

ニ．製品のばらつきが生じにくいことが確認された圧縮機などの量産品については，抜取り試験である強度試験を実施し，個別に行う耐圧試験を省略できる．

(1) イ，ロ　(2) イ，ハ　(3) イ，ニ　(4) ロ，ハ　(5) ロ，ニ

問10　次のイ，ロ，ハ，ニの記述のうち，冷凍装置の据付けおよび試運転について正しいものはどれか．

イ．機器の基礎底面にかかる荷重は，どの部分でも地盤の許容応力より大きくし，できるだけ荷重が地盤に平均にかかるように分布させる．また，基礎の質量は，一般にその上に据え付ける機器の質量の2～3倍とする．

ロ．振動防止のために，機械と基礎の共振を避ける必要がある．そのため，基礎の固有振動数は，機械が発生する振動の振動数よりも少なくとも20％以上の差を付けるようにする．

ハ．冷媒設備の全充てん量（kg）を，冷媒を内蔵している機器を設置した部屋の床面積（m^2）で除した値が，冷媒ガスの種類ごとに定めた限界濃度よりも小さ

な値となるように，冷凍装置の設置を決める．

ニ．冷凍機油の選定条件は，一般に，凝固点が低く，ろう分が少ないこと，粘性が適当で油膜が強いこと，水分により乳化しにくいこと，酸に対する安定性がよいことなどであるが，冷媒との溶解度が，冷凍装置の構造に適合していることも重要である．

(1)　イ，ロ　(2)　イ，ハ　(3)　ロ，ハ　(4)　ロ，ニ　(5)　ハ，ニ

第二種冷凍機械　学識試験問題(試験時間120分)

次の各問について，正しいと思われる最も適切な答をその問の下に掲げてある(1)，(2)，(3)，(4)，(5)の選択肢の中から1個選びなさい．

問1　下図は，冷凍装置の理論冷凍サイクルである．冷凍能力が$\Phi_0 = 200$ kWであるとき，次の(1)から(5)のうち，正しい答えに最も近い組合せはどれか．ただし，この冷凍サイクルの理論成績係数を$(COP)_{\mathrm{th.R}}$，冷媒循環量をq_{mr}(kg/s)，理論圧縮動力をP_{th}(kW)，蒸発器入口における冷媒の乾き度をxとする．

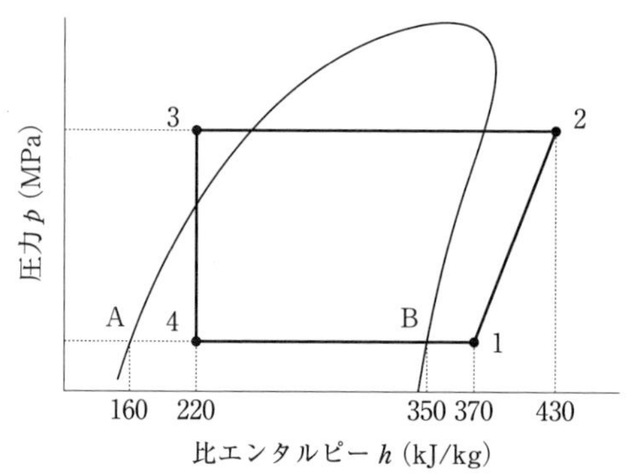

(1)　$(COP)_{\mathrm{th.R}} = 1.88$，$q_{\mathrm{mr}} = 1.33$ kg/s

(2)　$(COP)_{\mathrm{th.R}} = 2.50$，$P_{\mathrm{th}} = 106.4$ kW

(3)　$q_{\mathrm{mr}} = 1.33$ kg/s，$x = 0.32$

(4)　$P_{\mathrm{th}} = 79.8$ kW，$x = 0.68$

(5)　$q_{\mathrm{mr}} = 3.33$ kg/s，$P_{\mathrm{th}} = 79.8$ kW

問2　冷凍装置が，下記の条件で運転されている．このとき，実際の圧縮機駆動の軸動力Pと実際の成績係数$(COP)_{\mathrm{R}}$について，(1)から(5)のうち正しい答えに最も近い組合せはどれか．ただし，圧縮機の機械的摩擦損失仕事は吐出しガスに熱として加わるものとする．また，配管の熱の出入りおよび圧力損失はないものとする．

(運転条件)

圧縮機のピストン押しのけ量	$V = 400$ m^3/h
圧縮機吸込み蒸気の比体積	$v_1 = 0.1$ m^3/kg
圧縮機吸込み蒸気の比エンタルピー	$h_1 = 360$ kJ/kg
断熱圧縮後の吐出しガスの比エンタルピー	$h_2 = 400$ kJ/kg

蒸発器入口冷媒の比エンタルピー　$h_4 = 230\ \mathrm{kJ/kg}$
圧縮機の体積効率　$\eta_{\mathrm{v}} = 0.75$
圧縮機の断熱効率　$\eta_{\mathrm{c}} = 0.80$
圧縮機の機械効率　$\eta_{\mathrm{m}} = 0.85$

(1)　$P = 48.8\ \mathrm{kW}$，$(COP)_{\mathrm{R}} = 4.25$
(2)　$P = 33.2\ \mathrm{kW}$，$(COP)_{\mathrm{R}} = 2.21$
(3)　$P = 33.2\ \mathrm{kW}$，$(COP)_{\mathrm{R}} = 3.25$
(4)　$P = 48.8\ \mathrm{kW}$，$(COP)_{\mathrm{R}} = 2.21$
(5)　$P = 33.2\ \mathrm{kW}$，$(COP)_{\mathrm{R}} = 4.25$

問３　次のイ，ロ，ハ，ニの記述のうち，圧縮機などについて正しいものはどれか．

イ．コンパウンドスクリュー圧縮機は，二段圧縮の冷凍サイクルを実現するために，低段側と高段側の２台の圧縮機を直列に結合し，１台の電動機によって駆動できるようにした圧縮機である．低段側と高段側の押しのけ量比は，スクリューロータの組合せから，使用する用途によって選ぶことができる．

ロ．ローリングピストン式ロータリー圧縮機の電動機は，吐出しガスによって冷却され，電動機の温度は吐出しガス温度よりも高くなる．ヒートポンプエアコンディショナの暖房運転時には，電動機の発生熱は冷媒によって回収され，有効に利用できる．

ハ．スクロール圧縮機は，固定スクロールと旋回スクロールとを組み合わせ，両スクロールの間に形成された圧縮空間容積を旋回によって減少させ，スクロール中心部から吸い込まれた吸込み蒸気を圧縮する．

ニ．インバータを用いて，電源周波数を変えて圧縮機の回転速度を調節する容量制御方法では，低速回転から高速回転まで回転速度の範囲を大きく変えると，体積効率が低下し，圧縮機の回転速度と容量は比例して増減しないようになる．

(1)　イ，ロ　(2)　ハ，ニ　(3)　イ，ロ，ハ　(4)　イ，ロ，ニ　(5)　イ，ハ，ニ

問４　次のイ，ロ，ハ，ニの記述のうち，伝熱について正しいものはどれか．

イ．水冷凝縮器内での熱交換を考える場合，熱は冷媒蒸気から冷却水へと伝えられる．その熱交換の過程は，冷媒蒸気から冷却管表面へは凝縮熱伝達，冷却管材内では熱伝導，冷却管表面から冷却水へは対流熱伝達によって熱が伝えられる．

ロ．流動している流体と固体壁面との間の熱移動である対流熱伝達には，強制的な流れ場における強制対流熱伝達と，流体内の温度差による密度差から発生する流れ場における自然対流熱伝達とがある．

ハ．一般に，物体から電磁波の形で放射される熱エネルギーは，その物体の絶対温度の２乗に正比例する．

ニ．熱交換器内では，高温流体と低温流体の温度は熱交換により，それぞれ伝熱面に沿って流れ方向に変化する．平均温度差が同じ場合，並流（並行流）と，向流（対向流）を比較すると，高温流体の入口側温度差は向流の場合のほうが大きくなる．

(1)　イ，ロ　(2)　ロ，ニ　(3)　イ，ロ，ハ　(4)　イ，ハ，ニ　(5)　ロ，ハ，ニ

問５　次のイ，ロ，ハ，ニの記述のうち，凝縮器および冷却塔について正しいものはどれか．

イ．空冷凝縮器は，冷却管に導かれた冷媒過熱蒸気を，外面から大気で冷却し凝縮させるが，空気側の熱伝達率が大きいので，空気側にフィンを付けている．

ロ．水冷横形シェルアンドチューブ凝縮器は，管板の外側に取り付けた水室に，冷却水通路の仕切りを設けることが多い．これは，多通路式と呼ばれ，冷却水が二往復する場合を4パスと呼ぶ．

ハ．蒸発式凝縮器は，主として水の蒸発潜熱で冷媒蒸気を凝縮している．冷却水の補給量は，一般的には蒸発によって失われる量と飛沫となって失われる量の和に等しい．

ニ．冷却塔において，充てん材の表面を流下する水の蒸発量は，ファンによって吸い込まれる空気の湿球温度が高いほど多くなり，冷却塔の性能が向上する．

(1)　イ　(2)　ロ　(3)　イ，ニ　(4)　ロ，ハ　(5)　ハ，ニ

問６　次のイ，ロ，ハ，ニの記述のうち，蒸発器について正しいものはどれか．

イ．蒸発器と圧縮機の能力に不釣り合いが生じると，軸動力の増大，冷凍能力不足などが生じる．冷凍負荷よりも小さな容量の圧縮機を使用すると，吸込み蒸気の比体積が大きくなり，蒸発温度の上昇が生じる．

ロ．乾式蒸発器において，一般に，冷媒の管内熱伝達率は乾き度の増加とともに低下し，過熱領域では蒸発器の熱交換にほとんど寄与しない．過熱領域の伝熱面積を小さくするため，被冷却物と冷媒は向流で熱交換させて，被冷却物と冷媒の温度差が大きくなるようにする．

ハ．満液式シェルアンドチューブ蒸発器は，一般に，冷却管内を水やブラインが流れ，冷媒は胴体の下部から供給される．この方式の特徴は，蒸発器内の冷媒が核沸騰熱伝達で蒸発するために，乾式蒸発器に比べて伝熱性能がよく，圧力降下も小さい．

ニ．冷媒液強制循環式蒸発器では，蒸発器内で蒸発する冷媒液量の3～5倍の冷媒液が，液ポンプで強制的に冷却管内に送り込まれる．また，冷凍機油が冷却管内に溜まりにくいため，冷凍機油による熱伝達の阻害もほとんどない．

(1)　イ，ロ　(2)　ロ，ハ　(3)　ハ，ニ　(4)　イ，ロ，ニ　(5)　イ，ハ，ニ

問７　次のイ，ロ，ハ，ニの記述のうち，熱交換器について正しいものはどれか．

イ．水冷凝縮器内（冷媒側）に不凝縮ガスが存在すると，伝熱作用が阻害される．冷凍装置の運転中には，不凝縮ガスの分圧相当分だけ凝縮圧力が高くなる．

ロ．空気冷却器のフィンコイル乾式蒸発器において，冷却能力が増して熱流束が大きくなると冷媒側の熱伝達率は大きくなるが，熱通過率はあまり大きくならない．これは，空気側の熱伝達抵抗が冷媒側と比較して大きいためである．

ハ．蒸発器内の蒸発温度が低くなるほど，吸込み蒸気の比体積は小さくなり，体積効率と蒸発器出入口間の比エンタルピー差はともに少し大きくなる．このために，圧縮機の冷凍能力は蒸発温度が低くなると大きくなる．

ニ．一般に，フィンコイル乾式蒸発器では，空気を蒸発器の冷媒入口側から吹き込む並流方式にすると，向流方式と比較して，冷却にあまり寄与しない過熱部の管長が短くなる．

(1)　ロ　　(2)　ハ　　(3)　イ，ハ　　(4)　イ，ニ　　(5)　ロ，ハ

問８　次のイ，ロ，ハ，ニの記述のうち，自動制御機器について正しいものはどれか．

イ．キャピラリチューブは，膨張弁と同じように高圧冷媒液を蒸発器へ絞り膨張させる絞り機構の一種である．キャピラリチューブは，チューブの入口の冷媒の状態に大きく影響を受け，出口の圧力の影響は受けにくい流量特性があり，凝縮器の圧力と過冷却度を制御する特性を持っている．

ロ．蒸発圧力調整弁は，蒸発圧力が一定値以上にならないように冷凍装置を制御することができる．蒸発圧力調整弁は，蒸発器出口管に取り付ける．

ハ．電子膨張弁は，サーミスタなどの温度センサからの電気信号を調節器で演算処理し，電気的に駆動して弁の開閉操作を行う．一般に，電子膨張弁は，過熱度制御ができないので，熱負荷の変動の大きな装置では使えない．

ニ．凝縮圧力調整弁は，凝縮圧力を最低の必要凝縮圧力に設定し，凝縮圧力が低下すると弁が閉じ始め，凝縮器内に冷媒液を滞留させることにより，冬季運転時における空冷凝縮器の凝縮圧力の異常な低下を防止する．

(1)　イ，ロ　　(2)　イ，ニ　　(3)　ロ，ハ　　(4)　ロ，ニ　　(5)　ハ，ニ

問９　次のイ，ロ，ハ，ニの記述のうち，冷媒およびブラインについて正しいものはどれか．

イ．冷媒の記号で400番台は非共沸混合冷媒，500番台は共沸混合冷媒，600番台は無機化合物，700番台は有機化合物を示す．混合する冷媒の成分比が異なるものは，R 407Cのように番号の後に大文字のアルファベットA，B，C，…をつけて，成分比の違いを表す．

ロ．比熱比が大きい冷媒蒸気の場合，比熱比が小さい冷媒蒸気の場合より，圧縮機の吐出しガス温度が高くなる．

ハ．無機ブラインの一つである塩化カルシウム水溶液は，金属材料に対して腐食性が強く，ブラインとして使用する場合は，腐食防止剤を加える必要がある．一方，有機ブラインの一つであるエチレングリコール水溶液は，金属材料に対する腐食性がなく，ブラインとして使用する場合は，腐食抑制剤を加える必要はない．

ニ．フルオロカーボン冷凍装置内の冷媒は，冷凍機油，微量の水分，金属などと接触しているので，冷媒だけの場合よりも化学的安定性が低下し，高温になると分解しやすくなる．そのため，圧縮機吐出しガス温度が高くなり過ぎないように運転しなければならない．

⑴　イ，ロ　⑵　イ，ハ　⑶　イ，ニ　⑷　ロ，ハ　⑸　ロ，ニ

問10　次のイ，ロ，ハ，ニの記述のうち，圧力容器の材料および強度について正しいものはどれか．

イ．圧力容器に使用される溶接構造用圧延鋼材において，SM 400Bがある．この材料記号のうち，Sは鋼，Mは船舶用の頭文字をとっている．400は，許容引張応力が400 N/mm^{2}であることを示しており，末尾のアルファベット記号Bは，炭素含有量の程度を示している．炭素含有量が少ないほど溶接性がよくなる．

ロ．鋼材は一般に温度が下がるにつれて引張強さ，降伏点，硬さなどが増大するが，ある温度以下の低温で伸びが小さくなって塑性変形の性質を失い，低温脆性により破壊することがある．冷凍装置の場合，低温では，冷媒の飽和圧力が低くなり，材料に大きな引張応力は生じにくい．

ハ．設計圧力は，圧力容器などの設計において，その各部について必要厚さの計算または耐圧強度を決定するときに用いる圧力である．また，許容圧力は，現に許容しうる最高の圧力のことで，指定された温度において，圧力容器などが許容できる最高の圧力のことである．設計圧力および許容圧力は，ともに冷媒の絶対圧力を用いる．

ニ．円筒胴圧力容器の鏡板に必要な最小厚さは，円筒胴と鏡板の直径が同じであっても，鏡板の形状によって大きく異なる．同じ設計圧力，同じ円筒胴の内径，同じ材料の場合において，平形を最大として，平形＞浅さら形＞さら形＞深さら形＞半球形の鏡板の順に，必要な最小厚さは薄くなる．

⑴　イ，ロ　⑵　イ，ハ　⑶　ロ，ハ　⑷　ロ，ニ　⑸　ハ，ニ

令和４年度（令和４年11月13日施行）

第三種冷凍機械責任者試験

第三種冷凍機械	法令試験問題(試験時間60分)

次の各問について，高圧ガス保安法に係る法令上正しいと思われる最も適切な答えをその問の下に掲げてある(1)，(2)，(3)，(4)，(5)の選択肢の中から１個選びなさい．

なお，高圧ガス保安法は令和４年６月22日付けで改正され公布されたが，現在，この改正法は施行されておらず，本年度のこの試験は，現在施行されている高圧ガス保安法令に基づき出題している．

また，経済産業大臣が危険のおそれのないと認めた場合等における規定は適用しない．

（注）試験問題中，「都道府県知事等」とは，都道府県知事又は高圧ガス保安法に関する事務を処理する指定都市の長をいう．

問１　次のイ，ロ，ハの記述のうち，正しいものはどれか．

イ．高圧ガス保安法は，高圧ガスによる災害を防止して公共の安全を確保する目的のために，高圧ガスの製造，貯蔵，販売，移動その他の取扱及び消費並びに容器の製造及び取扱について規制するとともに，民間事業者及び高圧ガス保安協会による高圧ガスの保安に関する自主的な活動を促進することを定めている．

ロ．温度35度において圧力が1メガパスカルとなる圧縮ガス（圧縮アセチレンガスを除く．）であって，現にその圧力が0.9メガパスカルのものは高圧ガスではない．

ハ．温度35度以下で圧力が0.2メガパスカルとなる液化ガスは，高圧ガスである．

(1)　イ　　(2)　ロ　　(3)　イ，ロ　　(4)　イ，ハ　　(5)　ロ，ハ

問２　次のイ，ロ，ハの記述のうち，正しいものはどれか．

イ．アンモニアを冷媒ガスとする１日の冷凍能力が100トンである製造設備のみを使用して高圧ガスの製造を行う者は，事業所ごとに，都道府県知事等の許可を受けなければならない者に該当する．

ロ．冷凍のため高圧ガスの製造をする第一種製造者の合併によりその地位を承継した者は，遅滞なく，その事実を証する書面を添えて，その旨を都道府県知事

等に届け出なければならない.

ハ. 冷凍のための製造施設の冷媒設備内の高圧ガスであるアンモニアは，冷凍保安規則で定める高圧ガスの廃棄に係る技術上の基準に従って廃棄しなければならないものに該当する.

(1) イ　(2) イ，ロ　(3) イ，ハ　(4) ロ，ハ　(5) イ，ロ，ハ

問3　次のイ，ロ，ハの記述のうち，正しいものはどれか.

イ. 容器に充塡された冷媒ガス用の高圧ガスの販売の事業を営もうとする者（特に定められたものを除く.）は，販売所ごとに，事業開始の日の20日前までに，その旨を都道府県知事等に届け出なければならない.

ロ. 冷凍のため高圧ガスの製造をする第一種製造者は，冷媒設備である圧縮機の取替えの工事であって，その工事を行うことにより冷凍能力が増加するときは，その冷凍能力の変更の範囲にかかわらず，都道府県知事等の許可を受けなければならない.

ハ. 1日の冷凍能力が5トンの専ら冷凍設備に用いる機器の製造の事業を行う者（機器製造業者）は，所定の技術上の基準に従ってその機器の製造をしなければならない.

(1) イ　(2) イ，ロ　(3) イ，ハ　(4) ロ，ハ　(5) イ，ロ，ハ

問4　次のイ，ロ，ハの記述のうち，冷凍に係る製造事業所における冷媒ガスの補充用としての容器による高圧ガス（質量が20キログラムのもの）の貯蔵の方法に係る技術上の基準について一般高圧ガス保安規則上正しいものはどれか.

イ. 液化ガスを貯蔵するとき，貯蔵の方法に係る技術上の基準に従って貯蔵しなければならないのは，その質量が1.5キログラムを超えるものである.

ロ. アンモニアの充塡容器及び残ガス容器を貯蔵する場合は，通風の良い場所で行わなければならないが，不活性ガスのフルオロカーボンについては，その定めはない.

ハ. アンモニアの充塡容器を車両に積載して貯蔵することは，特に定められた場合を除き禁じられているが，不活性ガスのフルオロカーボンの充塡容器を車両に積載して貯蔵することは，いかなる場合であっても禁じられていない.

(1) イ　(2) ロ　(3) イ，ロ　(4) イ，ハ　(5) ロ，ハ

問5　次のイ，ロ，ハの記述のうち，車両に積載した容器（内容積が48リットルのもの）による冷凍設備の冷媒ガスの補充用の高圧ガスの移動に係る技術上の基準等について一般高圧ガス保安規則上正しいものはどれか.

イ. 高圧ガスを移動するとき，車両の見やすい箇所に警戒標を掲げなければならない高圧ガスは，可燃性ガス及び毒性ガスの2種類に限られている.

ロ. アンモニアを移動するときは，転落，転倒等による衝撃及びバルブの損傷を

防止する措置を講じ，かつ，粗暴な取扱いをしてはならないが，フルオロカーボン（不活性ガスであるものに限る.）を移動するときはその定めはない.

ハ．アンモニアを移動するときは，その充塡容器及び残ガス容器には，木枠又はパッキンを施さなければならない.

(1) イ　(2) ロ　(3) ハ　(4) イ，ハ　(5) イ，ロ，ハ

問6　次のイ，ロ，ハの記述のうち，冷凍設備の冷媒ガスの補充用の高圧ガスを充塡するための容器（再充塡禁止容器を除く.）について正しいものはどれか.

イ．高圧ガスである冷媒ガスを容器に充塡するとき，その充塡する液化ガスは，刻印等又は自主検査刻印等で示された容器の内容積に応じて計算した質量以下のものでなければならない.

ロ．容器検査に合格した容器には，特に定めるものを除き，充塡すべき高圧ガスの種類として，高圧ガスの名称，略称又は分子式が刻印等されている.

ハ．液化アンモニアを充塡する容器に表示をすべき事項の一つに，「その高圧ガスの性質を示す文字を明示すること.」がある.

(1) イ　(2) イ，ロ　(3) イ，ハ　(4) ロ，ハ　(5) イ，ロ，ハ

問7　次のイ，ロ，ハの記述のうち，冷凍能力の算定基準について冷凍保安規則上正しいものはどれか.

イ．冷媒ガスの種類に応じて定められた数値又は所定の算式により得られた数値（C）は，容積圧縮式（往復動式）圧縮機を使用する製造設備の1日の冷凍能力の算定に必要な数値の一つである.

ロ．蒸発器の1時間当たりの入熱量の値は，遠心式圧縮機を使用する冷凍設備の1日の冷凍能力の算定に必要な数値である.

ハ．容積圧縮式（往復動式）圧縮機を使用する製造設備の1日の冷凍能力の算定に必要な数値の一つに，冷媒設備内の冷媒ガスの充塡量の数値がある.

(1) イ　(2) ハ　(3) イ，ロ　(4) イ，ハ　(5) ロ，ハ

問8　次のイ，ロ，ハの記述のうち，冷凍のため高圧ガスの製造をする第二種製造者について正しいものはどれか.

イ．第二種製造者のうちには，冷凍保安責任者を選任しなければならない者がある.

ロ．第二種製造者のうちには，製造施設について定期自主検査を行わなければならない者がある.

ハ．第二種製造者が製造をする高圧ガスの種類又は製造の方法を変更しようとするとき，その旨を都道府県知事等に届け出るべき定めはない.

(1) イ　(2) イ，ロ　(3) イ，ハ　(4) ロ，ハ　(5) イ，ロ，ハ

問9　次のイ，ロ，ハの記述のうち，冷凍保安責任者を選任しなければならない事

業所における冷凍保安責任者及びその代理者について正しいものはどれか.

イ. 1日の冷凍能力が80トンの製造施設に冷凍保安責任者を選任するとき，その選任される者が交付を受けている製造保安責任者免状の種類は，第三種冷凍機械責任者免状でよい.

ロ. 冷凍保安責任者が旅行，疾病その他の事故によってその職務を行うことができないときは，直ちに，高圧ガスに関する知識を有する者のうちから代理者を選任しなければならない.

ハ. 冷凍保安責任者及びその代理者の選任又は解任をしたとき，冷凍保安責任者については，遅滞なく，その旨を都道府県知事等に届け出なければならないが，冷凍保安責任者の代理者については，その届出は不要である.

(1) イ　(2) イ，ロ　(3) イ，ハ　(4) ロ，ハ　(5) イ，ロ，ハ

問10 次のイ，ロ，ハの記述のうち，冷凍のため高圧ガスの製造をする第一種製造者（認定保安検査実施者である者を除く.）が受ける保安検査について正しいものはどれか.

イ. 特定施設について，高圧ガス保安協会が行う保安検査を受け，その旨を都道府県知事等に届け出た場合は，都道府県知事等が行う保安検査を受けなくてよい.

ロ. 保安検査は，特定施設が製造施設の位置，構造及び設備に係る所定の技術上の基準に適合しているかどうかについて行われる.

ハ. 保安検査は，選任している冷凍保安責任者に行わせなければならない.

(1) イ　(2) イ，ロ　(3) イ，ハ　(4) ロ，ハ　(5) イ，ロ，ハ

問11 次のイ，ロ，ハの記述のうち，冷凍のため高圧ガスの製造をする第一種製造者（冷凍保安責任者を選任しなければならない者に限る.）が行う定期自主検査について正しいものはどれか.

イ. 定期自主検査を行うときは，選任している冷凍保安責任者にその定期自主検査の実施について監督を行わせなければならない.

ロ. 定期自主検査は，認定指定設備に係る部分についても実施しなければならない.

ハ. 定期自主検査は，製造施設の位置，構造及び設備が所定の技術上の基準（耐圧試験に係るものを除く.）に適合しているかどうかについて行わなければならない.

(1) イ　(2) イ，ロ　(3) イ，ハ　(4) ロ，ハ　(5) イ，ロ，ハ

問12 次のイ，ロ，ハの記述のうち，冷凍のため高圧ガスの製造をする第一種製造者が定めるべき危害予防規程及び保安教育計画について正しいものはどれか.

イ. 危害予防規程を定め，その従業者とともに，これを忠実に守らなければなら

ないが，その危害予防規程を都道府県知事等に届け出るべき定めはない．

ロ．大規模な地震に係る防災及び減災対策に関することは，危害予防規程に定めるべき事項の一つである．

ハ．その従業者に対する保安教育計画を定め，これを忠実に実行しなければならないが，その保安教育計画を都道府県知事等に届け出る必要はない．

(1) ロ　(2) イ，ロ　(3) イ，ハ　(4) ロ，ハ　(5) イ，ロ，ハ

問13　次のイ，ロ，ハの記述のうち，冷凍のため高圧ガスの製造をする第一種製造者について正しいものはどれか．

イ．高圧ガスの製造施設が危険な状態になったときは，直ちに，特に定める災害の発生の防止のための応急の措置を講じなければならない．また，この事業者に限らずこの事態を発見した者は，直ちに，その旨を都道府県知事等又は警察官，消防吏員若しくは消防団員若しくは海上保安官に届け出なければならない．

ロ．事業所ごとに，製造施設に異常があった場合，その年月日及びそれに対してとった措置を記載した帳簿を備え，記載の日から10年間保存しなければならない．

ハ．その所有し，又は占有する高圧ガスについて災害が発生したときは，遅滞なく，その旨を都道府県知事等又は警察官に届け出なければならない．

(1) ハ　(2) イ，ロ　(3) イ，ハ　(4) ロ，ハ　(5) イ，ロ，ハ

問14　次のイ，ロ，ハの記述のうち，冷凍のため高圧ガスの製造をする第一種製造者（認定完成検査実施者である者を除く．）が行う製造施設の変更の工事について正しいものはどれか．

イ．不活性ガスを冷媒ガスとする製造設備の凝縮器（耐震設計構造物であるものを除く．）の取替えの工事を行う場合，切断，溶接を伴わない工事であれば，その完成後遅滞なく，都道府県知事等にその旨を届け出ればよい．

ロ．特定変更工事が完成した後，高圧ガス保安協会が行う完成検査を受けた場合，これが技術上の基準に適合していると認められたときは，高圧ガス保安協会がその結果を都道府県知事等に報告するので，この事業者は，完成検査を受けた旨を都道府県知事等に届け出る必要はない．

ハ．冷媒設備に係る切断，溶接を伴う凝縮器の取替えの工事を行うときは，あらかじめ，都道府県知事等の許可を受け，その工事が完成し，高圧ガスの製造を再開した後遅滞なく，所定の完成検査を受けなければならない．

(1) イ　(2) ロ　(3) イ，ハ　(4) ロ，ハ　(5) イ，ロ，ハ

問15　次のイ，ロ，ハの記述のうち，製造設備がアンモニアを冷媒ガスとする定置式製造設備（吸収式アンモニア冷凍機であるものを除く．）である第一種製造者の製造施設に係る技術上の基準について冷凍保安規則上正しいものはどれか．

イ．内容積が1万リットル以上の受液器の周囲には，液状の冷媒ガスが漏えいした場合にその流出を防止するための措置を講じなければならない．

ロ．製造設備が専用機械室に設置され，かつ，その室を運転中強制換気できる構造とした場合，冷媒設備に設けた安全弁の放出管の開口部の位置については，特に定められていない．

ハ．製造設備を設置する室のうち，冷媒ガスであるアンモニアが漏えいしたとき滞留しないような構造としなければならない室は，圧縮機と油分離器を設置する室に限られている．

(1)　イ　(2)　ロ　(3)　ハ　(4)　イ，ロ　(5)　イ，ハ

問16　次のイ，ロ，ハの記述のうち，製造設備がアンモニアを冷媒ガスとする定置式製造設備（吸収式アンモニア冷凍機であるものを除く．）である第一種製造者の製造施設に係る技術上の基準について冷凍保安規則上正しいものはどれか．

イ．受液器にガラス管液面計を設ける場合には，その液面計の破損を防止するための措置を講じるか，又は受液器とガラス管液面計とを接続する配管にその液面計の破損による漏えいを防止するための措置のいずれかの措置を講じることと定められている．

ロ．製造設備が専用機械室に設置されている場合は，製造施設から漏えいしたガスが滞留するおそれのある場所であっても，そのガスの漏えいを検知し，かつ，警報するための設備を設ける必要はない．

ハ．製造設備が専用機械室に設置されている場合であっても，冷媒ガスであるアンモニアが漏えいしたときに安全に，かつ，速やかに除害するための措置を講じなければならない．

(1)　イ　(2)　ロ　(3)　ハ　(4)　イ，ハ　(5)　ロ，ハ

問17　次のイ，ロ，ハの記述のうち，製造設備が定置式製造設備である第一種製造者の製造施設に係る技術上の基準について冷凍保安規則上正しいものはどれか．

イ．製造設備に設けたバルブ又はコックを操作ボタン等により開閉する場合には，作業員がその操作ボタン等を適切に操作することができるような措置を講じることと定められている．

ロ．配管以外の冷媒設備について耐圧試験を行うときは，水その他の安全な液体を使用する場合，許容圧力の1.25倍の圧力で行わなければならない．

ハ．圧縮機，油分離器，凝縮器及び受液器並びにこれらの間の配管は，火気に対して安全な措置を講じた場合を除き，引火性又は発火性の物（作業に必要なものを除く．）をたい積した場所及び火気（その製造設備内のものを除く．）の付近にあってはならない．

(1)　ハ　(2)　イ，ロ　(3)　イ，ハ　(4)　ロ，ハ　(5)　イ，ロ，ハ

問18　次のイ，ロ，ハの記述のうち，製造設備が定置式製造設備である第一種製造者の製造施設に係る技術上の基準について冷凍保安規則上正しいものはどれか．

イ．製造設備の冷媒設備に冷媒ガスの圧力に対する安全装置を設けた場合，その冷媒設備には，圧力計を設ける必要はない．

ロ．冷媒設備に自動制御装置を設ければ，その冷媒設備にはその設備内の冷媒ガスの圧力が許容圧力を超えた場合に直ちに許容圧力以下に戻すことができる安全装置を設ける必要はない．

ハ．凝縮器には所定の耐震に関する性能を有するものとしなければならないものがあるが，縦置円筒形であって，かつ，胴部の長さが4メートルの凝縮器は，その性能を有するものとしなくてよい．

(1)　イ　　(2)　ロ　　(3)　ハ　　(4)　イ，ハ　　(5)　ロ，ハ

問19　次のイ，ロ，ハの記述のうち，冷凍保安規則に定める第一種製造者の製造の方法に係る技術上の基準に適合しているものはどれか．

イ．高圧ガスの製造は，製造設備に自動制御装置を設けて自動連続運転を行っているので，2日に1回その製造設備の属する製造施設の異常の有無を点検して行っている．

ロ．冷媒設備を開放して修理をするとき，あらかじめ定めたその修理の作業計画に従い，かつ，あらかじめ定めたその作業の責任者の監視の下に行っている．

ハ．冷媒設備に設けた安全弁に付帯して設けた止め弁は，その冷凍設備の運転停止中は常に閉止している．

(1)　イ　　(2)　ロ　　(3)　ハ　　(4)　イ，ロ　　(5)　ロ，ハ

問20　次のイ，ロ，ハの記述のうち，認定指定設備について冷凍保安規則上正しいものはどれか．

イ．製造設備に変更の工事を施したとき，又は製造設備を移設したときは，指定設備認定証を返納しなければならない場合がある．

ロ．製造設備には，自動制御装置を設けなければならない．

ハ．製造設備の冷媒設備は，使用場所である事業所において，一つの架台上に組み立てられたものでなければならない．

(1)　イ　　(2)　ハ　　(3)　イ，ロ　　(4)　ロ，ハ　　(5)　イ，ロ，ハ

第三種冷凍機械　保安管理技術試験問題（試験時間90分）

次の各問について，正しいと思われる最も適切な答をその問の下に掲げてある(1)，(2)，(3)，(4)，(5)の選択肢の中から1個選びなさい．

問1　次のイ，ロ，ハ，ニの記述のうち，冷凍サイクルおよび冷凍の原理について正しいものはどれか．

イ．圧縮機の吸込み蒸気の比体積を直接測定することは困難である．そのため，圧縮機吸込み蒸気の比体積は，吸込み蒸気の圧力と温度を測って，それらの値から冷媒のp−h線図や熱力学性質表により求められる．比体積の単位は(m^3/kg)であり，比体積が大きくなると冷媒蒸気の密度は小さくなる．

ロ．圧縮機の圧力比が大きいほど，圧縮前後の比エンタルピー差は大きくなる．その結果，単位冷媒循環量当たりの理論断熱圧縮動力も大きくなる．

ハ．膨張弁は，過冷却となった冷媒液を絞り膨張させることで，蒸発圧力まで冷媒の圧力を下げる．このとき，冷媒は周囲との間で，熱と仕事の授受を行うことで冷媒自身の温度が下がる．

ニ．理論ヒートポンプサイクルの成績係数は，理論冷凍サイクルの成績係数よりも1だけ大きな成績係数の値となる．

(1)　イ，ニ　　(2)　ロ，ハ　　(3)　ハ，ニ　　(4)　イ，ロ，ハ　　(5)　イ，ロ，ニ

問2　次のイ，ロ，ハ，ニの記述のうち，冷凍サイクルおよび熱の移動について正しいものはどれか．

イ．冷凍装置に使用される蒸発器や凝縮器の交換熱量の計算では，入口側温度差と出口側温度差にあまり大きな差がない場合には，対数平均温度差の近似値として，算術平均温度差が使われている．

ロ．二段圧縮冷凍装置では，蒸発器からの冷媒蒸気を低段圧縮機で中間圧力まで圧縮し，中間冷却器に送って過熱分を除去し，高段圧縮機で凝縮圧力まで再び圧縮するようにしている．圧縮の途中で冷媒ガスを一度冷却しているので，高段圧縮機の吐出しガス温度が単段で圧縮した場合よりも低くなる．

ハ．冷凍サイクルの成績係数は運転条件によって変化するが，蒸発圧力だけが低くなった場合，あるいは凝縮圧力だけが高くなった場合には，成績係数の値は大きくなる．

ニ．固体壁表面からの熱移動による伝熱量は，伝熱面積，固体壁表面の温度と周囲温度との温度差および比例係数の積で表されるが，この比例係数のことを熱伝導率という．

(1)　イ，ロ　　(2)　イ，ハ　　(3)　ロ，ニ　　(4)　イ，ハ，ニ　　(5)　ロ，ハ，ニ

問3　次のイ，ロ，ハ，ニの記述のうち，冷凍装置の冷凍能力，軸動力および冷媒循環量について正しいものはどれか．

イ．冷凍装置の冷凍能力は，蒸発器出入口における冷媒の比エンタルピー差に冷媒循環量を乗じて求められる．

ロ．実際の圧縮機の駆動に必要な軸動力は，理論断熱圧縮動力と機械的摩擦損失動力の和で表される．

ハ．冷媒循環量は，ピストン押しのけ量，圧縮機の吸込み蒸気の比体積および体積効率との積である．

ニ．理論断熱圧縮動力が同じ場合，圧縮機の全断熱効率が大きくなると，実際の圧縮機の駆動軸動力は小さくなる．

(1)　イ，ロ　　(2)　イ，ニ　　(3)　ロ，ハ　　(4)　イ，ハ，ニ　　(5)　ロ，ハ，ニ

問4　次のイ，ロ，ハ，ニの記述のうち，冷媒およびブラインの性質などについて正しいものはどれか．

イ．フルオロカーボン冷媒の中でも，塩素を含むCFC冷媒，HCFC冷媒は，オゾン破壊係数が0より大きい．また，オゾン破壊係数が0であるHFC冷媒は，地球温暖化をもたらす温室効果ガスである．

ロ．冷媒の熱力学性質を表にした飽和表から，飽和液および飽和蒸気の比体積，比エンタルピー，比エントロピーなどを読み取ることができ，飽和蒸気の比エントロピーと飽和液の比エントロピーの差が蒸発潜熱となる．

ハ．無機ブラインは，できるだけ空気と接触しないように扱う．それは，酸素が溶け込むと腐食性が促進され，また水分が凝縮して取り込まれると濃度が低下するためである．

ニ．一般に，冷凍機油はアンモニア液よりも軽く，アンモニアガスは室内空気よりも軽い．また，アンモニアは，銅および銅合金に対して腐食性があるが，鋼に対しては腐食性がないので，アンモニア冷凍装置には鋼管や鋼板が使用される．

(1)　イ，ハ　　(2)　イ，ニ　　(3)　ロ，ハ　　(4)　ロ，ニ　　(5)　ハ，ニ

問5　次のイ，ロ，ハ，ニの記述のうち，圧縮機について正しいものはどれか．

イ．圧縮機は，冷媒蒸気の圧縮の方式により容積式と遠心式に大別される．容積式のスクリュー圧縮機は，遠心式に比べて高圧力比での使用に適している．

ロ．多気筒の往復圧縮機では，吸込み弁を閉じて作動気筒数を減らすことにより，容量を段階的に変えることができる．

ハ．強制給油式の往復圧縮機は，クランク軸端に油ポンプを設け，圧縮機各部のしゅう動部に給油する．この際の給油圧力は，油圧計指示圧力とクランクケース圧力の和となる．

ニ．圧縮機の停止中に，冷媒が油に多量に溶け込んだ状態で圧縮機を始動すると，オイルフォーミングが発生することがある．

(1)　イ，ハ　(2)　イ，ニ　(3)　ロ，ハ　(4)　ロ，ニ　(5)　ハ，ニ

問６　次のイ，ロ，ハ，ニの記述のうち，凝縮器について正しいものはどれか．

イ．凝縮器において，冷媒から熱を取り出して凝縮させるとき，取り出さなければならない熱量を凝縮負荷という．理論凝縮負荷は，冷凍能力に理論断熱圧縮動力を加えて求めることができる．

ロ．シェルアンドチューブ凝縮器の冷却管として，フルオロカーボン冷媒の場合には，冷却水側にフィンが設けられている銅製のローフィンチューブを使うことが多い．

ハ．シェルアンドチューブ凝縮器では，冷却水中の汚れや不純物が冷却管表面に水あかとなって付着する．水あかは，熱伝導率が小さいので，水冷凝縮器の熱通過率の値が小さくなり，凝縮温度が低くなる．

ニ．冷却塔の運転性能は，水温，水量，風量および湿球温度によって定まる．冷却塔の出口水温と周囲空気の湿球温度との温度差をアプローチと呼び，その値は通常５K程度である．

(1)　イ，ロ　(2)　イ，ニ　(3)　ロ，ハ　(4)　ハ，ニ　(5)　イ，ロ，ニ

問７　次のイ，ロ，ハ，ニの記述のうち，蒸発器について正しいものはどれか．

イ．冷蔵用の空気冷却器では，庫内温度と蒸発温度との平均温度差は通常５～10K程度にする．この値が大き過ぎると，蒸発温度を高くする必要があり，装置の成績係数が低下する．

ロ．プレートフィンチューブ冷却器のフィン表面に霜が厚く付着すると，空気の通路を狭め，風量が減少する．また同時に，霜の熱伝導率が小さいため伝熱が妨げられ，蒸発圧力が低下し，圧縮機の能力が低くなる．

ハ．ホットガス除霜方式は，圧縮機から吐き出される高温の冷媒ガスを蒸発器に送り込み，霜が厚くならないうちに，冷媒ガスの顕熱だけを用いて，早めに霜を融解させる除霜方法である．

ニ．大きな容量の乾式蒸発器では，多数の冷却管に均等に冷媒を分配させるためにディストリビュータ（分配器）を取り付けるが，ディストリビュータでの圧力降下分だけ膨張弁前後の圧力差が小さくなるために，膨張弁の容量は小さくなる．

(1)　イ，ロ　(2)　イ，ハ　(3)　イ，ニ　(4)　ロ，ハ　(5)　ロ，ニ

問８　次のイ，ロ，ハ，ニの記述のうち，自動制御機器について正しいものはどれか．

イ．感温筒は，蒸発器出口冷媒の温度を出口管壁を介して検知して，過熱度を制

御するので，感温筒の取付けは重要である．温度自動膨張弁の感温筒の取付け場所は，冷却コイルのヘッダが適切である．

ロ．蒸発圧力調整弁は，蒸発器出口の冷媒配管に取り付けて，蒸発圧力が所定の蒸発圧力よりも低くなることを防止する．

ハ．断水リレーは，水冷凝縮器や水冷却器で，断水または循環水量が減少したときに，冷却水ポンプを停止させることによって装置を保護する安全装置である．

ニ．キャピラリチューブは，細い銅管を流れる冷媒の流動抵抗による圧力降下を利用して，冷媒の絞り膨張を行う．

(1)　イ，ハ　　(2)　イ，ニ　　(3)　ロ，ニ　　(4)　イ，ロ，ハ　　(5)　ロ，ハ，ニ

問９　次のイ，ロ，ハ，ニの記述のうち，附属機器について正しいものはどれか．

イ．一般に，フィルタドライヤは液管に取り付け，フルオロカーボン冷凍装置，アンモニア冷凍装置の冷媒系統の水分を除去する．

ロ．冷媒をチャージするときの過充填量は，サイトグラスで測定することができる．

ハ．冷凍装置に用いる受液器には，大別して，凝縮器の出口側に連結する高圧受液器と，冷却管内蒸発式の満液式蒸発器に連結して用いる低圧受液器とがある．

ニ．液ガス熱交換器は，冷媒液を過冷却させるとともに，圧縮機に戻る冷媒蒸気を適度に過熱させ，湿り状態の冷媒蒸気が圧縮機に吸い込まれることを防止する．

(1)　イ，ロ　　(2)　イ，ハ　　(3)　ロ，ハ　　(4)　ロ，ニ　　(5)　ハ，ニ

問10　次のイ，ロ，ハ，ニの記述のうち，冷媒配管について正しいものはどれか．

イ．冷媒配管では，冷媒の流れ抵抗を極力小さくするように留意し，配管の曲がり部はできるだけ少なくし，曲がりの半径は大きくする．

ロ．冷媒液配管内にフラッシュガスが発生すると，このガスの影響で液のみで流れるよりも配管内の流れの抵抗が小さくなる．

ハ．容量制御装置をもった圧縮機の吸込み蒸気配管では，アンロード運転での立ち上がり管における冷媒液の戻りが問題になる．一般に，圧縮機吸込み管の二重立ち上がり管は，冷媒液の戻り防止のために使用される．

ニ．フルオロカーボン冷凍装置に使用する小口径の銅配管の接続には，一般に，フレア管継手か，ろう付継手を用いる．

(1)　イ，ロ　　(2)　イ，ハ　　(3)　イ，ニ　　(4)　ロ，ハ　　(5)　ロ，ニ

問11　次のイ，ロ，ハ，ニの記述のうち，安全装置などについて正しいものはどれか．

イ．圧縮機に取り付けるべき安全弁の最小口径は，ピストン押しのけ量の立方根と冷媒の種類により定められた定数との積で求められる．

ロ．安全弁の各部のガス通路面積は，安全弁の口径面積より小さくしてはならない．また，作動圧力を設定した後，設定圧力が変更できないように封印できる構造であることが必要である．

ハ．高圧遮断装置は，異常な高圧圧力を検知して作動し，圧縮機を駆動している電動機の電源を切って圧縮機を停止させ，運転中の異常な圧力の上昇を防止する．

ニ．液封による配管や弁の破壊，破裂などの事故は，低圧液配管において発生することが多い．液封は弁操作ミスなどが原因になることが多いので，厳重に注意する必要がある．

(1) イ，ロ，ハ　(2) イ，ロ，ニ　(3) イ，ハ，ニ　(4) ロ，ハ，ニ　(5) イ，ロ，ハ，ニ

問12　次のイ，ロ，ハ，ニの記述のうち，材料の強さおよび圧力容器について正しいものはどれか．

イ．引張荷重を作用させた後，荷重を静かに除去したときに，ひずみがもとに戻る限界を弾性限度という．

ロ．一般的な冷凍装置の低圧部設計圧力は，冷凍装置の停止中に，内部の冷媒が43℃まで上昇したときの冷媒の飽和圧力とする．

ハ．円筒胴圧力容器に発生する応力としては，円筒胴の接線方向に作用する応力と，円筒胴の長手方向に作用する応力があるが，必要な板厚を求めるときには，接線方向の応力を考えればよい．

ニ．圧力容器の腐れしろは，材料の種類により異なり，銅および銅合金は0.2 mmとする．また，ステンレス鋼は0.1 mmとする．

(1) イ，ロ　(2) イ，ハ　(3) ロ，ハ　(4) ロ，ニ　(5) ハ，ニ

問13　次のイ，ロ，ハ，ニの記述のうち，冷凍装置の圧力試験について正しいものはどれか．

イ．耐圧試験は，一般に液体を使用して行う試験であるが，使用が困難な場合は，空気や窒素などの気体を使用することができる．

ロ．気密試験は，漏れを確認しやすいように，ガス圧で試験を行う．一般に，乾燥した空気，窒素ガスなどを使用する．

ハ．真空試験は，冷凍装置の最終確認として微量の漏れやわずかな水分の侵入箇所の特定のために行う試験である．

ニ．真空放置試験は，数時間から一昼夜近い十分に長い時間が必要で，必要に応じて，水分の残留しやすい場所を中心に加熱するとよい．

(1) イ，ロ　(2) ロ，ハ　(3) ハ，ニ　(4) イ，ロ，ニ　(5) イ，ハ，ニ

問14　次のイ，ロ，ハ，ニの記述のうち，冷凍装置の運転について正しいものはどれか．

イ．冷凍装置の毎日の運転開始前には，受液器の液面計や高圧圧力計により，冷媒が適正に充填されていることを確認する．

ロ．凝縮温度の標準的な値は，シェルアンドチューブ凝縮器では冷却水出口温度よりも3～5K高く，空冷凝縮器では外気乾球温度よりも8～10K高い．

ハ．冷凍機の運転を停めるときには，液封を生じさせないように，圧縮機吸込み側止め弁を閉じてしばらく運転してから圧縮機を停止する．

ニ．圧縮機の吸込み蒸気の圧力は，蒸発器や吸込み配管内の抵抗により，蒸発器内の冷媒の蒸発圧力よりもいくらか低い圧力になる．

(1) イ，ロ　(2) イ，ニ　(3) ロ，ハ　(4) ハ，ニ　(5) イ，ロ，ニ

問15　次のイ，ロ，ハ，ニの記述のうち，冷凍装置の保守管理について正しいものはどれか．

イ．冷媒が過充填されると，凝縮器内の凝縮のために有効に働く伝熱面積が減少するため，凝縮圧力が低下する．

ロ．密閉フルオロカーボン往復圧縮機では，冷凍装置全体として冷媒充填量が不足すると，吸込み冷媒蒸気による電動機の冷却が不十分となり，電動機の巻線を焼損するおそれがある．

ハ．高圧液配管のような液で常に満たされている管が，運転停止中にその管の両端の弁が閉じられると，液封となる．液封が発生しやすい場所は，運転中の温度が低い冷媒液の配管に多い．

ニ．同じ運転条件でも，アンモニア圧縮機の吐出しガス温度は，フルオロカーボン圧縮機の場合よりも低くなる．

(1) ロ　(2) ハ　(3) イ，ロ　(4) ロ，ハ　(5) ハ，ニ

令和5年度（令和5年11月12日施行）

第一種冷凍機械責任者試験

第一種冷凍機械　法令試験問題(試験時間60分)

次の各問について，高圧ガス保安法に係る法令上正しいと思われる最も適切な答えをその問の下に掲げてある(1)，(2)，(3)，(4)，(5)の選択肢の中から1個選びなさい．

なお，この試験は，次による．

(1)　令和5年4月1日現在施行されている高圧ガス保安法に係る法令に基づき出題している．

(2)　経済産業大臣が危険のおそれのないと認めた場合等における規定は適用しない．

(3)　試験問題中，「都道府県知事等」とは，都道府県知事又は高圧ガス保安法に関する事務を処理する指定都市の長をいう．

問1　次のイ，ロ，ハの記述のうち，正しいものはどれか．

イ．高圧ガス保安法は，高圧ガスによる災害を防止して公共の安全を確保する目的のために，高圧ガスの製造，貯蔵，販売，移動その他の取扱及び消費並びに容器の製造及び取扱について規制するとともに，民間事業者及び高圧ガス保安協会による高圧ガスの保安に関する自主的な活動を促進することを定めている．

ロ．液化ガスであって，その圧力が0.2メガパスカルとなる場合の温度が30度であるものは，現在の圧力が0.15メガパスカルであっても高圧ガスである．

ハ．冷凍保安規則に定められている高圧ガスの廃棄に係る技術上の基準に従うべき高圧ガスは，可燃性ガス，毒性ガス及び特定不活性ガスに限られる．

(1)　イ　　(2)　イ，ロ　　(3)　イ，ハ　　(4)　ロ，ハ　　(5)　イ，ロ，ハ

問2　次のイ，ロ，ハの記述のうち，正しいものはどれか．

イ．1日の冷凍能力が50トン以上である認定指定設備のみを使用して冷凍のため高圧ガスの製造をしようとする者は，都道府県知事等の許可を受けなくてよい．

ロ．第一種製造者の事業を譲り渡した者及び譲り受けた者は，遅滞なく，それぞれその旨を都道府県知事等に届け出なければならない．

ハ．冷凍のため高圧ガスの製造をする第一種製造者は，高圧ガスの製造の方法のみを変更しようとするときは，都道府県知事等の許可を受ける必要はないが，

軽微な変更として変更後遅滞なく，その旨を都道府県知事等に届け出なければならない．

(1)　イ　(2)　ロ　(3)　ハ　(4)　イ，ロ　(5)　ロ，ハ

問３　次のイ，ロ，ハの記述のうち，正しいものはどれか．

イ．容器に充塡された冷媒ガス用の高圧ガスの販売の事業を営もうとする者（定められた者を除く．）は，販売所ごとに，事業開始後遅滞なく，その旨を都道府県知事等に届け出なければならない．

ロ．機器製造業者が所定の技術上の基準に従って製造すべき機器は，冷媒ガスの種類にかかわらず，１日の冷凍能力が5トン以上の冷凍機に用いられるものに限られる．

ハ．１日の冷凍能力が3トン未満の冷凍設備内における高圧ガスは，そのガスの種類にかかわらず，高圧ガス保安法の適用を受けない．

(1)　イ　(2)　ロ　(3)　ハ　(4)　イ，ハ　(5)　ロ，ハ

問４　次のイ，ロ，ハの記述のうち，冷凍のため高圧ガスの製造をする者について正しいものはどれか．

イ．製造設備の１日の冷凍能力が15トンである場合，その製造をする高圧ガスの種類にかかわらず，製造開始の日の20日前までに，高圧ガスの製造をする旨を都道府県知事等に届け出なければならない．

ロ．第二種製造者は，製造設備の変更の工事が完成したとき，酸素以外のガスを使用する試運転又は所定の気密試験を行った後でなければ高圧ガスの製造をしてはならない．

ハ．第二種製造者のうちには，定期自主検査実施後に検査記録を都道府県知事等に届け出るべき者がある．

(1)　イ　(2)　ロ　(3)　イ，ロ　(4)　ロ，ハ　(5)　イ，ロ，ハ

問５　次のイ，ロ，ハの記述のうち，車両に積載した容器（内容積が48リットルのもの）による冷凍設備の冷媒ガスの補充用の高圧ガスの移動に係る技術上の基準等について一般高圧ガス保安規則上正しいものはどれか．

イ．車両の見やすい箇所に警戒標を掲げるべき高圧ガスは，可燃性ガス，毒性ガス及び特定不活性ガスに限られる．

ロ．液化アンモニアを移動するときは，その充塡容器及び残ガス容器には木枠又はパッキンを施さなければならない．

ハ．可燃性ガスを移動するときは，そのガスの名称，性状及び移動中の災害防止のために必要な注意事項を記載した書面を運転者に交付し，移動中携帯させ，これを遵守させなければならないが，特定不活性ガスを移動するときはその定めはない．

(1) ロ　(2) イ，ロ　(3) イ，ハ　(4) ロ，ハ　(5) イ，ロ，ハ

問６　次のイ，ロ，ハの記述のうち，冷凍設備の冷媒ガスの補充用の高圧ガスを充塡するための容器（再充塡禁止容器を除く.）について正しいものはどれか.

イ．容器検査に合格した液化アンモニアの容器に刻印されている「TP 3.6 M」は，その容器の耐圧試験における圧力が3.6メガパスカルであることを表している.

ロ．液化アンモニアを充塡する容器に表示をすべき事項のうちには，その容器の表面積の２分の１以上についてねずみ色の塗色及びアンモニアの性質を示す文字「燃」，「毒」の明示がある.

ハ．液化フルオロカーボンを充塡する溶接容器の容器再検査の期間は，その容器の製造後の経過年数にかかわらず，５年である.

(1) イ　(2) ハ　(3) イ，ロ　(4) イ，ハ　(5) ロ，ハ

問７　次のイ，ロ，ハの記述のうち，冷凍に係る製造事業所における冷媒ガスの補充用としての容器による高圧ガス（質量が1.5キログラムを超えるもの）の貯蔵の方法に係る技術上の基準について一般高圧ガス保安規則上正しいものはどれか.

イ．液化アンモニアの充塡容器（内容積が5リットル以下のものを除く.）には，転落，転倒等による衝撃を防止する措置を講じなければならないが，液化フルオロカーボンの充塡容器（内容積が5リットル以下のものを除く.）には，その措置を講じる必要はない.

ロ．液化アンモニアの容器置場には，計量器等作業に必要な物以外の物を置いてはならない.

ハ．液化アンモニアの充塡容器及び残ガス容器による貯蔵は，そのガスが漏えいしたとき拡散しないように通風の良い場所でしてはならない.

(1) イ　(2) ロ　(3) イ，ハ　(4) ロ，ハ　(5) イ，ロ，ハ

問８　次のイ，ロ，ハの記述のうち，冷凍能力の算定基準について冷凍保安規則上正しいものはどれか.

イ．冷媒ガスの種類に応じて定められた数値（C）は，冷媒ガスの圧縮機（遠心式圧縮機以外のもの）を使用する製造設備の１日の冷凍能力の算定に必要な数値の一つである.

ロ．冷媒設備内の冷媒ガスの充塡量の数値は，自然環流式冷凍設備の１日の冷凍能力の算定に必要な数値の一つである.

ハ．圧縮機の標準回転速度における１時間当たりの吐出し量の数値は，遠心式圧縮機を使用する製造設備の１日の冷凍能力の算定に必要な数値の一つである.

(1) イ　(2) ハ　(3) イ，ロ　(4) ロ，ハ　(5) イ，ロ，ハ

問9から問13までの問題は，次の例による事業所に関するものである．

［例］冷凍のため，次に掲げる高圧ガスの製造施設を有する事業所
　なお，この事業者は認定完成検査実施者及び認定保安検査実施者ではない．
　製造設備の種類：定置式製造設備（一つの製造設備であって，専用機械室に設置してあるもの）
　冷媒ガスの種類：アンモニア
　冷凍設備の圧縮機：容積圧縮式（往復動式）4台
　1日の冷凍能力：250トン
　主な冷媒設備：凝縮器（横置円筒形で胴部の長さが5メートルのもの）1基
　　　　　　　：受液器（内容積が6,000リットルのもの）1基

問9　次のイ，ロ，ハの記述のうち，この事業者について正しいものはどれか．

イ．この事業者は，危害予防規程を定め，これを都道府県知事等に届け出なければならない．また，この危害予防規程を守るべき者は，この事業者及びその従業者であると定められている．

ロ．この事業者は，保安教育計画を忠実に実行しておらず，かつ，公共の安全の維持又は災害の発生の防止のため必要があると都道府県知事等が認める場合，都道府県知事等からその保安教育計画を忠実に実行し，又はその従業者に保安教育を施し，若しくはその内容若しくは方法を改善するよう勧告を受けることがある．

ハ．この事業者がこの事業所内において指定した場所では，その事業所に選任された冷凍保安責任者を除き，何人も火気を取り扱ってはならない．

(1) イ　(2) ロ　(3) ハ　(4) イ，ロ　(5) ロ，ハ

問10　次のイ，ロ，ハの記述のうち，この事業者について正しいものはどれか．

イ．冷凍のための製造施設が危険な状態になったとき，応急の措置を講じることができなかったので，従業者に退避するよう警告するとともに，付近の住民の退避も必要と判断し，その住民に退避するよう警告した．

ロ．平成30年（2018年）11月1日に製造施設に異常があったので，その年月日及びそれに対してとった措置を帳簿に記載し，これを保存していたが，その後その製造施設に異常がなかったので，令和5年（2023年）11月1日にその帳簿を廃棄した．

ハ．この製造施設の高圧ガスについて災害が発生したときは，遅滞なく，その旨を都道府県知事等又は警察官に届け出なければならないが，所有し，又は占有する容器を盗まれたときは，その旨を都道府県知事等又は警察官に届け出なく

てよい．

(1) イ　(2) ロ　(3) ハ　(4) イ，ロ　(5) ロ，ハ

問11 次のイ，ロ，ハの記述のうち，この製造施設について正しいものはどれか．

イ．この冷媒設備の圧縮機の取替えの工事において，冷媒設備に係る切断，溶接を伴わない工事であって，冷凍能力の変更を伴わないものは，その工事の完成後，その旨を都道府県知事等に届け出ればよい．

ロ．この冷媒設備の圧縮機の取替えの工事において，冷媒設備に係る切断，溶接を伴わない工事であって，冷凍能力の変更が所定の範囲であるものは，都道府県知事等の許可を受けなければならないが，その変更の工事の完成後，その製造施設の完成検査を受けることなくこれを使用することができる．

ハ．既に完成検査を受け所定の技術上の基準に適合していると認められているこの製造施設の全部の引渡しがあった場合，その引渡しを受けた者は，都道府県知事等の高圧ガスの製造に係る許可を受けたのち，都道府県知事等，高圧ガス保安協会又は指定完成検査機関が行う完成検査を受けることなく，この製造施設を使用することができる．

(1) イ　(2) ハ　(3) イ，ハ　(4) ロ，ハ　(5) イ，ロ，ハ

問12 次のイ，ロ，ハの記述のうち，この事業所に適用される技術上の基準について正しいものはどれか．

イ．圧縮機，凝縮器及び受液器並びにこれらを接続する配管が設置してある専用機械室は，冷媒ガスが漏えいしたとき滞留しないような構造としなければならない．

ロ．この受液器に液面計を設ける場合は，その液面計の破損を防止するための措置を講じ，かつ，受液器とその液面計とを接続する配管にその液面計の破損による漏えいを防止するための措置を講じても，いかなるガラス管液面計も使用してはならない．

ハ．この製造施設の冷媒設備に係る電気設備は，その設置場所及び冷媒ガスの種類に応じた防爆性能を有する構造のものとすべきものに該当しない．

(1) イ　(2) ロ　(3) イ，ハ　(4) ロ，ハ　(5) イ，ロ，ハ

問13 次のイ，ロ，ハの記述のうち，この事業所に適用される技術上の基準について正しいものはどれか．

イ．この製造施設は，その規模に応じて，適切な消火設備を適切な箇所に設けるべき施設に該当しない．

ロ．この受液器は，その周囲に冷媒ガスである液状のアンモニアが漏えいした場合にその流出を防止するための措置を講じるべきものに該当しない．

ハ．この凝縮器及び受液器のいずれも，所定の耐震に関する性能を有すべきもの

に該当する．

(1) イ　(2) ロ　(3) イ，ロ　(4) イ，ハ　(5) ロ，ハ

問14から問20までの問題は，次の例による事業所に関するものである．

［例］冷凍のため，次に掲げる定置式製造設備である高圧ガスの製造施設を有する一つの事業所として高圧ガスの製造の許可を受けている事業所
なお，この事業者は認定完成検査実施者及び認定保安検査実施者ではない．

製造設備Ａ：冷媒設備が一つの架台上に一体に組み立てられていないもの　1基

製造設備Ｂ：認定指定設備であるもの　1基
これら製造設備Ａ及び製造設備Ｂはブラインを共通とし，同一の専用機械室に設置されており，一体として管理されるものとして設計されたものであり，かつ，同一の計器室において制御されている．

冷媒ガスの種類：製造設備Ａ及び製造設備Ｂとも，不活性ガスであるフルオロカーボン134ａ

冷凍設備の圧縮機：製造設備Ａ及び製造設備Ｂとも，遠心式

1日の冷凍能力：600トン（製造設備Ａ：300トン，製造設備Ｂ：300トン）

主な冷媒設備：凝縮器（製造設備Ａ及び製造設備Ｂとも，横置円筒形で胴部の長さが4メートルのもの）　各1基

問14　次のイ，ロ，ハの記述のうち，この事業者について正しいものはどれか．

イ．冷凍保安責任者が病気で不在のため，この製造施設の定期自主検査を冷凍保安責任者の代理者の監督のもとに実施した．

ロ．冷凍保安責任者の代理者を選任又は解任したときは，遅滞なく，その旨を都道府県知事等に届け出なければならない．

ハ．冷凍保安責任者には，第一種冷凍機械責任者免状の交付を受け，かつ，1日の冷凍能力が20トン以上の製造施設を使用して行う高圧ガスの製造に関する1年以上の経験を有する者のうちから選任しなければならない．

(1) イ　(2) ロ　(3) ハ　(4) イ，ロ　(5) イ，ロ，ハ

問15　次のイ，ロ，ハの記述のうち，この事業者が行う製造施設の変更の工事について正しいものはどれか．

イ．製造設備Ａの圧縮機の取替えの工事において，冷媒設備に係る切断，溶接を伴わない工事であって，冷凍能力の変更がないものは，軽微な変更の工事として，その完成後遅滞なく，都道府県知事等に届け出ればよい．

ロ．製造設備以外の製造施設に係る設備の取替えの工事を行う場合，軽微な変更の工事として，その完成後遅滞なく，都道府県知事等にその旨を届け出ればよい．

ハ．製造設備Ａの圧縮機の取替えの工事において，冷媒設備に係る切断，溶接を伴わない工事であって，冷凍能力の変更が所定の範囲であるものは，都道府県知事等の許可を受けなければならないが，その変更の工事の完成後，その製造施設の完成検査を受けることなくこれを使用することができる．

(1)　イ　　(2)　ハ　　(3)　イ，ロ　　(4)　ロ，ハ　　(5)　イ，ロ，ハ

問16　次のイ，ロ，ハの記述のうち，この製造施設に係る保安検査について正しいものはどれか．

イ．この事業者は，認定指定設備である製造設備Ｂの部分を除く製造施設について，定期に保安検査を受けなければならない．

ロ．保安検査は，特定施設が製造施設の位置，構造及び設備並びに高圧ガスの製造の方法に係る技術上の基準に適合しているかどうかについて行われる．

ハ．保安検査を実施することは，冷凍保安責任者の職務の一つとして定められている．

(1)　イ　　(2)　ロ　　(3)　イ，ロ　　(4)　イ，ハ　　(5)　イ，ロ，ハ

問17　次のイ，ロ，ハの記述のうち，この事業者が行う定期自主検査について正しいものはどれか．

イ．定期自主検査は，認定指定設備である製造設備Ｂの部分を除く製造施設について実施しなければならない．

ロ．定期自主検査は，製造の方法が所定の技術上の基準に適合しているかどうかについて，1年に1回以上行わなければならない．

ハ．定期自主検査を行ったとき，検査の実施について監督を行った者の氏名は，その検査記録に記載すべき事項の一つである．

(1)　ロ　　(2)　ハ　　(3)　イ，ハ　　(4)　ロ，ハ　　(5)　イ，ロ，ハ

問18　次のイ，ロ，ハの記述のうち，この事業所に適用される技術上の基準について正しいものはどれか．

イ．圧縮機及び受液器並びにこれらの間の配管が引火性又は発火性の物（作業に必要なものを除く.）をたい積した場所及び火気（その製造設備内のものを除く.）の付近にあってはならない旨の定めは，この事業所には適用されない．

ロ．冷媒設備の配管以外の部分について行う耐圧試験は，水その他の安全な液体

を使用して行うことが困難であると認められる場合，この試験を空気，窒素等の気体を使用して許容圧力の1.25倍以上の圧力で行うことができる．

ハ．製造設備Ａに設けたバルブ又はコック（操作ボタン等により開閉するものにあっては，その操作ボタン等）には，作業員が適切にそのバルブ又はコックを操作することができるような措置を講じるべき定めがあるが，操作ボタン等を使用することなく自動制御で開閉されるバルブ又はコックには，その定めはない．

(1)　ロ　(2)　ハ　(3)　イ，ロ　(4)　ロ，ハ　(5)　イ，ロ，ハ

問19　次のイ，ロ，ハの記述のうち，この事業所に適用される技術上の基準について正しいものはどれか．

イ．高圧ガスの製造は，１日に１回以上，その製造設備のうち冷媒設備のみについて異常の有無を点検し，異常のあるときは，その設備の補修その他の危険を防止する措置を講じて行わなければならない．

ロ．冷媒設備を開放して修理又は清掃をする場合，その開放する部分に他の部分からガスが漏えいすることを防止するための措置を講じないで行うことができる．

ハ．冷媒設備の修理を行うときは，製造設備Ａ又は製造設備Ｂのいずれの修理の場合であっても，その作業計画及びその作業の責任者を定めなければならない．

(1)　イ　(2)　ロ　(3)　ハ　(4)　イ，ハ　(5)　ロ，ハ

問20　次のイ，ロ，ハの記述のうち，認定指定設備である製造設備Bについて冷凍保安規則上正しいものはどれか．

イ．この製造設備が認定指定設備である条件の一つに，「冷媒設備は，その設備の製造業者の事業所において試運転を行い，使用場所に分割されずに搬入されるものであること．」がある．

ロ．この製造設備の日常の運転操作に必要となる冷媒ガスの止め弁には，手動式のものを使用することができる．

ハ．この製造設備に変更の工事を施したとき，その工事が同等の部品への交換のみである場合は，指定設備認定証は無効にならないと定められている．

(1)　イ　(2)　ハ　(3)　イ，ロ　(4)　イ，ハ　(5)　イ，ロ，ハ

第一種冷凍機械　保安管理技術試験問題(試験時間90分)

次の各問について，正しいと思われる最も適切な答をその問の下に掲げてある(1)，(2)，(3)，(4)，(5)の選択肢の中から１個選びなさい．

問１　次のイ，ロ，ハ，ニの記述のうち，圧縮機の構造と特徴について正しいものはどれか．

イ．多気筒往復圧縮機の容量制御装置は，いくつかの気筒の吸込み弁を開放して圧縮の動作をさせない構造となっているが，始動時の軽負荷始動には寄与しない．

ロ．スクリュー圧縮機は，スライド弁によってある限定された範囲内で容量を無段階で制御できる．このスライド弁により吸込み蒸気の閉込み量を減らした低容量で長時間運転すると，成績係数が低下する．

ハ．遠心圧縮機において，容量制御をサクションベーンにより行う場合，低流量になると，サージングによって振動や騒音が発生する．また，低温用の冷凍装置で使用するときは，圧力比が大きくなるので，多段圧縮式を採用している．

ニ．往復圧縮機，ロータリー圧縮機，スクロール圧縮機，スクリュー圧縮機および遠心圧縮機の中で，吸込み弁を必要とするのは往復圧縮機だけであるが，吐出し弁を必要とするのは往復圧縮機とスクロール圧縮機である．

(1)　イ，ロ　　(2)　ロ，ハ　　(3)　イ，ロ，ニ　　(4)　イ，ハ，ニ　　(5)　ロ，ハ，ニ

問２　次のイ，ロ，ハ，ニの記述のうち，冷凍装置の容量制御について正しいものはどれか．

イ．圧縮機の容量制御方法として，圧縮機の吸込み蒸気配管に接続された低圧圧力スイッチによって圧縮機の運転を発停させる方法がある．この方法では，冷凍負荷が減少して蒸発圧力が低下すると，低圧圧力スイッチの電気接点が「閉」となり圧縮機電源回路を遮断して圧縮機を停止させ，蒸発圧力が上昇すると，低圧圧力スイッチの電気接点が「開」となり圧縮機を再始動させる．

ロ．ホットガスを温度自動膨張弁と蒸発器入口の間にバイパスする容量制御では，吸込み蒸気の過熱度が大きくなり，長時間の運転ができない．しかし，定圧ホットガスバイパス弁を用いて，圧縮機の吸込み蒸気配管にホットガスを吹き込む方法を用いると，適切な過熱度が得られ，長時間運転ができる．

ハ．蒸発圧力調整弁は，圧縮機の吸込み蒸気配管に取り付けて，蒸発圧力が所定圧力以下に低下しないように吸込み蒸気を絞り，圧縮機吸込み圧力を低下させることによって冷凍装置の容量制御ができる．

ニ．冷凍装置の始動時などの圧縮機の過負荷を防止するために，吸入圧力調整弁

は，圧縮機の吸込み圧力が所定圧力以上にならないように吸込み蒸気を絞り，冷凍装置の容量制御を行う．

(1) イ，ロ　(2) イ，ニ　(3) ロ，ハ　(4) ハ，ニ　(5) ロ，ハ，ニ

問３　次のイ，ロ，ハ，ニの記述のうち，圧縮機の運転と保守管理について正しいものはどれか．

イ．往復圧縮機の吐出し弁からの漏れによって吐出しガス温度は上昇する．一方，吸込み弁板の割れや変形による漏れは，圧縮機の吐出しガス量が減少するので体積効率の低下を招くが，吐出しガス温度はあまり大きく上昇することはない．

ロ．小形圧縮機では，高圧側と低圧側の圧力が，ほぼバランスした状態で圧縮機を始動する．電動機は起動回転力が小さいので，負荷の小さな状態で圧縮機を始動してから，徐々に負荷を大きくするようにする．

ハ．中形や大形の圧縮機では油ポンプによる強制給油式が採用されており，油圧が高くなりすぎると油圧保護圧力スイッチが作動して，圧縮機を停止する．

ニ．蒸発圧力の低い低温用冷凍装置では，蒸発器の熱負荷が大きく低下した場合や，サクションストレーナの目詰まりなどによって，圧縮機の吸込み蒸気圧力が正常な状態から異常に低下すると，圧縮機での圧力比が減少し，湿り圧縮運転状態となり，圧縮機の吐出しガス温度が低下して，圧縮機は過熱運転となる．

(1) イ，ロ　(2) ロ，ハ　(3) ハ，ニ　(4) イ，ロ，ニ　(5) イ，ハ，ニ

問４　次のイ，ロ，ハ，ニの記述のうち，高圧部の保守管理について正しいものはどれか．

イ．水分が冷媒に混入した状態で運転されていたり，高い吐出しガス温度で運転されていたりすると，冷媒や冷凍機油が分解して不凝縮ガスを生成する場合がある．

ロ．水冷シェルアンドチューブ凝縮器において凝縮負荷と冷却水入口温度が変化しない場合，冷却水量の減少は，圧縮機駆動用電動機の消費電力の増加につながる．したがって，適正な冷却水量の確保が必要である．

ハ．コンデンサ・レシーバでは，冷媒液中に浸される冷却管の本数が増加すると，浸された部分の熱通過率が大きくなり，凝縮温度が低下するとともに，凝縮器出口の冷媒液の過冷却度も大きくなる．

ニ．水冷シェルアンドチューブ凝縮器では，冷却水ポンプの吸込み管のストレーナの目詰まりや冷却塔の水位の低下による冷却水量の減少，冷却管に水あかが付着することによる伝熱管の熱通過率の低下などによって，凝縮圧力が異常に上昇する．

(1) イ，ロ　(2) ロ，ハ　(3) ハ，ニ　(4) イ，ロ，ニ　(5) イ，ハ，ニ

問５　次のイ，ロ，ハ，ニの記述のうち，低圧部の保守管理について正しいものはどれか.

イ．圧縮機への液戻りが徐々に起きてきた場合には，膨張弁の開度を調節し（温度自動膨張弁の設定過熱度を大きくする），蒸発器への冷媒液の供給量を減らし，運転の状況を見ながら対処する.

ロ．空気冷却器の蒸発器内部に冷凍機油が滞留すると，熱通過率が低下し，空気と冷媒との温度差が大きくなるので低圧圧力が高くなる.

ハ．満液式蒸発器で液面制御装置が追従できないほど熱負荷が急増し，液戻りが発生することが予想される場合の対策として，蒸発器の熱負荷の急激な変動をなくしたり，圧縮機の吸込み側に液分離器を設けたりすることが挙げられる.

ニ．蒸発温度と被冷却物との温度差が小さく設定されている場合には，伝熱面積が大きい蒸発器を使用する．一般に，冷却温度が高い場合にはこの設定温度差を大きくし，冷却温度が低い場合には設定温度差を小さくする.

(1) イ，ロ，ハ　(2) イ，ロ，ニ　(3) イ，ハ，ニ　(4) ロ，ハ，ニ　(5) イ，ロ，ハ，ニ

問６　次のイ，ロ，ハ，ニの記述のうち，熱交換器の合理的使用について正しいものはどれか.

イ．空気冷却器の伝熱量が増して熱流束（熱流密度）が大きくなると，冷媒側熱伝達率は大きくなるが，冷媒側に比べ空気側の熱伝達抵抗が小さいため空気側伝熱面積基準の熱通過率は大きくなる.

ロ．ローフィンチューブを用いる水冷凝縮器や満液式水冷却器の冷却管の外表面積基準の熱通過率は，汚れ係数の増大とともに減少するが，汚れ係数の値が大きい範囲ではあまり変わらない.

ハ．熱交換器の壁面上を流れる流体と壁面との間での熱伝達率は，流体の熱伝導率が大きいほど，また流体の粘度が低いほど大きい．フルオロカーボン冷媒液は，冷凍機油を溶解すると粘度が高くなる．したがって，過度に冷凍機油を溶解すると伝熱を阻害することになる.

ニ．ローフィンチューブを使用した水冷シェルアンドチューブ凝縮器では，冷却管に水あかが付着して汚れ係数が大きくなると，冷媒と冷却水との算術平均温度差は大きくなり，冷却管壁と冷却水の温度差は小さくなる.

(1) イ，ニ　(2) ロ，ハ　(3) ハ，ニ　(4) イ，ロ，ハ　(5) イ，ロ，ニ

問７　次のイ，ロ，ハ，ニの記述のうち，膨張弁などについて正しいものはどれか.

イ．温度自動膨張弁本体は蒸発器入口近く，また，感温筒は蒸発器出口近くに取り付ける．感温筒は，周囲の温度や湿度の影響を受けないように防湿性のある防熱材で包むようにし，垂直吸込み管に取り付けるときは，感温筒のキャピラリチューブが下側になるようにすると，管内冷媒温度をより適切に検知できる.

ロ．定圧自動膨張弁は，高圧冷媒液を絞り膨張して，一定の蒸発器内圧力を保持するための減圧弁の一種である．温度自動膨張弁と比べて，過熱度制御が優れており，熱負荷の変動の大きな装置での使用に適している．

ハ．キャピラリチューブに過冷却状態で流入した冷媒液が，自己蒸発することで気液二相流の状態になると，キャピラリチューブ入口側の液相流の場合よりも流れの摩擦抵抗がはるかに大きいので，冷媒の圧力と温度が大きく低下し，キャピラリチューブ出口から蒸発器に流出する．

ニ．内部均圧形の温度自動膨張弁を用いると，過熱度に及ぼす蒸発器内冷媒の圧力降下の影響が大きく，過熱度は設定値よりも圧力降下分だけ増大する．この圧力降下の影響を除くには，外部均圧形の温度自動膨張弁を用いる．

(1)　イ，ハ　(2)　イ，ニ　(3)　ロ，ハ　(4)　ロ，ニ　(5)　ハ，ニ

問８　次のイ，ロ，ハ，ニの記述のうち，調整弁について正しいものはどれか．

イ．凝縮圧力調整弁は，空冷凝縮器の冬季運転における凝縮圧力の異常な低下を防止し，冷凍装置を正常に運転するための圧力制御弁である．凝縮圧力調整弁による凝縮圧力の制御は，凝縮器への冷媒液の滞留による方法であり，その滞留分だけ，装置の冷媒充填量に余裕を必要とするので，受液器がなければならない．

ロ．直動式の圧力式冷却水調整弁は，下部の凝縮圧力導入用の接続口付きベローズ部分と，作動圧力設定用ばねを収めた調整部分からなり，凝縮圧力が低下すると弁開度が大きくなる．この調整弁は，凝縮負荷，水温変化，凝縮器の熱通過率変化などに応じて，凝縮圧力が適正な状態を保つように冷却水量を調節する．

ハ．直動式吸入圧力調整弁は，ベローズによってシールされた作動圧力設定用ばねと，ベローズに直結されたバルブプレートからなっている．この弁は，直動式蒸発圧力調整弁とよく似た構造であるが，バルブプレートの向きが逆である．

ニ．蒸発圧力調整弁は，蒸発圧力が一定値以下にならないように制御する調整弁である．蒸発圧力調整弁を温度自動膨張弁と組み合わせて使用する場合には，この蒸発圧力調整弁は，膨張弁の感温筒よりも上流側に取り付けなくてはならない．

(1)　イ，ハ　(2)　イ，ニ　(3)　ロ，ハ　(4)　ロ，ニ　(5)　イ，ハ，ニ

問９　次のイ，ロ，ハ，ニの記述のうち，制御機器について正しいものはどれか．

イ．油圧保護圧力スイッチは，圧縮機の軸受などが油の潤滑不良により焼き付き事故を起こすことを防止するための保護装置である．圧縮機を始動してから一定時間，または運転中に一定時間，給油圧力が定められた圧力以上を保持できない場合には，圧縮機を停止させる．この圧縮機を保護する目的で用いる油圧

保護圧力スイッチは，自動復帰式である．

ロ．吸着チャージ方式サーモスタットは，受圧部の温度が作動に及ぼす影響が小さく，サーモスタット本体が感温筒と異なった温度環境でも使用できる．これに対して，ガスチャージ方式サーモスタットは，感温筒よりも受圧部の温度が高くないと正常に作動しない．

ハ．断水リレーは，水冷凝縮器や水冷却器で，冷却水回路が断水したり循環水量が大幅に減少したときに，電気回路を遮断することによって，圧縮機を停止させたり，警報を出したりして装置を保護するための安全装置である．

ニ．満液式蒸発器，低圧受液器，中間冷却器などの液面レベルを一定に保持するためのフロート弁は，低圧フロート弁と呼ばれ，高圧冷媒液を絞り膨張させて低圧機器内に送液する．フロート弁は，容量の過大なものを選定するとオン－オフの作動になり，小さ過ぎるものを選定すると，全開でも液面レベルが保持できなくなる．

(1) イ，ロ　(2) イ，ニ　(3) ロ，ハ　(4) ハ，ニ　(5) ロ，ハ，ニ

問10　次のイ，ロ，ハ，ニの記述のうち，附属機器について正しいものはどれか．

イ．油分離器は，冷凍装置の圧縮機と凝縮器との間に設置し，圧縮機吐出しガスに含まれている冷凍機油を分離する．バッフル形の油分離器は，立形円筒内に設けたバッフル板により吐出しガスを旋回運動させ，油滴を遠心力で分離する方式である．フルオロカーボン冷媒用の油分離器は，分離した冷凍機油をフロート弁により自動的に圧縮機クランクケースに返す．

ロ．高圧受液器には，運転中の大きな負荷変動，蒸発器の運転台数の変化，ヒートポンプ装置の運転モードの切換えなどによる冷媒量の変化を吸収する役割がある．そのため，高圧受液器の容量は，冷媒をすべて回収しても，冷媒液の膨張を考慮して，少なくとも受液器の内容積の20％の冷媒蒸気空間を保持できるように決定する．

ハ．低圧受液器は，冷媒液強制循環式冷凍装置の蒸発器冷却管に低圧冷媒液を送り込むための液溜めとして，冷却管から戻った冷媒蒸気と冷媒液を分離する役割をもつ．低圧受液器では，運転状態が変化しても冷媒液ポンプと蒸発器が安定した運転を続けられるように，フロート弁あるいはフロートスイッチと電磁弁の組合せで液面高さの制御が行われる．

ニ．アンモニア冷凍装置の冷媒系統には，水分除去のためフィルタドライヤが組み込まれている．その理由は，水分が冷媒系統に存在すると，膨張弁での氷結による冷媒循環の停止，金属材料の腐食など装置各部に悪影響を及ぼすためである．

(1) イ，ロ　(2) イ，ハ　(3) ロ，ハ　(4) ロ，ニ　(5) ハ，ニ

問11　次のイ，ロ，ハ，ニの記述のうち，中間冷却器，液分離器および油回収器について正しいものはどれか．

イ．フラッシュ式中間冷却器と液冷却式中間冷却器の違いは，前者は中間冷却器で冷媒液が中間圧力の飽和液となり蒸発器側に送られるが，後者は高圧冷媒液が過冷却状態となって蒸発器側に送られることである．

ロ．フルオロカーボン冷凍装置の満液式蒸発器や低圧受液器に入り込んだ冷凍機油は，冷媒液に溶解している．そこで，冷凍機油の濃度の高い冷媒液を抜き出し，油回収器で冷凍機油と冷媒蒸気に分離して，それぞれ別系統で吸込み蒸気配管を通して圧縮機に戻す方法がある．満液式蒸発器や低圧受液器に入り込んだ冷凍機油を放置して冷凍装置の運転を続けた場合，装置の冷凍能力が低下したり圧縮機の冷凍機油が不足するようになる．

ハ．小形のフルオロカーボン冷凍装置に用いられるＵ字管を内蔵した液分離器では，入口から入った液滴を含んだ冷媒蒸気は，流れ方向の変化と速度の低下によって，冷凍機油を含む液と蒸気に分離される．液分離器出口の冷媒蒸気が冷凍機油を同伴しない流速となるように，Ｕ字管の曲がり部と立ち上がり部の管径を決める必要がある．

ニ．直接膨張式中間冷却器は，温度自動膨張弁を用いて，高段側圧縮機に吸い込まれる冷媒の過熱度を制御できることが特徴であり，二段圧縮二段膨張式のフルオロカーボン冷凍装置に用いられる．

(1)　イ，ロ　　(2)　イ，ハ　　(3)　ロ，ハ　　(4)　ハ，ニ　　(5)　ロ，ハ，ニ

問12　次のイ，ロ，ハ，ニの記述のうち，冷媒配管について正しいものはどれか．

イ．フルオロカーボン冷凍装置では，液配管内の冷媒液の流速は1.5 m/s以下とし，摩擦抵抗による圧力降下が0.02 MPa以下になるように管径を決める．圧力降下が大きくなる場合には，液ガス熱交換器を設けて，フラッシュガスの発生を防止する．

ロ，フルオロカーボン冷凍装置の吐出しガス配管の管径は，冷凍機油が確実に冷媒ガスに同伴される流速が確保できることを考慮して決める必要があり，適切な流速は，立ち上がり管では，一般に，冷媒蒸気速度が3.5 m/s以上6 m/s未満とする．

ハ．年間を通じて運転する冷凍装置では，冬季の圧縮機の停止中に凝縮器内の冷媒液が蒸発し，蒸発した冷媒蒸気が，温度の低い吐出しガス配管などで凝縮して溜まらない位置に逆止め弁を設ける．

ニ．銅管および銅合金管には継目無管が多く用いられる．冷媒配管用銅管において，ベンダーによる曲げ加工を行う場合には，一般に，1/2Ｈ材，OL材，Ｏ材を使用する．

(1) イ，ニ　(2) ロ，ハ　(3) イ，ロ，ニ　(4) イ，ハ，ニ　(5) ロ，ハ，ニ

問13　次のイ，ロ，ハ，ニの記述のうち，安全装置について正しいものはどれか．

イ．高圧遮断装置には，一般に高圧圧力スイッチが使用され，安全弁の作動圧力よりも高い圧力で作動するように設定し，安全弁が作動しない場合に圧縮機を停止する．

ロ．安全弁は，一般に，ばね式安全弁が使用されており，圧縮機に取り付けるときは，吐出し止め弁の上流側に取り付け，吹出し圧力は許容圧力の1.2倍以下でなければならない．

ハ．溶栓は，プラグの中空部に低い温度で溶融する金属を詰めたもので，圧縮機の高温の吐出しガスの影響を受けない位置に取り付ける．溶栓が溶融すると，内部が大気圧になるまで放出を続けるので，可燃性ガス，毒性ガスには用いてはならない．

ニ．圧力によって金属の薄板が破れる方式の安全装置である破裂板は，主として大形の圧力容器に使われ，経年変化により破裂圧力が低下する傾向があるため，破裂圧力を耐圧試験圧力より高くする必要がある．

(1) イ，ロ　(2) イ，ニ　(3) ロ，ハ　(4) ロ，ニ　(5) ハ，ニ

問14　次のイ，ロ，ハ，ニの記述のうち，圧力試験について正しいものはどれか．

イ．耐圧試験を液体で行う場合には，被試験品に液体を満たし，空気を完全に排除した後，液圧を徐々に加えて耐圧試験圧力まで上げて，その試験圧力を1分間以上保っておく．その後，圧力を耐圧試験圧力の8/10まで降下させ，異常がないことを確かめる．

ロ．圧縮機や容器など，冷媒設備の配管以外の部分について，その強さを確認するのに，耐圧試験の代わりに量産品について適用する強度試験がある．強度試験の試験圧力は，設計圧力の3倍以上の高い圧力であり，液体で行う耐圧試験圧力の2倍以上である．

ハ．冷媒設備の配管部分を除く構成機器の個々の組立品について行う気密試験は，耐圧強度が確認された圧縮機，ブースタ，圧力容器などについて，漏れの確認が容易にできるようにガス圧試験で行う．試験に使用するガスは，空気または不燃性で毒性の無いガスを用いる．なお，アンモニア冷媒設備の機器では，二酸化炭素を使用しない．

ニ．冷媒設備の気密の最終確認をするための真空試験は，高真空を必要とするため，真空ポンプを使用して行い，真空計または連成計を用いて真空度を測定し，設備からの漏れの有無を確認するとともに，設備内を真空にしながら，水分を蒸発させて設備内を乾燥させる．設備内は周囲の大気温度0℃に相当する水蒸気の飽和圧力以下とする．

(1)　イ，ロ　(2)　イ，ハ　(3)　ロ，ニ　(4)　ハ，ニ　(5)　イ，ロ，ハ

問15　次のイ，ロ，ハ，ニの記述のうち，据付けおよび試運転について正しいものはどれか．

イ．フルオロカーボン冷凍設備では，装置内に水分があると，遊離水分として膨張弁で氷結して正常な運転を阻害するので，冷媒チャージ前の真空乾燥が重要である．また，冷媒放出による環境破壊や，高温の物体との接触による強毒性ガスの発生などの問題から，修理などの開放時には，内部に残留ガスがないことを確認することが重要である．

ロ．蒸発式凝縮器を屋上に設置する場合，地震による据付位置のずれを防止するために，基礎の質量は，その凝縮器の質量と同一にし，その基礎の鉄筋と屋上床盤の鉄筋を固く結びつけ，凝縮器本体と基礎も十分に固定する．また，凝縮器は，水平に設置する．

ハ．アンモニア冷凍設備において，アンモニアには強い刺激臭があり，機器からの微量な漏えいでも早期に発見できるため，滞留するおそれのある場所でも漏えい検知警報設備は必要ないが，毒性ガスであるため除害設備の設置が義務付けられている．

ニ．冷凍装置の試運転を行う場合，試運転開始前に冷媒系統，電力系統，制御系統，冷却水系統などを点検する．冷媒系統については，特に弁の開閉状態，冷媒充填量，冷凍機油量について確認する．これらの点検の後，装置の始動試験を行い，異常がなければ数時間運転を継続し，運転データを採取する．

(1)　イ，ハ　(2)　イ，ニ　(3)　ロ，ハ　(4)　ロ，ニ　(5)　ハ，ニ

第一種冷凍機械　学識試験問題（試験時間120分）

問１　アンモニアを冷媒とする二段圧縮一段膨張の冷凍装置を下記の冷凍サイクルの運転条件で運転するとき，次の(1)から(3)の各問に，解答用紙の所定欄に計算式を示して答えよ．

ただし，圧縮機の機械的摩擦損失仕事は吐出しガスに熱として加わるものとする．また，配管での熱の出入りおよび圧力損失はないものとする．（20点）

（理論冷凍サイクルの運転条件）

低段圧縮機吸込み蒸気の比エンタルピー　$h_1 = 1\,490$ kJ/kg
低段圧縮機の断熱圧縮後の吐出しガスの比エンタルピー　$h_2 = 1\,600$ kJ/kg
高段圧縮機吸込み蒸気の比エンタルピー　$h_3 = 1\,560$ kJ/kg
高段圧縮機の断熱圧縮後の吐出しガスの比エンタルピー　$h_4 = 1\,720$ kJ/kg
凝縮器出口の液の比エンタルピー　$h_5 = 400$ kJ/kg
蒸発器用膨張弁直前の液の比エンタルピー　$h_7 = 280$ kJ/kg

（実際の冷凍装置の運転条件）

蒸発器の冷媒循環量　$q_{\mathrm{mro}} = 0.125$ kg/s
圧縮機の断熱効率（低段，高段とも）　$\eta_{\mathrm{c}} = 0.70$
圧縮機の機械効率（低段，高段とも）　$\eta_{\mathrm{m}} = 0.85$

(1)　中間冷却器の必要冷却能力Φ_{m}(kW)を求めよ(小数点以下第1位までとする)．
(2)　凝縮器の冷媒循環量q_{mrk}(kg/s)を求めよ（小数点以下第3位までとする）．
(3)　実際の冷凍装置の成績係数$(COP)_{\mathrm{R}}$を求めよ(小数点以下第2位までとする)．

問２　R 404Aを冷媒とする油戻し装置つき冷媒液強制循環式の冷凍装置の略図は，下図のとおりである．この装置において，圧縮機の冷媒循環量は$q_{\mathrm{mr}} = 1.0$ kg/sで，低圧受液器から油戻し装置を通る冷媒流量は$q'_{\mathrm{mr}} = 0.1$ kg/sである．この理論冷凍サイクルの各点における比エンタルピーの値は，下記のとおりである．

この装置について，(1)は解答用紙のp–h線図上に，また，(2)は解答用紙の所定欄に計算式を示して答えよ．(3)は解答用紙の所定欄に記述せよ．

ただし，液ポンプの軸動力による冷媒への熱入力は無視できるものとする．また，配管での熱の出入りおよび圧力損失はないものとする．（20点）

（運転条件）

圧縮機の断熱圧縮後の吐出しガスの比エンタルピー　$h_2 = 420$ kJ/kg
受液器出口の液の比エンタルピー　$h_3 = 240$ kJ/kg
熱交換器(A)の出口の液の比エンタルピー　$h_4 = 220$ kJ/kg
低圧受液器出口の液の比エンタルピー　$h_7 = h_6 = 160$ kJ/kg
低圧受液器出口の蒸気の比エンタルピー　$h_{11} = 350$ kJ/kg

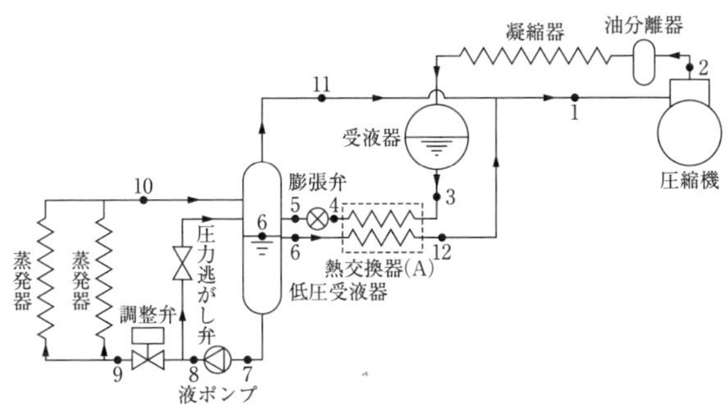

(1)　この冷凍装置の理論冷凍サイクルを解答用紙のp–h線図上に描き，点1から点12の各状態点を図中に記入せよ．

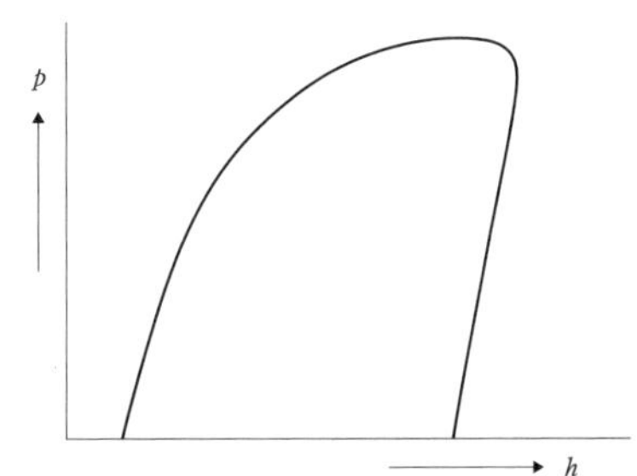

(2)　冷凍能力Φ_0(kW)および理論成績係数$(COP)_{\mathrm{th.R}}$を求めよ（理論成績係数は小数点第1位までとする）．

(3)　略図に示される熱交換器(A)の使用目的を二つ記述せよ．

問３　ローフィンチューブを用いる水冷凝縮器について，次の(1)から(3)の各問に，解答用紙の所定欄に計算式を示して答えよ．

ただし，この凝縮器の仕様および運転条件は下記のとおりとし，冷却管材の熱伝導抵抗は無視できるものとする．　(20点)

（仕様および運転条件）

冷媒側熱伝達率　$\alpha_{\mathrm{r}} = 2.50\ \mathrm{kW/(m^2 \cdot K)}$

冷却水側熱伝達率　$\alpha_{\mathrm{w}} = 10.0\ \mathrm{kW/(m^2 \cdot K)}$

汚れ係数　$f = 0.1\ \mathrm{m^2 \cdot K/kW}$

有効内外伝熱面積比　$m = 4.0$

冷却水量　$q_{\mathrm{mw}} = 60\ \mathrm{kg/min}$

冷却水入口温度　$t_{\mathrm{w1}} = 30$℃

冷却水出口温度　$t_{\mathrm{w2}} = 35$℃

冷却水の比熱　$c_{\mathrm{w}} = 4.0\ \mathrm{kJ/(kg \cdot K)}$

⑴　凝縮負荷Φ_k(kW)を求めよ(小数点以下第1位までとする).

⑵　冷却管の外表面積基準熱通過率K[kW/(m²·K)]を求めよ(小数点以下第2位までとする).

⑶　凝縮温度と冷却水との間の算術平均温度差を$\Delta t_m = 6$ Kにするために必要な伝熱面積A(m²)を求めよ(小数点以下第1位までとする).

問4　冷媒および冷凍機油に関する次の⑴から⑷の各問に答えよ.　(20点)

⑴　以下に示した冷媒の分子式をそれぞれ答えよ.

(例) R 22：$CHClF_2$, R 1234ze(E)：$CF_3CH=CHF$(“=”は二重結合を表す.)

・R 32

・R 123

・R 134a

・R 1234yf

⑵　下表に示した冷凍装置に用いる冷媒の特性に関する各項目について，それぞれの冷媒の特性を比較し，値の大，中，小，または，高，中，低の傾向を，解答用紙の所定欄に例示のように冷媒記号を用いて記入せよ.

項　目	冷媒の種類	冷媒の特性値の大，中，小または高，中，低の傾向
(例) 標準沸点	R 22, R 507 A, R 729	R 22 ＞ R 507 A ＞ R 729
分子量(モル質量)	R 134 a, R 290, R 410 A	＞　＞
地球温暖化係数(GWP)	R 32, R 404 A, R 407 C	＞　＞
臨界温度	R 1234yf, R 410 A, R 718	＞　＞

⑶　下表に示した冷媒の日本語名称(物質名)をそれぞれ答えよ．次に，表に示されている4つの冷媒のうち，以下の項目に該当するものの冷媒記号をそれぞれ示せ.

冷媒記号	R 290	R 717	R 718	R 744
物質名				

・標準沸点が最も高いもの

・臨界温度が最も低いもの

・分子量が最も小さいもの

⑷　以下の冷凍機油の略称について，冷凍機油の名称を解答用紙の所定欄に例示のようにそれぞれ記入せよ.

(例) AB油：アルキルベンゼン油

・PAG油

・POE油

・PVE油

問５　下記の仕様で製作された円筒胴圧力容器を，R 410 A用の高圧受液器として使用したい．これについて，次の(1)の問に，解答用紙の所定欄に計算式と理由を示して答えよ．また，(2)の問に，解答用紙の所定欄に計算式を示して答えよ．

(20点)

（円筒胴圧力容器および鏡板の仕様）

使用鋼板	SM 400 B
円筒胴と鏡板の外径	$D_o = 620$ mm
円筒胴に使用する鋼板の厚さ	$t_{a1} = 14$ mm
鏡板に使用する鋼板の厚さ	$t_{a2} = 8$ mm
円筒胴板と鏡板の腐れしろ	$\alpha = 1$ mm
円筒胴板の溶接継手の効率	$\eta = 0.7$

ただし，R 410Aの各凝縮温度における設計圧力は，次表の圧力を使用するものとする．

凝縮温度（℃）	43	50	55	60	65
設計圧力（MPa）	2.50	2.96	3.33	3.73	4.17

(1)　この受液器が使用できる最高の凝縮温度（℃）を求めよ．また，その凝縮温度を選択した理由を記せ．

(2)　この受液器を凝縮温度50℃で用いる場合に，円筒胴に取り付ける鏡板として厚さ8 mmの鋼板を用いることができるか否かを，鏡板の必要厚さt_a(mm)を計算して判断せよ．鏡板の形状は半球形とし，円筒胴と鏡板は，外径を同一の寸法とする．また，この鏡板には溶接継手はないものとする．

令和５年度（令和５年11月12日施行）

第二種冷凍機械責任者試験

第二種冷凍機械　法令試験問題（試験時間60分）

次の各問について，高圧ガス保安法に係る法令上正しいと思われる最も適切な答えをその問の下に掲げてある(1)，(2)，(3)，(4)，(5)の選択肢の中から１個選びなさい．

なお，この試験は，次による．

(1) 令和５年４月１日現在施行されている高圧ガス保安法に係る法令に基づき出題している．

(2) 経済産業大臣が危険のおそれのないと認めた場合等における規定は適用しない．

(3) 試験問題中，「都道府県知事等」とは，都道府県知事又は高圧ガス保安法に関する事務を処理する指定都市の長をいう．

問１　次のイ，ロ，ハの記述のうち，正しいものはどれか．

イ．高圧ガス保安法は，高圧ガスによる災害を防止して公共の安全を確保する目的のために，高圧ガスの製造，貯蔵，販売，移動その他の取扱及び消費並びに容器の製造及び取扱について規制するとともに，民間事業者及び高圧ガス保安協会による高圧ガスの保安に関する自主的な活動を促進することを定めている．

ロ．液化ガスであって，その圧力が0.2メガパスカルとなる場合の温度が30度であるものは，現在の圧力が0.15メガパスカルであっても高圧ガスである．

ハ．冷凍保安規則に定められている高圧ガスの廃棄に係る技術上の基準に従うべき高圧ガスは，可燃性ガス，毒性ガス及び特定不活性ガスに限られる．

(1) イ　(2) イ，ロ　(3) イ，ハ　(4) ロ，ハ　(5) イ，ロ，ハ

問２　次のイ，ロ，ハの記述のうち，正しいものはどれか．

イ．１日の冷凍能力が50トン以上である認定指定設備のみを使用して冷凍のため高圧ガスの製造をしようとする者は，都道府県知事等の許可を受けなくてよい．

ロ．第一種製造者の事業を譲り渡した者及び譲り受けた者は，遅滞なく，それぞれその旨を都道府県知事等に届け出なければならない．

ハ．冷凍のため高圧ガスの製造をする第一種製造者は，高圧ガスの製造の方法のみを変更しようとするときは，都道府県知事等の許可を受ける必要はないが，

軽微な変更として変更後遅滞なく，その旨を都道府県知事等に届け出なければならない．

(1) イ　(2) ロ　(3) ハ　(4) イ，ロ　(5) ロ，ハ

問３　次のイ，ロ，ハの記述のうち，正しいものはどれか．

イ．容器に充塡された冷媒ガス用の高圧ガスの販売の事業を営もうとする者（定められた者を除く．）は，販売所ごとに，事業開始後遅滞なく，その旨を都道府県知事等に届け出なければならない．

ロ．機器製造業者が所定の技術上の基準に従って製造すべき機器は，冷媒ガスの種類にかかわらず，1日の冷凍能力が5トン以上の冷凍機に用いられるものに限られる．

ハ．1日の冷凍能力が3トン未満の冷凍設備内における高圧ガスは，そのガスの種類にかかわらず，高圧ガス保安法の適用を受けない．

(1) イ　(2) ロ　(3) ハ　(4) イ，ハ　(5) ロ，ハ

問４　次のイ，ロ，ハの記述のうち，冷凍のため高圧ガスの製造をする者について正しいものはどれか．

イ．製造設備の1日の冷凍能力が15トンである場合，その製造をする高圧ガスの種類にかかわらず，製造開始の日の20日前までに，高圧ガスの製造をする旨を都道府県知事等に届け出なければならない．

ロ．第二種製造者は，製造設備の変更の工事が完成したとき，酸素以外のガスを使用する試運転又は所定の気密試験を行った後でなければ高圧ガスの製造をしてはならない．

ハ．第二種製造者のうちには，定期自主検査実施後に検査記録を都道府県知事等に届け出るべき者がある．

(1) イ　(2) ロ　(3) イ，ロ　(4) ロ，ハ　(5) イ，ロ，ハ

問５　次のイ，ロ，ハの記述のうち，車両に積載した容器（内容積が48リットルのもの）による冷凍設備の冷媒ガスの補充用の高圧ガスの移動に係る技術上の基準等について一般高圧ガス保安規則上正しいものはどれか．

イ．車両の見やすい箇所に警戒標を掲げるべき高圧ガスは，可燃性ガス，毒性ガス及び特定不活性ガスに限られる．

ロ．液化アンモニアを移動するときは，その充塡容器及び残ガス容器には木枠又はパッキンを施さなければならない．

ハ．可燃性ガスを移動するときは，そのガスの名称，性状及び移動中の災害防止のために必要な注意事項を記載した書面を運転者に交付し，移動中携帯させ，これを遵守させなければならないが，特定不活性ガスを移動するときはその定めはない．

(1) ロ　(2) イ，ロ　(3) イ，ハ　(4) ロ，ハ　(5) イ，ロ，ハ

問６　次のイ，ロ，ハの記述のうち，冷凍設備の冷媒ガスの補充用の高圧ガスを充塡するための容器（再充塡禁止容器を除く.）について正しいものはどれか.

イ．容器検査に合格した液化アンモニアの容器に刻印されている「TP 3.6 M」は，その容器の耐圧試験における圧力が3.6メガパスカルであることを表している.

ロ．液化アンモニアを充塡する容器に表示をすべき事項のうちには，その容器の表面積の2分の1以上についてねずみ色の塗色及びアンモニアの性質を示す文字「燃」,「毒」の明示がある.

ハ．液化フルオロカーボンを充塡する溶接容器の容器再検査の期間は，その容器の製造後の経過年数にかかわらず，5年である.

(1) イ　(2) ハ　(3) イ，ロ　(4) イ，ハ　(5) ロ，ハ

問７　次のイ，ロ，ハの記述のうち，冷凍に係る製造事業所における冷媒ガスの補充用としての容器による高圧ガス（質量が1.5キログラムを超えるもの）の貯蔵の方法に係る技術上の基準について一般高圧ガス保安規則上正しいものはどれか.

イ．液化アンモニアの充塡容器（内容積が5リットル以下のものを除く.）には，転落，転倒等による衝撃を防止する措置を講じなければならないが，液化フルオロカーボンの充塡容器（内容積が5リットル以下のものを除く.）には，その措置を講じる必要はない.

ロ．液化アンモニアの容器置場には，計量器等作業に必要な物以外の物を置いてはならない.

ハ．液化アンモニアの充塡容器及び残ガス容器による貯蔵は，そのガスが漏えいしたとき拡散しないように通風の良い場所でしてはならない.

(1) イ　(2) ロ　(3) イ，ハ　(4) ロ，ハ　(5) イ，ロ，ハ

問８　次のイ，ロ，ハの記述のうち，冷凍能力の算定基準について冷凍保安規則上正しいものはどれか.

イ．冷媒ガスの種類に応じて定められた数値（C）は，冷媒ガスの圧縮機（遠心式圧縮機以外のもの）を使用する製造設備の1日の冷凍能力の算定に必要な数値の一つである.

ロ．冷媒設備内の冷媒ガスの充塡量の数値は，自然環流式冷凍設備の1日の冷凍能力の算定に必要な数値の一つである.

ハ．圧縮機の標準回転速度における1時間当たりの吐出し量の数値は，遠心式圧縮機を使用する製造設備の1日の冷凍能力の算定に必要な数値の一つである.

(1) イ　(2) ハ　(3) イ，ロ　(4) ロ，ハ　(5) イ，ロ，ハ

問９から問14までの問題は，次の例による事業所に関するものである．

［例］冷凍のため，次に掲げる高圧ガスの製造施設を有する事業所
なお，この事業者は認定完成検査実施者及び認定保安検査実施者ではない．
製造設備の種類：定置式製造設備（一つの製造設備であって，専用機械室に設置してあるもの）
冷媒ガスの種類：アンモニア
冷凍設備の圧縮機：容積圧縮式（往復動式）4台
1日の冷凍能力：250トン
主な冷媒設備：凝縮器（横置円筒形で胴部の長さが5メートルのもの）　1基
：受液器（内容積が6,000リットルのもの）　1基

問９　次のイ，ロ，ハの記述のうち，この事業者について正しいものはどれか．

イ．この事業者は，危害予防規程を定め，これを都道府県知事等に届け出なければならない．また，この危害予防規程を守るべき者は，この事業者及びその従業者であると定められている．

ロ．この事業者は，保安教育計画を忠実に実行しておらず，かつ，公共の安全の維持又は災害の発生の防止のため必要があると都道府県知事等が認める場合，都道府県知事等からその保安教育計画を忠実に実行し，又はその従業者に保安教育を施し，若しくはその内容若しくは方法を改善するよう勧告を受けることがある．

ハ．この事業者がこの事業所内において指定した場所では，その事業所に選任された冷凍保安責任者を除き，何人も火気を取り扱ってはならない．

(1)　イ　　(2)　ロ　　(3)　ハ　　(4)　イ，ロ　　(5)　ロ，ハ

問10　次のイ，ロ，ハの記述のうち，この事業者について正しいものはどれか．

イ，冷凍のための製造施設が危険な状態になったとき，応急の措置を講じることができなかったので，従業者に退避するよう警告するとともに，付近の住民の退避も必要と判断し，その住民に退避するよう警告した．

ロ．平成30年（2018年）11月1日に製造施設に異常があったので，その年月日及びそれに対してとった措置を帳簿に記載し，これを保存していたが，その後その製造施設に異常がなかったので，令和5年（2023年）11月1日にその帳簿を廃棄した．

ハ．この製造施設の高圧ガスについて災害が発生したときは，遅滞なく，その旨を都道府県知事等又は警察官に届け出なければならないが，所有し，又は占有する容器を盗まれたときは，その旨を都道府県知事等又は警察官に届け出なく

てよい.

(1)　イ　(2)　ロ　(3)　ハ　(4)　イ，ロ　(5)　ロ，ハ

問11　次のイ，ロ，ハの記述のうち，この事業者について正しいものはどれか.

イ．この事業所の冷凍保安責任者には，第二種冷凍機械責任者免状の交付を受け，かつ，1日の冷凍能力が20トンの製造施設を使用して行う高圧ガスの製造に関する6か月の経験を有する者を選任することができる.

ロ．選任した冷凍保安責任者が旅行，疾病その他の事故によってその職務を行うことができなくなったときは，遅滞なく，高圧ガスの製造に関する所定の経験を有する者のうちから代理者を選任し，その職務を代行させなければならない.

ハ．冷凍保安責任者を選任又は解任したときは，遅滞なく，その旨を都道府県知事等に届け出なければならないが，その代理者の選任又は解任についても同様に届け出なければならない.

(1)　ロ　(2)　ハ　(3)　イ，ハ　(4)　ロ，ハ　(5)　イ，ロ，ハ

問12　次のイ，ロ，ハの記述のうち，この事業者が行う製造施設の変更の工事について正しいものはどれか.

イ．製造設備以外の製造施設に係る設備の取替えの工事を行う場合，軽微な変更の工事として，その完成後遅滞なく，都道府県知事等にその旨を届け出ればよい.

ロ．この製造施設の冷媒設備の圧縮機の取替えの工事においては，冷媒設備に係る切断，溶接を伴わない工事であって，その設備の冷凍能力の変更を伴わないものであっても，軽微な変更の工事には該当しない.

ハ．この製造施設の冷媒設備の凝縮器の取替えの工事において，冷媒設備に係る切断，溶接を伴わない工事をしようとするときは，都道府県知事等の許可を受けなければならないが，その工事について所定の完成検査は，受ける必要はない.

(1)　イ　(2)　ロ　(3)　イ，ロ　(4)　ロ，ハ　(5)　イ，ロ，ハ

問13　次のイ，ロ，ハの記述のうち，この事業所に適用される技術上の基準について正しいものはどれか.

イ．製造設備を設置する室のうち，冷媒ガスであるアンモニアが漏えいしたとき滞留しないような構造とすべき室は，圧縮機，油分離器，凝縮器を設置する室に限られる.

ロ．この冷媒設備の安全弁（大気に冷媒ガスを放出することのないものを除く.）には，放出管を設けなければならない．また，放出管の開口部の位置は，放出する冷媒ガスの性質に応じた適切な位置でなければならない.

ハ．この受液器にガラス管液面計を設ける場合には，丸形ガラス管液面計以外の

ものとし，その液面計に破損を防止するための措置か，受液器とその液面計とを接続する配管にその液面計の破損による漏えいを防止するための措置のいずれか一方の措置を講じることと定められている．

(1) イ　(2) ロ　(3) イ，ロ　(4) ロ，ハ　(5) イ，ロ，ハ

問14　次のイ，ロ，ハの記述のうち，この事業所に適用される技術上の基準について正しいものはどれか．

イ．この製造施設は，その規模に応じて，適切な消火設備を適切な箇所に設けるべき施設に該当する．

ロ．この製造施設の冷媒設備に係る電気設備は，その設置場所及び冷媒ガスの種類に応じた防爆性能を有する構造のものとすべきものに該当する．

ハ．この受液器は，所定の耐震に関する性能を有すべきものに該当する．

(1) イ　(2) ハ　(3) イ，ロ　(4) イ，ハ　(5) イ，ロ，ハ

問15から問20までの問題は，次の例による事業所に関するものである．

［例］冷凍のため，次に掲げる定置式製造設備である高圧ガスの製造施設を有する一つの事業所として高圧ガスの製造の許可を受けている事業所

なお，この事業者は認定完成検査実施者及び認定保安検査実施者ではない．

製造設備Ａ：冷媒設備が一つの架台上に一体に組み立てられていないもの　1基

製造設備Ｂ：認定指定設備であるもの　1基

これら製造設備Ａ及び製造設備Ｂはブラインを共通とし，同一の専用機械室に設置されており，一体として管理されるものとして設計されたものであり，かつ，同一の計器室において制御されている．

冷媒ガスの種類：製造設備Ａ及び製造設備Ｂとも，不活性ガスであるフルオロカーボン134ａ

冷凍設備の圧縮機：製造設備Ａ及び製造設備Ｂとも，遠心式

1日の冷凍能力：600トン（製造設備Ａ：300トン，製造設備Ｂ：300トン）

主な冷媒設備：凝縮器（製造設備Ａ及び製造設備Ｂとも，横置円筒形で胴部の長さが4メートルのもの）　各1基

問15　次のイ，ロ，ハの記述のうち，この事業者が行う製造施設の変更の工事につ

いて正しいものはどれか.

イ．製造設備Ａの圧縮機の取替えの工事において，冷媒設備に係る切断，溶接を伴わない工事であって，冷凍能力の変更がないものは，軽微な変更の工事に該当する.

ロ．製造設備Ｂについて行う指定設備認定証が無効とならない認定指定設備に係る変更の工事は，軽微な変更の工事に該当する.

ハ．製造設備Ａの圧縮機の取替えの工事において，冷媒設備に係る切断，溶接を伴わない工事であって，冷凍能力の変更が所定の範囲であるものは，都道府県知事等の許可を受けなければならないが，その変更の工事の完成後，その製造施設の完成検査を受けることなくこれを使用することができる.

(1) ロ　(2) イ，ロ　(3) イ，ハ　(4) ロ，ハ　(5) イ，ロ，ハ

問16 次のイ，ロ，ハの記述のうち，この事業所に適用される技術上の基準について正しいものはどれか.

イ．圧縮機，油分離器，凝縮器及び受液器並びにこれらの間の配管は，引火性又は発火性の物（作業に必要なものを除く.）をたい積した場所及び火気（その製造設備内のものを除く.）の付近にあってはならない．ただし，その火気に対して安全な措置を講じた場合は，この限りでない.

ロ．冷媒設備の配管以外の部分について行う耐圧試験は，水その他の安全な液体を使用することが困難であると認められるときは，空気，窒素等の気体を使用して許容圧力の1.25倍以上の圧力で行うことができる.

ハ．製造設備Ｂは認定指定設備であるため，その製造施設の外部から見やすいように警戒標を掲げる必要はない.

(1) イ　(2) ロ　(3) イ，ロ　(4) イ，ハ　(5) イ，ロ，ハ

問17 次のイ，ロ，ハの記述のうち，この事業所に適用される技術上の基準について正しいものはどれか.

イ．冷媒設備の圧縮機が強制潤滑方式であって，潤滑油圧力に対する保護装置を有している場合であっても，その圧縮機の油圧系統を除く冷媒設備には圧力計を設けなければならない.

ロ．製造設備Ｂは認定指定設備であるので，その冷媒設備にはその設備内の冷媒ガスの圧力が許容圧力を超えた場合に直ちに許容圧力以下に戻すことができる安全装置を設ける必要はない.

ハ．製造設備に設けたバルブ又はコックが操作ボタン等により開閉されるものである場合は，その操作ボタン等には，作業員がその操作ボタン等を適切に操作することができるような措置を講じる必要はない.

(1) イ　(2) イ，ロ　(3) イ，ハ　(4) ロ，ハ　(5) イ，ロ，ハ

問18　次のイ，ロ，ハの記述のうち，この事業所に適用される技術上の基準について正しいものはどれか．

イ．製造設備の運転を数日間停止する場合であっても，特に定める場合を除き，その間も冷媒設備の安全弁に付帯して設けた止め弁を常に全開しておかなければならない．

ロ．高圧ガスの製造は，製造する高圧ガスの種類及び製造設備の態様に応じ，1日に1回以上その製造設備の属する製造施設の異常の有無を点検して行わなければならない．

ハ．冷媒設備を開放して修理するときは，その開放する部分に他の部分からガスが漏えいすることを防止するための措置を講じて行わなければならない．

(1)　イ　　(2)　イ，ロ　　(3)　イ，ハ　　(4)　ロ，ハ　　(5)　イ，ロ，ハ

問19　次のイ，ロ，ハの記述のうち，この事業者が受ける保安検査及びこの事業者が行う定期自主検査について正しいものはどれか．

イ．製造施設のうち製造設備Bの部分については，保安検査を受けることを要しない．

ロ．定期自主検査は，3年以内に少なくとも1回以上行うことと定められている．

ハ．定期自主検査の検査記録に記載すべき事項の一つに，検査の実施について監督を行った者の氏名がある．

(1)　イ　　(2)　ハ　　(3)　イ，ハ　　(4)　ロ，ハ　　(5)　イ，ロ，ハ

問20　次のイ，ロ，ハの記述のうち，認定指定設備である製造設備Bについて冷凍保安規則上正しいものはどれか．

イ．この製造設備が認定指定設備である条件の一つに，「冷媒設備は，その設備の製造業者の事業所において試運転を行い，使用場所に分割されずに搬入されるものであること．」がある．

ロ．この製造設備の日常の運転操作に必要となる冷媒ガスの止め弁には，手動式のものを使用することができる．

ハ．この製造設備に変更の工事を施したとき，その工事が同等の部品への交換のみである場合は，指定設備認定証は無効にならないと定められている．

(1)　イ　　(2)　ハ　　(3)　イ，ロ　　(4)　イ，ハ　　(5)　イ，ロ，ハ

第二種冷凍機械　保安管理技術試験問題（試験時間90分）

次の各問について，正しいと思われる最も適切な答をその問の下に掲げてある(1)，(2)，(3)，(4)，(5)の選択肢の中から１個選びなさい．

問１　次のイ，ロ，ハ，ニの記述のうち，圧縮機の運転および保守管理について正しいものはどれか．

イ．圧縮機が，アンロード運転からフルロード運転になると，圧縮機容量が急増して吸込み蒸気圧力が急激に上昇し，液戻りが起きて液圧縮になることがある．

ロ．圧縮機が過熱運転状態になる原因として，吸込み蒸気圧力の低下，過大な吸込み蒸気過熱度，吐出しガス圧力の上昇などがある．圧縮機が過熱運転になると，圧縮機の体積効率，冷凍装置の冷凍能力および成績係数が低下する．

ハ．往復圧縮機の吐出し弁に漏れがあると，吐出し側の高温・高圧の冷媒ガスの一部がシリンダ内に逆流するため，圧縮機の吸込み蒸気量が減少し，体積効率および吐出しガス温度の低下を招く．

ニ．圧縮機を停止させる場合，受液器液出口弁を閉じてしばらく運転し，液配管での液封の防止や，始動時の液戻り防止のために，受液器に冷媒液を回収しておく．

(1)　イ，ロ　　(2)　イ，ニ　　(3)　ロ，ハ　　(4)　ロ，ニ　　(5)　イ，ハ，ニ

問２　次のイ，ロ，ハ，ニの記述のうち，凝縮器などについて正しいものはどれか．

イ．受液器兼用のシェルアンドチューブ凝縮器を備える冷凍装置に冷媒を過充填すると，凝縮に有効に使われる冷却管の伝熱面積が減少して凝縮温度が上昇し，凝縮器から出る冷媒液の過冷却度は小さくなる．

ロ．水冷シェルアンドチューブ凝縮器内に不凝縮ガスが存在するかどうかの確認をするには，圧縮機を停止した後，凝縮器の冷媒出入り口弁を閉止し，冷却水をそのまま20～30分間通水する．その後，凝縮器の圧力が冷却水温に相当する冷媒の飽和圧力よりも高ければ，不凝縮ガスは存在している．

ハ．フルオロカーボン冷媒は冷凍機油をかなりよく溶解するので，一般に，凝縮器伝熱面には油膜が形成されないが，非相溶性の冷凍機油を用いるアンモニア冷媒は冷凍機油をあまり溶解しないので油膜が形成される．

ニ．液配管内に冷媒液が封鎖され，周囲から熱が侵入すると，冷媒液の熱膨張が配管の熱膨張より大きいために配管内の圧力が上昇し，弁や配管が破損する．例えば，液温が－30℃から0℃に変化した場合，アンモニア冷媒液は，R 410A冷媒液よりも温度上昇による比体積の増加割合が大きいため，注意が必要である．

(1) イ，ロ　(2) イ，ハ　(3) ロ，ハ　(4) ロ，ニ　(5) イ，ハ，ニ

問３　次のイ，ロ，ハ，ニの記述のうち，低圧部の保守管理について正しいものはどれか．

イ．蒸発温度が低い場合には，蒸発器内の冷媒圧力が低くなり，圧縮機吸込み蒸気の比体積が大きくなるので，冷凍装置の冷凍能力は減少する．

ロ．温度自動膨張弁の感温筒が管壁から外れて，膨張弁開度が大きくならないように，感温筒は蒸発器入口管壁に密着させ，バンドで確実に締め付ける．

ハ．冷凍装置の使用目的によって，蒸発温度と冷却される流体との温度差が設定される．一般に，空調用空気冷却器よりも冷蔵用のほうが，その設定温度差は大きい．

ニ．乾式蒸発器への冷媒循環量が不足して，適切な運転状態が確保できない原因としては，冷媒の充填量の不足や冷媒液配管内でのフラッシュガスの発生のほかに，膨張弁の容量不足などがある．また，フルオロカーボン冷凍装置では，冷媒に水分が混入した場合の膨張弁での氷結などがある．

(1) イ，ロ　(2) イ，ニ　(3) ロ，ハ　(4) イ，ハ，ニ　(5) ロ，ハ，ニ

問４　次のイ，ロ，ハ，ニの記述のうち，冷媒や冷凍機油などについて正しいものはどれか．

イ．冷凍装置内に空気を吸い込むと，吸い込まれた空気中の水分は，冷媒に溶け込んで冷凍装置内を循環し，膨張弁の凍結などのトラブルの原因となる．そのため，漏えい箇所がある場合には，速やかに修理するとともに，負圧運転はできるだけ避ける．

ロ．冷凍・空調装置の配管や圧縮機の部品加工の際には，切削加工油や防錆油が使用される．HFC冷媒を用いた冷凍装置内にこれらの加工油が残留すると，これらの加工油は極性を持たないため，冷媒に溶けず分離し，劣化すると粘着状のスラッジが生じる．

ハ　フルオロカーボン冷媒の場合，運転停止中など冷凍機油の温度が低い状態では，冷凍機油中に大量の冷媒が溶解することがある．これを防ぐため，R 410Aを用いた冷凍・空調装置の往復圧縮機では，クランクケース内の冷凍機油温度をヒータなどで45～55℃に保つとよい．

ニ．R 404AやR 410Aなどの非共沸混合冷媒は，飽和液と飽和蒸気が共存する二相域において液相と蒸気相のそれぞれの成分比が異なる．そのため，これらの非共沸混合冷媒を容器から冷凍装置に充填する際に，サイホン管が付いていない容器を用いる場合，必ず容器を正立させて充填作業を行わなければならない．

(1) イ，ロ　(2) イ，ハ　(3) ロ，ハ　(4) ロ，ニ　(5) ハ，ニ

問５　次のイ，ロ，ハ，ニの記述のうち，自動制御機器などについて正しいものは

どれか.

イ. 低圧圧力スイッチを使用する場合, 冷凍装置の圧縮機の吸込み蒸気配管にその圧力検出端を接続する. このスイッチは, 一般に, 蒸発圧力が異常に上昇したとき, その圧力を検出して圧縮機電源回路を遮断し, 圧縮機を停止させることに用いる.

ロ. 低圧受液器などの液面レベルを一定に保持する低圧フロート弁は, 直接式低圧フロート弁とフロート室付低圧フロート弁があり, 高圧冷媒液を絞り膨張させて低圧機器内に送液する.

ハ. パイロット式電磁弁は, その作動機構により弁前後の圧力差がゼロでは作動しないが, 直動式電磁弁は圧力差がゼロでも作動する.

ニ. 吸入圧力調整弁は, 圧縮機の電動機の過負荷を防止するために, 圧縮機吸込み圧力が設定圧力より高くならないように制御する圧力調整弁であり, 圧縮機吸込み管に取り付ける.

(1) イ, ハ　(2) ロ, ニ　(3) イ, ロ, ハ　(4) イ, ハ, ニ　(5) ロ, ハ, ニ

問６　次のイ, ロ, ハ, ニの記述のうち, 附属機器について正しいものはどれか.

イ. 油分離器は, 冷凍装置の圧縮機と凝縮器との間に設置し, 圧縮機吐出しガスに含まれている冷凍機油を分離して, フルオロカーボン冷凍装置などでは圧縮機のクランクケースへ分離した冷凍機油を戻す.

ロ. 低圧受液器は, 凝縮器で凝縮した冷媒液を蓄える容器である. 高圧受液器は, 冷媒液強制循環式冷凍装置の蒸発器冷却管に冷媒液を送り込むための液溜めである.

ハ. フルオロカーボン冷凍装置の冷媒系統に水分が存在すると, 膨張弁での氷結による閉塞や金属材料の腐食など装置各部に悪影響を及ぼす. そこで, フィルタドライヤ（ろ過乾燥器）に冷媒液を通して, 冷媒中の水分を吸着して除去する.

ニ. 液分離器は, 圧縮機吸込み蒸気に冷媒液が混入したときに, 冷媒液を分離して冷媒蒸気だけを圧縮機に吸い込ませ, 液戻りによる圧縮機の事故を防ぐ.

(1) イ, ロ　(2) イ, ハ　(3) ロ, ニ　(4) ハ, ニ　(5) イ, ハ, ニ

問７　次のイ, ロ, ハ, ニの記述のうち, 配管について正しいものはどれか.

イ. 銅管のろう付けは, ろう付け継手に銅管を差し込んで接合面を重ね合わせ, その隙間にフラックスを用いて溶けたろうを流し込み溶着させる. ろう付けに使用するろう材は, BAg（銀ろう）系, BCuZn（黄銅ろう）系などを使用する. ろう付け温度は, BAg系のほうがBCuZn系よりも高い.

ロ. 液配管の施工を行うため, 凝縮器から受液器への液流下管における冷媒液の流速を1.5 m/sとし, 外部均圧管を設けずに, 液流下管自身に均圧管の役割を持たせるように設計した.

ハ．吸込み蒸気配管の施工では，立ち上がり吸込み蒸気配管が非常に長い場合には，約10 mごとに中間トラップを設ける．これは，冷凍機油が戻りやすいようにするためである．

ニ．フルオロカーボン冷凍装置のシェルアンドチューブ満液式蒸発器に取り付けられた油戻し管では，絞り弁を通して冷凍機油を含んだ冷媒液を少しずつ抜き出し，液ガス熱交換器で冷媒液を気化した後，圧縮機に冷凍機油を戻している．

(1) イ，ロ　(2) イ，ニ　(3) ロ，ハ　(4) ハ，ニ　(5) ロ，ハ，ニ

問８　次のイ，ロ，ハ，ニの記述のうち，安全装置について正しいものはどれか．

イ．高圧圧力スイッチは，安全弁の作動圧力よりも低い圧力で作動する．高圧圧力スイッチは，圧縮機吐出し部で吐出し圧力を正しく検出する位置に圧力誘導管で接続する．圧力誘導管は，冷凍機油やスケールが流入しないように，配管の上側（上面側）に接続する．

ロ．冷凍装置の安全弁は，一般に，ばね式安全弁が使用されており，圧縮機に取り付けるときは，吐出し止め弁の上流側に取り付ける．圧縮機用安全弁は，吹出し圧力において圧縮機が吐き出すガスの全量を噴出することができなければならない．

ハ．溶栓は，圧力で作動する安全装置ではなく，温度によって作動する安全装置である．この安全装置は，圧力容器が火災などで表面から加熱されて昇温したときに作動して，内部の異常高圧になった冷媒を放出する．

ニ．破裂板は，圧力によって金属などの薄板が破れる方式の安全装置で，主として大形の圧力容器に使われる．圧力容器の内部が大気圧になるまで放出を続けるので，破裂板は，可燃性ガスおよび毒性ガスに用いてはならない．

(1) イ，ロ　(2) ハ，ニ　(3) イ，ロ，ハ　(4) イ，ロ，ニ　(5) イ，ロ，ハ，ニ

問９　次のイ，ロ，ハ，ニの記述のうち，圧力試験などについて正しいものはどれか．

イ．冷凍装置を構成する各圧力容器の突合せ溶接部の機械試験のうち，表曲げ試験は，母材の厚さが19 mm以上の突合せ溶接部に限る．

ロ．耐圧試験の圧力は，液体で行う場合には設計圧力または許容圧力のいずれか低いほうの圧力の1.25倍以上の圧力とする．

ハ．真空試験では，冷凍設備内は周囲大気温度0℃に相当する水蒸気飽和圧力以下にすることが必要で，到達真空は一般の連成計などで計測する．

ニ．耐圧試験では，加圧時に機器の材料に発生する応力が，その材料の降伏点よりも低くなければならないので，耐圧試験の試験圧力は必要以上に高くしてはならない．

(1) イ　(2) ハ　(3) ニ　(4) イ，ハ　(5) ロ，ニ

問10　次のイ，ロ，ハ，ニの記述のうち，冷凍装置の据付けおよび試運転について

正しいものはどれか．

イ．機器の基礎は，基礎底面にかかる静的，動的を含む荷重が，どの部分でも地盤の許容応力以下とし，できるだけ荷重を地盤に平均にかかるようにする．また，地震などで転倒しないように，一般には，基礎の質量は上に設置する機器の質量よりも大きくする．

ロ．振動防止のために，機械と基礎の共振を避ける必要がある．そのため，基礎の固有振動数は，機械が発生する振動の振動数よりも10％以上の差を付けなければならない．

ハ．冷凍装置から大量の冷媒ガスが屋内に漏れた場合，大気中で空気よりも重い冷媒は，床面に滞留しやすく，酸欠の危険がある．

ニ．冷媒量が不足すると，蒸発圧力が低下し，圧縮機の吸込み蒸気の過熱度が大きくなる．さらに，吐出し圧力と吐出しガス温度が上昇するので，冷凍機油が劣化するおそれがある．

⑴　イ，ハ　⑵　イ，ニ　⑶　ロ，ハ　⑷　ロ，ニ　⑸　ハ，ニ

第二種冷凍機械　学識試験問題(試験時間120分)

次の各問について，正しいと思われる最も適切な答をその問の下に掲げてある(1)，(2)，(3)，(4)，(5)の選択肢の中から１個選びなさい．

問１　R 410A冷凍装置が下図の理論冷凍サイクルで運転されている．圧縮機の実際の軸動力が80 kWであるとき，実際の冷凍能力は何kWか．次の答えの(1)から(5)のうち，最も近いものを選べ．

ただし，圧縮機の断熱効率η_cは0.80，機械効率η_mは0.90とし，圧縮機の機械的摩擦損失仕事は吐出しガスに熱として加わるものとする．また，配管での熱の出入りおよび圧力損失はないものとする．

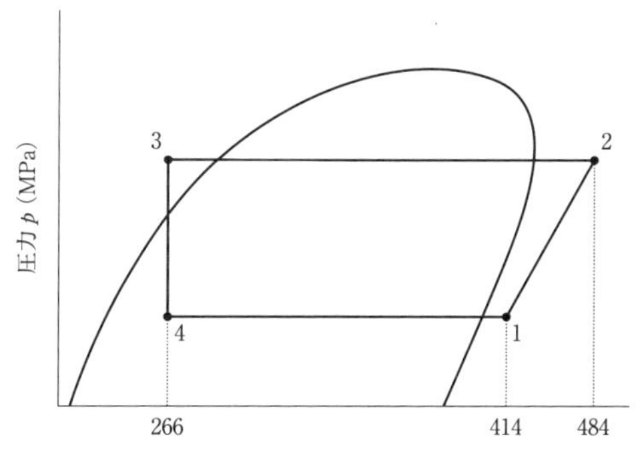

(1)　121 kW　　(2)　135 kW　　(3)　152 kW　　(4)　169 kW　　(5)　179 kW

問２　アンモニア冷凍装置が，下記の条件で運転されている．このとき，圧縮機のピストン押しのけ量V(m^3/h)，圧縮機駆動の軸動力P(kW)について，次の答の(1)から(5)の組合せのうち最も近いものはどれか．

ただし，圧縮機の機械的摩擦損失仕事は吐出しガスに熱として加わるものとする．また，配管での熱の出入りおよび圧力損失はないものとする．

(運転条件)

冷凍能力	Φ_o = 220 kW
圧縮機吸込み蒸気の比体積	v_1 = 0.60 m^3/kg
圧縮機吸込み蒸気の比エンタルピー	h_1 = 1 435 kJ/kg
断熱圧縮後の吐出しガスの比エンタルピー	h_2 = 1 705 kJ/kg
蒸発器入口冷媒の比エンタルピー	h_4 = 325 kJ/kg
圧縮機の体積効率	η_v = 0.72

圧縮機の断熱効率　$\eta_{\mathrm{c}} = 0.80$

圧縮機の機械効率　$\eta_{\mathrm{m}} = 0.90$

(1)　$V = 165\ \mathrm{m^3/h}$，$P = 74\ \mathrm{kW}$　(2)　$V = 428\ \mathrm{m^3/h}$，$P = 103\ \mathrm{kW}$

(3)　$V = 428\ \mathrm{m^3/h}$，$P = 74\ \mathrm{kW}$　(4)　$V = 595\ \mathrm{m^3/h}$，$P = 103\ \mathrm{kW}$

(5)　$V = 595\ \mathrm{m^3/h}$，$P = 74\ \mathrm{kW}$

問3　次のイ，ロ，ハ，ニの記述のうち，圧縮機と冷凍装置について正しいものはどれか．

イ．スクロール圧縮機は，スクロールの設計構造で圧縮の始まりと終わりの容積比が決まり，この容積比によって組込み圧力比が決定される．したがって，圧力比が大きく異なる運転条件の用途に対しては，その用途に適した別設計の圧縮機を用いなければならない．

ロ．二段圧縮冷凍装置にコンパウンド多気筒圧縮機を用いる場合，圧縮機内で気筒を低段用，高段用に区分けする．その分け方は，高低段の押しのけ量比が，低段のピストン押しのけ量を分母として2または3となるように，低段と高段に区分けする．

ハ．熱負荷変動の大きな冷凍装置では，一般に，容量制御を行い，蒸発圧力や凝縮圧力を所定の条件に保つようにしている．容量制御を行うには，圧縮機の運転をオン・オフする方法，圧縮機の運転台数を変える方法，圧縮機の回転速度を変える方法などがある．

ニ．冷凍装置の容量制御の1つであるホットガスバイパスによる方法を用いると，圧縮機の吐出しガスをホットガスとして蒸発器側に送り，圧縮機吸い込み圧力の低下を防ぐことができる．各種のホットガスバイパスによる方法の中で，ホットガスを温度自動膨張弁と蒸発器入口の間にバイパスする方法は，適正な過熱度を維持でき，連続の長時間運転が可能である．

(1)　イ，ロ　(2)　ロ，ニ　(3)　ハ，ニ　(4)　イ，ロ，ハ　(5)　イ，ハ，ニ

問4　次のイ，ロ，ハ，ニの記述のうち，伝熱について正しいものはどれか．

イ．物体内部を熱伝導によって熱が伝わるとき，単位面積，単位時間当たりの伝熱量を熱流束という．

ロ．流動している流体と固体壁面との間に温度差があると熱移動を生じ，その伝熱量は「伝熱面積」と「伝熱壁面温度と周囲流体温度との温度差」に比例する．この関係は，フーリエの法則として知られている．

ハ．水冷凝縮器内での熱交換を考える場合，熱は冷媒蒸気から冷却水へと伝えられる．固体壁を介して一方の流体から他方の流体への伝熱を熱通過という．

ニ．実際の熱交換器では，伝熱面表面に水あかなどの汚れが付着し，熱伝導抵抗が増大する．この汚れの熱伝導率を汚れの厚さで除したものを，汚れ係数と

いう．

(1) イ，ロ　(2) イ，ハ　(3) ロ，ニ　(4) ハ，ニ　(5) イ，ロ，ハ

問５　次のイ，ロ，ハ，ニの記述のうち，凝縮器について正しいものはどれか．

イ．空冷凝縮器は，冷却管内に導かれた冷媒過熱蒸気を外面から大気で冷却して凝縮させるが，冷媒側の熱伝達率が空気側に比べて小さいので，これを補うために冷却管にフィンをつけて伝熱面積を拡大している．

ロ．シェルアンドチューブ凝縮器では，管板の外側に取り付けた水室に冷却水通路の仕切りを設け，冷却水が冷却管内を数回往復するものが多い．冷却水が一往復する場合を２パス，二往復する場合を４パスとそれぞれ呼ぶ．

ハ．水冷凝縮器は，冷却水の蒸発潜熱を利用して冷媒蒸気を凝縮する．この凝縮器は，一般に，冷却塔と組み合わせて使用する場合が多い．

ニ．蒸発式凝縮器は，蒸発分を補うだけの非常に少ない補給水量で冷媒蒸気を冷却することができるが，飛散する水や水質管理のための補給水量は必要である．

(1) イ，ロ　(2) ロ，ハ　(3) ロ，ニ　(4) ハ，ニ　(5) イ，ハ，ニ

問６　次のイ，ロ，ハ，ニの記述のうち，蒸発器について正しいものはどれか．

イ．シェルアンドチューブ満液式蒸発器は，一般に，冷却管内を水やブラインが流れ，冷媒は胴体の下部から供給される．この方式の特徴は，蒸発器内の冷媒が核沸騰熱伝達で蒸発するために，乾式蒸発器に比べて伝熱性能がよく，冷媒側の圧力降下も小さい．

ロ．乾式シェルアンドチューブ蒸発器には，裸管のほかに各種の伝熱促進管が使用され，管内の伝熱性能向上のため，一般に，インナフィンチューブ，らせん形の溝を付けたコルゲートチューブ，ローフィンチューブなどが使用される．

ハ．冷媒液強制循環式蒸発器は，蒸発する冷媒液量の３～５倍の冷媒液を液ポンプで強制的に冷却管内に送り込むため，冷凍負荷の変動があっても，低圧受液器が蒸発器内の冷媒の状態変動の緩衝器の役割をし，冷凍装置全体への運転状態の影響は少ない．

ニ．庫内温度を－20℃程度の低い温度に保つ冷凍庫用の空気冷却器の除霜方法として，オフサイクル方式は送風機を運転して除霜を行うが，電気ヒータ方式およびホットガスデフロスト方式は送風機を止めて除霜する．

(1) イ，ロ　(2) イ，ハ　(3) ロ，ハ　(4) ロ，ニ　(5) イ，ハ，ニ

問７　次のイ，ロ，ハ，ニの記述のうち，熱交換器について正しいものはどれか．

イ．蒸発温度が高いほど，また凝縮温度が低いほど，冷凍サイクルの成績係数は大きくなる．

ロ．熱通過率Kは，汚れ係数fの増大とともに増大するが，汚れ係数fの増加に比例して，冷媒と冷却水との温度差Δtは小さくなる．

ハ．凝縮器内に不凝縮ガスが存在すると伝熱作用が阻害されるため，冷凍装置の運転中には，器内に存在する不凝縮ガスの分圧相当分以上に凝縮圧力が高くなる．

ニ．フルオロカーボン冷媒液は，冷凍機油を溶解すると粘度が高くなる．したがって，過度に冷凍機油を溶解すると伝熱を阻害することになる．

(1) イ，ハ　(2) ロ，ニ　(3) イ，ハ，ニ　(4) ロ，ハ，ニ　(5) イ，ロ，ハ，ニ

問8　次のイ，ロ，ハ，ニの記述のうち，自動制御機器について正しいものはどれか．

イ．冷媒は，キャピラリチューブの入口に過冷却された液の状態で流入し，圧力と温度が大きく低下した気液二相の状態で出口から流出する．

ロ．電子膨張弁システムでは，温度センサおよび過熱度コントローラが，温度自動膨張弁の感温筒の役割を担っている．温度センサには，サーミスタや白金抵抗体が用いられる．

ハ．一般に，口径の大きな電磁弁には直動式が用いられ，口径の小さな電磁弁にはパイロット式が用いられる．パイロット式には，ピストン形やダイアフラム形などがある．

ニ．四方切換弁は冷暖房兼用ヒートポンプに用いられるが，切換え時に高圧側と低圧側に圧力差があると切換えができず，中間期などの長期間運転停止後に切換えを行う．

(1) イ，ロ　(2) ロ，ハ　(3) ハ，ニ　(4) イ，ロ，ニ　(5) イ，ハ，ニ

問9　次のイ，ロ，ハ，ニの記述のうち，冷媒およびブラインなどについて正しいものはどれか．

イ．冷媒は，臨界温度を超える領域では，蒸発や凝縮の潜熱のみの利用となり，顕熱は利用できなくなる．

ロ．プロピレングリコール水溶液ブラインは，毒性をほとんどもたないため，食品の冷却用として使用されている．塩化カルシウムブラインは金属に対する腐食性が強い．

ハ．地球温暖化を評価する指標であるTEWI（Total Equivalent Warming Impact）は，直接効果と間接効果の和として定義されている．間接効果は，対象機器のエネルギー消費に伴って排出される二酸化炭素による間接的な影響分である．

ニ．冷媒には，それぞれ固有の番号が付けられているが，単成分のフルオロカーボン冷媒の異性体は，冷媒番号の後に小文字のアルファベットを付けて表す．

(1) イ，ハ　(2) ロ，ハ　(3) イ，ロ，ニ　(4) ロ，ハ，ニ　(5) イ，ロ，ハ，ニ

問10　次のイ，ロ，ハ，ニの記述のうち，圧力容器の材料および強度について正しいものはどれか．

イ．鋼材は，一般に，温度が下がるにつれて引張強さ，降伏点，絞り率などが増

大するが，ある温度以下の低温で伸びが小さくなって塑性変形の性質を失い，低温脆性により破壊することがある．

ロ．円筒胴圧力容器に内圧が作用したときに発生する最大引張応力は，円筒胴の接線方向の引張応力であり，この引張応力は長手方向の引張応力の２倍である．

ハ．一般に，円筒胴板の必要厚さは，最小厚さに腐れしろを加えて算出するが，一般の腐食性のない冷媒では，圧力容器の内面側は腐食しないと考えてよい．

ニ．円筒胴圧力容器の鏡板に必要な板厚は，円筒胴と鏡板の直径が同じであっても，鏡板の形状によって大きく異なる．同じ設計圧力，同じ円筒胴の内径，同じ材料の場合において，平形を最大として，平形＞浅さら形＞さら形＞深さら形＞半球形の鏡板の順に必要な最小厚さが薄くなる．

(1) イ，ハ　(2) ロ，ハ　(3) イ，ロ，ニ　(4) ロ，ハ，ニ　(5) イ，ロ，ハ，ニ

令和５年度（令和５年11月12日施行）

第三種冷凍機械責任者試験

第三種冷凍機械　法令試験問題（試験時間60分）

次の各問について，高圧ガス保安法に係る法令上正しいと思われる最も適切な答えをその問の下に掲げてある(1)，(2)，(3)，(4)，(5)の選択肢の中から１個選びなさい．

なお，この試験は，次による．

(1)　令和５年４月１日現在施行されている高圧ガス保安法に係る法令に基づき出題している．

(2)　経済産業大臣が危険のおそれのないと認めた場合等における規定は適用しない．

(3)　試験問題中，「都道府県知事等」とは，都道府県知事又は高圧ガス保安法に関する事務を処理する指定都市の長をいう．

問１　次のイ，ロ，ハの記述のうち，正しいものはどれか．

イ．高圧ガス保安法は，高圧ガスによる災害を防止して公共の安全を確保する目的のために，高圧ガスの製造，貯蔵，販売，移動その他の取扱及び消費の規制をすることのみを定めている．

ロ．圧力が0.2メガパスカルとなる場合の温度が30度である液化ガスであって，常用の温度において圧力が0.1メガパスカルであるものは，高圧ガスではない．

ハ．温度35度において圧力が1メガパスカル以上となる圧縮ガス（圧縮アセチレンガスを除く．）は，常用の温度における圧力が1メガパスカル未満であっても高圧ガスである．

(1)　イ　　(2)　ハ　　(3)　イ，ロ　　(4)　ロ，ハ　　(5)　イ，ロ，ハ

問２　次のイ，ロ，ハの記述のうち，正しいものはどれか．

イ．冷凍のため高圧ガスの製造をする第一種製造者は，高圧ガスの製造を開始し，又は廃止したときは，遅滞なく，その旨を都道府県知事等に届け出なければならない．

ロ．冷媒ガスの補充用の高圧ガスの販売の事業を営もうとする者は，特に定められた場合を除き，販売所ごとに，事業の開始後遅滞なく，その旨を都道府県知事等に届け出なければならない．

ハ．冷凍保安規則に定められている高圧ガスの廃棄に係る技術上の基準に従うべき高圧ガスは，可燃性ガス，毒性ガス及び特定不活性ガスに限られる．

(1) イ　(2) イ，ロ　(3) イ，ハ　(4) ロ，ハ　(5) イ，ロ，ハ

問３　次のイ，ロ，ハの記述のうち，正しいものはどれか．

イ．1日の冷凍能力が3トン未満の冷凍設備内における高圧ガスは，そのガスの種類にかかわらず，高圧ガス保安法の適用を受けない．

ロ．冷凍のため高圧ガスの製造をする第一種製造者がその高圧ガスの製造の事業の全部を譲り渡したときは，その事業の全部を譲り受けた者はその第一種製造者の地位を承継する．

ハ．機器製造業者が所定の技術上の基準に従って製造すべき機器は，冷媒ガスの種類にかかわらず，1日の冷凍能力が20トン以上の冷凍機に用いられるものに限られる．

(1) イ　(2) イ，ロ　(3) イ，ハ　(4) ロ，ハ　(5) イ，ロ，ハ

問４　次のイ，ロ，ハの記述のうち，冷凍に係る製造事業所における冷媒ガスの補充用としての容器による高圧ガス（質量が1.5キログラムを超えるもの）の貯蔵の方法に係る技術上の基準等について一般高圧ガス保安規則上正しいものはどれか．

イ．液化フルオロカーボン134ａの充塡容器を貯蔵するとき，そのガスの質量が5キログラム以下の場合は，貯蔵の方法に係る技術上の基準に従って貯蔵する必要はない．

ロ．液化アンモニアを車両に積載した容器により貯蔵することは，特に定められている場合を除き，禁じられている．

ハ．液化アンモニアの貯蔵は，充塡容器及び残ガス容器にそれぞれ区分して容器置場に置かなければならないが，液化フルオロカーボン134ａの場合は，充塡容器及び残ガス容器に区分する必要はない．

(1) イ　(2) ロ　(3) ハ　(4) イ，ロ　(5) ロ，ハ

問５　次のイ，ロ，ハの記述のうち，車両に積載した容器（内容積が48リットルのもの）による冷凍設備の冷媒ガスの補充用の高圧ガスの移動に係る技術上の基準等について一般高圧ガス保安規則上正しいものはどれか．

イ．液化アンモニアを移動するときは，その車両の見やすい箇所に警戒標を掲げなければならない．

ロ．液化アンモニアを移動するときは，消火設備並びに災害発生防止のための応急の措置に必要な資材及び工具等を携行するほかに，防毒マスク，手袋その他の保護具並びに災害発生防止のための応急措置に必要な資材，薬剤及び工具等も携行しなければならない．

ハ．液化アンモニアを移動するときは，そのガスの名称，性状及び移動中の災害防止のために必要な注意事項を記載した書面を運転者に交付し，移動中携帯させ，これを遵守させなければならない．

(1) イ　(2) イ，ロ　(3) イ，ハ　(4) ロ，ハ　(5) イ，ロ，ハ

問6　次のイ，ロ，ハの記述のうち，冷凍設備の冷媒ガスの補充用の高圧ガスを充塡するための容器（再充塡禁止容器を除く．）について正しいものはどれか．

イ．容器に充塡する高圧ガスの種類に応じた塗色を行わなければならない場合，その容器の外面の見やすい箇所に，その表面積の2分の1以上について行わなければならない．

ロ．容器に高圧ガスを充塡することができる条件の一つに，「その容器が容器検査又は容器再検査に合格し，所定の刻印がされた後，所定の期間を経過していないこと．」があるが，その期間は溶接容器にあっては製造後の経過年数に応じて定められている．

ハ．容器の所有者は，容器再検査に合格しなかった容器について，所定の期間内に所定の刻印等がされなかったときは，遅滞なく，この容器を容器として使用することができないように処分すること又はその外面に「使用禁止」である旨の表示をすることと定められている．

(1) イ　(2) イ，ロ　(3) イ，ハ　(4) ロ，ハ　(5) イ，ロ，ハ

問7　次のイ，ロ，ハの記述のうち，冷凍能力の算定基準について冷凍保安規則上正しいものはどれか．

イ．遠心式圧縮機を使用する製造設備の1日の冷凍能力の算定に必要な数値の一つに，その圧縮機の原動機の定格出力の数値がある．

ロ．吸収式冷凍設備の1日の冷凍能力の算定に必要な数値の一つに，蒸発器の冷媒ガスに接する側の表面積の数値がある．

ハ．遠心式圧縮機を使用する製造設備以外の製造設備及び吸収式冷凍設備以外の製造設備の1日の冷凍能力の算定に必要な数値の一つに，蒸発器の1時間当たりの入熱量の数値がある．

(1) イ　(2) ハ　(3) イ，ロ　(4) ロ，ハ　(5) イ，ロ，ハ

問8　次のイ，ロ，ハの記述のうち，冷凍のため高圧ガスの製造をする第二種製造者について正しいものはどれか．

イ．製造をする高圧ガスの種類に関係なく，1日の冷凍能力が3トン以上50トン未満である冷凍設備を使用して高圧ガスの製造をする者は，第二種製造者である．

ロ．冷凍のための第二種製造者には，製造のための施設を，その位置，構造及び設備が技術上の基準に適合するように維持すべき定めはない．

ハ．第二種製造者の製造施設であっても，定期に，保安のための自主検査を行う

べきものがある.

(1) イ　(2) ロ　(3) ハ　(4) イ，ハ　(5) ロ，ハ

問9　次のイ，ロ，ハの記述のうち，冷凍保安責任者を選任すべき事業所における冷凍保安責任者及びその代理者について正しいものはどれか.

イ．1日の冷凍能力が100トンである製造施設の冷凍保安責任者には，第三種冷凍機械責任者免状の交付を受け，かつ，高圧ガスの製造に関する所定の経験を有する者を選任することができる.

ロ．冷凍保安責任者の代理者を選任したときは，遅滞なく，その旨を都道府県知事等に届け出なければならないが，これを解任したときは，その旨を都道府県知事等に届け出る必要はない.

ハ．冷凍保安責任者の代理者は，冷凍保安責任者の職務を代行する場合は，高圧ガス保安法の規定の適用については，冷凍保安責任者とみなされる.

(1) ハ　(2) イ，ロ　(3) イ，ハ　(4) ロ，ハ　(5) イ，ロ，ハ

問10　次のイ，ロ，ハの記述のうち，冷凍のため高圧ガスの製造をする第一種製造者（認定保安検査実施者である者を除く.）の製造施設（認定指定設備を除く.）に係る保安検査について正しいものはどれか.

イ．フルオロカーボン134aを冷媒ガスとする製造施設は，保安検査を受ける必要はない.

ロ．保安検査は，特定施設についてその位置，構造及び設備が所定の技術上の基準に適合しているかどうかについて行われる.

ハ．保安検査は，3年に1回受けなければならない．ただし，災害その他やむを得ない事由によりその回数で保安検査を受けることが困難であるときは，その事由を勘案して経済産業大臣が定める期間に1回受けなければならない.

(1) ロ　(2) イ，ロ　(3) イ，ハ　(4) ロ，ハ　(5) イ，ロ，ハ

問11　次のイ，ロ，ハの記述のうち，冷凍のため高圧ガスの製造をする第一種製造者（冷凍保安責任者を選任すべき者に限る.）が行う定期自主検査について正しいものはどれか.

イ．定期自主検査は，製造施設のうち認定指定設備に係る部分については実施する必要はない.

ロ．定期自主検査を行うときは，選任している冷凍保安責任者にその定期自主検査の実施について監督を行わせなければならない.

ハ．定期自主検査は，1年に1回以上行わなければならない．ただし，災害その他やむを得ない事由によりその回数で自主検査を行うことが困難であるときは，その事由を勘案して経済産業大臣が定める期間に1回以上行わなければならない.

(1) ロ　(2) イ，ロ　(3) イ，ハ　(4) ロ，ハ　(5) イ，ロ，ハ

問12　次のイ，ロ，ハの記述のうち，冷凍のため高圧ガスの製造をする第一種製造者が定めるべき危害予防規程及び保安教育計画について正しいものはどれか．

イ．危害予防規程を守るべき者は，その第一種製造者及びその従業者であると定められている．

ロ．従業者に対する危害予防規程の周知方法及びその危害予防規程に違反した者に対する措置に関することは，危害予防規程に定めるべき事項ではない．

ハ．第一種製造者は，従業者に対する保安教育計画を定め，これを忠実に実行しなければならない．また，その実行結果を都道府県知事等に届け出なければならない．

(1) イ　(2) ロ　(3) ハ　(4) イ，ロ　(5) イ，ハ

問13　次のイ，ロ，ハの記述のうち，冷凍のため高圧ガスの製造をする第一種製造者について正しいものはどれか．

イ．第一種製造者は，事業所ごとに帳簿を備え，その製造施設に異常があった場合，異常があった年月日及びそれに対してとった措置をその帳簿に記載し，記載の日から5年間保存しなければならない．

ロ．第一種製造者は，その所有する高圧ガスについて災害が発生したときは，遅滞なく，その旨を都道府県知事等又は警察官に届け出なければならないが，占有する容器を盗まれたときは，その届出の必要はない．

ハ．第一種製造者は，その所有又は占有する製造施設が危険な状態になったときは，直ちに，応急の措置を行わなければならないが，その措置を講じることができないときは，従業者又は必要に応じ付近の住民に退避するよう警告しなければならない．

(1) イ　(2) ロ　(3) ハ　(4) イ，ハ　(5) ロ，ハ

問14　次のイ，ロ，ハの記述のうち，冷凍のため高圧ガスの製造をする第一種製造者（認定完成検査実施者である者を除く．）の製造施設について正しいものはどれか．

イ．アンモニアを冷媒ガスとする圧縮機の取替えの工事は，冷媒設備に係る切断，溶接を伴わない工事であって，冷凍能力の変更を伴わないものであっても，定められた軽微な変更の工事には該当しない．

ロ．第一種製造者からその高圧ガスの製造施設の全部の引渡しを受け都道府県知事等の高圧ガスの製造に係る許可を受けた者は，その第一種製造者がその施設について既に完成検査を受け，所定の技術上の基準に適合していると認められている場合にあっては，所定の完成検査を受けることなくその施設を使用することができる．

ハ．第一種製造者は，特定変更工事を完成しその工事に係る施設について都道府県知事等が行う完成検査を受けた場合は，その都道府県知事等に技術上の基準に適合していると認められた後でなければその施設を使用してはならない．

(1)　イ　　(2)　ハ　　(3)　イ，ロ　　(4)　ロ，ハ　　(5)　イ，ロ，ハ

問15　次のイ，ロ，ハの記述のうち，製造設備がアンモニアを冷媒ガスとする定置式製造設備（吸収式アンモニア冷凍機であるものを除く．）である第一種製造者の製造施設に係る技術上の基準について冷凍保安規則上正しいものはどれか．

イ．圧縮機，油分離器，凝縮器若しくは受液器又はこれらの間の配管を設置する室は，冷媒ガスが漏えいしたとき滞留しないような構造としなければならない．

ロ．冷媒設備に設けた安全弁に放出管を設けた場合は，製造設備には冷媒ガスが漏えいしたときに安全に，かつ，速やかに除害するための措置を講じる必要はない．

ハ．製造施設には，その施設から漏えいする冷媒ガスが滞留するおそれのある場所に，その冷媒ガスの漏えいを検知し，かつ，警報するための設備を設けなければならない．

(1)　イ　　(2)　ロ　　(3)　イ，ハ　　(4)　ロ，ハ　　(5)　イ，ロ，ハ

問16　次のイ，ロ，ハの記述のうち，製造設備がアンモニアを冷媒ガスとする定置式製造設備（吸収式アンモニア冷凍機であるものを除く．）である第一種製造者の製造施設に係る技術上の基準について冷凍保安規則上正しいものはどれか．

イ．製造施設には，その施設の規模に応じて，適切な消火設備を適切な箇所に設けなければならない．

ロ．冷媒設備に係る電気設備は，その設置場所及び冷媒ガスの種類に応じた防爆性能を有する構造のものとすべきものに該当しない．

ハ．内容積が4000リットルの受液器は，その周囲に液状の冷媒ガスが漏えいした場合にその流出を防止するための措置を講じるべきものに該当する．

(1)　イ　　(2)　ロ　　(3)　イ，ロ　　(4)　イ，ハ　　(5)　イ，ロ，ハ

問17　次のイ，ロ，ハの記述のうち，製造設備が定置式製造設備である第一種製造者の製造施設に係る技術上の基準について冷凍保安規則上正しいものはどれか．

イ．圧縮機，油分離器，凝縮器及び受液器並びにこれらの間の配管は，火気に対して安全な措置を講じた場合を除き，引火性又は発火性の物（作業に必要なものを除く．）をたい積した場所及び火気（その製造設備内のものを除く．）の付近にあってはならない．

ロ．冷媒設備の配管の変更の工事の完成検査において気密試験を行うときは，許容圧力以上の圧力で行わなければならない．

ハ．製造設備に設けたバルブ又はコックを操作ボタン等により開閉する場合に

あっては，その操作ボタン等には，作業員がその操作ボタン等を適切に操作することができるような措置を講じなければならない．

(1) ハ　(2) イ，ロ　(3) イ，ハ　(4) ロ，ハ　(5) イ，ロ，ハ

問18 次のイ，ロ，ハの記述のうち，製造設備が定置式製造設備である第一種製造者の製造施設に係る技術上の基準について冷凍保安規則上正しいものはどれか．

イ．凝縮器には，所定の耐震に関する性能を有すべきものがあるが，凝縮器が横置円筒形で胴部の長さが5メートルのものは，それに該当しない．

ロ．配管以外の冷媒設備について耐圧試験を行うときは，水その他の安全な液体を使用する場合，許容圧力の1.5倍以上の圧力で行わなければならない．

ハ．冷媒設備の圧縮機が強制潤滑方式であり，かつ，潤滑油圧力に対する保護装置を有しているものである場合は，その圧縮機の油圧系統には圧力計を設けなくてもよいが，その油圧系統を除く冷媒設備には圧力計を設けなければならない．

(1) イ　(2) ロ　(3) ハ　(4) イ，ロ　(5) イ，ロ，ハ

問19 次のイ，ロ，ハの記述のうち，冷凍保安規則に定める第一種製造者の製造の方法に係る技術上の基準に適合しているものはどれか．

イ．冷媒設備の安全弁に付帯して設けた止め弁を，その製造設備の運転終了時から運転開始時までの間，閉止している．

ロ．製造設備とブラインを共通にする認定指定設備による高圧ガスの製造は，認定指定設備に自動制御装置が設けられているため，その認定指定設備の部分については1か月に1回，異常の有無を点検して行っている．

ハ．冷媒設備の修理は，あらかじめ修理の作業計画及び作業の責任者を定め，その計画に従って，異常があったときに直ちにその旨をその責任者に通報するための措置を講じて行うこととした．

(1) イ　(2) ロ　(3) ハ　(4) ロ，ハ　(5) イ，ロ，ハ

問20 次のイ，ロ，ハの記述のうち，認定指定設備について冷凍保安規則上正しいものはどれか．

イ．認定指定設備である条件の一つに，「冷媒設備は，その設備の製造業者の事業所において試運転を行い，使用場所に分割されずに搬入されるものであること．」がある．

ロ．製造設備の日常の運転操作に必要となる冷媒ガスの止め弁には，手動式のものを使用することができる．

ハ．製造設備に変更の工事を施したとき，その工事が同等の部品への交換のみである場合は，指定設備認定証は無効にならないと定められている．

(1) イ　(2) ハ　(3) イ，ロ　(4) イ，ハ　(5) イ，ロ，ハ

第三種冷凍機械　保安管理技術試験問題（試験時間90分）

次の各問について，正しいと思われる最も適切な答をその問の下に掲げてある(1)，(2)，(3)，(4)，(5)の選択肢の中から１個選びなさい．

問１　次のイ，ロ，ハ，ニの記述のうち，冷凍の原理について正しいものはどれか．

イ．圧縮機で冷媒蒸気を圧縮すると，冷媒蒸気は圧縮仕事によって圧力と温度の高い液体になる．

ロ．理論ヒートポンプサイクルの成績係数は，理論冷凍サイクルの成績係数より1だけ大きい．

ハ．冷凍装置内の冷媒圧力は，一般にブルドン管圧力計で計測する．圧力計のブルドン管は，管内圧力と管外大気圧との圧力差によって変形するので，指示される圧力は測定しようとする冷媒圧力と大気圧との圧力差で，この指示圧力を絶対圧力と呼ぶ．

ニ．冷凍能力と理論断熱圧縮動力の比を理論冷凍サイクルの成績係数と呼び，この値が大きいほど，小さい動力で大きな冷凍能力が得られることになる．

(1)　イ　　(2)　ロ　　(3)　イ，ハ　　(4)　ロ，ニ　　(5)　ハ，ニ

問２　次のイ，ロ，ハ，ニの記述のうち，冷凍サイクルおよび熱の移動について正しいものはどれか．

イ．固体壁表面からの熱伝達による伝熱量は，伝熱面積，固体壁表面の温度と固体壁から十分に離れた位置の流体の温度との温度差および比例係数の積で表されるが，この比例係数のことを熱伝達率という．

ロ．冷凍サイクルの蒸発器で，周囲が冷媒1 kgから奪う熱量のことを，冷凍効果という．この冷凍効果の値は，同じ冷媒でも冷凍サイクルの運転条件によって変わる．

ハ．水冷却器の交換熱量の計算において，冷却管の入口側の水と冷媒との温度差をΔt_1，出口側の温度差をΔt_2とすると，冷媒と水との算術平均温度差Δt_mは，$\Delta t_m = (\Delta t_1 - \Delta t_2)/2$である．

ニ．二段圧縮冷凍装置では，蒸発器からの冷媒蒸気を低段圧縮機で中間圧力まで圧縮し，中間冷却器に送って過熱分を除去し，高段圧縮機で再び凝縮圧力まで圧縮する．

(1)　イ，ロ　　(2)　イ，ニ　　(3)　ロ，ハ　　(4)　ハ，ニ　　(5)　イ，ハ，ニ

問３　次のイ，ロ，ハ，ニの記述のうち，圧縮機の効率，軸動力などについて正しいものはどれか．

イ．往復圧縮機が，冷媒蒸気をシリンダに吸い込んで圧縮した後，シリンダ内か

ら吐き出す量は，実際にはピストン押しのけ量よりも小さくなる．その理由の1つは，クリアランスボリューム内の圧縮ガスの再膨張である．

ロ．往復圧縮機の吸込み蒸気の比体積と体積効率の大きさが運転条件によって変わると，運転中の圧縮機の冷媒循環量は変化する．

ハ．実際の圧縮機の駆動軸動力は，理論断熱圧縮動力に，体積効率と機械効率の積を乗じて求めることができる．

ニ．実際の圧縮機吐出しガスの比エンタルピーは，圧縮機吸込み蒸気の圧力，温度および圧縮機吐出しガスの圧力が同じでも，理想的な断熱圧縮を行ったときより低い値となる．

(1) イ，ロ　(2) イ，ハ　(3) ロ，ハ　(4) ロ，ニ　(5) ハ，ニ

問4　次のイ，ロ，ハ，ニの記述のうち，冷媒について正しいものはどれか．

イ．混合冷媒であるR 404AおよびR 507Aは，どちらも温度勾配が0.2～0.3 Kと小さいので，疑似共沸混合冷媒とも呼ばれる．

ロ．アンモニアガスは空気より軽く，室内に漏えいした場合には，天井付近に滞留する傾向がある．

ハ．体積能力は，圧縮機の単位吸込み体積当たりの冷凍能力のことであり，その体積能力は，冷媒の種類によって異なる．往復圧縮機の場合，体積能力の大きな冷媒は，体積能力のより小さな冷媒と比べ，同じ冷凍能力に対して，より大きなピストン押しのけ量を必要とする．

ニ．冷媒は化学的に安定であることが求められる．フルオロカーボン冷媒の場合，冷媒の高温による熱分解を防止・抑制するため，通常，圧縮機吐出しガス温度は120～130℃を超えないように制御・運転される．

(1) イ，ロ　(2) イ，ハ　(3) ロ，ニ　(4) イ，ハ，ニ　(5) ロ，ハ，ニ

問5　次のイ，ロ，ハ，ニの記述のうち，圧縮機について正しいものはどれか．

イ．圧縮機は冷媒蒸気の圧縮の方法により，往復式と遠心式に大別される．

ロ．容量制御装置が取り付けられた多気筒の往復圧縮機は，吸込み板弁を開放して作動気筒数を減らすことにより，段階的に圧縮機の容量を調節できる．

ハ．停止中のフルオロカーボン冷媒用圧縮機クランクケース内の油温が高いと，冷凍機油に冷媒が溶け込む溶解量は大きくなり，圧縮機始動時にオイルフォーミングを起こすことがある．

ニ．冷凍能力は，圧縮機の回転速度によって変えることができる．インバータを利用すると，圧縮機駆動用電動機への供給電源の周波数を変えて，回転速度を調節することができる．

(1) イ，ロ　(2) イ，ニ　(3) ロ，ハ　(4) ロ，ニ　(5) ハ，ニ

問6　次のイ，ロ，ハ，ニの記述のうち，凝縮器などについて正しいものはどれか．

イ．一般に，空冷凝縮器では，水冷凝縮器より冷媒の凝縮温度が高くなる．

ロ．凝縮器への不凝縮ガスの混入は，冷媒側の熱伝達が不良となるため，凝縮圧力の低下を招く．

ハ．開放形冷却塔では，冷却水の一部が蒸発して，その蒸発潜熱により冷却水が冷却される．冷却塔では，冷却水の一部が常に蒸発しながら運転されるので，冷却水を補給する必要がある．

ニ．水冷シェルアンドチューブ凝縮器では，冷却水中の汚れや不純物が冷却管の内面に水あかとなって付着し，水あかの熱伝導率が小さいので，熱通過率の値が小さくなり，凝縮温度が低くなる．

(1)　イ，ハ　　(2)　イ，ニ　　(3)　ロ，ニ　　(4)　イ，ロ，ハ　　(5)　ロ，ハ，ニ

問７　次のイ，ロ，ハ，ニの記述のうち，蒸発器について正しいものはどれか．

イ．乾式蒸発器では，冷却管内を冷媒が流れるため，冷媒の圧力降下が生じる．この圧力降下が大きいと蒸発器出入口間での冷媒の蒸発温度差が小さくなり，冷却能力が増大する．

ロ．空気冷却器用蒸発器の平均熱通過率に与える空気側の熱伝達率の影響は，冷媒側の熱伝達率より相当に大きく，冷却管外表面のフィンの高性能化が極めて重要となる．

ハ．シェルアンドチューブ満液式蒸発器では，蒸発器内に入った冷凍機油は冷媒ガスと分離し，圧縮機への戻りが悪いので，油戻し装置が必要になる．

ニ．プレートフィンチューブ冷却器のフィン表面に霜が厚く付着すると，伝熱が妨げられて蒸発圧力が上昇し，圧縮機の能力が大きくなって冷却が良好になるため，装置の成績係数は増大する．

(1)　イ，ハ　　(2)　イ，ニ　　(3)　ロ，ハ　　(4)　ロ，ニ　　(5)　ハ，ニ

問８　次のイ，ロ，ハ，ニの記述のうち，自動制御機器について正しいものはどれか．

イ．自動膨張弁は，高圧の冷媒液を低圧部に絞り膨張させる機能に加えて，冷凍負荷に応じて冷媒流量を調節して冷凍装置を効率よく運転する機能の二つの役割を持っている．

ロ．定圧自動膨張弁は，蒸発圧力が設定値よりも高くなると開き，逆に低くなると閉じて，蒸発圧力をほぼ一定に保ち，蒸発器出口冷媒の過熱度を制御する．

ハ．吸入圧力調整弁は，圧縮機吸込み圧力が設定値よりも下がらないように調節し，凝縮圧力調整弁は，凝縮圧力を所定の圧力に保持する．

ニ．圧力スイッチは，圧縮機の過度の吸込み圧力低下や吐出し圧力上昇に対する保護，凝縮器の送風機の起動，停止などに使われる．

(1)　イ，ハ　　(2)　イ，ニ　　(3)　ロ，ハ　　(4)　ロ，ニ　　(5)　ハ，ニ

問９　次のイ，ロ，ハ，ニの記述のうち，附属機器について正しいものはどれか．

イ．凝縮器の出口側に高圧受液器を設置することにより，受液器内の蒸気空間に余裕をもたせ，運転状態の変化があっても，凝縮器で凝縮した冷媒液が凝縮器に滞留しないように，冷媒液量の変動を受液器で吸収することができる．

ロ．冷凍機油は，凝縮器や蒸発器に送られると伝熱を妨げるので，油分離器を圧縮機の吸込み蒸気配管に設け，冷凍機油を分離する．

ハ．小形のフルオロカーボン冷凍装置やヒートポンプ装置に使用される液分離器では，内部のＵ字管下部に設けられた小さな孔から，液圧縮にならない程度に，少量ずつ液を圧縮機に吸い込ませるものがある．

ニ．フルオロカーボン冷凍装置の冷媒系統に水分が存在すると，装置の各部に悪影響を及ぼすため，ドライヤを設ける．ドライヤの乾燥剤として，砕けにくく，水分を吸着して化学変化を起こさないシリカゲルやゼオライトなどが用いられる．

(1) イ，ハ　(2) ロ，ハ　(3) ロ，ニ　(4) イ，ハ，ニ　(5) ロ，ハ，ニ

問10　次のイ，ロ，ハ，ニの記述のうち，冷媒配管について正しいものはどれか．

イ．圧縮機吸込み蒸気配管の二重立ち上がり管は，最小負荷と最大負荷の運転のとき管内蒸気速度を適切な範囲内にすることができる．

ロ．高圧液配管内の圧力が，液温に相当する飽和圧力よりも上昇すると，フラッシュガスが発生する．

ハ．配管用炭素鋼鋼管（SGP）は，毒性をもつ冷媒の配管には使用しない．

ニ．冷媒配管では，冷媒の流れ抵抗を極力小さくするように留意し，配管の曲がり部はできるだけ少なくし，曲がりの半径は大きくする．

(1) イ，ロ　(2) ロ，ハ　(3) ハ，ニ　(4) イ，ロ，ニ　(5) イ，ハ，ニ

問11　次のイ，ロ，ハ，ニの記述のうち，安全装置などについて正しいものはどれか．

イ．ガス漏えい検知警報設備は，冷媒の種類や機械換気装置の有無にかかわらず，必ず設置しなければならない．

ロ．溶栓は，圧力を感知して冷媒を放出するが，可燃性や毒性を有する冷媒を用いた冷凍装置では使用できない．

ハ．圧力容器に取り付ける安全弁の最小口径は，容器の外径と長さの和の平方根と，冷媒の種類ごとに高圧部と低圧部に分けて定められた定数の積で決まる．

ニ．液封による事故は，二段圧縮冷凍装置の過冷却された液配管や，冷媒液強制循環式冷凍装置の低圧受液器まわりの液配管で発生することが多い．

(1) イ　(2) ニ　(3) イ，ロ　(4) ロ，ハ　(5) ハ，ニ

問12　次のイ，ロ，ハ，ニの記述のうち，材料の強さおよび圧力容器について正しいものはどれか．

イ．薄肉円筒胴に発生する応力は，長手方向にかかる応力と接線方向にかかる応力があるが，長手方向にかかる応力のほうが接線方向にかかる応力よりも大きい．

ロ．板厚が一定の圧力容器であれば，さら形鏡板に応力集中は起こらない．

ハ．円筒胴圧力容器の必要な板厚は，設計圧力，容器の内径，材料の許容引張応力，腐れしろ，溶接継手の効率を用いて計算する．

ニ．応力とひずみの関係が直線的で，正比例する限界を比例限度という．

⑴　イ，ハ　⑵　イ，ニ　⑶　ロ，ハ　⑷　ロ，ニ　⑸　ハ，ニ

問13　次のイ，ロ，ハ，ニの記述のうち，据付けおよび試験について正しいものはどれか．

イ．耐圧試験は，気密試験の前に冷凍装置のすべての部分について行わなければならない．

ロ．アンモニア冷凍装置の気密試験には，乾燥空気や窒素ガスを使用し，炭酸ガスを使用してはならない．

ハ．真空放置試験は，数時間から一昼夜近い十分に長い時間を必要とする．

ニ．多気筒圧縮機を支持するコンクリート基礎の質量は，圧縮機の質量と同程度にする．

⑴　イ，ハ　⑵　イ，ニ　⑶　ロ，ハ　⑷　ロ，ニ　⑸　ハ，ニ

問14　次のイ，ロ，ハ，ニの記述のうち，冷凍装置の運転について正しいものはどれか．

イ．冷凍装置の運転開始前に行う点検確認項目の中に，圧縮機クランクケースの冷凍機油の油面の高さや清浄さの点検，凝縮器と油冷却器の冷却水出入口弁が開いていることの確認がある．

ロ．冷蔵庫に高い温度の品物が大量に入り，冷凍負荷が増加すると，庫内温度が高くなり，冷媒の蒸発温度が上昇する．また，冷凍負荷の増加に対応して凝縮圧力も上昇する．

ハ．冷凍装置を長期間休止させる場合には，ポンプダウンして低圧側の冷媒を受液器に回収し，低圧側と圧縮機内を大気圧よりも低い圧力に保持しておく．

ニ．往復圧縮機を用いた冷凍装置では，同じ運転条件において，アンモニア冷媒を用いた場合に比べ，フルオロカーボン冷媒を用いた方が，吐出しガス温度は高くなる．

⑴　イ，ロ　⑵　イ，ニ　⑶　ロ，ハ　⑷　イ，ハ，ニ　⑸　ロ，ハ，ニ

問15　次のイ，ロ，ハ，ニの記述のうち，冷凍装置の保守管理について正しいものはどれか．

イ．アンモニア冷凍装置の冷媒系統に水分が侵入すると，アンモニアがアンモニ

ア水になるので，少量の水分の侵入であっても，冷凍装置内でのアンモニア冷媒の蒸発圧力の低下，冷凍機油の乳化による潤滑性能の低下などを引き起こし，運転に重大な支障をきたす．

ロ．圧縮機が過熱運転になると，冷凍機油の温度が上昇し，冷凍機油の粘度が下がるため，油膜切れを起こすおそれがある．

ハ．冷凍機油中に冷媒が溶け込むと，冷凍機油の粘度が高くなり，潤滑装置に不具合が生じる．

ニ．吸込み蒸気配管の途中の大きなＵトラップに冷媒液や冷凍機油が溜まっていると，圧縮機の始動時やアンロードからフルロード運転に切り替わったときに，液戻りが生じる．

(1)　イ，ロ　　(2)　イ，ハ　　(3)　イ，ニ　　(4)　ロ，ハ　　(5)　ロ，ニ

令和元年度（令和元年11月10日施行）

第一種冷凍機械責任者試験

第一種冷凍機械　法令試験解答と解説

問題番号	1	2	3	4	5	6	7	8	9	10	11	12	13	14	15	16	17	18	19	20
解答番号	1	4	3	4	1	1	3	2	4	4	2	1	1	2	5	2	1	4	4	3

問1　正解　(1)　ロ

イ　☒　冷凍だけではなく，すべての高圧ガスの製造，貯蔵，販売，移動その他の取扱及び消費並びに容器の製造及び取扱を規制している．（法第1条）

ロ　◎　出題のとおり．常用の温度において圧力（ゲージ圧力をいう．以下同じ．）が1メガパスカル以上となる圧縮ガスであつて現にその圧力が1メガパスカル以上であるもの又は温度35度において圧力が1メガパスカル以上であるものは高圧ガスである．温度40度で1メガパスカルになり，現在の圧力が0.9メガパスカルなので，高圧ガスではない．（法第2条第1号）

ハ　☒　アンモニアは液化ガスなら高圧ガスとなる場合の圧力の最小の値は0.2メガパスカルであるが，圧縮ガスなら1メガパスカルである．（法第2条第1号，第3号）

問2　正解　(4)　イ，ロ

イ　◎　出題のとおり．1日の冷凍能力が5トン未満のフルオロカーボン（不活性のもの）は高圧ガス保安法の適用を受けない．（法第3条第1項第8号，政令第2条第3項第4号）

ロ　◎　出題のとおり．1日の冷凍能力が20トン以上で，冷媒ガスの種類によっては50トン以上の場合に都道府県知事等の許可を受けなければならないと規定されているので，60トンの場合すべて許可を受けなければならない．（法第5条第1項第2号，政令第4条表）

ハ　☒　製造をする高圧ガスの種類を変更したときには，軽微な変更の工事にはあたらなく，届出ではなく許可を受けなければならない．（法第14条第1項）

問3　正解　(3)　イ，ハ

イ　◎　出題のとおり．（法第10条第1項）

ロ　☒　事業開始の日の20日前までに，その旨を都道府県知事等に届け出なければならない．（法第20条の4）

ハ　◎　出題のとおり．（法第57条，冷規63条）

問4　正解　(4)　イ，ハ

イ　◎　出題のとおり．フルオロカーボン（不活性のものに限る）を冷媒ガスとする冷凍設備は一日の冷凍能力が50トン以上の場合には第二種製造者ではなく第一種製造者であるので，20トン以上50トン未満の場合，第二種製造者である．（法第5条第1項第2号，第2項第2号，政令第4条表）

なお，第一種製造者とは，法第5条第1項の許可を受けた者であり，第二種製造者とは，法第5条第2項各号に掲げる者をいう．（法第9条，第10条の2第1項）

ロ　☒　酸素以外のガスを使用する気密試験と規定されている．（法第12条第2項，冷規第14条第1号）

ハ　◎　出題のとおり．第二種製造者であって，第5条第2項第2号に規定する者は，冷凍保安責任者を選任しなければならない（除外規定あり）と規定されている．（法第27条の4第1項第2号）

問5　正解　(1)　イ

イ　◎　出題のとおり．（法第23条第1項，第2項，一般規第50条第5号）

ロ　☒　冷媒ガスの種類を問わず警戒標を掲げなければならない．（法第23条第1項，第2項，一般規第50条第1号）

ハ　☒　可燃性ガス及び毒性ガス，特定不活性ガス又は酸素の充塡容器等を車両に積載して移動するときは，出題のものを携行させる必要がある．（法第23条第1項，第2項，一般規第50条第14号，第49条第21号）

問6　正解　(1)　ハ

イ　☒　刻印する事項に最大充塡質量は定められていなく，刻印されている内容積から計算で算出する．（法第45条第1項，容規第8条第1項第6号，第22条）

ロ　☒　容器に表示する事項に，最大充塡質量は規定されていない．（法第46条第1項，容規第10条）

ハ　◎　出題のとおり．（法第49条の3第1項，容規第18条第1項第7号チ）

問7　正解　(3)　イ，ハ

イ　◎　出題のとおり．（法第15条第1項，一般規第18条第2号イ）

ロ　☒　充塡容器等を車両に搭載して貯蔵することは，特定の場合を除き禁止されており，これは冷媒ガスの種類を問わない．（法第15条第1項，一般規第18条第2号ホ）

ハ　◎　出題のとおり．（法第15条第1項，一般規第18条第2号ロ，第6条第2項第8号ト）

問8　正解　(2)　ロ

イ　☒　遠心式圧縮機の場合，圧縮機の原動機の定格出力は1日の冷凍能力の算定に必要な数値であるが，吐出し量の数値は必要ない．（冷規第5条第1号）

ロ　◎　出題のとおり．（冷規第5条第4号）

ハ　☒　吸収式冷凍設備の1日の冷凍能力の算定に必要な数値は，発生器を加熱する1時間の入熱量が必要であるが，冷媒ガスの充填量の数値は，1日の冷凍能力の算定には関係ない．（冷規第5条第2号）

問9　正解　(4)　イ，ロ

イ　◎　出題のとおり．（法第26条第1項）

ロ　◎　出題のとおり．事業者は，その従業者に対する保安教育計画を定め，その計画を忠実に実行しなければならないと定められているが，これを都道府県知事等に届け出る定めはない．（法第27条第1項，第3項）

ハ　☒　危険な状態となった時，直ちに応急の措置を講じなければならないと規定されており，さらにその事態を発見したものは，直ちに，その旨を都道府県知事又は警察官，消防吏員若しくは消防団員若しくは海上保安官に届け出なければならないと定められている．（法第36条第1項，第2項）

問10　正解　(4)　イ，ロ

イ　◎　出題のとおり．（法第37条第1項，第2項）

ロ　◎　出題のとおり．（法第60条第1項，冷規第65条）

ハ　☒　災害が発生したときと，所有し，又は占有する容器を喪失し，又は盗まれたときには都道府県知事等又は警察官に届け出なければならない．（法第63条第1項第1号，第2号）

問11　正解　(2)　ハ

イ　☒　可燃性ガス及び毒性ガスを冷媒とする冷媒設備の取替え工事は軽微な変更工事から除外されている．アンモニアは可燃性ガス及び毒性ガスである．（法第14条第1項，冷規第17条第1項第2号，第2条第1項第1号，第2号）

ロ　☒　第一種製造者からその製造のための施設の全部又は一部の引渡しを受け，第5条第1項の許可を受けた者は，すでに完成検査に合格していた場合，改めて完成検査を受けなくても製造施設を使用できる．つまり，届け出ではなく改めて許可を受ける必要がある．（法第20条第2項）

ハ　◎　出題のとおり．変更工事が完成した後，完成検査を要しないのは，製造設備の取替え工事であって，冷凍能力の変更が告示で定める範囲であるものだが，可燃性ガス及び毒性ガスを冷媒とする冷媒設備は除かれている．（法第20条第3項，冷規第23条）

問12　正解　(1)　ハ

イ　☒　受液器であって，毒性ガス（液化アンモニア）が漏えいした場合に，その流出を防止するための措置を講じなければならないものは，その内容積が，1万リットル以上のものが該当し，この事業所の受液器は6千リットルなので

これに該当しない．(冷規第7条第1項第13号)

ロ　☒　所定の耐震に関する性能を有しなければならないものは，凝縮器では縦置円筒形で胴部の長さが5メートル以上のものであるので，該当しない．しかし，受液器は5千リットル以上のものが該当し，この事業所の受液器は6千リットルなのでこれに該当する．(冷規第7条第1項第5号)

ハ　◎　出題のとおり．(冷規第7条第1項第15号)

問13　正解　(1)　イ

イ　◎　出題のとおり．(冷規第7条第1項第12号)

ロ　☒　専用機械室を冷媒ガスが漏えいしたときに滞留しない構造にしてあることによる除外の規定はない．(冷規第7条第1項第16号)

ハ　☒　アンモニアを除く可燃性ガスに適用されるので，この事業所は該当しない．(冷規第7条第1項第14号)

問14　正解　(2)　ロ

イ　☒　この事業所は1日の冷凍能力が600トンであるが，認定指定設備を除くと300トンとなる．したがってこの事業所の冷凍保安責任者には，第一種冷凍機械責任者免状の交付を受け，かつ，1日の冷凍能力が100トン以上の製造施設を使用してする高圧ガスの製造に関する1年以上の経験を有する者のうちから選任しなければならない．(法第27条の4第1項第1号，冷規第36条第1項，表欄一)

ロ　◎　出題のとおり．(法第27条の4第1項第1号，第2項，第27条の2第5項)

ハ　☒　冷凍保安責任者の代理者は，あらかじめ選任し，届け出ておかなければならない．(法第33条第1項，第3項，第27条の2第5項)

問15　正解　(5)　イ，ロ，ハ

イ　◎　出題のとおり．(法第14条第1項，第2項，冷規第17条第1項第2号)

ロ　◎　出題のとおり．認定指定設備の設置工事は軽微な変更の工事と規定されている．(法第14条第1項，冷規第17条第1項第4号)

ハ　◎　出題のとおり．この設備の場合，製造設備の取替え工事で冷媒設備に係る切断，溶接を伴う工事でなく，冷凍能力の変更が告示で定める範囲なら，完成検査を受けることなく使用できる．(法第14条第1項，第20条第3項，冷規第23条)

問16　正解　(2)　ハ

イ　☒　認定指定設備は保安検査を受けなくてよい．(法第35条第1項，冷規第40条第1項第2号)

ロ　☒　保安検査は都道府県知事等が行うものであり，冷凍保安責任者が行うものではない．(法第35条第1項)

ハ　◎　出題のとおり．（法第35条第1項，冷規第40条第2項）

問17　正解　(1)　ハ

イ　☒　製造の方法ではなく，製造施設の位置，構造及び設備が技術上の基準に適合しているかどうかについて検査する．（法第35条の2，冷規第44条第3項，法第8条第1号）

ロ　☒　定期自主検査の記録を作成し，保存しなければならないと規定されているが，都道府県知事等に届け出なければならないという規定はない．（法35条の2）

ハ　◎　出題のとおり．（冷規第44条第5項第2号）

問18　正解　(4)　ロ，ハ

イ　☒　許容圧力の1.25倍以上の圧力で行うと規定されている．（冷規第7条第1項第6号）

ロ　◎　出題のとおり．不活性ガスを冷媒とする冷媒設備の安全弁には放出管を設けるべき規定から除外されている．（冷規第7条第1項第9号）

ハ　◎　出題のとおり．（冷規第7条第1項第7号）

問19　正解　(4)　ロ，ハ

イ　☒　冷規第7条第1項では除外されているが，第2項で適用されている．（冷規第7条第1項第1号，第2項）

ロ　◎　出題のとおり．（冷規第7条第1項第2号，第2項）

ハ　◎　出題のとおり．（冷規第9条第3号イ）

問20　正解　(3)　イ，ハ

イ　◎　出題のとおり．（法第56条の7第1項，第2項，冷規第57条第13号）

ロ　☒　製造業者の事業所で行う気密試験及び耐圧試験に合格するものと規定されている．（冷規第57条第4号，第7条第1項第6号）

ハ　◎　出題のとおり．（冷規第62条第1項第1号）

第一種冷凍機械　保安管理技術試験解答と解説

問題番号	1	2	3	4	5	6	7	8	9	10	11	12	13	14	15
解答番号	4	4	5	1	5	2	4	4	1	1	3	5	3	2	3

問1　正解　(4)　イ，ロ，ハ

イ　◎　出題のとおり．

ロ　◎　出題のとおり．

ハ　◎　出題のとおり．

ニ　☒　スクロール圧縮機は体積効率，断熱効率および機械効率が高く，高速回転に適している．

問2　正解　(4)　イ，ロ，ハ

イ　◎　出題のとおり．

ロ　◎　出題のとおり．

ハ　◎　出題のとおり．

ニ　☒　蒸発圧力調整弁作動時，同弁は絞り操作を行うことから，圧縮機吸込み蒸気量は減少して，圧縮機吸込み蒸気圧力は低下する．この過程は等エンタルピー膨張であり，冷媒蒸気の過熱度は増大する．

問3　正解　(5)　イ，ロ，ハ，ニ

イ　◎　出題のとおり．

ロ　◎　出題のとおり．

ハ　◎　出題のとおり．

ニ　◎　出題のとおり．

問4　正解　(1)　イ，ロ

イ　◎　出題のとおり．

ロ　◎　出題のとおり．

ハ　☒　冷却管が裸管の場合よりもローフィンチューブの場合のほうが，水あかが厚く付着することによる熱通過率の低下割合が大きい．

ニ　☒　空冷凝縮器の冷却管内に空気などの不凝縮ガスが混入すると，冷却管の冷媒側の熱伝達率が小さくなり，凝縮温度が高くなる．

問5　正解　(5)　イ，ロ，ハ，ニ

イ　◎　出題のとおり．

ロ　◎　出題のとおり．

ハ　◎　出題のとおり．

ニ　◎　出題のとおり．

問6　正解　(2)　ハ

イ　☒　フルオローカーボン冷媒液は，冷凍機油を溶解すると粘度が高くなる．

ロ　☒　凝縮液膜が厚くなって，凝縮液膜の熱伝導抵抗が大きくなるため，冷媒側熱伝達率は小さくなる．

ハ　◎　出題のとおり．

ニ　☒　アンモニアと冷凍機油（鉱油）とは溶け合わず，温度によって異なるが，冷凍機油の粘度は，アンモニア液の粘度より3桁程度大きい．

問7　正解　(4)　イ，ロ，ニ

イ　◎　出題のとおり．

ロ　◎　出題のとおり．

ハ　☒　吸着チャージ方式は，液チャージ方式，ガスチャージ方式，クロスチャージ方式のどれよりも膨張弁の応答速度が遅い．

ニ　◎　出題のとおり．

問8　正解　(4)　ハ，ニ

イ　☒　蒸発圧力調整弁での圧力降下が大きくなると，圧縮機吸込圧力が低下し，冷媒1 kgあたりの圧縮仕事が大きくなるので，冷凍機の成績係数が低下する．

ロ　☒　直動形吸入圧力調整弁と直動形蒸発圧力調整弁は，バルブプレートの向きが逆である．

ハ　◎　出題のとおり．

ニ　◎　出題のとおり．

問9　正解　(1)　イ，ロ，ハ

イ　◎　出題のとおり．

ロ　◎　出題のとおり．

ハ　◎　出題のとおり．

ニ　☒　吸着チャージ方式の蒸気圧式サーモスタットは，受圧部の温度が作動に及ぼす影響が小さく，サーモスタット本体が感温筒と異なった温度環境でも使用できる．

問10　正解　(1)　イ，ハ

イ　◎　出題のとおり．

ロ　☒　アンモニア冷媒中の水分はアンモニアと結合しており，乾燥剤による吸着分離がむずかしいため，アンモニア冷凍装置には，通常，ろ過乾燥器は使用しない．

ハ　◎　出題のとおり．

ニ　☒　低圧受液器では，冷媒液ポンプと蒸発器が安定した運転を続けられるように，フロート弁あるいはフロートスイッチと電磁弁の組み合わせで液面高さの制御が行われる.

問11　正解　(3)　ロ，ハ

イ　☒　アンモニア冷凍装置では，圧縮機の吸込み蒸気過熱度の増大にともなう吐出しガス温度の上昇が著しいので，液ガス熱交換器を使用しない.

ロ　◎　出題のとおり.

ハ　◎　出題のとおり.

ニ　☒　冷媒液強制循環式蒸発器を用いる冷凍装置では，蒸発器で一部の液が蒸発した冷媒は低圧受液器内で液と蒸気に分離されて冷媒蒸気のみが圧縮機へ吸い込まれるので，冷媒液に溶解した冷凍機油はこの受液器内で圧縮機に戻ることなく濃縮される．そのため，蒸発器本体ではなく，低圧受液器に油戻し用の配管などを設ける.

問12　正解　(5)　ハ，ニ

イ　☒　配管用炭素鋼鋼管（SGP）は，設計圧力が1 MPaを超える耐圧部分には使用できない.

ロ　☒　冷媒ガスとともに圧縮機から吐き出された油が，確実に冷媒ガスに同伴される冷媒ガスの流速として，横走り管では3.5 m/s以上，立ち上がり管では6 m/s以上とする.

ハ　◎　出題のとおり.

ニ　◎　出題のとおり.

問13　正解　(3)　ロ，ハ

イ　☒　安全弁および破裂板は設定の圧力で，溶栓は所定の温度になると作動し，外部にガスを放出し，装置内部の異常高圧を防止する．また，高圧遮断装置は設定の圧力で作動し，電動機への入力を遮断する.

ロ　◎　出題のとおり.

ハ　◎　出題のとおり.

ニ　☒　破裂板の最小口径は，安全弁と同一である．これに対して，溶栓の口径は圧力容器に取り付けるべき安全弁の最小口径の1/2以上でなければならない.

問14　正解　(2)　イ，ニ

イ　◎　出題のとおり.

ロ　☒　耐圧試験を液体で行う場合には，被試験品に液体を満たし，空気を完全に排除した後，液圧を徐々に加えて，耐圧試験圧力まで上げ，その試験圧力を1分間以上保っておく．続いて，耐圧試験圧力の8/10まで降下させる.

ハ　☒　気密試験は，耐圧試験を実施した後に行う試験であり，一般に，耐圧試験に引き続いて，機器メーカの工場で行う.

ニ　◎　出題のとおり.

問15　正解　(3)　イ，ニ

イ　◎　出題のとおり．

ロ　☒　基礎の許容応力は，基礎の材質ではなく，地盤の材質で決まる．

ハ　☒　冷凍機油の選定では，凝固点が低く，ろう分が少ないこと，熱安定性がよく引火点が高いこと，粘度が適当で油膜が強いこと，冷媒との溶解度が冷凍装置の構造と適合したものであることなどが必要である．さらに水分により乳化しにくく，酸に対する安定性が良いことなどが大切な選定条件になる．

ニ　◎　出題のとおり．

第一種冷凍機械　学識試験解答と解説

問 1

(1) 蒸発器入口の冷凍能力の比エンタルピーをh_8(kJ/kg) とすると，$h_8 = h_7 =$ 200 kJ/kgであり，冷凍能力Φ_oが100 kWであるから，蒸発器の冷媒循環量q_{mro}は

$$q_{mro} = \frac{\Phi_o}{h_1 - h_8} = \frac{100}{360 - 200} = 0.625\ \mathrm{kg/s}$$

(2) 低段圧縮機の実際の吐出しガスの比エンタルピーh'_2は

$$h'_2 = h_1 + \frac{h_2 - h_1}{\eta_c \eta_m} = 360 + \frac{385 - 360}{0.70 \times 0.90} = 400\ \mathrm{kJ/kg}$$

凝縮器の冷媒循環量q_{mrk}は，中間冷却器用膨張弁直後の比エンタルピーをh_6 (kJ/kg) とすると

$$(q_{mrk} - q_{mro})(h_3 - h_6) = q_{mro}\{(h_6 - h_7) + (h'_2 - h_3)\}$$

$$q_{mrk} = q_{mro}\left\{\frac{(h_6 - h_7) + (h'_2 - h_3)}{h_3 - h_6} + 1\right\}$$

$h_6 = h_5 = 240$ kJ/kgなので

$$q_{mrk} = 0.625 \times \left\{\frac{(240 - 200) + (400 - 365)}{365 - 240} + 1\right\} = 1.00\ \mathrm{kg/s}$$

(3) 低段圧縮機と高段圧縮機の圧縮機駆動の軸動力をそれぞれP_L，P_Hとすると

$$P_L = q_{mro}\frac{h_2 - h_1}{\eta_c \eta_m} = 0.625 \times \frac{385 - 360}{0.70 \times 0.90} = 24.8\ \mathrm{kW}$$

$$P_H = q_{mrk}\frac{h_4 - h_3}{\eta_c \eta_m} = 1.00 \times \frac{390 - 365}{0.70 \times 0.90} = 39.7\ \mathrm{kW}$$

実際の冷凍装置の成績係数$(COP)_R$は

$$(COP)_R = \frac{\Phi_o}{P_H + P_L} = \frac{100}{24.8 + 39.7} = \frac{100}{64.5} = 1.55$$

問2

(1)　冷凍サイクルと点3から点6は下図のとおりである.

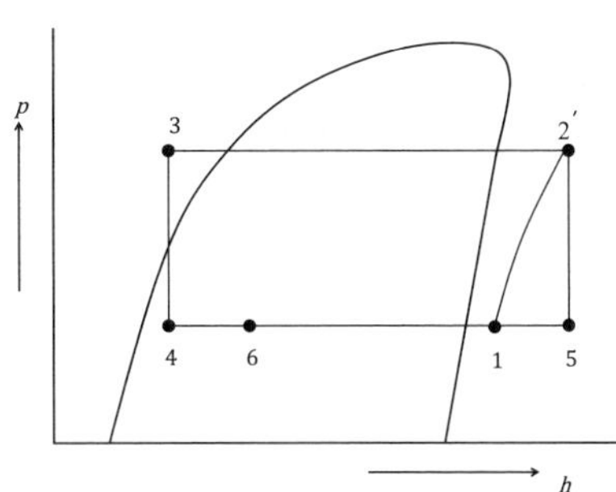

(2)　蒸発器の入口に絞り膨張してバイパスされる冷媒蒸気の比エンタルピー h_5 (kJ/kg) は，題意により圧縮機出口直後の吐出しガスの比エンタルピー h'_2 (kJ/kg) と等しいから

$$h_5 = h'_2 = h_1 + \frac{h_2 - h_1}{\eta_c \eta_m} = 421 + \frac{475 - 421}{0.75 \times 0.85} = 506 \text{ kJ/kg}$$

蒸発器入口における冷媒の比エンタルピー h_6 (kJ/kg) は，状態4 (85 mass%) と状態5 (15 mass%) の混合と，$h_4 = h_3$ の関係を考慮して

$$h_6 = 0.85h_4 + 0.15h_5 = 0.85h_3 + 0.15h_5 = 0.85 \times 241 + 0.15 \times 506 = 281 \text{ kJ/kg}$$

したがって，容量制御時の冷凍能力 Φ_o は次のように求められる.

$$\Phi_o = q_{mr}(h_1 - h_6) = 0.60 \times (421 - 281) = 84 \text{ kW}$$

(3)　題意により，h_1，h'_2，h_3 蒸発器冷媒循環量および圧縮機の軸動力はいずれの場合も等しい．容量制御時の成績係数を $(COP)_{RP}$，全負荷時の成績係数を $(COP)_R$ とし，$h_4 = h_3$ の関係を考慮すると，$(COP)_{RP}$ と $(COP)_R$ の比は，次式のようになる.

$$\frac{(COP)_{RP}}{(COP)_R} = \frac{h_1 - h_6}{h_1 - h_4} = \frac{h_1 - h_6}{h_1 - h_3} = \frac{421 - 281}{421 - 241} = 0.78$$

したがって，78％である.

問3

(1)　熱通過率 K [W/(m^2·K)] は，次式で表される.

$$K = \frac{1}{\dfrac{1}{\alpha_a} + \dfrac{\delta_1}{\lambda_1} + \dfrac{\delta_2}{\lambda_2} + \dfrac{\delta_3}{\lambda_3} + \dfrac{1}{\alpha_r}}$$

与えられた条件より

$$K=\frac{1}{\dfrac{1}{10}+\dfrac{0.000\,5}{50}+\dfrac{0.15}{0.030}+\dfrac{0.005}{2}+\dfrac{1}{5}}=0.189\ \mathrm{W/(m^2\cdot K)}$$

伝熱量Φは，熱通過率Kと外気と庫内の温度差および表面積Aを用いて

$$\Phi=KA(t_a-t_r)=0.189\times1\times\{25-(-25)\}=9.5\ \mathrm{W}$$

(2) 庫内温度t_r(℃)，パネル内表面温度t_4(℃)，芯材と内皮材の間の温度t_3(℃)のそれぞれの温度差を求めると

$$t_4-t_r=\Phi\left(\frac{1}{\alpha_r A}\right),\quad t_3-t_4=\Phi\left(\frac{\delta_3}{\lambda_3 A}\right)$$

これらの式よりt_3は

$$t_3=t_r+\Phi\left(\frac{1}{\alpha_r A}+\frac{\delta_3}{\lambda_3 A}\right)=-25+9.5\times\left(\frac{1}{5\times1}+\frac{0.005}{2\times1}\right)=-23.1\ ℃$$

(3) 1 m^{2}当たりの伝熱量が18 Wになった時の熱通過率は

$$K'=\frac{\Phi}{A(t_a-t_r)}=\frac{18}{1\times\{25-(-25)\}}=0.36\ \mathrm{W/(m^2\cdot K)}$$

したがって，パネル芯材の見かけの熱伝導率λ'_2は

$$\lambda'_2=\frac{\delta_2}{\dfrac{1}{K'}-\dfrac{1}{\alpha_a}-\dfrac{\delta_1}{\lambda_1}-\dfrac{\delta_3}{\lambda_3}-\dfrac{1}{\alpha_r}}=\frac{0.15}{\dfrac{1}{0.36}-\dfrac{1}{10}-\dfrac{0.000\,5}{50}-\dfrac{0.005}{2}-\dfrac{1}{5}}$$

$$=0.061\ \mathrm{W/(m\cdot K)}$$

問4

(1)

混合冷媒	混合成分	成分比 (mass%)
R 410A	R 32 / R 125	50 / 50
R 407C	R 32 / R 125 / R 134a	23 / 25 / 52
R 404A	R 125 / R 134a / R 143a	44 / 4 / 52
R 507A	R 125 / R 143a	50 /50

(2)

	項　目	値の大中小または高中低の傾向
1	標準沸点	R 600a ＞ R 717 ＞ R 290
2	臨界温度	R 600a ＞ R 290 ＞ R 744
3	地球温暖化係数	R 290 ＞ R 744 ＞ R 717
4	モル質量	R 600a ＞ R 744 ＞ R 729

5	圧力比（サイクルにおける 高圧／低圧）	R 717 > R 600a > R 290
6	比熱比（圧縮機吸込み状態）	R 717 > R 290 > R 600a

問5

(1) 限界圧力をP_a，円筒胴板の厚さをt_a，円筒胴の内径をD_i，鋼板の許容引張応力をσ_aとすると，P_aは次式から求められる．

$$P_a = \frac{2\sigma_a \eta (t_a - \alpha)}{D_i + 1.2(t_a - \alpha)}$$

ここで，使用鋼板はSM400Bなので許容引張応力$\sigma_a = 100\ \mathrm{N/mm^2}$であり，円筒胴の内径$D_i = 620 - 13 \times 2 = 594\ \mathrm{mm}$であるから，それぞれの数値を代入すると

$$P_a = \frac{2 \times 100 \times 0.7 \times (13 - 1)}{594 + 1.2 \times (13 - 1)} = 2.761 = 2.76\ \mathrm{MPa}$$

（小数点以下3桁以降を切り下げ）

設計圧力は限界圧力を超えてはならない．限界圧力P_aが2.76 MPaであるので，表より設計圧力2.48 MPaまで使用可能である．このときの基準凝縮温度は55℃である．

(2) 基準凝縮温度50℃の設計圧力2.21 MPaが受液器に作用したとき，この受液器に誘起される接線方向の引張応力σ_tは下記となる．

$$\sigma_t = \frac{PD_i}{2t_a} = \frac{2.21 \times 594}{2 \times 13} = 50.5\ \mathrm{N/mm^2}$$

長手方向の引張応力σ_lは下記となる．

$$\sigma_l = \frac{PD_i}{4t_a} = \frac{2.21 \times 594}{4 \times 13} = 25.3\ \mathrm{N/mm^2}$$

令和元年度（令和元年11月10日施行）

第二種冷凍機械責任者試験

第二種冷凍機械　法令試験解答と解説

問題番号	1	2	3	4	5	6	7	8	9	10	11	12	13	14	15	16	17	18	19	20
解答番号	1	4	3	4	1	1	3	2	4	4	4	3	1	3	5	4	5	4	3	5

問1　正解　(1)　ロ

イ　☒　冷凍だけではなく，すべての高圧ガスの製造，貯蔵，販売，移動その他の取扱及び消費並びに容器の製造及び取扱を規制している．（法第1条）

ロ　◎　出題のとおり．常用の温度において圧力（ゲージ圧力をいう．以下同じ．）が1メガパスカル以上となる圧縮ガスであつて現にその圧力が1メガパスカル以上であるもの又は温度35度において圧力が1メガパスカル以上であるものは高圧ガスである．温度40度で1メガパスカルになり，現在の圧力が0.9メガパスカルなので，高圧ガスではない．（法第2条第1号）

ハ　☒　アンモニアは液化ガスなら高圧ガスとなる場合の圧力の最小の値は0.2メガパスカルであるが，圧縮ガスなら1メガパスカルである．（法第2条第1号，第3号）

問2　正解　(4)　イ，ロ

イ　◎　出題のとおり．1日の冷凍能力が5トン未満のフルオロカーボン（不活性のもの）は高圧ガス保安法の適用を受けない．（法第3条第1項第8号，政令第2条第3項第4号）

ロ　◎　出題のとおり．1日の冷凍能力が20トン以上で，冷媒ガスの種類によっては50トン以上の場合に都道府県知事等の許可を受けなければならないと規定されているので，60トンの場合すべて許可を受けなければならない．（法第5条第1項第2号，政令第4条表）

ハ　☒　製造をする高圧ガスの種類を変更したときには，軽微な変更の工事にはあたらなく，届出ではなく許可を受けなければならない．（法第14条第1項）

問3　正解　(3)　イ，ハ

イ　◎　出題のとおり．（法第10条第1項）

ロ　☒　事業開始の日の20日前までに，その旨を都道府県知事等に届け出なければならない．（法第20条の4）

ハ　◎　出題のとおり．（法第57条，冷規63条）

問4　正解 (4) イ，ハ

イ ◎ 出題のとおり．フルオロカーボン（不活性のものに限る）を冷媒ガスとする冷凍設備は一日の冷凍能力が50トン以上の場合には第二種製造者ではなく第一種製造者であるので，20トン以上50トン未満の場合，第二種製造者である．（法第5条第1項第2号，第2項第2号，政令第4条表）

なお，第一種製造者とは，法第5条第1項の許可を受けた者であり，第二種製造者とは，法第5条第2項各号に掲げる者をいう．（法第9条，第10条の2第1項）

ロ ☒ 酸素以外のガスを使用する気密試験と規定されている．（法第12条第2項，冷規第14条第1号）

ハ ◎ 出題のとおり．第二種製造者であって，第5条第2項第2号に規定する者は，冷凍保安責任者を選任しなければならない（除外規定あり）と規定されている．（法第27条の4第1項第2号）

問5　正解 (1) イ

イ ◎ 出題のとおり．（法第23条第1項，第2項，一般規第50条第5号）

ロ ☒ 冷媒ガスの種類を問わず警戒標を掲げなければならない．（法第23条第1項，第2項，一般規第50条第1号）

ハ ☒ 可燃性ガス及び毒性ガス，特定不活性ガス又は酸素の充填容器等を車両に積載して移動するときは，出題のものを携行させる必要がある．（法第23条第1項，第2項，一般規第50条第14号，第49条第21号）

問6　正解 (1) ハ

イ ☒ 刻印する事項に最大充填質量は定められていなく，刻印されている内容積から計算で算出する．（法第45条第1項，容規第8条第1項第6号，第22条）

ロ ☒ 容器に表示する事項に，最大充填質量は規定されていない．（法第46条第1項，容規第10条）

ハ ◎ 出題のとおり．（法第49条の3第1項，容規第18条第1項第7号チ）

問7　正解 (3) イ，ハ

イ ◎ 出題のとおり．（法第15条第1項，一般規第18条第2号イ）

ロ ☒ 充填容器等を車両に搭載して貯蔵することは，特定の場合を除き禁止されており，これは冷媒ガスの種類を問わない．（法第15条第1項，一般規第18条第2号ホ）

ハ ◎ 出題のとおり．（法第15条第1項，一般規第18条第2号ロ，第6条第2項第8号ト）

問8　正解 (2) ロ

イ ☒ 遠心式圧縮機の場合，圧縮機の原動機の定格出力は1日の冷凍能力の算定に必要な数値であるが，吐出し量の数値は必要ない．（冷規第5条第1号）

ロ ◎ 出題のとおり．（冷規第5条第4号）

ハ ☒ 吸収式冷凍設備の1日の冷凍能力の算定に必要な数値は，発生器を加熱する1時間の入熱量が必要であるが，冷媒ガスの充填量の数値は，1日の冷凍能力の算定には関係ない．（冷規第5条第2号）

問9　正解（4）イ，ロ

イ ◎ 出題のとおり．（法第26条第1項）

ロ ◎ 出題のとおり．事業者は，その従業者に対する保安教育計画を定め，その計画を忠実に実行しなければならないと定められているが，これを都道府県知事等に届け出る定めはない．（法第27条第1項，第3項）

ハ ☒ 危険な状態となった時，直ちに応急の措置を講じなければならないと規定されており，さらにその事態を発見したものは，直ちに，その旨を都道府県知事又は警察官，消防吏員若しくは消防団員若しくは海上保安官に届け出なければならないと定められている．（法第36条第1項，第2項）

問10　正解（4）イ，ロ

イ ◎ 出題のとおり．（法第37条第1項，第2項）

ロ ◎ 出題のとおり．（法第60条第1項，冷規第65条）

ハ ☒ 災害が発生したときと，所有し，又は占有する容器を喪失し，又は盗まれたときには都道府県知事等又は警察官に届け出なければならない．（法第63条第1項第1号，第2号）

問11　正解（4）イ，ロ

イ ◎ 出題のとおり．この事業所は，1日の冷凍能力が250トンであるので，冷凍保安責任者には，第二種冷凍機械責任者免状の交付を受け，かつ，1日の冷凍能力が20トンの製造施設を使用して行う高圧ガスの製造に関する1年の経験を有する者を選任することができる．（法第27条の4第1項第1号，冷規第36条第1項表欄二）

ロ ◎ 出題のとおり．（法第33条第1項，第2項）

ハ ☒ 専任したときには都道府県知事等に届け出なければならなく，解任したときも同様とすると規定されている．（法第27条の4第2項，第27条の2第5項）

問12　正解（3）イ，ハ

イ ◎ 出題のとおり．可燃性ガス及び毒性ガスを冷媒とする冷媒設備の取り替え工事は軽微な変更工事から除外されている．アンモニアは可燃性ガス及び毒性ガスである．（法第14条第1項，冷規第17条第1項第2号，冷規第2条第1項第1号，第2号）

ロ ☒ 第一種製造者からその製造のための施設の全部又は一部の引き渡しを受け，第5条第1項の許可を受けたものは，すでに完成検査に合格していた場合，改めて完成検査を受けなくても製造施設を使用できる．つまり，改めて許可を受ける必要があるが，完成検査を受ける必要はない．（法第20条第2項）

ハ　◎　出題のとおり．変更工事が完成した後，完成検査を要しないのは，製造設備の取替え工事であって，冷凍能力の変更が告示で定める範囲であるものだが，可燃性ガス及び毒性ガスを冷媒とする冷媒設備は除かれている．（第20条第3項，冷規第23条）

問13　正解　(1)　イ

イ　◎　出題のとおり．所定の耐震に関する性能を有しなければならないのは，凝縮器では縦置円筒形で胴部の長さが5メートル以上のものである，（冷規第7条第1項第5号）

ロ　☒　専用機械室に設置してあることによる除外の規定はない．（冷規第7条第1項第15号）

ハ　☒　丸形ガラス管液面計以外のものなら使用できる．（冷規第7条第1項第10号）

問14　正解　(3)　イ，ロ

イ　◎　出題のとおり．可燃性ガスに適用されるが，アンモニアは除外されている．（冷規第7条第1項第14号）

ロ　◎　出題のとおり．受液器であって，毒性ガス（液化アンモニア）が漏えいした場合に，その流出を防止するための措置を講じなければならないものは，その内容積が，1万リットル以上のものが該当し，この事業所の受液器は6千リットルなのでこれに該当しない．（冷規第7条第1項第13号）

ハ　☒　放出管の開口部の位置は，放出する冷媒ガスの性質に応じた適切な位置であることと規定されている．不活性ガス，吸収式アンモニア冷凍機についての除外規定はあるが，換気構造の有無についての除外規定はない．（冷規第7条第1項第9号）

問15　正解　(5)　イ，ロ，ハ

イ　◎　出題のとおり．（法第14条第1項，第2項，冷規第17条第1項第2号）

ロ　◎　出題のとおり．認定指定設備の設置工事は軽微な変更の工事と規定されている．（法第14条第1項，第2項，冷規第17条第1項第4号）

ハ　◎　出題のとおり．この設備の場合，製造設備の取り替え工事で冷媒設備に係る切断，溶接を伴う工事でなく，冷凍能力の変更が告示で定める範囲なら，完成検査を受けることなく使用できる．（法第14条第1項，第20条第3項，冷規第23条）

問16　正解　(4)　イ，ロ

イ　◎　出題のとおり．（法第35条第1項，冷規第40条第2項）

ロ　◎　出題のとおり．（法第35条第1項，冷規第40条第1項第2号）

ハ　☒　作成した検査記録は保存しなければならないという規定はあるが，都道府県知事等に届け出なければならないという規定はない．（法第35条の2）

問17　正解　(5)　イ，ロ，ハ

イ　◎　出題のとおり．（冷規第7条第1項第17号）

ロ　◎　出題のとおり．（冷規第7条第1項第6号，第2項）

ハ　◎　出題のとおり．（冷規第7条第1項第2号，第2項）

問18　正解　(4)　ロ，ハ

イ　☒　自動制御装置の有無にかかわらず，安全装置を設けるよう規定されている．（冷規第7条第1項第8号）

ロ　◎　出題のとおり．圧力計を設けることと規定されている．（冷規第7条第1項第7号，第2項）

ハ　◎　出題のとおり．（法第20条第3項，冷規第7条第1項第6号）

問19　正解　(3)　イ，ロ

イ　◎　出題のとおり．（冷規第9条第3号イ）

ロ　◎　出題のとおり．（冷規第9条第1号）

ハ　☒　自動制御装置を設けて自動運転する場合の，点検を免除する規定はない．（冷規第9条第2号）

問20　正解　(5)　イ，ロ，ハ

イ　◎　出題のとおり．（法第56条の7第1項，第2項，冷規第57条第13号）

ロ　◎　出題のとおり．（法第56条の7第1項，第2項，冷規第57条第3号，第5号）

ハ　◎　出題のとおり．（冷規第62条第1項）

第二種冷凍機械　保安管理技術試験解答と解説

問題番号	1	2	3	4	5	6	7	8	9	10
解答番号	1	2	5	5	1	2	3	3	4	4

問1　正解　(1)　イ，ロ

イ　◎　出題のとおり.

ロ　◎　出題のとおり.

ハ　☒　吐出し側の高温，高圧の圧縮ガスの一部がシリンダ内に逆流するため，体積効率の低下と吐出しガス温度の上昇を招く.

ニ　☒　圧縮機が，アンロード運転からフルロード運転に切り替わった際に，圧縮機容量が増加して吸込み蒸気圧力が低下することによって，液戻りが起きて液圧縮になることがある.

問2　正解　(2)　ロ，ハ

イ　☒　凝縮圧力が低くならないように制御する方法のひとつとして，凝縮器での凝縮に有効に使われる伝熱面積を減少させることによって，凝縮圧力の低下が防止できる.

ロ　◎　出題のとおり.

ハ　◎　出題のとおり.

ニ　☒　冷凍装置の運転中に不凝縮ガスが凝縮器内にたまると，伝熱作用が阻害され，器内に存在する不凝縮ガスの分圧相当分以上に凝縮圧力が高くなる.

問3　正解　(5)　ロ，ハ，ニ

イ　☒　蒸発器に霜が厚く付いた場合，熱伝導抵抗の増大，蒸発器への送風量の減少などによって，熱通過率は小さくなり，冷媒循環量が減少して，冷凍能力，蒸発温度が低下する.

ロ　◎　出題のとおり.

ハ　◎　出題のとおり.

ニ　◎　出題のとおり.

問4　正解　(5)　ハ，ニ

イ　☒　HFC系冷媒はオゾン層を破壊しない.

ロ　☒　アンモニアの地球温暖化係数は0，炭化水素類の地球温暖化係数は約3である.

ハ　◎　出題のとおり.

ニ　◎　出題のとおり.

問5　正解　(1)　イ，ハ

イ　◎　出題のとおり.

ロ　☒　パドル形フロートスイッチは，流れを感知する断水リレーであり，流量変化に対して連続的に働き，流量に対する感度がよい.

ハ　◎　出題のとおり.

ニ　☒　低圧圧力スイッチは，蒸発圧力の低下を検出する.

問6　正解　(2)　イ，ニ

イ　◎　出題のとおり.

ロ　☒　空冷凝縮器は，水冷横形シェルアンドチューブ凝縮器のように器内に冷媒液を溜めることができる容積が小さいので，受液器を必要とする場合が多い.

ハ　☒　ろ過乾燥器の設置場所は吸込み配管ではなく，液配管に取り付ける．ろ過乾燥器に冷媒液を通して，冷媒中の水分を吸着して除去する.

ニ　◎　出題のとおり.

問7　正解　(3)　ロ，ハ

イ　☒　配管用炭素鋼鋼管（SGP）は－25℃までの低温で使用できる.

ロ　◎　出題のとおり.

ハ　◎　出題のとおり.

ニ　☒　圧縮機の吸込み側の横走り管中にトラップがあると，軽負荷運転時に冷凍機油や冷媒液がたまり，再始動時や部分負荷から全負荷運転に切り替わったときに，冷媒液が一挙に圧縮機へ戻るので好ましくない.

問8　正解　(3)　ハ，ニ

イ　☒　溶栓の口径は，圧力容器に取り付ける安全弁の最小口径の1/2以上でなければならない.

ロ　☒　高圧遮断圧力スイッチの圧力誘導管は，油やスケールが流入しないように配管の上側（上面側）に接続する.

ハ　◎　出題のとおり.

ニ　◎　出題のとおり.

問9　正解　(4)　ニ

イ　☒　気密試験は，気密性能を確認するための試験であり，配管を含むすべての冷媒系統において行う．これを省略することはできない.

ロ　☒　アンモニア冷凍装置の気密試験では，試験流体として二酸化炭素は使用できない．これは，試験後に残留した二酸化炭素とアンモニアが反応して，炭酸アンモニウムの粉末が生成されることがあるためである.

ハ　☒　気密試験中，圧力をかけた状態で衝撃を与えることは危険であり，つち打ちなどで衝撃を与えてはならない.

ニ　◎　出題のとおり.

問10　正解　(4)　ハ，ニ

イ　☒　機器の基礎底面にかかる荷重は，どの部分でも地盤の許容応力以下であるようにする.

ロ　☒　注ぎモルタルは，一般に，セメントと砂の比が1：2の良質なものを使用する.

ハ　◎　出題のとおり.

ニ　◎　出題のとおり.

第二種冷凍機械　学識試験解答と解説

問題番号	1	2	3	4	5	6	7	8	9	10
解答番号	4	2	3	4	2	4	5	1	2	5

問1　正解　(4)　147 kW

この冷凍装置の冷媒循環量 q_{mr} (kg/s) は，

$$q_{mr} = \frac{\Phi_o}{h_1 - h_4} = \frac{250}{375 - 250} = 2.00\ \mathrm{kg/s}$$

実際の圧縮機駆動の軸動力 P (kW) は，

$$P = \frac{q_{mr}(h_2 - h_1)}{\eta_c \eta_m} = \frac{2.00 \times (425 - 375)}{0.80 \times 0.85} = 147\ \mathrm{kW}$$

問2　正解　(2)　$q_{mr} = 0.18$ kg/s，$P = 55$ kW，$(COP)_R = 3.63$

この冷凍装置の冷媒循環量 q_{mr} (kg/s) は，

$$q_{mr} = \frac{V\eta_v}{v_1} = \frac{400 \times 0.70}{0.43} \times \frac{1}{3\,600} = 0.18\ \mathrm{kg/s}$$

実際の圧縮機の軸動力 P (kW) は，

$$P = \frac{q_{mr}(h_2 - h_1)}{\eta_c \eta_m} = \frac{0.18 \times (1\,670 - 1\,450)}{0.80 \times 0.90} = 55\ \mathrm{kW}$$

実際の成績係数 $(COP)_R$ は，

$$(COP)_R = \frac{\Phi_o}{P} = \frac{q_{mr}(h_1 - h_4)}{P} = \frac{0.18 \times (1\,450 - 340)}{55} = 3.63$$

問3　正解　(3)　イ，ニ

イ　◎　出題のとおり．

ロ　☒　ロータリー圧縮機のほとんどが全密閉圧縮機である．電動機は密閉容器の高圧ガス内に置かれ，吐出しガスによって冷却される構造になっている．したがって，電動機の発生熱は吐出しガスを加熱することになり，有効に利用できる．

ハ　☒　コンパウンド圧縮機では，低段側と高段側のピストン押しのけ量の比が定まってしまうので，中間圧力が最適値から若干のずれを生じる．

ニ　◎　出題のとおり．

問4　正解　(4)　イ，ロ，ハ

イ　◎　出題のとおり．

ロ　◎　出題のとおり．

ハ　◎　出題のとおり．

ニ　☒　固体壁を介して一方の流体から他方の流体へ熱が伝わるときの伝熱量は，流体間の温度差，伝熱面積および熱通過率の積で求められる．

問5　正解　(2)　ニ

イ　☒　蒸発式凝縮器の冷却水補給量は，蒸発によって失われる量，不純物の濃縮防止のための量および飛沫となって失われる量の和である．

ロ　☒　冷却管内を冷却水が二往復する場合は，4パスである．

ハ　☒　空冷凝縮器は，空気側の熱伝達率が冷媒側に比べて小さいので，これを補うために空気側にフィンをつけて伝熱面積を拡大している．

ニ　◎　出題のとおり．

問6　正解　(4)　ロ，ニ

イ　☒　有効内外伝熱面積比は，有効外表面積を有効内表面積で除したものである．

ロ　◎　出題のとおり．

ハ　☒　フィンコイル乾式蒸発器に霜が着くと，蒸発温度は低下する．

ニ　◎　出題のとおり．

問7　正解　(5)　ハ，ニ

イ　☒　冷水と冷却水の温度がそれぞれ一定の場合，蒸発器における冷媒蒸発温度と冷水との温度差，あるいは凝縮器における冷媒凝縮温度と冷却水との温度差が大きくなるほど，冷凍装置の成績係数は小さくなる．

ロ　☒　凝縮温度が同じで蒸発器の蒸発温度が高くなると，蒸発器出口の比エンタルピーは少し大きくなるので，蒸発器出入口間の比エンタルピー差は少し大きくなる．また，圧縮機の圧力比が小さくなるので，体積効率は少し大きくなる．

ハ　◎　出題のとおり．

ニ　◎　出題のとおり．

問8　正解　(1)　イ，ロ

イ　◎　出題のとおり．

ロ　◎　出題のとおり．

ハ　☒　差圧式の四方切換弁は，高低圧間に圧力差が充分にないと完全な切換えができない．

ニ　☒　三方形凝縮圧力調整弁に設置されている弁は一つであり，バイパス弁は使わない．

問9　正解　(2)　ロ，ハ

イ　☒　総合的地球温暖化指数（TEWI）の直接効果とは，冷媒の大気放出による直接的な影響分のことである．直接効果は運転中の冷媒漏えい量と廃棄時の未回収冷媒量の和に，その冷媒の温暖化係数を掛けたものである．

ロ　◎　出題のとおり．

ハ　◎　出題のとおり．

ニ　☒　低沸点冷媒は，高沸点冷媒と同じ温度条件で比較すると，サイクルの凝縮，蒸発圧力が低く，圧縮機押しのけ量が同じであれば冷凍能力は大きい．しかし，高沸点冷媒と同じ温度条件では蒸発温度が臨界点に近づき，その結果，蒸発潜熱が小さくなるため，理論成績係数 COP は低くなる．

問10　正解　(5)　イ，ロ，ハ，ニ

イ　◎　出題のとおり．

ロ　◎　出題のとおり．

ハ　◎　出題のとおり．

ニ　◎　出題のとおり．

令和元年度（令和元年11月10日施行）

第三種冷凍機械責任者試験

第三種冷凍機械　法令試験解答と解説

問題番号	1	2	3	4	5	6	7	8	9	10	11	12	13	14	15	16	17	18	19	20
解答番号	3	2	3	1	5	5	5	2	4	1	3	4	5	3	4	3	2	1	4	5

問1　正解　(3)　イ，ロ

イ　◎　出題のとおり．（法第1条）

ロ　◎　出題のとおり．温度35度において圧力が1メガパスカル以上となる圧縮ガス（圧縮アセチレンガスを除く．）は，常用の温度での圧力に係りなく高圧ガスである．（法第2条第1号後段）

ハ　☒　圧力が0.2メガパスカルとなる場合の温度が35度以下である液化ガスは，常用の温度での圧力に係りなく高圧ガスである．（法第2条第3号後段）

問2　正解　(2)　イ，ロ

イ　◎　出題のとおり．都道府県知事の許可を受けなければならない場合の1日の冷凍能力の最小値は，政令で定めるガスの種類ごとに20トンを超える政令で定める値となっていて，ガスがアンモニアである場合は50トン以上となっているので，許可を受けなければならない．（法第5条第1項第2号，政令第4条表）

ロ　◎　出題のとおり．1日の冷凍能力が5トン未満の冷凍設備内における高圧ガスである不活性のフルオロカーボンは，高圧ガス保安法の適用を受けない．（法第3条第1項第8号，政令第2条第3項第4号）

ハ　☒　所定の技術上の基準に従って製造しなければならない機器は，1日の冷凍能力が3トン以上の冷凍機（二酸化炭素及びフルオロカーボン（可燃性ガスを除く）にあっては5トン以上）と定められている．（法第57条，冷規63条）

問3　正解　(3)　ハ

イ　☒　第一種製造者は，製造をする高圧ガスの種類を変更しようとするときは，都道府県知事の許可を受けなければならないと定められている．（法第14条第1項）

ロ　☒　可燃性ガス，毒性ガス及び特定不活性ガスを廃棄するときは，技術上の基準に従って行う必要がある．したがって，アンモニアを廃棄するときは技術上の基準に従って行う必要がある．（法第25条，冷規第33条）

ハ　◎　出題のとおり．（法第10条第2項）

問4　正解　(1)　イ

イ　◎　出題のとおり．（一般規第18条第2号ロ，第6条第2項第8号イ）

ロ　☒　冷媒ガスの種類の限定はなく，すべての冷媒ガスに適用される．（一般規第18条第2号ホ）

ハ　☒　充塡容器等について定められているので，充塡容器だけでなく，残ガス容器も含まれている．（一般規第18条第2号ロ，第6条第2項第8号ホ，第1項42号）

問5　正解　(5)　イ，ロ，ハ

イ　◎　出題のとおり．高圧ガスすべてに適用される．（一般規第50条第1号）

ロ　◎　出題のとおり．（一般規第50条第8号）

ハ　◎　出題のとおり．（一般規第50条第14号，49条第1項第21号準用）

問6　正解　(5)　イ，ロ，ハ

イ　◎　出題のとおり．（法第45条第1項，容規第8条第1項第3号）

ロ　◎　出題のとおり．（法第46条第1項，容規第10条第1項第1号表）

ハ　◎　出題のとおり．（法第56条第5項）

問7　正解　(5)　イ，ロ，ハ

イ　◎　出題のとおり．必要な数値として定められている．（冷規第5条第4号）

ロ　◎　出題のとおり．必要な数値として定められている．（冷規第5条第1号）

ハ　◎　出題のとおり．必要な数値として定められている．（冷規第5条第2号）

問8　正解　(2)　ロ

イ　☒　第二種製造者とは，冷凍のためガスを圧縮し，又は液化して高圧ガスの製造をする設備でその一日の冷凍能力が3トン（政令で定めるガスの種類ごとに3トンを超える政令で定める値）以上のものを使用して高圧ガスの製造をする者（第一種製造者を除く）である．50トン未満の冷凍設備でも第一種製造者にならない者は第二種製造者になる．また，3トン以上でも第二種製造者にならない者もいる．（法第5条第2項第2号）

ロ　◎　出題のとおり．（法第12条第2項，冷規第14条第1号）

ハ　☒　第二種製造者であって，法第5条第2項第2号に規定する者（除外者あり）は冷凍保安責任者を選任しなければならない．（法第27条の4第1項第2号，法第5条第2項第2号）

問9　正解　(4)　ロ，ハ

イ　☒　1日の冷凍能力が100トン以上300トン未満の製造施設にあっては，第二種冷凍機械責任者免状の交付を受けている者であって，所定の経験を有する者を冷凍保安責任者として選任できると定められている．したがって，第三種冷凍機械責任者免状の交付を受けている者では，冷凍保安責任者に選任できない．（法第27条の4第1項，冷規第36条第1項表欄二）

ロ ◎ 出題のとおり．（法第32条第10項）

ハ ◎ 出題のとおり．（法第33条第1項）

問10　正解 (1) イ

イ ◎ 出題のとおり．（法第35条第1項，冷規第40条第2項）

ロ ☒ 第一種製造者は，指定保安検査機関（協会を含む）が行う保安検査を受け，その旨を都道府県知事に届け出た場合は都道府県知事が行う保安検査を受けなくてもよいとなっているので，届け出なければならない．（法第35条第1項第1号）

ハ ☒ 製造の方法が技術上の基準に適合するかどうかは，保安検査に含まれない．（法第35条第2項，第8条第1号）

問11　正解 (3) イ，ハ

イ ◎ 出題のとおり．（法第35条の2，冷規第44条第5項第4号）

ロ ☒ 定期自主検査は，冷媒ガスの種類にかかわらず，1年に1回以上行うことと定められている．（法第35条の2，冷規第44条第3項）

ハ ◎ 出題のとおり．（法第35条の2）

問12　正解 (4) ロ，ハ

イ ☒ 危害予防規程を都道府県知事に届け出ることが定められている．（法第26条第1項）

ロ ◎ 出題のとおり．危害予防規程に定めるべき細目の事項の一つとして定められている．（法第26条第1項，冷規第35条第2項第7号）

ハ ◎ 出題のとおり．（法第27条第1項，第3項）

問13　正解 (5) イ，ロ，ハ

イ ◎ 出題のとおり．（法第36条第2項）

ロ ◎ 出題のとおり．（法第60条第1項，冷規第65条）

ハ ◎ 出題のとおり．（法第63条第1項第2号）

問14　正解 (3) イ，ハ

イ ◎ 出題のとおり．（法第14条第1項，冷規第17条第1項第2号）

ロ ☒ 特定変更工事を完成したときは，完成検査を受け，所定の技術上の基準に適合していると認められた後でなければこれを使用してはならないと定められている．ただし，高圧ガス保安協会が行う完成検査を受け，所定の技術上の基準に適合していることを認められ，その旨を都道府県知事に届け出た場合は，都道府県知事の行う完成検査を受けなくてよい．（法第20条第3項，第3項第1号）

ハ ◎ 出題のとおり．（法第14条第1項，第20条第3項，冷規第23条）

問15　正解　(4)　ロ，ハ

イ ☒ 可燃性ガスの製造施設には，その規模に応じて，適切な消火設備を適切な箇所に設けることと定められており，アンモニアは可燃性ガスなので，この規定が適用される．（冷規第7条第1項第12号）

ロ ◎ 出題のとおり．毒性ガス（アンモニア等）の製造設備には，当該ガスが漏えいしたときに安全に，かつ，速やかに除害するための措置を講ずることと定められている．（冷規第7条第1項第16号）

ハ ◎ 出題のとおり．（冷規第7条第1項第9号）

問16　正解　(3)　イ，ロ

イ ◎ 出題のとおり．（冷規第7条第1項第15号）

ロ ◎ 出題のとおり．（冷規第7条第1項第10号）

ハ ☒ 毒性ガス（アンモニア等）を冷媒ガスとする受液器であって，内容積が1万リットル以上のものの周囲には，液状のそのガスが漏えいした場合に，その流出を防止するための措置を講ずることと定められている．（冷規第7条第1項第13号）

問17　正解　(2)　ロ

イ ☒ 冷媒ガスの圧力が許容圧力を超えた場合に直ちに許容圧力以下に戻すことができる安全装置を設けること，と定められている．（冷規第7条第1項第8号）

ロ ◎ 出題のとおり．（冷規第7条第1項第1号）

ハ ☒ 許容圧力以上の圧力で行う気密試験に合格しなければならない．（法第8条第1号，第20条第3項，冷規第21条第1項，第7条第1項第6号）

問18　正解　(1)　イ

イ ◎ 出題のとおり．冷媒設備には圧力計を設けることと定められている．また圧縮機が強制潤滑方式で，潤滑油圧力に対する保護装置を有するものの油圧系統は，除外されている．（冷規第7条第1項第7号）

ロ ☒ 気体を使用して行う耐圧試験では，許容圧力の1.25倍以上の圧力で行うことと定められている（冷規第7条第1項第6号）

ハ ☒ 縦置円筒形で胴部の長さが5m以上の凝縮器は，所定の耐震に関する性能を有しなければならない．（冷規第7条第1項第5号）

問19　正解　(4)　ロ，ハ

イ ☒ 安全弁の修理又は清掃のため特に必要な時には，安全弁に付帯して設けた止め弁を閉止することができるが，それ以外の場合には常に全開にしておくように定められている．（冷規第9条第1号）

ロ ◎ 出題のとおり．（冷規第9条第3号イ）

ハ　◎　出題のとおり．（冷規第9条第2号）

問20　正解　(5)　イ，ロ，ハ

イ　◎　出題のとおり．（冷規第57条第13号）

ロ　◎　出題のとおり．（冷規第57条第12号）

ハ　◎　出題のとおり．認定指定設備の変更の工事を施したときは，特定の場合を除いてその認定指定設備に係る指定設備認定証は無効とすると定められている．（冷規第62条第1項）

第三種冷凍機械　保安管理技術試験解答と解説

問題番号	1	2	3	4	5	6	7	8	9	10	11	12	13	14	15
解答番号	3	5	1	1	4	5	4	1	5	3	2	1	5	2	3

問1　正解　(3)　イ，ロ

イ　◎　出題のとおり．

ロ　◎　出題のとおり．

ハ　☒　圧縮機駆動の軸動力を小さくし，大きな冷凍能力を得るためには，蒸発温度は必要以上に低くしないで，凝縮温度は必要以上に高くし過ぎないこと．

ニ　☒　冷媒のp−h線図は，縦軸に絶対圧力を対数目盛で，横軸に比エンタルピーを等間隔目盛で，目盛られている．

問2　正解　(5)　イ，ロ，ハ

イ　◎　出題のとおり．

ロ　◎　出題のとおり．

ハ　◎　出題のとおり．

ニ　☒　冷凍サイクルの蒸発器で冷媒が奪う熱量を，冷凍装置の冷凍能力という．また，冷凍能力を冷媒循環量で除した値である冷媒1 kg当たりの熱量を，冷凍効果という．

問3　正解　(1)　イ，ハ

イ　◎　出題のとおり．

ロ　☒　蒸発温度と凝縮温度との温度差が大きくなると，圧縮機の圧力比が大きくなるので，断熱効率と機械効率は小さくなる．

ハ　◎　出題のとおり．

ニ　☒　吸込み圧力が低いほど，また，吸込み蒸気の過熱度が大きいほど，冷媒循環量が減少するので，冷凍能力は減少する．

問4　正解　(1)　イ，ハ

イ　◎　出題のとおり．

ロ　☒　R 410AはR 32とR 125との混合冷媒である．

ハ　◎　出題のとおり．

ニ　☒　大気圧における飽和温度を標準沸点という．

問5　正解　(4)　ロ，ニ

イ　☒　圧縮機は，冷媒蒸気の圧縮の方法により，容積式と遠心式に大別される．往復式，スクリュー式，スクロール式の圧縮機は，容積式である．

ロ　◎　出題のとおり．

ハ　☒　スクリュー圧縮機の容量制御をスライド弁で行う場合は，スクリューの溝の数には関係なく，無段階に容量を調節できる．

ニ　◎　出題のとおり．

問6　正解　(5)　ハ，ニ

イ　☒　シェルアンドチューブ凝縮器は，鋼管製の円筒胴と管板に固定された冷却管で構成され，冷却管内を冷却水が流れ，円筒胴の内側と冷却管の間の空間を圧縮機吐出しガスが流れて冷却管外表面で凝縮し，凝縮した冷媒液は円筒胴の底部にたまる．

ロ　☒　水あかの熱伝導率は，冷却管材の熱伝導率に比べて著しく小さいので，水あかが付着すると凝縮器の熱通過率の値は小さくなる．その結果，凝縮能力は減少し，凝縮温度は上昇する．

ハ　◎　出題のとおり．

ニ　◎　出題のとおり．

問7　正解　(4)　イ，ハ，ニ

イ　◎　出題のとおり．

ロ　☒　シェル側に冷媒を供給し，冷却管内にブラインを流して冷却するシェルアンドチューブ蒸発器は満液式である．

ハ　◎　出題のとおり．

ニ　◎　出題のとおり．

問8　正解　(1)　イ，ロ，ハ

イ　◎　出題のとおり．

ロ　◎　出題のとおり．

ハ　◎　出題のとおり．

ニ　☒　冷媒の流れによる圧力降下が大きな蒸発器や，ディストリビュータで冷媒を分配する蒸発器の場合は，外部均圧形温度自動膨張弁を使用する．

問9　正解　(5)　ロ，ハ

イ　☒　液分離器は，蒸発器と圧縮機との間の吸込み蒸気配管に取り付け，吸込み蒸気中に混在した液を分離して，冷媒蒸気だけを圧縮機に吸い込ませ，液圧縮を防止して圧縮機を保護するものである．一般に，分離された液は，液圧縮にならない程度に，少量ずつ液を蒸気とともに圧縮機に吸い込ませる．

ロ　◎　出題のとおり．

ハ　◎　出題のとおり．

ニ　☒　アンモニア冷凍装置では，吐出しガス温度が高く，油が劣化するので，一般には自動返油せず，油だめ器に抜き取る．

問10　正解　(3)　ロ，ニ

イ ☒ 圧縮機吸込み蒸気配管の二重立ち上がり管は，最小負荷や最大負荷の運転のときでも，管内蒸気速度を適正にし，常に油が戻るようにするために設ける．

ロ ◎ 出題のとおり．

ハ ☒ 配管用炭素鋼鋼管（SGP）は，設計圧力が1 MPaを超える耐圧部分，温度が100℃を超える耐圧部分には使用できない．R 410Aの通常の使用では高圧圧力が1 MPaを超えるため，使用できない．

ニ ◎ 出題のとおり．

問11　正解　(2)　イ，ハ

イ ◎ 出題のとおり．

ロ ☒ 溶栓は，温度の上昇によって溶栓内の金属が溶融し，内部の冷媒を放出して，容器内圧力の異常な上昇を防ぐものである．

ハ ◎ 出題のとおり．

ニ ☒ 可燃性ガスまたは毒性ガスの製造施設には，漏えいしたガスが滞留するおそれのある場所に，ガス漏えい検知警報設備の設置を義務づけている．

問12　正解　(1)　イ，ロ

イ ◎ 出題のとおり．

ロ ◎ 出題のとおり．

ハ ☒ 圧力容器の腐れしろは，ステンレス鋼では0.2 mmとする．

ニ ☒ 強度や保安に関する圧力は，設計圧力，共用圧力ともに絶対圧力ではなく，ゲージ圧力を使用する．

問13　正解　(5)　ハ，ニ

イ ☒ 基礎の質量は，多気筒圧縮機では圧縮機および電動機などの駆動機の質量の2～3倍程度にする．

ロ ☒ 気密試験に使用するガスは，空気または不燃性ガスを使用し，酸素や毒性ガスを使用してはならない．

ハ ◎ 出題のとおり．

ニ ◎ 出題のとおり．

問14　正解　(2)　イ，ハ

イ ◎ 出題のとおり．

ロ ☒ 蒸発圧力が一定のもとで，圧縮機の吐出しガス圧力が高くなると，圧力比が大きくなるため，圧縮機の体積効率は低下する．

ハ ◎ 出題のとおり．

ニ ☒ 凝縮器の冷却水量が減少すると，凝縮圧力の上昇，圧縮機吐出しガス温度の上昇などが起こる．

問15　正解　(3)　イ，ロ，ハ

イ　◎　出題のとおり．

ロ　◎　出題のとおり．

ハ　◎　出題のとおり．

ニ　☒　アンモニアは水分をよく溶解してアンモニア水になるので，少量の水分の浸入があっても装置に障害を引き起こすことはないが，多量の水分が浸入すると，運転に支障をもたらす．

令和2年度（令和2年11月8日施行）

第一種冷凍機械責任者試験

第一種冷凍機械　法令試験解答と解説

問題番号	1	2	3	4	5	6	7	8	9	10	11	12	13	14	15	16	17	18	19	20
解答番号	3	2	1	3	5	4	1	1	4	2	3	1	5	4	5	3	2	3	1	3

問1　正解　(3)　イ，ハ

イ　◎　出題のとおり．（法第2条第1号前段）

ロ　☒　圧力が0.2メガパスカルとなる場合の温度が35度以下である液化ガスは，常用の温度における圧力がいくらであるかを問わず，高圧ガスである．（法第2条第3号後段）

ハ　◎　出題のとおり．（法第1条）

問2　正解　(2)　イ，ロ

イ　◎　出題のとおり．（法第3条第1項第8号，政令第2条第3項第3号）

ロ　◎　出題のとおり．法第56条の7第2項の認定を受けた設備は都道府県知事等の許可を受けなければならない設備から除かれている．（法第5条第1項第2号，政令第15条）

ハ　☒　軽微な変更の工事をしたときは，その完成後遅滞なく，その旨を都道府県知事等に届け出なければならないと定められている．（法第14条第1項，第2項）

なお，第一種製造者とは，法第5条第1項に掲げる者であり，第二種製造者とは，法第5条第2項各号に掲げる者をいう．（法第9条，第10条の2第1項）

問3　正解　(1)　イ

イ　◎　出題のとおり．（法第5条第2項第2号，政令第4条表）

ロ　☒　相続，合併又は分割があった場合には，相続人，事業所を承継した法人は第一種製造者の地位を承継するが，事業の全部を譲り受けた者は第一種製造者の地位を承継するとは規定されていない．（法第10条第1項）

ハ　☒　1日の冷凍能力が5トン以上の冷凍機である．（法第57条，冷規63条）

問4　正解　(3)　イ，ロ

イ　◎　出題のとおり．（法第5条第2項第2号，政令第4条表）

ロ　◎　出題のとおり．（法第35条の2，冷規第44条第5項第2号）

ハ　☒　第二種製造者が従うべき製造方法に係る技術上の基準は，定められてい

る．（法第5条第2項第2号，第12条第2項，冷規第14条）

問5　正解　(5)　イ，ロ，ハ

イ　◎　出題のとおり．（法第23条第1項，第2項，一般規第50条第1号）

ロ　◎　出題のとおり．（法第23条第1項，第2項，一般規第50条第8号）

ハ　◎　出題のとおり．（法第23条第1項，第2項，一般規第50条第9号）

問6　正解　(4)　ロ，ハ

イ　☒　TP2.9Mは耐圧試験における圧力が2.9メガパスカルであることを表している．（法第45条第1項，容規第8条第1項第11号）

ロ　◎　出題のとおり．（法第46条第1項，容規第10条第1項第1号）

ハ　◎　出題のとおり．（法第48条第1項第5号，容規第24条第1項第1号）

問7　正解　(1)　イ

イ　◎　出題のとおり．（法第15条第1項，一般規第19条第1項，第2項）

ロ　☒　通風の良い場所で貯蔵しなければならない充塡容器は，可燃性ガス又は毒性ガスのものである．（法第15条第1項，一般規第18条第2号イ）

ハ　☒　充塡容器等は常に温度40度以下に保つことと定められている．（法第15条第1項，一般規第18条第2号ロ，第6条第2項第8号ホ）

問8　正解　(1)　イ

イ　◎　出題のとおり．（冷規第5条第4号）

ロ　☒　遠心式圧縮機を使用する冷凍設備には必要であるが，容積圧縮式（往復動式）圧縮機を使用する冷凍設備では不要である．（冷規第5条第4号，第1号）

ハ　☒　自然還流式冷凍設備及び自然循環式冷凍設備には必要であるが，容積圧縮式（往復動式）圧縮機を使用する冷凍設備では不要である．（冷規第5条第4号，第3号）

問9　正解　(4)　ロ，ハ

イ　☒　何人も火気を取り扱ってはならないと定められており，冷凍保安責任者も含まれる．（法第37条第1項）

ロ　◎　出題のとおり．（法第26条第1項，第3項）

ハ　◎　出題のとおり．（法第36条第1項）

問10　正解　(2)　ロ

イ　☒　記載の日から10年間保存しなければならない．（法第60条第1項，冷規第65条）

ロ　◎　出題のとおり．（法第63条第1項第1号）

ハ　☒　第一種製造者はその従業者に対する保安教育計画を定めなければならない．（法第27条第1項）

問11　正解　(3)　イ，ロ

イ ◎ 出題のとおり．可燃性ガス及び毒性ガスを冷媒とする冷媒設備の取替え工事は軽微な変更工事から除外されている．アンモニアは可燃性ガス及び毒性ガスである．（法第14条第1項，冷規第17条第1項第2号，第2条第1項第1号，第2号）

ロ ◎ 出題のとおり．（法第20条第2項）

ハ ☒ 第一種製造者が変更工事が完成した後，完成検査を要しないのは，製造設備の取替え工事であって，冷凍能力の変更が告示で定める範囲であるものだが，可燃性ガス及び毒性ガスを冷媒とする冷媒設備は除かれている．（法第20条第3項，冷規第23条）

問12　正解　(1)　イ

イ ◎ 出題のとおり．（冷規第7条第1項第9号）

ロ ☒ ガラス管液面計には破損を防止するための措置を講じ，受液器とガラス管液面計とを接続する配管には破損による漏洩を防止する措置を講じることと定められている．（冷規第7条第1項第10号，第11号）

ハ ☒ 受液器であって，毒性ガス（液化アンモニア）が漏えいした場合に，その流出を防止するための措置を講じなければならないものは，その内容積が，1万リットル以上のものが該当し，この事業所の受液器は6,000リットルなのでこれに該当しない．（冷規第7条第1項第13号）

問13　正解　(5)　イ，ロ，ハ

イ ◎ 出題のとおり．（冷規第7条第1項第14号）

ロ ◎ 出題のとおり．（冷規第7条第1項第16号）

ハ ◎ 出題のとおり．所定の耐震に関する性能を有するものとしなければならないものは，内容積が5,000リットル以上のものに限られ，この受液器は6,000リットルなので，該当する．（冷規第7条第1項第5号）

問14　正解　(4)　ロ，ハ

イ ☒ 解任したときも，選任したときと同様に都道府県知事等に届け出なければならない．（法第27条の4第2項，第33条第3項，第27条の2第5項）

ロ ◎ 出題のとおり．（法第33条第1項，第2項）

ハ ◎ 出題のとおり．製造設備Aは一日の冷凍能力が300トンであるので，この免状と経験が必要である．（法第27条の4第1項，第1項第1号，冷規第36条第1項，同項表区分1）

問15　正解　(5)　イ，ロ，ハ

イ ◎ 出題のとおり．認定指定設備の設置工事は軽微な変更の工事と規定されている．（法第14条第1項，冷規第17条第1項第4号）

ロ ◎ 出題のとおり．（法第14条第1項，冷規第17条第1項第5号，第62条第1項）

ハ　◎　出題のとおり．この設備の場合，製造設備の取替え工事で冷媒設備に係る切断，溶接を伴う工事でなく，冷凍能力の変更が告示で定める範囲なら，完成検査を受けることなく使用できる．（法第14条第1項，第20条第3項，冷規第23条）

問16　正解　(3)　ハ

イ　☒　製造の方法は保安検査の所定の技術上の基準に該当しない．（法第35条第1項，第2項，第8条第1号）

ロ　☒　高圧ガス保安協会が行う保安検査を受けた場合には，第一種製造者は都道府県知事等にその旨を届け出なければならない．（法第35条第1項第1号）

ハ　◎　出題のとおり．認定指定設備の部分は除外されている．（法第35条第1項，冷規第40条第1項第2号）

問17　正解　(2)　ロ

イ　☒　定期自主検査は選任した冷凍保安責任者に定期自主検査の実施についての監督をさせなければならない．（法第35条の2，冷規第44条第4項）

ロ　◎　出題のとおり．（法第35条の2，冷規第44条第3項）

ハ　☒　検査記録を作成し，これを保存しなければならないとされているが，届け出なければならないという規定はない．（法第35条の2）

問18　正解　(3)　イ，ロ

イ　◎　出題のとおり．（冷規第7条第1項第1号）

ロ　◎　出題のとおり．（冷規第7条第1項第6号）

ハ　☒　この場合，油圧系統には圧力計を設けなくてもよいが，それ以外の冷媒設備には圧力計を設けなければならない．（冷規第7条第1項第7号）

問19　正解　(1)　イ

イ　◎　出題のとおり．（冷規第7条第1項第8号）

ロ　☒　安全弁に付帯して設けた止め弁は，常に全開にしておくことと定められている．ただし安全弁の修理または清掃のために特に必要な場合はこの限りではない．（冷規第9条第1号）

ハ　☒　冷媒設備だけでなく，製造設備の属する製造施設の点検をしなければならない．（冷規第9条第2号）

問20　正解　(3)　イ，ハ

イ　◎　出題のとおり．（法第56条の7第1項，第2項，冷規第57条第12号）

ロ　☒　使用場所である事業所に分割されずに搬入されるものであることと定められている．なお，一つの架台上に組み立てられたものでなければならないことも定められている．（法第56条の7第1項，第2項，冷規第57条第3号，第5号）

ハ　◎　出題のとおり．（冷規第62条第1項）

第一種冷凍機械　保安管理技術試験解答と解説

問題番号	1	2	3	4	5	6	7	8	9	10	11	12	13	14	15
解答番号	4	3	5	3	2	5	1	2	1	4	2	2	1	1	4

問1　正解 (4)　イ，ロ，ハ

イ　◎　出題のとおり．

ロ　◎　出題のとおり．

ハ　◎　出題のとおり．

ニ　☒　吐出し弁を必要とするのは，往復圧縮機とロータリー圧縮機である．なお，吸込み弁を必要とするのは，出題のとおり往復圧縮機のみである．

問2　正解 (3)　イ，ニ

イ　◎　出題のとおり．

ロ　☒　吸込み蒸気の比体積が大きくなるので，冷媒循環量の減少により，1冷凍トン当たりの消費動力が増加するので，成績係数は小さくなる．

ハ　☒　蒸発器を除霜した後に圧縮機を再始動した時などに，吸込み圧力が上昇して電動機が過負荷になることがある．これを防止するために，圧縮機吸込み蒸気配管に吸入圧力調整弁を取り付けて，吸込み圧力が一定値（設定値）以上に上昇しないように吸込み蒸気を絞る．

ニ　◎　出題のとおり．

問3　正解 (5)　ハ，ニ

イ　☒　給油ポンプを使用しないで吐出しガス圧力を利用するスクリュー圧縮機の差圧式給油方式では，給油圧力は吐出しガス圧力よりも0.05 ～ 0.15 MPa程度低い値となる．

ロ　☒　強制給油潤滑式の往復圧縮機では，油圧が低下することにより，給油ポンプ圧力とクランクケース内圧力との圧力差が設定した値以下になると，油圧保護圧力スイッチが作動して，圧縮機の軸受などの焼き付き防止のために，圧縮機を停止させる．

ハ　◎　出題のとおり．

ニ　◎　出題のとおり．

問4　正解 (3)　ロ，ハ

イ　☒　凝縮負荷一定で水冷横形シェルアンドチューブ凝縮器が運転されているときに，その凝縮温度が変化する原因として考えられるのは，冷却管の汚れなどによる熱通過率の低下，冷却水入口温度および水量の変化，不凝縮ガスの器内への混入などである．

ロ　◎　出題のとおり．

ハ　◎　出題のとおり．

ニ　☒　液封された状態で液温が上昇すると，その比体積が増加することで封鎖された内部は著しく高圧となる．通常の使用温度範囲において，アンモニアとＲ410Aを比較した場合，液温上昇による比体積の増加割合が大きいのはＲ410Aである．

問５　正解　(2)　イ，ニ

イ　◎　出題のとおり．

ロ　☒　一般的な冷凍装置の蒸発器における蒸発温度と被冷却物との温度差は，小さすぎると伝熱面積の大きな蒸発器を必要とする．温度差が大きすぎると成績係数の低下を招く．

ハ　☒　フィンコイル式乾式蒸発器を用いた冷凍装置の再起動時の液戻り対策として，圧縮機停止前に，蒸発器内に冷媒液が残留しないように，冷媒を受液器などに回収する．

ニ　◎　出題のとおり．

問６　正解　(5)　ハ，ニ

イ　☒　有効伝熱面積が一定で熱通過率が低下すると，蒸発温度（圧力）が低下し，圧縮機吸込み蒸気の比体積が大きくなって，冷媒循環量が減少するため，冷凍能力は低下する．

ロ　☒　空冷凝縮器では，一般に，入口空気温度より12～20Ｋ高い凝縮温度となるように，伝熱面積が選ばれる．

ハ　◎　出題のとおり．

ニ　◎　出題のとおり．

問７　正解　(1)　イ，ロ，ハ

イ　◎　出題のとおり．

ロ　◎　出題のとおり．

ハ　◎　出題のとおり．

ニ　☒　キャピラリチューブに流入した冷媒液が，圧力降下により自己蒸発して気液二相状態になると，蒸気の流速が上昇し，摩擦抵抗が著しく増大するので，冷媒液の一部がさらに自己蒸発して，冷媒の圧力と温度が大きく低下する．

問８　正解　(2)　イ，ニ

イ　◎　出題のとおり．

ロ　☒　直動形凝縮圧力調整弁は，空冷凝縮器の出口側に取り付け，調整弁の入口側圧力が低下すると弁が閉じ，上昇すると弁が開く圧力比例制御弁である．

ハ　☒　吸入圧力調整弁は，圧縮機の吸込み圧力を一定値以上に上昇させないように制御し，吸込み圧力が上昇して電動機が過負荷になるのを防止するために用いる．

ニ　◎　出題のとおり．

問９　正解　(1)　イ，ロ，ハ

イ　◎　出題のとおり．

ロ　◎　出題のとおり．

ハ　◎　出題のとおり．

ニ　☒　バイメタル式サーモスタットは，熱膨張係数の異なる2種類の金属を溶着または一緒にロール加工して作られたバイメタルを用い，温度変化によって生じる機械的なわん曲を利用して電気接点の開閉を行う．

問10　正解　(4)　イ，ロ，ニ

イ　◎　出題のとおり．

ロ　◎　出題のとおり．

ハ　☒　低圧受液器は，冷媒を蒸気と液とに分離し，圧縮機に液が戻らないようにする液分離器としての機能も有している．

ニ　◎　出題のとおり．

問11　正解　(2)　イ，ハ

イ　◎　出題のとおり．

ロ　☒　不燃性冷媒液の加熱には電気ヒータがよく用いられる．可燃性冷媒の場合には，油回収器内に設けたコイル内に高温の冷媒液または吐出しガスを流し，これを加熱の熱源とする．

ハ　◎　出題のとおり．

ニ　☒　冷媒液強制循環式蒸発器では，蒸発器から冷媒液とともに油が低圧受液器に戻るので，冷凍機油の処理は低圧受液器まわりで行う．

問12　正解　(2)　イ，ニ

イ　◎　出題のとおり．

ロ　☒　銀ろう系のろう材は，ろう付け温度が625～700℃で，溶融したろうの流動性がよく，強度も大きい．黄銅系のろう材も使われるが，ろう付け温度は850～890℃で，強度が若干劣り，過熱すると亜鉛が蒸発して，気泡が発生する恐れがある．

ハ　☒　蒸発器が2基以上の装置では，無負荷の蒸発器に主管中の油や冷媒が流れ込むのを防止するために，吸込み管の主管への接続は主管の上部から行う．

ニ　◎　出題のとおり．

問13　正解　(1)　ロ，ハ

イ　☒　安全弁，破裂板は設定の圧力で，溶栓は所定の温度になると作動して，外部に冷媒ガスを放出するが，高圧遮断装置は設定の圧力で作動して，圧縮機の動力源である電動機への入力を遮断し，圧縮機を停止させる．

ロ　◎　出題のとおり．

ハ　◎　出題のとおり．

ニ　☒　破裂板の破裂圧力は，経年変化による低下だけでなく，圧力の脈動の影響も考慮して，耐圧試験圧力の0.8～1.0倍の範囲の圧力とする．

問14　正解　(1)　イ，ロ

イ　◎　出題のとおり．

ロ　◎　出題のとおり．

ハ　☒　アンモニア冷媒設備では二酸化炭素を用いることができない．また，空気は水分が多いので，フルオロカーボン冷媒設備では一般に二酸化炭素または窒素ガスを用いる．

ニ　☒　十分に長い時間，真空のまま放置した後，試験開始前よりも５Ｋくらいの温度変化で0.7 kPa程度の圧力変化であれば合格となる．

問15　正解　(4)　イ，ハ，ニ

イ　◎　出題のとおり．

ロ　☒　水の飽和圧力は，5℃のとき0.87 MPa，10℃のとき1.23 MPaである．したがって，冷媒設備内の圧力が水の0.87 MPa（1.23 MPa）になっても，冷媒設備の周囲温度が5℃（10℃）より高くないと，冷凍設備内の水が蒸発しないので，圧力が到達した時点ではまだ真空乾燥が完了したとは判断できない．

ハ　◎　出題のとおり．なお，これらだけでなくほかにも選定の条件はある．

ニ　◎　出題のとおり．

第一種冷凍機械　学識試験解答と解説

問１

① 蒸発器入口の冷媒の比エンタルピーをh_8(kJ/kg)とすると，$h_8 = h_7$であり，冷凍能力Φ_oが220 kWであるから，蒸発器の冷媒循環量q_{mro}(kg/s)は

$$q_{mro} = \frac{\Phi_o}{h_1 - h_8} = \frac{220}{423 - 221} = 1.09\ \text{kg/s}$$

したがって，低段圧縮機吸込み蒸気の密度ρ_1(kg/m^3)は，v_1(m^3/kg)を低段圧縮機吸込み蒸気の比体積とすると

$$\rho_1 = \frac{1}{v_1} = \frac{q_{mro}}{\dfrac{V_L}{3\,600}\eta_v} = \frac{1.09}{\dfrac{660}{3\,600} \times 0.75} = \frac{1.09 \times 3\,600}{660 \times 0.75} = 7.93 = 7.9\ \text{kg/m}^3$$

② 次に，中間冷却器へのバイパス冷媒循環量q'_{mro}(kg/s)は，中間冷却器用膨張弁直後の比エンタルピーをh_6(kJ/kg)とすると，$h_5 = h_6$であり，以下の式で求められる．

$$q'_{mro} = \frac{q_{mro}\left\{(h_5 - h_7) + \left(h_1 + \dfrac{h_2 - h_1}{\eta_c \eta_m} - h_3\right)\right\}}{h_3 - h_6}$$

$$= \frac{1.09 \times \left\{(241 - 221) + \left(423 + \dfrac{460 - 423}{0.70 \times 0.85} - 437\right)\right\}}{437 - 241} = 0.38\ \text{kg/s}$$

したがって，凝縮器の冷媒循環量q_{mrk}(kg/s)は

$$q_{mrk} = q_{mro} + q'_{mro} = 1.09 + 0.38 = 1.47\ \text{kg/s}$$

また，高段のピストン押しのけ量V_H(m^3/h)は

$$V_H = \frac{V_L}{a} = \frac{660}{2.0} = 330\ \text{m}^3\text{/h}$$

したがって，高段圧縮機吸込み蒸気の密度ρ_3(kg/m^3)は，v_3(m^3/kg)を高段圧縮機吸込み蒸気の比体積とすると

$$\rho_3 = \frac{1}{v_3} = \frac{q_{mrk}}{\dfrac{V_H}{3\,600}\eta_v} = \frac{1.47}{\dfrac{330}{3\,600} \times 0.75} = \frac{1.47 \times 3\,600}{330 \times 0.75} = 21.38 = 21.4\ \text{kg/m}^3$$

③ 低段圧縮機と高段圧縮機の圧縮機駆動の軸動力をそれぞれP_L(kW)，P_H(kW)とすると

$$P_L = q_{mro}\frac{h_2 - h_1}{\eta_c \eta_m} = 1.09 \times \frac{460 - 423}{0.70 \times 0.85} = 67.8 = 68\ \text{kW}$$

$$P_{\mathrm{H}} = q_{\mathrm{mrk}} \frac{h_4 - h_3}{\eta_{\mathrm{c}}\eta_{\mathrm{m}}} = 1.47 \times \frac{479 - 437}{0.70 \times 0.85} = 103.8 = 104\ \mathrm{kW}$$

したがって，総軸動力P(kW)は

$$P = P_{\mathrm{L}} + P_{\mathrm{H}} = 68 + 104 = 172\ \mathrm{kW}$$

問２

(1)

① 冷媒循環量をq_{mr}(kg/s)，蒸発器入口（点5）の冷媒の比エンタルピーをh_5(kJ/kg)，蒸発器出口（点6）の冷媒の比エンタルピーをh_6(kJ/kg)と表すと，冷凍能力Φ_{o}(kW)は次式で表せる．

$$\Phi_{\mathrm{o}} = q_{\mathrm{mr}}(h_6 - h_5)$$

ここで，液ガス熱交換器の熱収支から$h_1 - h_6 = h_3 - h_4$であるので，h_6(kJ/kg)は次式で求められる．

$$h_6 = h_1 - h_3 + h_4 = 374 - 238 + 215 = 351\ \mathrm{kJ/kg}$$

また，膨張弁前後の状態変化より$h_5 = h_4$である．これらより，冷媒循環量q_{mr}(kg/s)は，次式で求められる．

$$q_{\mathrm{mr}} = \frac{\Phi_{\mathrm{o}}}{h_6 - h_5} = \frac{100}{351 - 215} = 0.735\,3 = 0.735\ \mathrm{kg/s}$$

よって，液ガス熱交換器における熱交換量Φ_{h}(kW)は，次式で求められる．

$$\Phi_{\mathrm{h}} = q_{\mathrm{mr}}(h_3 - h_4) = 0.735 \times (238 - 215) = 16.91 = 16.9\ \mathrm{kW}$$

② 実際の圧縮機の吐出しガスの比エンタルピーh'_2(kJ/kg)は，次式で求められる．

$$h'_2 = h_1 + \frac{h_2 - h_1}{\eta_{\mathrm{c}}\eta_{\mathrm{m}}} = 374 + \frac{418 - 374}{0.75 \times 0.90} = 439\ \mathrm{kJ/kg}$$

実際の成績係数$(COP)_{\mathrm{R}}$は，次式で求められる．

$$(COP)_{\mathrm{R}} = = \frac{h_6 - h_5}{h'_2 - h_1} = \frac{351 - 215}{439 - 374} = 2.092 = 2.09$$

(2) 液ガス熱交換器の主な使用目的

① 蒸発器を出る冷媒蒸気を適度に過熱させることにより，圧縮機が湿り蒸気を吸い込み，湿り圧縮または液圧縮になるのを防止する．

② 高圧液の過冷却度を大きくすることにより液管中でのフラッシュガスの発生を防止する．

問３

① パネル外表面温度t_{a3}を34.5℃とすると，外気からの1 m^{2}当たりの侵入熱量Φ(W)は，次式で表される．

$$\Phi = \alpha_{\mathrm{a}} A (t_{\mathrm{a}} - t_{\mathrm{a3}})$$

この式よりΦ(W)は

$$\Phi = 30 \times 1 \times (35 - 34.5) = 15\ \mathrm{W}$$

② $1\ \mathrm{m}^2$当たりの侵入熱量Φが15 W時の熱通過率は

$$K = \frac{\Phi}{A(t_a - t_r)} = \frac{15}{1 \times \{35 - (-25)\}} = 0.25\ \mathrm{W/(m^2 \cdot K)}$$

また，熱通過率K[W/(m²·K)]は，次式で表される．

$$K = \frac{1}{\dfrac{1}{\alpha_a} + \dfrac{\delta_1}{\lambda_1} + \dfrac{\delta_2}{\lambda_2} + \dfrac{\delta_3}{\lambda_3} + \dfrac{1}{\alpha_r}}$$

したがって，パネル芯材の必要厚さδ_2(mm)は

$$\delta_2 = \lambda_2 \left(\frac{1}{K} - \frac{1}{\alpha_a} - \frac{\delta_1}{\lambda_1} - \frac{\delta_3}{\lambda_3} - \frac{1}{\alpha_r} \right)$$

$$= 0.030 \times \left(\frac{1}{0.25} - \frac{1}{30} - \frac{0.0005}{40} - \frac{0.0005}{40} - \frac{1}{5.0} \right) = 0.113\ \mathrm{m} = 113\ \mathrm{mm}$$

以上より，パネルの芯材厚さが，113 mm以上であればパネル外表面温度は，34.5℃以上となる．したがって，パネル芯材厚さは，選択肢の120 mmとなる．

問４

(1)

X_1の表す意味：冷媒1分子あたりの二重結合の数

X_2の表す意味：冷媒1分子あたりの炭素原子の数から1を引いた数

X_3の表す意味：冷媒1分子あたりの水素原子の数に1を足した数

xの表す意味　：異性体

R 32の分子式：CH_2F_2

(2)

混合冷媒	混合成分	成分比（mass%）
R 404 A	R 125 / R 134 a / R 143 a	44 / 4 / 52
R 407 C	R 32 / R 125 / R 134 a	23 / 25 / 52
R 410 A	R 32 / R 125	50 / 50

(3)

GWPが最も大きいもの：R 404 A

モル質量が最も大きいもの：R 404 A

臨界温度が最も高いもの：R 407 C

標準大気圧における沸点が最も低いもの：R 410 A

問５

① 屋外設置の圧力容器であるから，腐れしろαは1 mmとする．また，設計圧力Pは3.33 MPa，SM 400 Bの許容引張応力σ_aは100 N/mm^2，溶接継手の効率ηは0.70であるから，設計可能な円筒胴の内径D_i(mm)は整数値で求めて

$$D_i = (t_{a1} - \alpha)\frac{2\sigma_a\eta - 1.2P}{P}$$

$$= (9-1)\times\frac{2\times100\times0.70-1.2\times3.33}{3.33} = 326.74 = 326\ \text{mm}$$

（小数点以下切り捨て）

② 半球形鏡板の腐れしろを考慮した必要板厚t_a(mm)は

$$t_a = \frac{PRW}{2\sigma_a\eta - 0.2P} + \alpha$$

であり，ここで，腐れしろαは1 mm，半球形鏡板に関する形状係数Wは1，設計圧力Pは3.33 MPa，鏡板に溶接継手がないから溶接継手の効率ηは1.00である．また，円筒胴の内面の半径R(mm)は$2R = D_i$より

$$R = \frac{D_i}{2} = \frac{326}{2} = 163\ \text{mm}$$

したがって，鏡板の必要厚さt_a(mm)は，最小板厚としては

$$t_a = \frac{3.33\times163\times1}{2\times100\times1.00-0.2\times3.33} + 1 = 3.72 = 4\ \text{mm}$$

（小数点以下切り上げ）

また，上記の解答例以外に，SM 400 Bは例示基準では3.0 MPa超で使用できない旨の解答や例示基準上使用可能な上限圧力（3.0 MPa）以下で計算する解答も可とする．

なお，設計圧力を3.0 MPaとした場合，①$D_i = 363$ mm，②$t_a = 4$ mmとなる．

令和２年度（令和２年11月８日施行）

第二種冷凍機械責任者試験

第二種冷凍機械　法令試験解答と解説

問題番号	1	2	3	4	5	6	7	8	9	10	11	12	13	14	15	16	17	18	19	20
解答番号	3	2	1	3	5	4	1	1	4	2	4	1	3	3	3	3	4	4	5	5

問１　正解　(3)　イ，ハ

イ　◎　出題のとおり．（法第２条第１号前段）

ロ　☒　圧力が0.2メガパスカルとなる場合の温度が35度以下である液化ガスは，常用の温度における圧力がいくらであるかを問わず，高圧ガスである．（法第２条第３号後段）

ハ　◎　出題のとおり．（法第１条）

問２　正解　(2)　イ，ロ

イ　◎　出題のとおり．（法第３条第１項第８号，政令第２条第３項第３号）

ロ　◎　出題のとおり．法第56条の７第２項の認定を受けた設備は都道府県知事等の許可を受けなければならない設備から除かれている．（法第５条第１項第２号，政令第15条）

ハ　☒　軽微な変更の工事をしたときは，その完成後遅滞なく，その旨を都道府県知事等に届け出なければならないと定められている．（法第14条第１項，第２項）

なお，第一種製造者とは，法第５条第１項に掲げる者であり，第二種製造者とは，法第５条第２項各号に掲げる者をいう．（法第９条，第10条の２第１項）

問３　正解　(1)　イ

イ　◎　出題のとおり．（法第５条第２項第２号，政令第４条表）

ロ　☒　相続，合併又は分割があった場合には，相続人，事業所を承継した法人は第一種製造者の地位を承継するが，事業の全部を譲り受けた者は第一種製造者の地位を承継するとは規定されていない．（法第10条第１項）

ハ　☒　１日の冷凍能力が５トン以上の冷凍機である．（法第57条，冷規63条）

問４　正解　(3)　イ，ロ

イ　◎　出題のとおり．（法第５条第２項第２号，政令第４条表）

ロ　◎　出題のとおり．（法第35条の２，冷規第44条第５項第２号）

ハ　☒　第二種製造者が従うべき製造方法に係る技術上の基準は，定められてい

る．(法第5条第2項第2号，第12条第2項，冷規第14条)

問5　正解　(5)　イ，ロ，ハ

イ　◎　出題のとおり．(法第23条第1項，第2項，一般規第50条第1号)

ロ　◎　出題のとおり．(法第23条第1項，第2項，一般規第50条第8号)

ハ　◎　出題のとおり．(法第23条第1項，第2項，一般規第50条第9号)

問6　正解　(4)　ロ，ハ

イ　☒　TP2.9Mは耐圧試験における圧力が2.9メガパスカルであることを表している．(法第45条第1項，容規第8条第1項第11号)

ロ　◎　出題のとおり．(法第46条第1項，容規第10条第1項第1号)

ハ　◎　出題のとおり．(法第48条第1項第5号，容規第24条第1項第1号)

問7　正解　(1)　イ

イ　◎　出題のとおり．(法第15条第1項，一般規第19条第1項，第2項)

ロ　☒　通風の良い場所で貯蔵しなければならない充塡容器は，可燃性ガス又は毒性ガスのものである．(法第15条第1項，一般規第18条第2号イ)

ハ　☒　充塡容器等は常に温度40度以下に保つことと定められている．(法第15条第1項，一般規第18条第2号ロ，第6条第2項第8号ホ)

問8　正解　(1)　イ

イ　◎　出題のとおり．(冷規第5条第4号)

ロ　☒　遠心式圧縮機を使用する冷凍設備には必要であるが，容積圧縮式（往復動式）圧縮機を使用する冷凍設備では不要である．(冷規第5条第4号，第1号)

ハ　☒　自然還流式冷凍設備及び自然循環式冷凍設備には必要であるが，容積圧縮式（往復動式）圧縮機を使用する冷凍設備では不要である．(冷規第5条第4号，第3号)

問9　正解　(4)　ロ，ハ

イ　☒　何人も火気を取り扱ってはならないと定められており，冷凍保安責任者も含まれる．(法第37条第1項)

ロ　◎　出題のとおり．(法第26条第1項，第3項)

ハ　◎　出題のとおり．(法第36条第1項)

問10　正解　(2)　ロ

イ　☒　記載の日から10年間保存しなければならない．(法第60条第1項，冷規第65条)

ロ　◎　出題のとおり．(法第63条第1項第1号)

ハ　☒　第一種製造者はその従業者に対する保安教育計画を定めなければならない．(法第27条第1項)

問11　正解　(4)　ロ，ハ

イ　☒　冷凍保安責任者の代理者には，所定の冷凍機械責任者免状の交付を受けている者であって，高圧ガスの製造に関する所定の経験を有する者のうちから選任する．(法第33条第1項)

ロ　◎　出題のとおり．(法第33条第1項)

ハ　◎　出題のとおり．(法第33条第3項，第27条の2第5項)

問12　正解　(1)　イ

イ　◎　出題のとおり．可燃性ガス及び毒性ガスを冷媒とする冷媒設備の取替え工事は軽微な変更工事から除外されている．アンモニアは可燃性ガス及び毒性ガスである．(法第14条第1項，冷規第17条第1項第2号，第2条第1項第1号，第2号)

ロ　☒　第一種製造者からその製造のための施設の全部又は一部の引き渡しを受け，第5条第1項の許可を受けたものは，すでに完成検査に合格していた場合，改めて完成検査を受けなくても製造施設を使用できる．つまり，改めて許可を受ける必要がある．(法第20条第2項)

ハ　☒　第一種製造者から変更工事が完成した後，完成検査を要しないのは，製造設備の取替え工事であって，冷凍能力の変更が告示で定める範囲であるものだが，可燃性ガス及び毒性ガスを冷媒とする冷媒設備は除かれている．(法第20条第3項，冷規第23条)

問13　正解　(3)　イ，ハ

イ　◎　出題のとおり．(冷規第7条第1項第10号，第11号)

ロ　☒　定置式製造設備であることによる除外の規定はない．(冷規第7条第1項第15号)

ハ　◎　出題のとおり．内容積6,000リットルの受液器は，5,000リットルより大きいので，所定の耐震に関する性能を有する必要がある．(冷規第7条第1項第5号)

問14　正解　(3)　ハ

イ　☒　アンモニアは毒性ガスであるので，該当する．(冷規第7条第1項第16号)

ロ　☒　受液器であって，毒性ガス（液化アンモニア）が漏えいした場合に，その流出を防止するための措置を講じなければならないものは，その内容積が，1万リットル以上のものが該当し，この事業所の受液器は6千リットルなのでこれに該当しない．(冷規第7条第1項第13号)

ハ　◎　出題のとおり．(冷規第7条第1項第3号)

問15　正解　(3)　イ，ハ

イ　◎　出題のとおり．(法第14条第1項，冷規第17条第1項第2号)

ロ　☒　製造設備Cは認定指定設備ではないので，この増設工事は，軽微な変更の工事とはならない．（法第14条第1項，冷規第17条第1項第4号）

ハ　◎　出題のとおり．（法第14条第1項，冷規第17条第1項第5号）

問16　正解　(3)　イ，ハ

イ　◎　出題のとおり．（法第35条の2，冷規第44条第4項）

ロ　☒　定期自主検査は1年に1回以上行わなければならない．（法第35条の2，冷規第44条第3項）

ハ　◎　出題のとおり．（法第35条第1項，冷規第40条第1項第2号）

問17　正解　(4)　ロ，ハ

イ　☒　専用機械室に設置されているから警戒標を掲げる必要はないという定めはない．（冷規第7条第1項第2号）

ロ　◎　出題のとおり．（冷規第7条第1項第6号，第2項）

ハ　◎　出題のとおり．（冷規第7条第1項第17号，第2項）

問18　正解　(4)　イ，ロ

イ　◎　出題のとおり．（冷規第7条第1項第6号）

ロ　◎　出題のとおり．圧力計を設けることと規定されている．（冷規第7条第1項第7号，第2項）

ハ　☒　1日1回以上の有無の点検を認定指定設備には適用しないという定めはない．（冷規第9条第2号）

問19　正解　(5)　イ，ロ，ハ

イ　◎　出題のとおり．（冷規第7条第1項第1号）

ロ　◎　出題のとおり．（冷規第7条第1項第8号，第2項）

ハ　◎　出題のとおり．（冷規第9条第3号イ）

問20　正解　(5)　イ，ロ，ハ

イ　◎　出題のとおり．（法第56条の7第1項，第2項，冷規第57条第5号）

ロ　◎　出題のとおり．（法第56条の7第1項，第2項，冷規第57条第12号）

ハ　◎　出題のとおり．（冷規第62条第1項）

第二種冷凍機械　保安管理技術試験解答と解説

問題番号	1	2	3	4	5	6	7	8	9	10
解答番号	1	3	2	2	5	4	4	3	1	5

問１　正解　(1)　イ，ロ

イ　◎　出題のとおり．

ロ　◎　出題のとおり．

ハ　☒　液戻りの状態が続くとクランクケース内の温かい油に冷媒液が混ざり，冷媒液の急激な沸騰によるオイルフォーミングが発生する．これにより，強制給油式の圧縮機では，油ポンプの油圧が低下するので，油圧保護圧力スイッチが作動して圧縮機が停止することがある．

ニ　☒　圧縮機の交換だけでなく，すべての冷媒系統内をよく洗浄しなければならない．

問２　正解　(3)　ハ，ニ

イ　☒　冷媒液が凝縮器内に貯えられて液に浸される冷却管の本数が増加するため，伝熱面積は減少して凝縮温度は上昇するが，凝縮器から出る冷媒液の過冷却度は大きくなる．

ロ　☒　液封時の配管内の圧力上昇幅は，配管内の液の温度上昇幅と封鎖時の冷媒液の温度によって決まる．

ハ　◎　出題のとおり．

ニ　◎　出題のとおり．

問３　正解　(2)　ロ

イ　☒　一般に，霜の厚さが厚くなるほど，熱通過率は大きく低下し，蒸発圧力の低下や冷却能力の減少を招く．

ロ　◎　出題のとおり．

ハ　☒　満液式シェルアンドチューブ蒸発器では，冷却管内を水やブラインが流れ，冷媒は胴体の下部から供給される．したがって，冷却管内の水やブラインが凍結すると，冷却管が破損する恐れがあり，大きな事故になりやすい．

ニ　☒　MOP付き（ガスチャージ方式）の膨張弁本体の温度は，感温筒よりも常に高い温度に保持できるように取り付けなければならない．

問４　正解　(2)　ロ，ニ

イ　☒　CFC系冷媒のGWPはゼロではない．

ロ　◎　出題のとおり．

ハ　☒　HFC系冷媒は強い極性を持っているが，切削加工油は極性を持っていないので，冷媒に溶解せずスラッジ発生の原因となる．

ニ　◎　出題のとおり．

問５　正解　(5)　イ，ロ，ニ

イ　◎　出題のとおり．

ロ　◎　出題のとおり．

ハ　☒　凝縮器の送風機の台数制御に用いる場合は，制御用であるので自動復帰形を用いる．手動復帰形でなければならないのは，保安のための安全装置として用いる場合である．

ニ　◎　出題のとおり．

問６　正解　(4)　ロ，ハ

イ　☒　アンモニア冷凍装置では，冷媒系統内の水分はアンモニアと結合しているため，フィルタドライヤを用いて乾燥剤により水分を吸着分離することは難しい．そのため，アンモニア冷凍装置には，フィルタドライヤは使用しない．

ロ　◎　出題のとおり．

ハ　◎　出題のとおり．

ニ　☒　運転モードを切り換えたときの熱交換器内の冷媒量の変化は，高圧受液器で吸収する．

問７　正解　(4)　ロ，ハ

イ　☒　SGPは－25℃，STPGは－50℃までの低温で使用できる．

ロ　◎　出題のとおり．

ハ　◎　出題のとおり．

ニ　☒　横走り管路中にトラップがあると，軽負荷運転時に冷凍機油や冷媒液が溜り，全負荷に切り替わったときに液が圧縮機に戻るので好ましくない．

問８　正解　(3)　ハ

イ　☒　高圧遮断圧力スイッチは，原則として手動復帰形とするが，可燃性ガスまたは毒性ガス以外の冷媒を使用した法定の冷凍能力10トン未満のユニット式で，自動運転方式のものは自動復帰形でもよい．

ロ　☒　除害装置へ放出する冷媒ガスは，毒性ガスの場合である．可燃性ガスは除害装置の対象にはならない．

ハ　◎　出題のとおり．

ニ　☒　破裂板は，アンモニアなどの可燃性ガス，毒性ガスには使用できない．

問９　正解　(1)　ハ

イ　☒　耐圧試験は，耐圧強度を確認しなければならない構成機器，または，その部品ごとに行う全数試験である．

ロ　☒　気密試験などの圧力をかけた状態のままで，つち打ちなどの衝撃を与えることは非常に危険であり行ってはならない.

ハ ◎ 出題のとおり.

ニ ☒ 冷媒配管施工工事が完了した後に行う気密試験は，冷媒設備全系統について漏れを調べ，設備全体の気密を確認する試験であるので，防熱施工および冷媒を充てんする前に行う.

問10　正解 (5) ハ，ニ

イ ☒ 基礎ボルトの周囲に流し込むモルタルは，セメントと砂の比が1:2の良質なものを使用する.

ロ ☒ 冷凍機器を据え付ける場合，一般的に，基礎の質量は据え付ける機器の質量より大きくする．圧縮機は，運転中の負荷変動が大きいので，多気筒圧縮機の場合は2～3倍としている.

ハ ◎ 出題のとおり.

ニ ◎ 出題のとおり.

第二種冷凍機械

学識試験解答と解説

問題番号	1	2	3	4	5	6	7	8	9	10
解答番号	4	1	3	2	4	2	5	3	2	1

問１　正解　(4)　イ，ハ，ニ

イ　◎　出題のとおり．

ロ　☒　凝縮負荷Φ_k(kW)は，凝縮器入口および出口の冷媒の比エンタルピーをそれぞれh_2およびh_3(kJ/kg)とすると，

$$\Phi_k = q_{mr}(h_2 - h_3) = \frac{2\,700}{3\,600} \times (425 - 245) = 135\text{ kW}$$

となるので誤りである．

ハ　◎　出題のとおり．

ニ　◎　出題のとおり．

問２　正解　(1)　$V = 492\text{ m}^3/\text{h}$，$(COP)_R = 2.81$

この冷凍装置の冷媒循環量q_{mr}(kg/s)は，

$$q_{mr} = \frac{\Phi_o}{h_1 - h_4} = \frac{180}{1\,480 - 430} = 0.171\text{ kg/s}$$

圧縮機のピストン押しのけ量V(m^3/h)は，

$$V = \frac{q_{mr}v_1}{\eta_v} = \frac{0.171 \times 0.60}{0.75} \times 3\,600 \fallingdotseq 492\text{ m}^3/\text{h}$$

圧縮機の軸動力P(kW)は，

$$P = \frac{q_{mr}(h_2 - h_1)}{\eta_c\eta_m} = \frac{0.171 \times (1\,750 - 1\,480)}{0.80 \times 0.90} \fallingdotseq 64.1\text{ kW}$$

この冷凍装置の実際の成績係数$(COP)_R$は，

$$(COP)_R = \frac{\Phi_o}{P} = \frac{180}{64.1} \fallingdotseq 2.81$$

問３　正解　(3)　ロ，ニ

イ　☒　コンパウンド圧縮機では，高段用と低段用の気筒数は切り替えることができず，高段用と低段用のピストン押しのけ量の比が気筒数比で定まることから，中間圧力が最適値から若干のずれを生じる．

ロ　◎　出題のとおり．

ハ　☒　多気筒圧縮機の容量制御機構は，負荷が大きく減少した場合，圧縮機の複数の気筒のうちいくつかの気筒の吸込み弁を開放して，圧縮の作用をする気筒数を減らし，圧縮機の容量を減少させる．

ニ　◎　出題のとおり．

問４　正解　(2)　イ，ハ

イ　◎　出題のとおり．

ロ　☒　この関係は熱伝達に関するものであり，フーリエの法則ではなく，ニュートンの冷却則である．

ハ　◎　出題のとおり．

ニ　☒　物体から放射されるエネルギーは，その物体の摂氏温度t(℃)ではなく，絶対温度T(K)の４乗に比例する．

問５　正解　(4)　ロ，ハ，ニ

イ　☒　蒸発式凝縮器の冷却水の補給量は，蒸発によって失われる量，不純物の濃縮防止のための量および飛沫となって失われる量の和である．

ロ　◎　出題のとおり．

ハ　◎　出題のとおり．

ニ　◎　出題のとおり．

問６　正解　(2)　イ，ニ

イ　◎　出題のとおり．

ロ　☒　オフサイクル除霜は，庫内の空気を熱源として霜を融かすため，送風機を運転して除霜を行う．

ハ　☒　フィンコイル乾式蒸発器の過熱領域の伝熱面積を小さくするためには，被冷却物と冷媒を向流（対向流）で熱交換させるほうが，並流（平行流）の場合よりも有利である．

ニ　◎　出題のとおり．

問７　正解　(5)　ロ，ニ

イ　☒　冷媒と冷却水との平均温度差が大きいほど，凝縮が活発となり，凝縮液膜が厚くなって熱伝導抵抗が大きくなるので，冷媒側熱伝達率は小さくなる．

ロ　◎　出題のとおり．

ハ　☒　蒸発温度が低くなるほど，吸込み蒸気の比体積は大きくなる．このため，冷媒循環量が減少し，冷凍能力が低下する．

ニ　◎　出題のとおり．

問８　正解　(3)　ハ，ニ

イ　☒　液チャージ方式の温度自動膨張弁では，蒸発温度の高いところで設定した過熱度の値は，蒸発温度が低温になるほど大きくなる．

ロ　☒　温度自動膨張弁の感温筒を蒸発器出口の垂直管部に取り付ける場合には，弁本体と連結されているキャピラリチューブは，感温筒の上部から接続する．

ハ　◎　出題のとおり．

ニ　◎　出題のとおり．

問９　正解　(2)　ロ，ハ

イ　☒　単成分ふっ素系冷媒の異性体を示す記号は，冷媒番号の後に付けられた小文字のアルファベットである．

ロ　◎　出題のとおり．

ハ　◎　出題のとおり．

ニ　☒　プロピレングリコールブラインは，人体にほとんど無害であるため，食品の冷却用として使用されている．

問10　正解　(1)　イ，ロ

イ　◎　出題のとおり．

ロ　◎　出題のとおり．

ハ　☒　高圧部の設計圧力は，通常の運転状態中に予想される当該冷媒ガスの最高使用圧力，または停止中に予想される最高温度により生じる当該冷媒ガスの圧力，あるいは当該冷媒ガスの43℃の飽和圧力（非共沸混合冷媒ガスでは43℃の平衡状態の液圧力）のいずれか最も高い圧力以上の圧力である．

ニ　☒　鋼材に対し，引張荷重を増大させていくと，ひずみが急激に増すようになり，荷重を取り除いてもひずみが残って元の長さに戻らなくなる．この点の応力を降伏点という．

令和２年度（令和２年11月８日施行）

第三種冷凍機械責任者試験

第三種冷凍機械　　**法令試験解答と解説**

問題番号	1	2	3	4	5	6	7	8	9	10	11	12	13	14	15	16	17	18	19	20
解答番号	3	4	5	2	5	1	1	4	3	4	4	1	1	5	2	4	3	4	1	2

問１　正解　(3)　イ，ロ

イ　◎　出題のとおり．（法第2条第1号前段）

ロ　◎　出題のとおり．（法第2条第3号後段）

ハ　☒　高圧ガス保安協会による高圧ガスの保安に関する自主的な活動を促進することも定められている．（法第1条）

問２　正解　(4)　ロ，ハ

イ　☒　都道府県知事等の許可を受けなければならない場合の1日の冷凍能力は20トン以上だが，政令で定めるガスはガスの種類ごとに20トンを超える政令で定める値以上，とガスの種類により異なる．（法第5条第1項第2号，政令第4条表）

ロ　◎　出題のとおり．（法第3条第1項第8号，政令第2条第3項第3号）

ハ　◎　出題のとおり．所定の技術上の基準に従って製造しなければならない機器は，1日の冷凍能力が3トン以上の冷凍機（二酸化炭素及びフルオロカーボン（可燃性ガスを除く）にあっては5トン以上）と定められているので，10トンの冷凍機の製造は当てはまる．（法第57条，冷規63条）

問３　正解　(5)　イ，ロ，ハ

イ　◎　出題のとおり．（法第14条第1項）

ロ　◎　出題のとおり．可燃性ガス，毒性ガス及び特定不活性ガスを廃棄するときは，技術上の基準に従って行う必要がある．したがって，アンモニアを廃棄するときは技術上の基準に従って行う必要がある．（法第25条，冷規第33条）

ハ　◎　出題のとおり．（法第20条の4）

問４　正解　(2)　イ，ロ

イ　◎　出題のとおり．（一般規第18条第2号イ）

ロ　◎　出題のとおり．（一般規第18条第2号ホ）

ハ　☒　充塡容器等の貯蔵の際の温度の規定は冷媒の種類を問わない．（一般規第6条第2項第8号ホ，第18条第2号ロ）

問5　正解　(5)　イ，ロ，ハ

イ　◎　出題のとおり．(一般規第50条第1号)

ロ　◎　出題のとおり．(一般規第50条第5号)

ハ　◎　出題のとおり．(一般規第50条第10号)

問6　正解　(1)　イ

イ　◎　出題のとおり．(法第46条第1項，容規第10条第1項第2号ロ)

ロ　☒　液化フルオロカーボンを充塡する容器にはねずみ色の塗色をする．(法第46条第1項，容規第10条第1項第1号表)

ハ　☒　附属品の廃棄についても容器と同様の扱いが必要である．(法第56条5項)

問7　正解　(1)　イ

イ　◎　出題のとおり．(冷規第5条第4号)

ロ　☒　遠心式圧縮機を使用する製造設備の1日の冷凍能力の算定には当該圧縮機の原動機の定格出力だけが必要である．(冷規第5条第1号)

ハ　☒　冷媒設備内の冷媒ガスの充塡量の数値は，製造設備の1日の冷凍能力の算定には不要である．(冷規第5条各号)

問8　正解　(4)　ロ，ハ

イ　☒　第二種製造者のうち，指定設備を使用する者，1日の冷凍能力が経済産業省令で定める値以上の者は定期自主検査を行う必要がある．(法第35条の2，冷規第44条第1項，第2項)

ロ　◎　出題のとおり．(法第12条第1項)

ハ　◎　出題のとおり．(法第5条第2項第2号)

問9　正解　(3)　イ，ロ

イ　◎　出題のとおり．1日の冷凍能力が100トン未満の製造施設にあっては，第一種冷凍機械責任者免状，第二種冷凍機械責任者免状，第三種冷凍機械責任者免状のいずれかの交付を受けている者であって，所定の経験を有する者を冷凍保安責任者として選任できると定められている．(法第27条の4第1項，冷規第36条第1項表欄三)

ロ　◎　出題のとおり．(法第33条第1項，第2項)

ハ　☒　冷凍保安責任者の代理者を解任及び選任したときにも届け出る必要がある．(法第27条の2第5項，第27条の4第2項，法第33条第3項)

問10　正解　(4)　ロ，ハ

イ　☒　保安検査は，都道府県知事等が行うこととなっており，冷凍保安責任者の業務ではない．(法第35条第1項)

ロ　◎　出題のとおり．(法第35条第2項，第8条第1号)

ハ　◎　出題のとおり．(法第35条第1項，35条第1項第1号)

問11　正解　(4)　ロ，ハ

イ　☒　定期自主検査は，冷媒ガスの種類にかかわらず，定期に行うことと定められている．(法第35条の2)

ロ　◎　出題のとおり．(法第35条の2，冷規第44条第3項)

ハ　◎　出題のとおり．(法第35条の2)

問12　正解　(1)　イ

イ　◎　出題のとおり．(法第26条第3項)

ロ　☒　危害予防規程に定めるべき細目の事項の一つとして定められている．(法第26条第1項，冷規第35条第2項第3号，第11号)

ハ　☒　保安教育計画を定めることは定められているが，都道府県知事等に届け出ることは定められていない．(法第27条第1項)

問13　正解　(1)　イ

イ　◎　出題のとおり．(法第36条第1項，第2項)

ロ　☒　製造開始の日からではなく，記載の日からである．(法第60条第1項，冷規第65条)

ハ　☒　容器を喪失したときも届け出なければならない．(法第63条第1項第2号)

問14　正解　(5)　イ，ロ，ハ

イ　◎　出題のとおり．(法第14条第1項，第2項，冷規第17条第1項第2号)

ロ　◎　出題のとおり．(法第20条第3項第1号)

ハ　◎　出題のとおり．(法第20条第3項，冷規第23条)

問15　正解　(2)　ロ

イ　☒　圧縮機，油分離器，凝縮器，受液器またはこれらの間の配管を設置する部屋について定められている．(冷規第7条第1項第3号)

ロ　◎　出題のとおり．(冷規第7条第1項第15号)

ハ　☒　破損を防止する措置と，漏えいを防止する措置の両方の措置を講じることと定められている．(冷規第7条第1項第10号，第11号)

問16　正解　(4)　イ，ハ

イ　◎　出題のとおり．毒性ガス(アンモニア等)を冷媒ガスとする受液器であって，内容積が1万リットル以上のものの周囲には，液状のそのガスが漏えいした場合に，その流出を防止するための措置を講ずることと定められている．(冷規第7条第1項第13号)

ロ　☒　アンモニアは可燃性ガスなので，消火設備を設けなければならない．(冷規第7条第1項第12号)

ハ　◎　出題のとおり．(冷規第7条第1項第16号)

問17　正解　(3)　イ，ハ

イ　◎　出題のとおり．（冷規第7条第1項第17号）

ロ　☒　不活性ガスを除外する定めはない．（冷規第7条第1項第1号）

ハ　◎　出題のとおり．（冷規第7条第1項第6号）

問18　正解　(4)　ロ，ハ

イ　☒　冷媒設備には圧力計を設けることと定められている．また圧縮機が強制潤滑方式で，潤滑油圧力に対する保護装置を有するものの油圧系統は，除外されている．（冷規第7条第1項第7号）

ロ　◎　出題のとおり．（冷規第7条第1項第6号）

ハ　◎　出題のとおり．（冷規第7条第1項第5号）

問19　正解　(1)　イ

イ　◎　出題のとおり．（冷規第9条第1号）

ロ　☒　清掃も修理等に含まれ，作業計画及び作業の責任者を定める必要がある．（冷規第9条第3号イ，ハ）

ハ　☒　高圧ガスの製造の際には，認定指定設備を除外することなく，1日1回以上異常の有無を点検する必要がある．（冷規第9条第2号）

問20　正解　(2)　ハ

イ　☒　日常の運転操作に必要となる冷媒ガスの止め弁には手動式のものを使用してはならない．（冷規第57条第12号）

ロ　☒　使用場所に分割されずに搬入されるものであることと規定されている．（冷規第57条第5号）

ハ　◎　出題のとおり．認定指定設備の変更の工事を施したときまたは移設等を行ったときは，特定の場合を除いてその認定指定設備に係る指定設備認定証を返納しなければならないと定められている．（冷規第62条第2項）

第三種冷凍機械　保安管理技術試験解答と解説

問題番号	1	2	3	4	5	6	7	8	9	10	11	12	13	14	15
解答番号	1	4	3	2	4	1	1	4	1	3	2	3	5	2	5

問１　正解　(1)　イ，ロ

イ　◎　出題のとおり．

ロ　◎　出題のとおり．

ハ　☒　家庭用冷蔵庫の場合，膨張弁の代わりに毛細管（キャピラリチューブ）を使用し，装置を簡略化している．

ニ　☒　吸収冷凍機は，機械的な可動部が溶液ポンプのみであり，機械的な面での保守は容易である．

問２　正解　(4)　ロ，ニ

イ　☒　蒸発は吸熱反応であり，冷媒が蒸発する蒸発器では，冷媒が周囲から熱を奪う．

ロ　◎　出題のとおり．

ハ　☒　固体壁で隔てられた流体間で熱が移動するときの熱通過率の値は，伝熱面に汚れが付着していなければ，固体壁両表面の熱伝達率，固体壁の熱伝導率および固体壁の厚さが与えられれば計算することができる．

ニ　◎　出題のとおり．

問３　正解　(3)　ハ，ニ

イ　☒　冷凍装置の実際の成績係数は，理論冷凍サイクルの成績係数に断熱効率と機械効率を乗じて求められる．

ロ　☒　実際の圧縮機の駆動軸動力は，理論断熱圧縮動力と断熱効率および機械効率により決まる．

ハ　◎　出題のとおり．

ニ　◎　出題のとおり．

問４　正解　(2)　ロ，ニ

イ　☒　R 410 A は，R 32 と R 125 を混合した非共沸混合冷媒である．

ロ　◎　出題のとおり．

ハ　☒　エチレングリコール系やプロピレングリコール系は，有機ブラインであるが，塩化カルシウムや塩化ナトリウムは，無機ブラインである．

ニ　◎　出題のとおり．

問５　正解　(4)　ロ，ハ

イ　☒　ロータリー圧縮機は容積式に分類される．

ロ　◎　出題のとおり．

ハ　◎　出題のとおり．

ニ　☒　圧縮機停止中の油温が低いほど，冷凍機油に冷媒が多量に溶け込むため，始動時にオイルフォーミングを起こしやすい．

問６　正解　(1)　イ，ロ

イ　◎　出題のとおり．

ロ　◎　出題のとおり．

ハ　☒　空冷凝縮器は，空気の顕熱を利用して冷媒を凝縮させる．

ニ　☒　不凝縮ガスの混入は，凝縮圧力を上昇させる．

問７　正解　(1)　イ，ハ

イ　◎　出題のとおり．

ロ　☒　ディストリビュータは，蒸発器入口側に取り付ける．

ハ　◎　出題のとおり．

ニ　☒　一般的な散水方式の除霜は，送風機を停止してから実施する．

問８　正解　(4)　ハ，ニ

イ　☒　直動式の電磁弁では，通電すると弁は開く．

ロ　☒　吸入圧力調整弁は，弁出口側の冷媒蒸気の圧縮機吸込み圧力が設定値よりも高くならないように作動する．

ハ　◎　出題のとおり．

ニ　◎　出題のとおり．

問９　正解　(1)　イ，ハ

イ　◎　出題のとおり．

ロ　☒　大きな容器内で，ガス速度を小さくして油滴を落下，分離する．

ハ　◎　出題のとおり．

ニ　☒　サイトグラスには，モイスチャーインジケータのないのぞきガラスだけのものはあるが，のぞきガラスのないものはない．

問10　正解　(3)　ハ，ニ

イ　☒　アンモニアは，銅および銅合金を腐食させるため，アンモニア冷媒用の配管には使用してはならない．

ロ　☒　高圧液配管は，冷媒液が管内で気化するのを防ぐために，流速ができるだけ小さくなるような管径とする．

ハ　◎　出題のとおり．

ニ　◎　出題のとおり．

問11　正解　(2)　ロ，ニ

イ　☒　冷凍装置の安全弁の作動圧力の設定は，許容圧力を基準として定める．

ロ ◎ 出題のとおり．

ハ ☒ 溶栓の口径は，取り付ける容器の外径と長さの積の平方根と，冷媒毎に定められた定数の積で求められた値の1/2以上でなければならない．

ニ ◎ 出題のとおり．

問12　正解　(3)　ロ，ハ

イ ☒ 圧力容器では，使用する材料の応力－ひずみ線図における比例限度以下の，適切な応力の値に収まるように設計する必要がある．

ロ ◎ 出題のとおり．

ハ ◎ 出題のとおり．

ニ ☒ 溶接継手の効率は，溶接継手の種類により決められており，さらに溶接部の全長に対する放射線透過試験を行った部分の長さの割合によって決められているものもある．

問13　正解　(5)　イ，ロ，ニ

イ ◎ 出題のとおり．

ロ ◎ 出題のとおり．

ハ ☒ 真空試験は，装置内の油分の除去を目的としてはいない．

ニ ◎ 出題のとおり．

問14　正解　(2)　イ，ハ

イ ◎ 出題のとおり．

ロ ☒ 冷却水量が減少すると，凝縮圧力は上昇する．

ハ ◎ 出題のとおり．

ニ ☒ 冷蔵庫の負荷の増加にともない，蒸発器における空気の出入口の温度差は増大する．

問15　正解　(5)　ロ，ハ，ニ

イ ☒ 冷媒充てん量が大きく不足していると，圧縮機の吐出しガス圧力は低下するが，吐出しガス温度は上昇する．

ロ ◎ 出題のとおり．

ハ ◎ 出題のとおり．

ニ ◎ 出題のとおり．

令和3年度（令和3年11月14日施行）

第一種冷凍機械責任者試験

第一種冷凍機械　法令試験解答と解説

問題番号	1	2	3	4	5	6	7	8	9	10	11	12	13	14	15	16	17	18	19	20
解答番号	3	2	2	4	2	4	2	5	4	1	2	4	3	3	3	1	3	3	1	4

問1　正解　(3)　イ，ロ

イ　◎　出題のとおり．（法第1条）

ロ　◎　出題のとおり．圧力が0.2メガパスカルとなる場合の温度が35度以下である液化ガスは，常用の温度における圧力がいくらであるかを問わず，高圧ガスである．（法第2条第3号後段）

ハ　☒　冷凍能力が3トン以上5トン未満の冷凍設備内における高圧ガスで，フルオロカーボン（難燃性を有するものとして，経済産業省令で定める燃焼性の基準に適合するものに限る）は災害の発生のおそれがない高圧ガス保安法の適用除外と定められている．（法第3条第1項第8号，政令第2条第3項第4号）

なお，令和3年10月27日より前は，フルオロカーボンについては「不活性のものに限る」と規定されていたが，このように限定の条件が改正されている．

問2　正解　(2)　ロ

イ　☒　都道府県知事等の許可を受けなければならない場合の1日の冷凍能力は20トン以上だが，政令で定めるガスはガスの種類ごとに20トンを超える政令で定める値以上，とガスの種類により異なる．（法第5条第1項第2号，政令第4条表）

ロ　◎　出題のとおり．（法第10条第1項）

ハ　☒　製造をする高圧ガスの種類を変更しようとするときは，都道府県知事等の許可を受けなければならない．（法第14条第1項）

なお，第一種製造者とは，法第5条第1項に掲げる者をいう．（法第9条）

問3　正解　(2)　イ，ロ

イ　◎　出題のとおり．（法第20条の4）

ロ　◎　出題のとおり．（法第21条第1項）

ハ　☒　1日の冷凍能力が5トン以上の冷凍機である．（法第57条，冷規第63条）

問4　正解　(4)　イ，ロ

イ　◎　出題のとおり．（法第5条第2項第2号，政令第4条表）

ロ　◎　出題のとおり．（法第12条第2項，冷規第14条第1号）

ハ　☒　アンモニアを冷媒ガスとする1日の冷凍能力が50トン以上の製造施設は，保安検査を受けなければならないが，第二種製造者である30トンの場合は不要である．（法第5条第1項第2号，政令第4条表，法第35条第1項）

なお，第二種製造者とは，法第5条第2項各号に掲げる者をいう．（法第10条の2）

問5　正解　(2)　ハ

イ　☒　内容積が25リットル以下の場合は除かれるが，48リットルの容器では，冷媒の種類を問わず警戒標を掲げる必要がある．（一般規第50条第1号）

ロ　☒　可燃性ガス，毒性ガス，特定不活性ガス又は酸素の高圧ガスの移動の時に必要である．（一般規第49条第1項第21号，第50条第14号）

ハ　◎　出題のとおり．（一般規第50条第8号）

問6　正解　(4)　イ，ハ

イ　◎　出題のとおり．（法第48条第4項第1号，容規第22条）

ロ　☒　バルブが装置されるべき容器の内容積は，刻印すべき事項にない．（法第49条の3第1項，容規第18条第1項）

ハ　◎　出題のとおり．（法第56条第3項）

問7　正解　(2)　ロ

イ　☒　全ての冷媒ガスの充塡容器等は常に温度40度以下に保つことと定められている．（法第15条第1項，一般規第18条第2号ロ，第6条第2項第8号ホ）

ロ　◎　出題のとおり．（法第15条第1項，一般規第18条第2号イ）

ハ　☒　特別な許可，届出の場合を除き，車両に固定し，または積載した容器により貯蔵しないことと定められている．（法第15条第1項，一般規第18条第2号ホ）

問8　正解　(5)　ロ，ハ

イ　☒　遠心式圧縮機を使用する製造設備の1日の冷凍能力の算定には蒸発器を通過する冷水の温度差は必要ない．（冷規第5条第1号）

ロ　◎　出題のとおり．（冷規第5条第4号）

ハ　◎　出題のとおり．（冷規第5条第4号）

問9　正解　(4)　ロ，ハ

イ　☒　危害予防規程を守らなければならないのは，第一種製造者及びその従業者である．（法第26条第1項，第3項）

ロ　◎　出題のとおり．都道府県知事等に届け出るべき定めはない．（法第27条第1項，第3項）

ハ　◎　出題のとおり．（法第63条第1項第2号）

問10　正解　(1)　イ

イ　◎　出題のとおり．（法第37条第2項）

ロ　☒　従業者を除外する定めはない．（法第37条第1項）

ハ　☒　帳簿は記載の日から十年間保存しなければならない．（法第60条第1項，冷規第65条）

問11　正解　(2)　ハ

イ　☒　可燃性ガス及び毒性ガスを冷媒とする冷媒設備の取替え工事は軽微な変更工事から除外されている．アンモニアは可燃性ガス及び毒性ガスである．（法第14条第1項，冷規第17条第1項第2号，第2条第1項第1号，第2号）

ロ　☒　変更工事が完成した後，完成検査を要しないのは，製造設備の取替え工事であって，冷凍能力の変更が告示で定める範囲であるものだが，可燃性ガス及び毒性ガスを冷媒とする冷媒設備は除かれている．（法第20条第3項，冷規第23条）

ハ　◎　出題のとおり．変更工事が完成した後，完成検査を要しないのは，製造設備の取替え工事であって，冷凍能力の変更が告示で定める範囲であるものだが，冷凍能力を変更しなくても，可燃性ガス及び毒性ガスを冷媒とする冷媒設備は除かれている．（法第20条第3項，冷規第23条）

問12　正解　(4)　ロ，ハ

イ　☒　圧縮機，油分離器，凝縮器若しくは受液器又はこれらの間の配管を設置する室と規定されている．（冷規第7条第1項第3号）

ロ　◎　出題のとおり．受液器であって，毒性ガス（液化アンモニア）が漏えいした場合に，その流出を防止するための措置を講じなければならないものは，その内容積が，1万リットル以上のものが該当し，この事業所の受液器は6千リットルなのでこれに該当しない．（冷規第7条第1項第13号）

ハ　◎　出題のとおり．受液器の場合5千リットル以上が該当するので，この事業所の受液器は6千リットルなのでこれに該当する．（冷規第7条第1項第5号）

問13　正解　(3)　イ，ハ

イ　◎　出題のとおり．（冷規第7条第1項第12号）

ロ　☒　アンモニアを除く可燃性ガスを冷媒ガスとする冷媒設備に係る電気設備は防爆性能を有する構造のものであることとなっており，この製造設備は該当しない．（冷規第7条第1項第14号）

ハ　◎　出題のとおり．（冷規第7条第1項第15号）

問14　正解　(3)　イ，ハ

イ　◎　出題のとおり．認定指定設備のみを使用して高圧ガスを製造する者は第二種製造者となる．（法第5条第1項第2号，第2項第2号，第56条の7第2項）

ロ　☒　冷凍保安責任者の代理者は事前に選任していなければならない．（法第33条第1項）

ハ　◎　出題のとおり．製造設備Ａは一日の冷凍能力が300トンであるので，この免状と経験が必要である．（法27条の4第1項第1号，冷規第36条第1項表区分1）

問15　正解　(3)　イ，ロ

イ　◎　出題のとおり．（法第14条第1項，第2項，冷規第17条第1項第2号）

ロ　◎　出題のとおり．認定指定設備の設置の工事は軽微な変更の工事と規定されている．（法第14条第1項，第2項，冷規第17条第1項第4号）

ハ　☒　この設備の場合，製造設備の取替え工事で冷媒設備に係る切断，溶接を伴う工事であるため，完成検査を受ける必要がある．（法第14条第1項，第20条第3項，冷規第23条）

問16　正解　(1)　イ

イ　◎　出題のとおり．認定指定設備は保安検査を受ける必要のある特定施設から除かれている．（法第35条第1項，冷規第40条第1項第2号）

ロ　☒　保安検査は製造施設が，法第8条第1号の技術上の基準に適合しているかどうかについて行われるが，高圧ガスの製造の方法については行われない．（法第35条第2項）

ハ　☒　保安検査は都道府県知事が行うもので，冷凍保安責任者の業務ではない．（法第35条第1項）

問17　正解　(3)　ハ

イ　☒　定期自主検査は製造の方法ではなく，施設の位置，構造及び設備が技術上の基準に適合しているかどうかについて行うものである．（法第35条の2，第8条第1号，冷規第44条第3項）

ロ　☒　定期自主検査は認定指定設備について除外する定めはない．（法第35条の2，冷規第44条）

ハ　◎　出題のとおり．（法第35条の2，冷規第44条第5項第4号）

問18　正解　(3)　ハ

イ　☒　耐圧試験圧力ではなく，許容圧力である．（冷規第7条第1項第8号）

ロ　☒　このような定めはある．（冷規第7条第1項第6号）

ハ　◎　出題のとおり．この場合，油圧系統には圧力計を設けなくてもよいが，それ以外の冷媒設備には圧力計を設けなければならない．（冷規第7条第1項第7号）

問19　正解　(1)　イ

イ　◎　出題のとおり．（冷規第7条第1項第17号）

ロ　☒　認定指定設備を除外する定めはない.（冷規第9条第2号）

ハ　☒　冷媒ガスが不活性ガスの場合を除外する定めはない.（冷規第9条第3号ハ）

問20　正解　(4)　ロ，ハ

イ　☒　手動式のものを使用しないことと定められている.（法第56条の7第1項，第2項，冷規第57条第12号）

ロ　◎　出題のとおり.（法第56条の7第1項，第2項，冷規第57条第4号，第7条第1項第6号）

ハ　◎　出題のとおり.（法第56条の7第1項，第2項，冷規第57条第3号）

第一種冷凍機械　保安管理技術試験解答と解説

問題番号	1	2	3	4	5	6	7	8	9	10	11	12	13	14	15
解答番号	1	4	5	3	5	4	3	1	5	3	2	4	4	2	2

問１　正解　(1)　イ，ロ，ハ

イ　◎　出題のとおり．

ロ　◎　出題のとおり．

ハ　◎　出題のとおり．

ニ　☒　遠心圧縮機の容量制御を吸込み側にあるベーンによって行う場合，低流量になると運転が不安定となり，サージングによって振動や騒音が発生する．

問２　正解　(4)　ロ，ハ，ニ

イ　☒　蒸発圧力調整弁は，温度自動膨張弁の感温筒取付け位置と均圧管接続位置よりも下流側の圧縮機吸込み蒸気配管に取り付けなければならない．

ロ　◎　出題のとおり．

ハ　◎　出題のとおり．

ニ　◎　出題のとおり．

問３　正解　(5)　イ，ハ，ニ

イ　◎　出題のとおり．

ロ　☒　往復圧縮機の吸込み弁の弁板の割れや変形による漏れは，圧縮機の吐出しガス量が減少するので体積効率の低下を招くが，吐出しガス温度はあまり大きく上昇することはない．

ハ　◎　出題のとおり．

ニ　◎　出題のとおり．

問４　正解　(3)　イ，ニ

イ　◎　出題のとおり．

ロ　☒　凝縮圧力調整弁は，凝縮器出口側に設置して，凝縮器内に冷媒液を滞留させ，凝縮圧力を上昇させる方法である．

ハ　☒　多数の冷却管が冷媒液に浸かっている状態では，冷媒液は多数の冷却管により冷却されることになるため，凝縮器出口の過冷却度は大きくなる．

ニ　◎　出題のとおり．

問５　正解　(5)　ハ，ニ

イ　☒　蒸発温度と被冷却物の温度差である設定温度差が大き過ぎると，蒸発温度が低くなるため，冷蔵品の乾燥や冷却器への着霜の問題を引き起こす．

ロ　☒　蒸発温度を低くすると，蒸発器内の冷媒圧力が低くなり，湿り蒸気の比体積は大きくなる．そのため，圧縮機に吸い込まれる冷媒の蒸気量が少なくなるので，冷凍能力は低下する．

ハ　◎　出題のとおり．

ニ　◎　出題のとおり．

問６　正解　(4)　ロ，ニ

イ　☒　空気冷却器の伝熱量が増して熱流束が大きくなると，冷媒側熱伝達率は大きくなるが，空気側熱伝達率は冷媒側に比べ小さい（空気側の熱伝達抵抗が大きい）ので，熱通過率はあまり大きくならない．

ロ　◎　出題のとおり．

ハ　☒　ローフィンチューブを用いる水冷凝縮器では，汚れ係数の増大とともに熱通過率が低下するが，その低下の割合は汚れ係数の値が小さい範囲では大幅に低下し，汚れ係数の値が大きくなると熱通過率はあまり変わらない．

ニ　◎　出題のとおり．

問７　正解　(3)　ロ，ニ

イ　☒　液チャージ方式の温度自動膨張弁では，感温筒内に常に湿り状態のチャージ媒体が存在しており，膨張弁本体の温度が弁動作に影響することはない．弁本体の温度が感温筒より低くなった時，感温筒内のチャージ媒体の飽和液が全て弁本体側に集まり，適切な過熱度制御ができなくなるのは，ガスチャージ式の温度自動膨張弁である．

ロ　◎　出題のとおり．

ハ　☒　電子膨張弁は，冷凍装置停止時に，蒸発器への送液停止をさせるための電磁弁の機能を兼ねることができる．

ニ　◎　出題のとおり．

問８　正解　(1)　イ，ニ

イ　◎　出題のとおり．

ロ　☒　直動形蒸発圧力調整弁は，弁出口側圧力によるベローズの伸縮力とバルブプレートに作用する弁出口側の圧力とが均衡するので，弁開度は蒸発圧力のみによって決まり，弁出口側圧力の影響をほとんど受けない．

ハ　☒　パイロット形蒸発圧力調整弁では，パイロット弁から主弁のピストン上部に流入した蒸気は，パイロット弁が閉じるとピストンに設けた穴から調整弁下流側（圧縮機吸込み側）に排出される．

ニ　◎　出題のとおり．

問９　正解　(5)　イ，ロ，ハ，ニ

イ　◎　出題のとおり．

ロ　◎　出題のとおり．

ハ ◎ 出題のとおり．

ニ ◎ 出題のとおり．

問10　正解　(3)　ハ，ニ

イ ☒ 主な附属機器の冷凍装置内の配置は，圧縮機を起点として，冷媒の流れに沿って，油分離機，高圧受液器，フィルタドライヤ，低圧受液器の順となる．

ロ ☒ 非相溶性の冷凍機油（鉱油）を用いたアンモニア冷凍装置では，油分離器で圧縮機吐出しガスから分離された冷凍機油は，油溜め器に送り出される．

ハ ◎ 出題のとおり．

ニ ◎ 出題のとおり．

問11　正解　(2)　ロ，ハ

イ ☒ フラッシュ式中間冷却器の容器内では，冷媒液の一部が蒸発する．冷媒液はその蒸発潜熱によって自己冷却して，中間圧力の飽和液となり，蒸発器へ送られる．

ロ ◎ 出題のとおり．

ハ ◎ 出題のとおり．

ニ ☒ 大形冷凍装置などで利用する冷媒液強制循環式蒸発器では，冷媒を液ポンプで強制循環する．この冷凍装置では，通常，密閉式のキャンドポンプを使用する．また，この方式では，比較的大きな低圧受液器を用いるため，液分離器を設ける必要はない．

問12　正解　(4)　ロ，ニ

イ ☒ 配管用炭素鋼鋼管（SGP）は，アンモニア冷媒の配管には使用できない．

ロ ◎ 出題のとおり．

ハ ☒ 圧縮機と凝縮器を接続する吐出しガス配管は，油や管内で凝縮した冷媒液が圧縮機に逆流しないようにするため，圧縮機から立ち上り管を設けてから下り勾配で凝縮器に配管する．

ニ ◎ 出題のとおり．

問13　正解　(4)　ロ，ニ

イ ☒ 高圧遮断圧力スイッチは原則として手動復帰形を用いるが，可燃性ガスまたは毒性ガス以外の冷媒を使用した法定の冷凍能力10トン未満のユニット式で，自動運転方式の冷凍装置では，自動復帰形を用いてよい．

ロ ◎ 出題のとおり．

ハ ☒ 溶栓は可燃性ガス，毒性ガスの冷媒の冷凍装置に用いてはならない．

ニ ◎ 出題のとおり．

問14　正解　(2)　イ，ロ，ハ

イ ◎ 出題のとおり．

ロ　◎　出題のとおり．

ハ　◎　出題のとおり．

ニ　☒　気密試験は耐圧試験に引き続いて，気密を確認するために行う．

問15　正解　(2)　イ，ニ

イ　◎　出題のとおり．

ロ　☒　アンモニアには強い刺激臭があるが，設備近傍に人がいなければ検知できない．また，毒性，燃焼性があることから，漏えいがあった場合には，早く，確実な検知が必要である．よって，ガス漏えい検知警報設備を設置しなければならない．

ハ　☒　高速回転圧縮機で軸受荷重の比較的小さいものには，粘度の低い油を選定する．

ニ　◎　出題のとおり．

第一種冷凍機械　学識試験解答と解説

問１

(1)　与えられた理論冷凍サイクルの運転条件を満たすコンパウンド圧縮機の気筒数比は，以下のように求められる．コンパウンド圧縮機の低段側と高段側との気筒数比は，低段側と高段側とのピストン押しのけ量の比に等しい．低段側の冷媒循環量をq_{mL}，高段側の冷媒循環量をq_{mH}とすると，それぞれのピストン押しのけ量は，

$$V_{\mathrm{L}}=\frac{v_1 q_{\mathrm{mL}}}{\eta_{\mathrm{v}}},\quad V_{\mathrm{H}}=\frac{v_3 q_{\mathrm{mH}}}{\eta_{\mathrm{v}}}$$

と表せることから，気筒数比は，

$$\frac{V_{\mathrm{L}}}{V_{\mathrm{H}}}=\frac{\dfrac{v_1 q_{\mathrm{mL}}}{\eta_{\mathrm{v}}}}{\dfrac{v_3 q_{\mathrm{mH}}}{\eta_{\mathrm{v}}}}=\frac{v_1 q_{\mathrm{mL}}}{v_3 q_{\mathrm{mH}}}$$

と表すことができる．

また，q_{mH}とq_{mL}との関係は，

$$\frac{q_{\mathrm{mH}}}{q_{\mathrm{mL}}}=\frac{h'_2-h_7}{h_3-h_5}$$

である．

ここで，圧縮機の機械的摩擦損失仕事は吐出しガスに熱として加わることから，

$$h'_2=h_1+\frac{h_2-h_1}{\eta_{\mathrm{c}}\eta_{\mathrm{m}}}=348+\frac{375-348}{0.75\times0.90}=388\ \mathrm{kJ/kg}$$

となる．これを用いて，

$$\frac{q_{\mathrm{mH}}}{q_{\mathrm{mL}}}=\frac{h'_2-h_7}{h_3-h_5}=\frac{388-242}{366-260}=1.38$$

となり，押しのけ量の比は，

$$\frac{V_{\mathrm{L}}}{V_{\mathrm{H}}}=\frac{v_1 q_{\mathrm{mL}}}{v_3 q_{\mathrm{mH}}}=\frac{0.17}{0.041\times1.38}=3.00$$

であるから，気筒数比は3である．　<u>気筒数比　3</u>

低段側ピストン押しのけ量が60 m^3/hであるから，高段側ピストン押しのけ量は，20 m^3/hであることがわかる．圧縮機駆動の総軸動力Pは，低段圧縮機の軸動力をP_{L}，高段圧縮機の軸動力をP_{H}とすると，

$$P=P_{\mathrm{L}}+P_{\mathrm{H}}=q_{\mathrm{mL}}(h'_2-h_1)+q_{\mathrm{mH}}(h'_4-h_1)$$

ここで，

$$q_{\text{mL}}=\frac{V_{\text{L}}\eta_{\text{v}}}{3\,600v_1}=\frac{60\times0.80}{3\,600\times0.17}=0.078\,4\text{ kg/s}$$

$$q_{\text{mH}}=\frac{V_{\text{H}}\eta_{\text{v}}}{3\,600v_3}=\frac{20\times0.80}{3\,600\times0.041}=0.108\text{ kg/s}$$

$$h'_4=h_3+\frac{h_4-h_3}{\eta_{\text{c}}\eta_{\text{m}}}=366+\frac{395-366}{0.75\times0.90}=409\text{ kJ/kg}$$

であるから，

$$P=P_{\text{L}}+P_{\text{H}}=q_{\text{mL}}(h'_2-h_1)+q_{\text{mH}}(h'_4-h_3)$$
$$=0.078\,4\times(388-348)+0.108\times(409-366)=7.78\text{ kW}$$

実際の圧縮機駆動の総軸動力　7.78 kW

(2)　実際の冷凍装置の成績係数 $(COP)_{\text{R}}$ は，

$$(COP)_{\text{R}}=\frac{h_1-h_7}{\dfrac{h_2-h_1}{\eta_{\text{c}}\eta_{\text{m}}}+\dfrac{h'_2-h_7}{h_3-h_5}\,\dfrac{h_4-h_3}{\eta_{\text{c}}\eta_{\text{m}}}}$$

で求めることができることから，運転条件を代入すると，

$$(COP)_{\text{R}}=\frac{348-242}{\dfrac{375-348}{0.75\times0.90}+\dfrac{388-242}{366-260}\times\dfrac{395-366}{0.75\times0.90}}=1.07$$

実際の成績係数　1.07

（別解）

$$(COP)_{\text{R}}=\frac{q_{\text{mL}}(h_1-h_7)}{P}=\frac{0.078\,4\times(348-242)}{7.78}=1.07$$

問２

(1)　凝縮器の凝縮負荷 Φ_{k} は，冷媒循環量を q_{mr}，実際の吐出しガスの比エンタルピーを h'_2 とすると以下の式で求められる．

$$\Phi_{\text{k}}=q_{\text{mr}}(h'_2-h_3)$$

ここで，

$$h'_2=h_1+\frac{h_2-h_1}{\eta_{\text{c}}\eta_{\text{m}}}=426+\frac{470-426}{0.85\times0.90}=484\text{ kJ/kg}$$

また，冷媒循環量 q_{mr} は以下の式で求められる．

$$q_{\text{mr}}=\frac{V\rho_1\eta_{\text{v}}}{3\,600}=\frac{70\times30\times0.85}{3\,600}=0.496\text{ kg/s}$$

したがって，

$$\Phi_{\text{k}}=q_{\text{mr}}(h'_2-h_3)=0.496\times(484-266)=108\text{ kW}$$

(2)　蒸発器出口の冷媒の比エンタルピー h_6 は，次式で求められる．

$$h_6 = h_1 - (h_3 - h_4) = 426 - (266 - 240) = 400\ \mathrm{kJ/kg}$$

蒸発圧力における飽和蒸気の比エンタルピー h_D は，次式で求められる．

$$h_D = \frac{h_6 - (1 - x_6)\,h_B}{x_6} = \frac{400 - (1 - 0.90) \times 200}{0.90} = 422\ \mathrm{kJ/kg}$$

(3)　実際の成績係数 $(COP)_R$ は次式で求められる．

$$(COP)_R = \frac{\Phi_o}{P}$$

ここで，

$$\Phi_o = q_{mr}(h_6 - h_5)$$

$$P = \frac{q_{mr}(h_2 - h_1)}{\eta_c \eta_m}$$

したがって，

$$(COP)_R = \frac{\Phi_o}{P} = \frac{q_{mr}(h_6 - h_5)\,\eta_c\eta_m}{q_{mr}(h_2 - h_1)} = \frac{(h_6 - h_5)\,\eta_c\eta_m}{h_2 - h_1}$$

$$= \frac{(400 - 240) \times 0.85 \times 0.90}{470 - 426} = 2.78$$

問３

断熱材を通過する伝熱量を Φ (W) とし，長さ L (m) あたりで考えると，ニュートンの冷却則より，

$$\Phi = \alpha_a (\pi D_2 L)(t_a - t_2) \qquad (1)$$

となる．

また，断熱材は円筒形なので，断熱材の内表面，外表面の半径を r_1，r_2 とすると，

$$\frac{r_2}{r_1} = \frac{D_2}{D_1}$$

なので，円筒の伝熱式より

$$\Phi = 2\pi L \lambda_p \frac{t_2 - t_1}{\ln \dfrac{r_2}{r_1}} = 2\pi L \lambda_p \frac{t_2 - t_1}{\ln \dfrac{D_2}{D_1}} \qquad (2)$$

となる．

式(1)，(2) より，

$$\alpha_a D_2 (t_a - t_2) = 2\lambda_p \frac{t_2 - t_1}{\ln \dfrac{D_2}{D_1}}$$

$$t_1 = t_2 - \frac{\ln\dfrac{D_2}{D_1}}{2\lambda_p}\alpha_a D_2(t_a - t_2)$$

$$t_1 = 25.2 - \frac{\ln 5}{2\times 0.030}\times 10\times 30\times 10^{-3}\times(30.2-25.2) = -15.0℃$$

問４

イ	ロ	ハ	ニ
①　飽和液※	⑦　臭気	⑫　等圧	⑰　無機
②　飽和蒸気※	⑧　溶解度	⑬　等圧	⑱　有機
③　低	⑨　冷媒	⑭　沸点	⑲　酸素
④　体積能力	⑩　凝固点	⑮　露点	⑳　水分
⑤　高	⑪　閉塞	⑯　低下	
⑥　高			

※①と②は入れ替えても正解である．

問５

屋外設置の圧力容器であるから，腐れしろαは1 mmとする．また，SM 400 Bの許容引張応力σ_aは100 N/mm^{2}であるから，円筒胴の内径D_i(mm)は，

$$D_i = (t_{a1} - \alpha)\frac{2\sigma_a\eta - 1.2P}{P}$$

$$= (7-1)\times\frac{2\times 100\times 0.70 - 1.2\times 2.11}{2.11} = 390.90\ \text{mm}$$

したがって，設計可能な最大の円筒胴の外径D_o(mm)は，mm単位の整数値で求めて

$D_o = D_i + 2t_{a1} = 390 + 2\times 7 = 404$ mm　（小数点以下を切り下げ）

半球形鏡板の接線方向に誘起される引張応力σ_t(N/mm^2)は，

$$\sigma_t = \frac{PRW}{2t_{a2}}$$

であり，ここで，設計圧力$P = 2.11$ MPa，半球形鏡板の形状に関する係数$W = 1$であるから，半球形鏡板の内面の半径R(mm)は，

$$2R = D_i = D_o - 2t_{a2}$$

$$R = \frac{D_o - 2t_{a2}}{2} = \frac{404 - 2\times 7}{2} = 195\ \text{mm}$$

したがって，半球形鏡板の接線方向に誘起される引張応力σ_t(N/mm^2)は，

$\sigma_t = \dfrac{2.11\times 195\times 1}{2\times 7} = 29.4$ N/mm^2　（小数点以下２桁目を四捨五入）

令和３年度（令和３年11月14日施行）

第二種冷凍機械責任者試験

第二種冷凍機械　法令試験解答と解説

問題番号	1	2	3	4	5	6	7	8	9	10	11	12	13	14	15	16	17	18	19	20
解答番号	3	2	2	4	2	4	2	5	4	1	1	2	1	1	5	3	3	3	2	4

問１　正解　(3)　イ，ロ

イ　◎　出題のとおり．（法第１条）

ロ　◎　出題のとおり．圧力が0.2メガパスカルとなる場合の温度が35度以下である液化ガスは，常用の温度における圧力がいくらであるかを問わず，高圧ガスである．（法第２条第３号後段）

ハ　☒　冷凍能力が3トン以上5トン未満の冷凍設備内における高圧ガスで，フルオロカーボン（難燃性を有するものとして，経済産業省令で定める燃焼性の基準に適合するものに限る）は災害の発生のおそれがない高圧ガス保安法の適用除外と定められている．（法第３条第１項第８号，政令第２条第３項第４号）

なお，令和3年10月27日より前は，フルオロカーボンについては「不活性のものに限る」と規定されていたが，このように限定の条件が改正されている．

問２　正解　(2)　ロ

イ　☒　都道府県知事等の許可を受けなければならない場合の１日の冷凍能力は20トン以上だが，政令で定めるガスはガスの種類ごとに20トンを超える政令で定める値以上，とガスの種類により異なる．（法第５条第１項第２号，政令第４条表）

ロ　◎　出題のとおり．（法第10条第１項）

ハ　☒　製造をする高圧ガスの種類を変更しようとするときは，都道府県知事等の許可を受けなければならない．（法第14条第１項）

なお，第一種製造者とは，法第５条第１項に掲げる者をいう．（法第９条）

問３　正解　(2)　イ，ロ

イ　◎　出題のとおり．（法第20条の４）

ロ　◎　出題のとおり．（法第21条第１項）

ハ　☒　１日の冷凍能力が5トン以上の冷凍機である．（法第57条，冷規第63条）

問４　正解　(4)　イ，ロ

イ　◎　出題のとおり．（法第５条第２項第２号，政令第４条表）

ロ　◎　出題のとおり．（法第12条第2項，冷規第14条第1号）

ハ　☒　アンモニアを冷媒ガスとする1日の冷凍能力が50トン以上の製造施設は，保安検査を受けなければならないが，第二種製造者である30トンの場合は不要である．（法第5条第1項第2号，政令第4条表，法第35条第1項）

なお，第二種製造者とは，法第5条第2項各号に掲げる者をいう．（法第10条の2）

問5　正解　(2)　ハ

イ　☒　内容積が25リットル以下の場合は除かれるが，48リットルの容器では，冷媒の種類を問わず警戒標を掲げる必要がある．（一般規第50条第1号）

ロ　☒　可燃性ガス，毒性ガス，特定不活性ガス又は酸素の高圧ガスの移動の時に必要である．（一般規第49条第1項第21号，第50条第14号）

ハ　◎　出題のとおり．（一般規第50条第8号）

問6　正解　(4)　イ，ハ

イ　◎　出題のとおり．（法第48条第4項第1号，容規第22条）

ロ　☒　バルブが装置されるべき容器の内容積は，刻印すべき事項にない．（法第49条の3第1項，容規第18条第1項）

ハ　◎　出題のとおり．（法第56条第3項）

問7　正解　(2)　ロ

イ　☒　全ての冷媒ガスの充塡容器等は常に温度40度以下に保つことと定められている．（法第15条第1項，一般規第18条第2号ロ，第6条第2項第8号ホ）

ロ　◎　出題のとおり．（法第15条第1項，一般規第18条第2号イ）

ハ　☒　特別な許可，届出の場合を除き，車両に固定し，または積載した容器により貯蔵しないことと定められている．（法第15条第1項，一般規第18条第2号ホ）

問8　正解　(5)　ロ，ハ

イ　☒　遠心式圧縮機を使用する製造設備の1日の冷凍能力の算定には蒸発器を通過する冷水の温度差は必要ない．（冷規第5条第1号）

ロ　◎　出題のとおり．（冷規第5条第4号）

ハ　◎　出題のとおり．（冷規第5条第4号）

問9　正解　(4)　ロ，ハ

イ　☒　危害予防規程を守らなければならないのは，第一種製造者及びその従業者である．（法第26条第1項，第3項）

ロ　◎　出題のとおり．都道府県知事等に届け出るべき定めはない．（法第27条第1項，第3項）

ハ　◎　出題のとおり．（法第63条第1項第2号）

問10　正解　(1)　イ

イ　◎　出題のとおり．（法第37条第2項）

ロ　☒　従業者を除外する定めはない．（法第37条第1項）

ハ　☒　帳簿は記載の日から十年間保存しなければならない．（法第60条第1項，冷規第65条）

問11　正解　(1)　イ

イ　◎　出題のとおり．（法第27条の4第1項第1号，冷規第36条表二）

ロ　☒　疾病によってその職務を行うことができない場合には，代理者にその職務を代行させねばならない．（法第33条第1項）

ハ　☒　代理者についても届出が必要である．（法第33条第3項，第27条の2第5項）

問12　正解　(2)　ハ

イ　☒　可燃性ガス及び毒性ガスを冷媒とする冷媒設備の取替え工事は軽微な変更工事から除外されている．アンモニアは可燃性ガス及び毒性ガスである．（法第14条第1項，冷規第17条第1項第2号，第2条第1項第1号，第2号）

ロ　☒　第一種製造者からその製造のための施設の全部又は一部の引き渡しを受け，法第5条第1項の許可を受けたものは，すでに完成検査に合格していた場合，改めて完成検査を受けなくても製造施設を使用できる．つまり，改めて許可を受けることが必要である．（法第20条第2項）

ハ　◎　出題のとおり．（法第14条第1項，第20条第3項，冷規第17条第1項第2号）

問13　正解　(1)　ロ

イ　☒　可燃性ガスの製造設備なので，適切な消火設備を適切な箇所に設けなければならない．（冷規第7条第1項第12号）

ロ　◎　出題のとおり．毒性ガスなので該当する．（冷規第7条第1項第16号）

ハ　☒　この受液器のガラス管液面計には，破損防止の措置と破損による漏えい防止の措置が必要である．（冷規第7条第1項第11号）

問14　正解　(1)　ロ

イ　☒　放出管の開口部の位置は，放出する冷媒ガスの性質に応じた適切な位置であること．（冷規第7条第1項第9号）

ロ　◎　出題のとおり．受液器の内容積は6千リットルなので，1万リットル未満であり，該当しない．（冷規第7条第1項第13号）

ハ　☒　5千リットル以上が該当するので，6千リットルのこの事業所の製造設備に係る受液器は該当する．（冷規第7条第1項第5号）

問15　正解　(5)　イ，ロ，ハ

イ　◎　出題のとおり．（法第14条第1項，冷規第17条第1項第2号）

ロ　◎　出題のとおり．認定指定設備の設置工事は軽微な変更工事である．（法第14条第1項，冷規第17条第1項第4号）

ハ　◎　出題のとおり．（法第14条第1項，冷規第17条第1項第2号）

問16　正解　(3)　イ，ロ

イ　◎　出題のとおり．（法第35条第1項第1号）

ロ　◎　出題のとおり．（法第35条第2項，第8条第1号）

ハ　☒　認定指定設備に定期自主検査除外の定めはない．（法第35条の2）

問17　正解　(3)　ハ

イ　☒　専用機械室に設置され，かつ不活性ガスであるから除外されるということはない．（冷規第7条第1項第1号，第2項）

ロ　☒　警戒標はすべての製造施設に適用される．（冷規第7条第1項第2号）

ハ　◎　出題のとおり．（冷規第7条第1項第6号）

問18　正解　(3)　ハ

イ　☒　この場合油圧系統は除外されるが，冷媒設備には圧力計を設けることと規定されている．（冷規第7条第1項第7号，第2項）

ロ　☒　許容圧力を超えた場合である．（冷規第7条第1項第8号，第2項）

ハ　◎　出題のとおり．1日1回以上の有無の点検を認定指定設備には適用しないという定めはない．（冷規第7条第1項第17号）

問19　正解　(2)　ロ

イ　☒　不活性ガスであるための除外の定めはない．（冷規第9条第3号ハ）

ロ　◎　出題のとおり．（冷規第9条第1号）

ハ　☒　自動制御装置が設けられていることによる除外の定めはない．（冷規第9条第2号）

問20　正解　(4)　ロ，ハ

イ　☒　手動式のものを使用しないことと定められている．（法第56条の7第1項，第2項，冷規第57条第12号）

ロ　◎　出題のとおり．（法第56条の7第1項，第2項，冷規第57条第4号，第7条第1項第6号）

ハ　◎　出題のとおり．（法第56条の7第1項，第2項，冷規第57条第3号）

第二種冷凍機械　保安管理技術試験解答と解説

問題番号	1	2	3	4	5	6	7	8	9	10
解答番号	2	5	3	4	／	3	2	5	3	1

問１　正解　(2)　イ，ニ

イ　◎　出題のとおり．

ロ　☒　往復圧縮機の吐出し弁に漏れがあると，高温，高圧の吐出しガスの一部がシリンダに逆流する．このガスが吸込み蒸気と混合して，通常の吸込み蒸気より温度が高くなる．その結果，過熱度の大きな蒸気を圧縮するので，吐出しガスの温度は高くなる．

ハ　☒　アンモニアを冷媒として使用する場合，非相溶性の冷凍機油を使用していても，油温が低いと，アンモニアがクランクケースや油分離器の油溜めで凝縮し，不具合を起こすことがある．そのため，圧縮機の運転開始前には油ヒータで必ず油温を周囲温度よりも上げておくことが必要である．

ニ　◎　出題のとおり．

問２　正解　(5)　ハ，ニ

イ　☒　凝縮器から出る冷媒液の過冷却度は大きくなる．

ロ　☒　冬季に外気温度が低下すると，凝縮圧力が低下して温度自動膨張弁のオリフィス前後の圧力差が不足し，蒸発器への冷媒供給量が減少して冷却不良を起こすことがある．

ハ　◎　出題のとおり．

ニ　◎　出題のとおり．

問３　正解　(3)　ロ，ハ

イ　☒　乾式シェルアンドチューブ蒸発器は，冷却管内を冷媒が，管外をブラインや水が流れる構造であるので，その熱通過率を低下させる要因は，冷却管外のブライン側の汚れや水あかの付着，また，冷却管内の冷媒側の管内表面への油膜の形成などがある．

ロ　◎　出題のとおり．

ハ　◎　出題のとおり．

ニ　☒　MOP付きの温度自動膨張弁は，弁本体温度が感温筒温度よりも低くなるような温度条件で使用すると，適切に作動しなくなる．

問４　正解　(4)　ハ，ニ

イ　☒　塩素を含まないHFC系冷媒は，オゾン層破壊係数ODPがゼロであり，オゾン層を破壊しない．

ロ ☒ R 717（アンモニア）の漏えい検知には，アンモニアの濃度を電気的に測定する専用の電気式検知器が使用されている．

ハ ◎ 出題のとおり．

ニ ◎ 出題のとおり．

問５ 本問は，正しい選択肢のない不適切な問題だったため，採点について相応の措置がとられました．そのため，本問題集には掲載しておりません．

問６ 正解 (3) ロ，ニ

イ ☒ シリカゲルは，水分を吸着したものは交換する必要があるが，化学変化はしない．

ロ ◎ 出題のとおり．

ハ ☒ フィルタドライヤで吸着しきれなかった水分を，サイトグラスのモイスチャインジケータで見るために，サイトグラスはフィルタドライヤの下流に設置する．

ニ ◎ 出題のとおり．

問７ 正解 (2) ニ

イ ☒ 配管用炭素鋼鋼管（SGP）は −25℃までの低温でしか使用できない．また，アンモニア冷媒の配管には使用できない．

ロ ☒ 銅管のろう付けでは，銅管の外径が 5 mm 以上 8 mm 未満のとき，最小差込み深さは 6 mm とする．

ハ ☒ 吸込み蒸気配管の横走り管中にトラップがあると，軽負荷運転時に油や冷媒液が溜り，軽負荷から全負荷に切り替わったときなどに，液が圧縮機に戻るので好ましくない．

ニ ◎ 出題のとおり．

問８ 正解 (5) イ，ロ，ハ，ニ

イ ◎ 出題のとおり．

ロ ◎ 出題のとおり．

ハ ◎ 出題のとおり．

ニ ◎ 出題のとおり．

問９ 正解 (3) ロ，ハ

イ ☒ 耐圧試験の試験圧力は，その材料の加圧時の変形が残らないように，材料の降伏点よりも低い応力でなければならない．

ロ ◎ 出題のとおり．

ハ ◎ 出題のとおり．

ニ ☒ 真空放置試験は，気密試験を実施した後に行うもので，冷媒設備の気密状態を確認する最後の試験である．

問10　正解　(1)　イ，ハ

イ　◎　出題のとおり．

ロ　☒　冷凍機油の選定の条件の一つに，凝固点が低く，ろう分が少ないことが挙げられる．

ハ　◎　出題のとおり．

ニ　☒　大気中で空気よりも重い冷媒はR 404A，R 407C，R 410Aである．R 717は空気よりも軽い．

第二種冷凍機械　学識試験解答と解説

問題番号	1	2	3	4	5	6	7	8	9	10
解答番号	5	4	3	1	4	2	5	1	3	5

問１　正解（5）イ，ロ，ニ

イ　◎　1日本冷凍トンは約3.861 kWであるので，この冷凍装置の冷媒循環量 q_{mr}(kg/s) は次式で求められる．

$$q_{\mathrm{mr}} = \frac{\Phi_{\mathrm{o}}}{h_1 - h_4} = \frac{132 \times 3.861}{373 - 241} = 3.86\ \mathrm{kg/s}$$

ロ　◎　凝縮器の放熱量 Φ_{k}(kW) は，次式で求められる．

$$\Phi_{\mathrm{k}} = q_{\mathrm{mr}}(h_2 - h_3) = 3.86 \times (421 - 241) = 695\ \mathrm{kW}$$

ハ　☒　蒸発器入口の冷媒の乾き度 x は，次式で求められる．

$$x = \frac{h_4 - h_{\mathrm{A}}}{h_{\mathrm{B}} - h_{\mathrm{A}}} = \frac{241 - 163}{352 - 163} = 0.413$$

ニ　◎　圧縮機軸動力 P(kW) は，次式で求められる．

$$P = q_{\mathrm{mr}}(h_2 - h_1) = 3.86 \times (421 - 373) = 185\ \mathrm{kW}$$

問２　正解（4）$\rho = 1.72\ \mathrm{kg/m^3}$，$(COP)_{\mathrm{R}} = 3.9$

この冷凍装置の冷媒循環量 q_{mr}(kg/s) は次式で求められる．

$$q_{\mathrm{mr}} = \frac{\Phi_{\mathrm{o}}}{h_1 - h_4} = \frac{150}{1\,460 - 340} = 0.134\ \mathrm{kg/s}$$

圧縮機吸込み蒸気の密度 ρ (kg/m^3) は次式で求められる．

$$\rho = q_{\mathrm{mr}} \frac{3\,600}{V\eta_{\mathrm{v}}} = 0.134 \times \frac{3\,600}{350 \times 0.80} = 1.72\ \mathrm{kg/m^3}$$

なお，圧縮機のピストン押しのけ量 V は，単位に注意する必要がある．

$$V(\mathrm{m^3/h}) = \frac{V}{3\,600}(\mathrm{m^3/s})$$

圧縮機の軸動力 P(kW) は次式で求められる．

$$P = \frac{q_{\mathrm{mr}}(h_2 - h_1)}{\eta_{\mathrm{c}}\eta_{\mathrm{m}}} = \frac{0.134 \times (1\,680 - 1\,460)}{0.85 \times 0.90} = 38.5\ \mathrm{kW}$$

実際の成績係数は次式で求められる．

$$(COP)_{\mathrm{R}} = \frac{\Phi_{\mathrm{o}}}{P} = \frac{150}{38.5} = 3.9$$

問３　正解（3）イ，ロ，ハ

イ　◎　出題のとおり．

ロ ◎ 出題のとおり．

ハ ◎ 出題のとおり．

ニ ☒ 遠心圧縮機の容量制御は，吸込み側にあるベーンによって行う．

問４　正解 (1) イ，ロ

イ ◎ 出題のとおり．

ロ ◎ 出題のとおり．

ハ ☒ 物体から電磁波の形で放射される熱エネルギーは，その物体表面の絶対温度の4乗に比例する．

ニ ☒ 固体壁を介して一方の流体から他方の流体への熱通過量は，両流体間の熱通過率に，流体間の温度差と伝熱面積を乗ずることで求められる．両流体間の熱通過率は，固体壁が平板の場合，両壁面でのそれぞれの熱伝達率の逆数と固体壁の厚さをその熱伝導率で除した値との和の逆数として求めることができる．

問５　正解 (4) ロ，ニ

イ ☒ 凝縮器における冷却トンあたりの伝熱面積は，一般に，空冷凝縮器＞蒸発式凝縮器＞水冷凝縮器の順に小さく，水冷凝縮器が最も小さくなる．

ロ ◎ 出題のとおり．

ハ ☒ 水冷横形シェルアンドチューブ凝縮器では，冷媒側の熱伝達率が冷却水側より小さいため，冷媒側伝熱面にフィン加工をして伝熱面積を拡大する工夫がなされている．

ニ ◎ 出題のとおり．

問６　正解 (2) イ，ロ，ニ

イ ◎ 出題のとおり．

ロ ◎ 出題のとおり．

ハ ☒ 乾式蒸発器で冷却管内に流れる冷媒側の圧力降下が大きいと，蒸発器出入り口の冷媒飽和温度に差が生じ，向流式の蒸発器では，冷媒の飽和温度と被冷却物の温度との温度差が被冷却物の入口側で大きくなる．

ニ ◎ 出題のとおり．

問７　正解 (5) イ，ロ，ハ，ニ

イ ◎ 出題のとおり．

ロ ◎ 出題のとおり．

ハ ◎ 出題のとおり．

ニ ◎ 出題のとおり．

問８　正解 (1) イ，ハ

イ ◎ 出題のとおり．

ロ　☒　温度自動膨張弁の弁本体の取付け姿勢は，ダイアフラムのある頭部を上側にする．

ハ　◎　出題のとおり

ニ　☒　差圧式四方切換弁は，高圧側と低圧側に十分な圧力差がないと完全な切換えができない．

問９　正解　(3)　ロ，ハ

イ　☒　冷媒R 134aの百の位の「1」は「炭素原子数－1」の数を示す．また，十の位の「3」は「水素原子数＋1」の数字を表す．

ロ　◎　出題のとおり．

ハ　◎　出題のとおり．

ニ　☒　地球温暖化を評価する指標である総合的地球温暖化指数（TEWI）は，直接効果と間接効果の和として定義されている．直接効果は，その対象機器が寿命になるまでの運転期間中に大気放出する冷媒の総量（kg）と冷媒の温暖化係数（kg(CO_2)/kg）から計算される．

問10　正解　(5)　イ，ハ，ニ

イ　◎　出題のとおり．

ロ　☒　設計圧力には，絶対圧力ではなくゲージ圧力を用いる．

ハ　◎　出題のとおり．

ニ　◎　出題のとおり．

令和３年度（令和３年 11 月 14 日施行）
第三種冷凍機械責任者試験

第三種冷凍機械　法令試験解答と解説

問題番号	1	2	3	4	5	6	7	8	9	10	11	12	13	14	15	16	17	18	19	20
解答番号	5	2	1	4	4	1	1	3	3	4	2	3	1	4	3	5	3	4	5	4

問１　正解　(5)　イ，ロ，ハ

イ　◎　出題のとおり．高圧ガス保安協会による高圧ガスの保安に関する自主的な活動を促進することも定められている．（法第1条）

ロ　◎　出題のとおり．（法第2条第1号後段）

ハ　◎　出題のとおり．（法第2条第3号後段）

問２　正解　(2)　ロ

イ　☒　都道府県知事等の許可を受けなければならない場合の1日の冷凍能力は20トン以上だが，政令で定めるガスはガスの種類ごとに20トンを超える政令で定める値以上，とガスの種類により異なる．（法第5条第1項第2号，政令第4条表）

ロ　◎　出題のとおり．（法第3条第1項第8号，政令第2条第3項第3号，第4号）

ハ　☒　所定の技術上の基準に従って製造しなければならない機器は，1日の冷凍能力が3トン以上の冷凍機（二酸化炭素及びフルオロカーボン（可燃性ガスを除く）にあっては5トン以上）と定められている．（法第57条，冷規第63条）

問３　正解　(1)　イ

イ　◎　出題のとおり．（法第14条第1項）

ロ　☒　高圧ガスの製造を開始し，又は廃止したときは，遅滞なく，その旨を都道府県知事等に届け出なければならないと定められている．（法第21条第1項）

ハ　☒　事業開始の20日前までにその旨を都道府県知事等に届け出なければならないと定められている．（法第20条の4）

問４　正解　(4)　ロ，ハ

イ　☒　対象となる高圧ガスの種類を限定していない規定もある．（一般規第18条第2号，第6条第2項第8号）

ロ　◎　出題のとおり．（一般規第18条第2号イ）

ハ　◎　出題のとおり．（一般規第6条第2項第8号ト，第18条第2号ロ）

問５　正解　(4)　ロ，ハ

イ　☒　不活性であるフルオロカーボンには適用しないという規定はない．（一般規第50条）

ロ　◎　出題のとおり．（一般規第49条第1項第21号，第50条第14号）

ハ　◎　出題のとおり．（一般規第50条第5号）

問６　正解　(1)　イ

イ　◎　出題のとおり．（法第45条第1項，容規第8条第1項第3号）

ロ　☒　液化アンモニアを充てんする容器には白色の塗色をする．（法第46条第1項，容規第10条第1項第1号表）

ハ　☒　液化アンモニアは毒性ガスであり，また可燃性ガスであるので，「毒」「燃」を明示する．（法第46条第1項，容規第10条第1項第2号ロ）

問７　正解　(1)　イ

イ　◎　出題のとおり．（冷規第5条第2号）

ロ　☒　圧縮機の原動機の定格出力の数値は，遠心式圧縮機を使用する製造設備の1日の冷凍能力の算定に必要であるが，往復動式圧縮機を使用する製造設備の1日の冷凍能力の算定には圧縮機の標準回転速度における1時間のピストン押しのけ量と，冷媒ガスの種類に応じた数値が必要である．（冷規第5条第4号）

ハ　☒　蒸発器の冷媒ガスに接する側の表面積の数値は，自然還流式冷凍設備及び自然循環式冷凍設備の1日の冷凍能力の算定に必要な数値の一つである．（冷規第5条第3号）

問８　正解　(3)　イ，ロ

イ　◎　出題のとおり．（法第5条第2項第2号）

ロ　◎　出題のとおり．（法第12条第2項，冷規第14条第1号）

ハ　☒　一日の冷凍能力が3トン以上（フルオロカーボン（不活性のものに限る.）にあっては，20トン以上．アンモニア又はフルオロカーボン（不活性のものを除く.）にあっては，5トン以上20トン未満.）のものを使用して高圧ガスを製造する者．または，冷規第36条第2項第1号の製造設備（アンモニアを冷媒ガスとするものに限る.）であって，その製造設備の一日の冷凍能力が20トン以上50トン未満のものを使用して高圧ガスを製造する者は冷凍保安責任者を選任しなくてよい第二種製造者である．（法第27条の4第1項第2号，冷規第36条第3項第1号，第2号）

問９　正解　(3)　イ，ロ

イ　◎　出題のとおり．（法第27条の4第1項第1号，冷規第36条第1項表中三号）

ロ　◎　出題のとおり．（法第33条第1項，第35条の2，冷規第44条第4項）

ハ　☒　冷凍保安責任者の代理者を解任及び選任したときにも届け出る必要がある．（法第27条の2第5項，第27条の4第2項，法第33条第3項）

問10　正解　(4)　ロ，ハ

イ　☒　保安検査は，都道府県知事等が行うこととなっており，冷凍保安責任者の業務ではない．(法第35条第1項)

ロ　◎　出題のとおり．(法第35条第1項，冷規第40条第1項第2号)

ハ　◎　出題のとおり．(法第35条第1項第1号)

問11　正解　(2)　ハ

イ　☒　定期自主検査の検査記録は，保存しなければならないと規定されているが，都道府県知事等に届け出ることは規定されていない．(法第35条の2)

ロ　☒　定期自主検査は1年に1回以上行うよう規定されている．(法第35条の2，冷規第44条第3項)

ハ　◎　出題のとおり．(法第35条の2，第8条第1号，第12条第1項，冷規第44条第3項)

問12　正解　(3)　イ，ハ

イ　◎　出題のとおり．(法第26条第1項，冷規第35条第2項第4号)

ロ　☒　保安教育計画を定め，忠実に実行することは定められているが，その計画及びその実行の結果について都道府県知事に届け出ることは定められていない．(法第27条)

ハ　◎　出題のとおり．(法第26条第2項)

問13　正解　(1)　イ

イ　◎　出題のとおり．(法第63条第1項第2号)

ロ　☒　製造開始の日からではなく，記載の日からである．(法第60条第1項，冷規第65条)

ハ　☒　危険な状態となったときは，直ちに応急の措置を講じることと，その事態を発見したものは，直ちに，その旨を都道府県知事等又は警察官，消防吏員若しくは消防団員若しくは海上保安官に届け出なければならない．(法第36条第1項，第2項)

問14　正解　(4)　ロ，ハ

イ　☒　可燃性ガス，毒性ガスは軽微な変更の工事には該当しないが，特定不活性ガスは軽微な変更の工事に該当する．(法第14条第1項，冷規第17条第1項第2号)

ロ　◎　出題のとおり．(法第20条第3項，第3項第1号)

ハ　◎　出題のとおり．(法第14条第1項，第20条第3項，冷規第17条第1項第2号，第23条)

問15　正解　(3)　イ，ロ

イ　◎　出題のとおり．(冷規第7条第1項第9号)

ロ　◎　出題のとおり．（冷規第７条第１項第12号）

ハ　☒　専用機械室に設置されている場合の除外の定めはない．（冷規第７条第１項第16号）

問16　正解　(5)　イ，ロ，ハ

イ　◎　出題のとおり．毒性ガス（アンモニア等）を冷媒ガスとする受液器であって，内容積が1万リットル以上のものの周囲には，液状のそのガスが漏えいした場合に，その流出を防止するための措置を講ずることと定められている．（冷規第７条第１項第13号）

ロ　◎　出題のとおり．（冷規第７条第１項第３号）

ハ　◎　出題のとおり．（冷規第７条第１項第10号，第11号）

問17　正解　(3)　イ，ハ

イ　◎　出題のとおり．許容圧力以上の圧力で行う気密試験に合格するものと定められており，1.1倍の圧力で実施したものは適合している．（冷規第７条第１項第６号）

ロ　☒　作業員がその操作ボタン等を適切に操作することができるような措置を講ずるよう定められている．（冷規第７条第１項第17号）

ハ　◎　出題のとおり．（冷規第７条第１項第６号）

問18　正解　(4)　ロ，ハ

イ　☒　許容圧力を超えた場合に直ちに許容圧力以下に戻すことができる安全装置を設けることと定められている．（冷規第７条第１項第８号）

ロ　◎　出題のとおり．（冷規第７条第１項第７号）

ハ　◎　出題のとおり．（冷規第７条第１項第５号）

問19　正解　(5)　イ，ロ，ハ

イ　◎　出題のとおり．（冷規第９条第１号）

ロ　◎　出題のとおり．（冷規第９条第３号イ）

ハ　◎　出題のとおり．（冷規第９条第２号）

問20　正解　(4)　ロ，ハ

イ　☒　日常の運転操作に必要となる冷媒ガスの止め弁には手動式のものを使用してはならない．（冷規第57条第12号）

ロ　◎　出題のとおり．（冷規第57条第４号）

ハ　◎　出題のとおり．（冷規第57条第３号）

第三種冷凍機械　保安管理技術試験解答と解説

問題番号	1	2	3	4	5	6	7	8	9	10	11	12	13	14	15
解答番号	2	1	3	4	4	2	1	2	3	5	4	1	5	3	2

問１　正解　(2)　ロ，ハ

イ　☒　ブルドン管圧力計で指示される圧力は，ブルドン管内に作用する冷媒圧力と，管外圧力である大気圧の差である．

ロ　◎　出題のとおり．

ハ　◎　出題のとおり．

ニ　☒　圧縮機の駆動軸動力あたりの冷凍能力の値は，冷凍装置の成績係数である．

問２　正解　(1)　イ，ロ

イ　◎　出題のとおり．

ロ　◎　出題のとおり．

ハ　☒　固体壁と流体との熱交換による伝熱量は，固体壁表面と流体との温度差，伝熱面積および比例係数の積で表され，この比例係数を熱伝達率という．

ニ　☒　熱の移動の三つの形態のうち，冷凍・空調装置で取り扱う熱移動現象は，主に対流熱伝達と熱伝導である．

問３　正解　(3)　ロ，ニ

イ　☒　圧縮機の実際の駆動に必要な軸動力は，蒸気の圧縮に必要な実際の圧縮動力と機械的摩擦損失動力の和で表される．理論断熱圧縮動力と実際の圧縮機での蒸気の圧縮に必要な圧縮動力との比を断熱効率という．

ロ　◎　出題のとおり．

ハ　☒　体積効率ではなく，機械効率である．断熱効率と機械効率との積を全断熱効率ともいう．全断熱効率は，理論断熱圧縮動力と実際の圧縮機の駆動軸動力の比を表す．

ニ　◎　出題のとおり．

問４　正解　(4)　イ，ロ，ニ

イ　◎　出題のとおり．

ロ　◎　出題のとおり．

ハ　☒　塩化カルシウムブラインの最低凍結温度は，濃度30 mass％で生じ，－55℃である．

ニ　◎　出題のとおり．

問５　正解　(4)　イ，ロ，ニ

イ　◎　出題のとおり.

ロ　◎　出題のとおり.

ハ　☒　多気筒の往復圧縮機の容量制御では，吸込み板弁を開放して作動気筒数を減らすことにより，容量を段階的に変化させる．8気筒の場合には，25～100％の範囲で容量を段階的に変えることができる.

ニ　◎　出題のとおり.

問６　正解　(2)　イ，ハ

イ　◎　出題のとおり.

ロ　☒　二重管凝縮器は，内管内に冷却水を通し，圧縮機吐出し冷媒ガスを内管と外管との間の環状部で凝縮させる.

ハ　◎　出題のとおり.

ニ　☒　蒸発式凝縮器は，空冷凝縮器よりも凝縮温度を低く保つことができる.

問７　正解　(1)　イ，ハ

イ　◎　出題のとおり.

ロ　☒　ディストリビュータは蒸発器の冷媒の入口側に取り付ける.

ハ　◎　出題のとおり.

ニ　☒　ホットガス除霜は，圧縮機からの吐出しガスを冷却管内に流し，除霜する方式であり，霜が厚くなると融けにくくなるため，厚くならないうちに早めに行うほうがよい.

問８　正解　(2)　イ，ニ

イ　◎　出題のとおり.

ロ　☒　温度自動膨張弁の感温筒が外れると，膨張弁が大きく開いて液戻りを生じることがある.

ハ　☒　キャピラリチューブでは，蒸発器出口冷媒の過熱度を制御することはできない.

ニ　◎　出題のとおり.

問９　正解　(3)　イ，ニ

イ　◎　出題のとおり.

ロ　☒　小形のフルオロカーボン冷凍装置では，一般に，油分離器を設けていない場合が多い.

ハ　☒　液分離器は，蒸発器と圧縮機との間の吸込み蒸気配管に取り付けて，冷媒蒸気と冷媒液を分離し，冷媒蒸気だけを圧縮機に吸い込ませて，液圧縮を防止し，圧縮機を保護する．凝縮器や蒸発器に冷凍機油をできるだけ送りたくない場合は，油分離器を圧縮機の吐出し配管に設ける.

ニ　◎　出題のとおり.

問10　正解　(5)　ハ，ニ

イ　☒　低温用の冷媒配管として，配管用炭素鋼鋼管（SGP）の最低使用温度は，－25℃である．

ロ　☒　フルオロカーボン冷凍装置の配管でろう付け作業を実施する場合，配管内に窒素ガスを流して，配管内に酸化皮膜を生成させないようにする．

ハ　◎　出題のとおり．

ニ　◎　出題のとおり．

問11　正解　(4)　ロ，ニ

イ　☒　安全弁に設けられた止め弁は，修理等のとき以外は常に開いておかなければならない．

ロ　◎　出題のとおり．

ハ　☒　安全弁の最小口径は，ピストン押しのけ量の平方根に比例する．

ニ　◎　出題のとおり．

問12　正解　(1)　イ，ハ

イ　◎　出題のとおり．

ロ　☒　冷凍保安規則関係例示基準表19.1に記載されている冷媒の高圧部の設計圧力は，基準凝縮温度以外のときには，最も近い上位の温度に対応する圧力とする．

ハ　◎　出題のとおり．

ニ　☒　材料の引張強さの1/4の応力である許容引張応力以下になるようにする．

問13　正解　(5)　ハ，ニ

イ　☒　耐圧試験は，一般に液圧で行う．これは，もし被試験品が破壊しても液体は体積変化が少なく，危険が少ないからである．

ロ　☒　真空試験は，気密試験を行い装置全体の漏れがないことを確認した後に行う．

ハ　◎　出題のとおり．

ニ　◎　出題のとおり．

問14　正解　(3)　ロ，ニ

イ　☒　冷蔵庫の負荷が減少すると，蒸発器の空気出入口の温度差が減少し，凝縮圧力は低下する．

ロ　◎　出題のとおり．

ハ　☒　蒸発圧力一定で往復圧縮機の吐出しガス圧力が上昇すると，圧力比が大きくなるため，圧縮機の体積効率は減少する．

ニ　◎　出題のとおり．

問15　正解　(2)　イ，ハ

イ　◎　出題のとおり．

ロ　☒　液封のおそれのある部分には溶栓以外の安全装置を取り付けることになっている．ただし，破裂板は可燃性ガスまたは毒性ガスの冷媒に使用することは許されないので，アンモニア冷凍装置には取り付けられない．なお，アンモニア冷媒では安全弁の開口部を除外設備内に設けることが必要である．

ハ　◎　出題のとおり．

ニ　☒　冷凍機油は水分を吸収しやすいので，できるだけ密封された容器に入っている水分を含まない冷凍機油を充填しなければならない．

令和４年度（令和４年11月13日施行）

第一種冷凍機械責任者試験

第一種冷凍機械　法令試験解答と解説

問題番号	1	2	3	4	5	6	7	8	9	10	11	12	13	14	15	16	17	18	19	20
解答番号	2	3	4	5	5	4	5	4	2	4	1	3	1	1	2	3	1	3	2	3

問1　正解　(2)　ハ

イ　☒　この他に，容器の製造及び取扱を規制するとともに，民間事業者及び高圧ガス保安協会による高圧ガスの保安に関する自主的な活動を促進することを定めている．（法第1条）

ロ　☒　現在の圧力が1メガパスカル以上であるもの又は温度35度において圧力が1メガパスカル以上となる圧縮ガスは高圧ガスとなるが，どちらも1メガパスカル未満であるので，高圧ガスではない．（法第2条第1号）

ハ　◎　出題のとおり．（法第3条第1項第8号，政令第2条第3項第4号）

問2　正解　(3)　イ，ハ

イ　◎　出題のとおり．（法第5条第1項第2号，第2項第2号，第56条の7，政令第4条表，第15条第2号）

ロ　☒　高圧ガスの製造を廃止したときは，遅滞なくその旨を都道府県知事に届け出なければならない．（法第21条第1項）

なお，第一種製造者とは，法第5条第1項に掲げる者をいう．（法第9条）

ハ　◎　出題のとおり．（法第14条第1項）

問3　正解　(4)　ロ，ハ

イ　☒　相続，合併又は分割があった場合に，相続人，合併後存続する法人若しくは合併により設立した法人又は分割によりその事業所を承継した法人は，第一種製造者の地位を承継する．事業を譲り受けた場合には第一種製造者の地位を承継しない．（法第10条第1項）

ロ　◎　出題のとおり．（法第25条，冷規第33条）

ハ　◎　出題のとおり．1日の冷凍能力が3トン以上（冷媒ガスの種類によっては5トン以上）の冷凍設備に使われる機器の製造の事業を行うものが対象である．（法第57条，冷規第63条）

問4　正解　(5)　イ，ロ，ハ

イ　◎　出題のとおり．（法第5条第2項第2号，政令第4条表）

ロ　◎　出題のとおり．（法第35条の2）

ハ　◎　出題のとおり．（法第12条第2項，冷規第14条第1号）

なお，第二種製造者とは，法第5条第2項各号に掲げる者をいう．（法第10条の2）

問5　正解　(5)　イ，ロ，ハ

イ　◎　出題のとおり．可燃性ガス，特定不活性ガス又は酸素の高圧ガスの移動の時に必要である．（一般規第50条第9号）

ロ　◎　出題のとおり．毒性ガスの高圧ガスの移動の時に必要である．（一般規第50条第10号）

ハ　◎　出題のとおり．可燃性ガス，毒性ガス，特定不活性ガス又は酸素の高圧ガスの移動の時に必要である．（一般規第49条第1項第21号，第50条第14号）

問6　正解　(4)　ロ，ハ

イ　☒　バルブが附属品検査に合格した日からそのバルブが装置されている容器が附属品検査等合格日から2年を経過して最初に受ける容器再検査までの期間と規定されている．（法第48条第1項第3号，容規第27条第1項第1号）

ロ　◎　出題のとおり．（法第44条第1項）

ハ　◎　出題のとおり．（法第49条の3第1項）

問7　正解　(5)　イ，ロ，ハ

イ　◎　出題のとおり．液化アンモニアは可燃性ガスであり，その容器置場には，携帯電燈以外の燈火を携えて立ち入らないことと定められている．（法第15条第1項，一般規第18条第2号ロ，第6条第2項第8号チ）

ロ　◎　出題のとおり．車両に固定し，又は積載した容器により貯蔵しないことと定められているが，法第16条第1項による許可，法17条の2第1項による届出を行ったところによって貯蔵するときはこの限りでないと定められている．（法第15条第1項，第16条第1項，第17条の2第1項，一般規第18条第2号ホ）

ハ　◎　出題のとおり．アンモニアは毒性ガスであり，可燃性ガスでもあり，いずれも通風の良い場所で貯蔵しなければならないが，特定不活性ガスにその定めはない．（一般規第18条第2号イ）

問8　正解　(4)　ロ，ハ

イ　☒　蒸発器の冷媒ガスに接する側の表面積の数値が1日の冷凍能力の算定に必要な数値となるのは，自然還流式冷凍設備及び自然循環式冷凍設備だけである．（冷規第5条第3号）

ロ　◎　出題のとおり．（冷規第5条第2号）

ハ　◎　出題のとおり．（冷規第5条第1号）

問9　正解　(2)　ロ

イ　☒　何人も指定場所で火気を取り扱ってはならないと定められ，従業者を除く定めはない．（法第37条第1項）

ロ　◎　出題のとおり．（法第36条第1項，第2項）

ハ　☒　第一種製造者は危害予防規定を定め，都道府県知事等に届け出なければならないと定められている．また，この事業者とその従業者は，危害予防規程を守らなければならないと定められている．（法第26条第1項，第3項）

問10　正解　(4)　ロ，ハ

イ　☒　第一種製造者は保安教育計画を定め，これを忠実に実行しなければならないと定められているが，都道府県知事等に届け出なければならないとは定められていない．（法第27条第1項，第3項）

ロ　◎　出題のとおり．（法第60条第1項，冷規第65条）

ハ　◎　出題のとおり．（法第63条第1項第1号）

問11　正解　(1)　イ

イ　◎　出題のとおり．可燃性ガス及び毒性ガスを冷媒とする冷媒設備の取替え工事は軽微な変更工事から除外されている．アンモニアは可燃性ガス及び毒性ガスである．（法第14条第1項，冷規第17条第1項第2号，第2条第1項第1号，第2号）

ロ　☒　製造施設の引渡しを受けた者は，都道府県知事等の許可を受け，既に完成検査を受け所定の技術上の基準に適合していると認められている場合にあっては，完成検査を受けることなく，そのままこの製造施設を使用することができる．（法第20条第2項）

ハ　☒　第一種製造者が変更工事が完成した後，完成検査を要しないのは，製造設備の取替え工事であって，冷凍能力の変更が告示で定める範囲であるものだが，可燃性ガス及び毒性ガスを冷媒とする冷媒設備は除かれている．（法第20条第3項，冷規第23条）

問12　正解　(3)　ハ

イ　☒　ガラス管液面計には破損を防止するための措置を講じ，受液器とガラス管液面計とを接続する配管には破損による漏えいを防止する措置を講じることと定められている．（冷規第7条第1項第11号）

ロ　☒　受液器であって，毒性ガス（液化アンモニア）が漏えいした場合に，その流出を防止するための措置を講じなければならないものは，その内容積が，1万リットル以上のものが該当するが，この事業所の受液器は6千リットルなのでこれに該当しない．（冷規第7条第1項第13号）

ハ　◎　出題のとおり．なお，冷媒が不活性ガスの場合には適用されない．（冷規第7条第1項第9号）

問13　正解　(1)　イ

イ　◎　出題のとおり．可燃性ガスの製造設備には必要である．（冷規第7条第1項第12号）

ロ　☒　毒性ガスの製造設備には，冷媒ガスが漏えいしたときに安全に，かつ，速やかに除害するための措置を講ずることと定められている．（冷規第7条第1項第16号）

ハ　☒　所定の耐震に関する性能を有するものとしなければならないものは，受液器では，内容積が5,000リットル以上のものに限られ，この受液器は6,000リットルなので，該当する．しかし，凝縮器は，縦置円筒形で胴部の長さが5メートル以上のものに限られるので，この設備の凝縮器は横置円筒形なので，該当しない．（冷規第7条第1項第5号）

問14　正解　(1)　イ

イ　◎　出題のとおり．製造設備Aは一日の冷凍能力が300トンであるので，この免状と経験が必要である．（法27条の4第1項第1号，冷規第36条第1項，同項表中一号）

ロ　☒　あらかじめ，冷凍保安責任者の代理者を選任し，旅行，疾病その他の事故によってその職務を行うことができない場合に，その職務を代行させなければならないと規定されている．（法第33条第1項）

ハ　☒　冷凍保安責任者を選任又は解任したときにも届け出る必要がある．（法第27条の2第5項，第27条の4第2項）

問15　正解　(2)　イ，ロ

イ　◎　出題のとおり．（法第14条第1項，冷規第17条第1項第2号）

ロ　◎　出題のとおり．（法第14条第1項，冷規第17条第1項第3号）

ハ　☒　冷媒設備に係る切断，溶接を伴わず，冷凍能力の変更が所定の範囲である変更の工事は，都道府県知事等の許可を受けなければならないが，完成検査は要しない．（法第14条第1項，第20条第3項，冷規第23条）

問16　正解　(3)　ハ

イ　☒　保安検査は，都道府県知事等が行うこととなっており，冷凍保安責任者の職務ではない．（法第35条第1項）

ロ　☒　製造の方法は保安検査の所定の技術上の基準に該当しない．（法第35条第1項，第2項，第8条第1号）

ハ　◎　出題のとおり．（法第35条第1項第1号）

問17　正解　(1)　イ

イ　◎　出題のとおり．（法第35条の2，冷規第44条第5項第2号）

ロ　☒　認定指定設備も定期自主検査を1年に1回以上実施しなければならず，

特に認定指定設備であるための除外規定はない．（法第35条の2，冷規第44条第3項）

ハ ☒ 検査記録を作成し，これを保存しなければならないとされているが，検査計画を都道府県知事等に届け出なければならないという規定はない．（法第35条の2）

問18　正解 (3) イ，ハ

イ ◎ 出題のとおり．（冷規第7条第1項第1号）

ロ ☒ 耐圧試験を行うとき，水その他の安全な液体を使用する場合，許容圧力の1.5倍以上の圧力で行わなければならない．（冷規第7条第1項第6号）

ハ ◎ 出題のとおり．（冷規第7条第1項第17号）

問19　正解 (2) ロ

イ ☒ その油圧系統には圧力計を設けなくてよいが，それ以外の冷媒設備には圧力計を設けなければならない．（冷規第7条第1項第7号）

ロ ◎ 出題のとおり．（冷規第7条第1項第6号，第2項）

ハ ☒ 冷媒設備だけでなく，製造設備の属する製造施設の点検をしなければならない．（冷規第9条第2号）

問20　正解 (3) イ，ロ

イ ◎ 出題のとおり．（冷規第62条）

ロ ◎ 出題のとおり．（冷規第57条第13号）

ハ ☒ 指定設備の冷媒設備は当該設備の製造業者の事業所において，脚上又は一つの架台上に組み立てられていることと定められている．（冷規第57条第1号，第3号）

第一種冷凍機械　保安管理技術試験解答と解説

問題番号	1	2	3	4	5	6	7	8	9	10	11	12	13	14	15
解答番号	4	2	5	2	4	5	5	3	2	3	1	3	1	5	1

問1　正解　(4)　イ，ハ，ニ

イ　◎　出題のとおり．

ロ　☒　遠心圧縮機は密閉形と開放形とがあり，羽根車は高速回転するので，材料，強度，動的バランス，防食処理などが考慮されている．

ハ　◎　出題のとおり．

ニ　◎　出題のとおり．

問2　正解　(2)　ロ，ニ

イ　☒　インバータを用いて圧縮機の回転速度を調整する容量制御方法では，圧縮機の回転速度と容量が比例するのは，ある限定された範囲内だけである．

ロ　◎　出題のとおり．

ハ　☒　多気筒圧縮機のアンローダ機構は，一般に，吸込み弁を開放して作動気筒数を減らすことにより，容量を段階的に変える．

ニ　◎　出題のとおり．

問3　正解　(5)　ロ，ハ，ニ

イ　☒　スクリュー圧縮機の給油圧力は，差圧式（給油ポンプなし）では，吐出し圧力より0.05～0.15 MPa低い値が適正値である．

ロ　◎　出題のとおり．

ハ　◎　出題のとおり．

ニ　◎　出題のとおり．

問4　正解　(2)　イ，ニ

イ　◎　出題のとおり．

ロ　☒　ホットガスデフロスト方式は，高温の圧縮機吐出しガスを蒸発器に送り込み，その顕熱と潜熱を利用して除霜を行う．

ハ　☒　水あかや油膜が水冷横形シェルアンドチューブ凝縮器の冷却管に付着すると，それらの熱伝導抵抗によって熱通過率の値が小さくなる．そのため，圧縮機の消費電力は増加し，冷凍能力は低下する．

ニ　◎　出題のとおり．

問5　正解　(4)　ロ，ハ

イ　☒　温度自動膨張弁の感温筒が管壁から外れ，感温筒の温度が上がると，膨張弁は開く方向に作動する．

ロ ◎ 出題のとおり．

ハ ◎ 出題のとおり．

ニ ☒ フィンコイル乾式蒸発器に霜が厚く付着すると，空気の流れ抵抗の増加や蒸発器の熱通過率の低下にともない蒸発器への冷媒供給量が減少し，低圧側圧力が正常値よりも低下する．

問6　正解 (5) ロ，ハ，ニ

イ ☒ アンモニアと冷凍機油（鉱油）とは溶け合わず，温度によって異なるが，冷凍機油の粘度はアンモニア液の粘度よりも3桁程度大きく，冷凍機油の熱伝導率はアンモニア液の1/3程度である．

ロ ◎ 出題のとおり．

ハ ◎ 出題のとおり．

ニ ◎ 出題のとおり．

問7　正解 (5) ハ，ニ

イ ☒ 内部均圧形の温度自動膨張弁を使用する場合，蒸発器の冷媒側圧力降下が大きいと，その圧力降下分だけ過熱度が増大する．

ロ ☒ ダイアフラム形の温度自動膨張弁は，過熱度調節の動作の制御偏差がベローズ形よりも小さい．

ハ ◎ 出題のとおり．

ニ ◎ 出題のとおり．

問8　正解 (3) イ，ニ

イ ◎ 出題のとおり．

ロ ☒ 大容量の吸入圧力調整弁はパイロット形を用い，吸込み圧力が設定値よりも低くなるとパイロット弁を開いて，蒸発器側の圧力で主弁を開く構造となっている．

ハ ☒ 凝縮圧力調整弁は，空冷凝縮器の冬季運転時における凝縮圧力の異常な低下を防止し，冷凍装置を正常な運転にするための圧力制御弁である．

ニ ◎ 出題のとおり．

問9　正解 (2) イ，ハ

イ ◎ 出題のとおり．

ロ ☒ 高圧受液器に取り付けられたパイロット式高圧フロート弁を用いる場合，液面レベルの上昇で弁を開き，下降で弁を閉じることにより，満液式蒸発器の液量を制御する．

ハ ◎ 出題のとおり．

ニ ☒ ガスチャージ方式サーモスタットは，主に低温用に使われ，受圧部の温度が，感温筒の温度よりも高くないと，正常に作動しない．

問10　正解　(3)　ロ，ニ

イ　☒　相溶性のある冷凍機油を用いるアンモニア冷凍装置では，分離した油は一般にクランクケースに自動返油する．

ロ　◎　出題のとおり．

ハ　☒　低圧受液器では，運転状態が大きく変化しても冷媒液ポンプと蒸発器が安定した運転を続けられるように，十分な冷媒液量の保持と一定した液ポンプ吸込み揚程が確保できるようにする必要がある．このために，低圧受液器では，フロート弁あるいはフロートスイッチと電磁弁の組み合わせで液面高さの制御が行われる．

ニ　◎　出題のとおり．

問11　正解　(1)　イ，ロ

イ　◎　出題のとおり．

ロ　◎　出題のとおり．

ハ　☒　液分離器は，冷凍装置の蒸発器と圧縮機の間に設置し，圧縮機吸込み蒸気に冷媒液または冷媒液滴が混じったときに，吸込み蒸気中に混在した冷媒液を分離し，蒸気だけを圧縮機に吸い込ませる．これによって，液戻りによる圧縮機の事故を防ぐことができる．

ニ　☒　大形冷凍装置などで利用する冷媒液循環式蒸発器では，通常，密閉式のキャンドポンプを使用し，冷媒を液ポンプで強制循環する．この方式では，比較的大きな低圧受液器を用いるため，液分離器を設ける必要はない．

問12　正解　(3)　ロ，ニ

イ　☒　銅管のろう付けに使用するろう材には，銀ろう系のろう材がよく使われるが，黄銅ろう系のろう材も使用できる．

ロ　◎　出題のとおり．

ハ　☒　吸込み蒸気配管の横走り管中にＵトラップがあると，再始動時や軽負荷から全負荷に切り替わったときに，液がいっきょに圧縮機に戻る．このような場合には，Ｕトラップを作らないで，冷媒蒸気の流れ方向に下り勾配の配管にする．

ニ　◎　出題のとおり．

問13　正解　(1)　イ，ロ

イ　◎　出題のとおり．

ロ　◎　出題のとおり．

ハ　☒　可燃性ガスの冷媒を用いる場合にも自動復帰形を用いてはならない．また，自動復帰形を用いることができるのは，法定冷凍能力10トン未満のユニット形で自動運転方式のものである．

ニ　☒　破裂板は圧力により作動する．

問14　正解　(5)　イ，ロ，ハ，ニ

イ　◎　出題のとおり．

ロ　◎　出題のとおり．

ハ　◎　出題のとおり．

ニ　◎　出題のとおり．

問15　正解　(1)　イ，ロ

イ　◎　出題のとおり．

ロ　◎　出題のとおり．

ハ　☒　アンモニアを使用する場合，冷凍保安規則では電気設備に対して防爆性能は要求していない．しかし，アンモニアは可燃性ガスにも指定されており，使用には注意を要する．

ニ　☒　高床式大形冷蔵庫では，床面を高く上げ，床下に空間を設けるか，床面の下に通気管を設ける．床の防熱材では防止できない．

第一種冷凍機械　　学識試験解答と解説

問１

(1)　まず，蒸発器冷媒循環量q_{mro}(kg/s)を求める．

$$q_{\text{mro}} = q_{\text{vro}}\,\eta_{\text{v}}\,\frac{1}{v_1} = \frac{500}{3\,600} \times 0.7 \times \frac{1}{0.1} = 0.972\ \text{kg/s}$$

$$h'_2 = \frac{h_2 - h_1}{\eta_{\text{m}}\eta_{\text{c}}} + h_1 = \frac{380 - 360}{0.9 \times 0.8} + 360 = 388\ \text{kJ/kg}$$

中間冷却器における熱収支は，中間冷却器用膨張弁直後のエンタルピーh_6(kJ/kg)とすると，$h_6 = h_5$なので，$q_{\text{mro}}\{(h_5 - h_7) + (h'_2 - h_3)\} = q'_{\text{mro}}(h_3 - h_6) = q'_{\text{mro}}(h_3 - h_5)$であるから

$$q'_{\text{mro}} = \frac{q_{\text{mro}}\{(h_5 - h_7) + (h'_2 - h_3)\}}{h_3 - h_5} = \frac{0.972 \times \{(255 - 200) + (388 - 365)\}}{365 - 255}$$

$$= 0.689\ \text{kg/s}$$

(2)　高段側冷媒循環量をq_{mrk}(kg/s)，低段側冷媒循環量をq_{mro}(kg/s)とすると，

$$q_{\text{mrk}} = q_{\text{mro}} + q'_{\text{mro}} = 0.972 + 0.689 = 1.661\ \text{kg/s}$$

$$P = P_{\text{H}} + P_{\text{L}} = \frac{q_{\text{mrk}}(h_4 - h_3)}{\eta_{\text{c}}\eta_{\text{m}}} + \frac{q_{\text{mro}}(h_2 - h_1)}{\eta_{\text{c}}\eta_{\text{m}}}$$

$$= \frac{1.661 \times (390 - 365)}{0.8 \times 0.9} + \frac{0.972 \times (380 - 360)}{0.8 \times 0.9} = 57.7 + 27.0 = 84.7\ \text{kW}$$

(3)　冷凍能力をΦ_0(kW)，蒸発器入口の冷媒蒸気の比エンタルピーをh_8(kJ/kg)とすると，$h_8 = h_7$であるから，

$$\Phi_0 = q_{\text{mro}}(h_1 - h_8) = q_{\text{mro}}(h_1 - h_7) = 0.972 \times (360 - 200) = 155.5\ \text{kW}$$

$$(COP)_{\text{R}} = \frac{\Phi_0}{P} = \frac{155.5}{84.7} = 1.84$$

問２

(1)

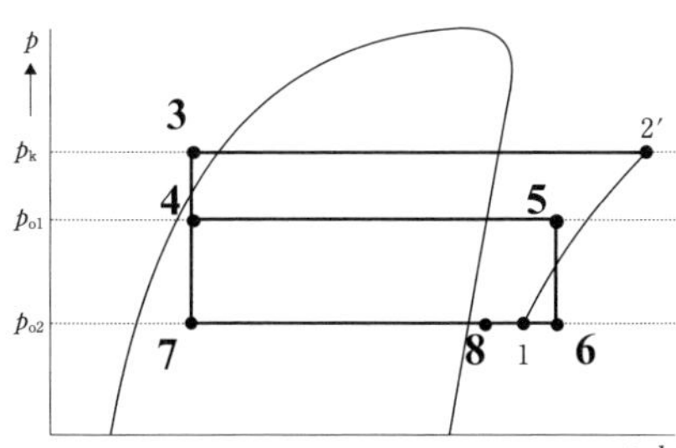

(2)　冷媒の総循環量をq_{mr}(kg/s)とすると，運転条件から，

$$q_{mr}=q_{mr1}+q_{mr2}=\frac{V\eta_{v}}{3\,600v_1}=\frac{270\times0.75}{3\,600\times0.45}=0.125\text{ kg/s} \qquad (1)$$

となる．

また，絞り弁の条件から$h_5=h_6$であり，

$$h_1=\frac{q_{mr1}h_6+q_{mr2}h_8}{q_{mr}} \qquad (2)$$

の関係がある．

式(2)から，

$$h_1q_{mr}=q_{mr1}h_6+(q_{mr}-q_{mr1})h_8$$

$$(h_1-h_8)q_{mr}=(h_6-h_8)q_{mr1}$$

よって，q_{mr1}(kg/s)は，

$$q_{mr1}=\frac{h_1-h_8}{h_6-h_8}q_{mr}=\frac{1\,540-1\,480}{1\,580-1\,480}\times0.125=0.075\text{ kg/s}$$

また，q_{mr2}(kg/s)は，式(1)から，

$$q_{mr2}=q_{mr}-q_{mr1}=0.125-0.075=0.05\text{ kg/s}$$

となる．

蒸発器Ⅰおよび蒸発器Ⅱの冷凍能力を，それぞれΦ_{o1}，Φ_{o2}とすると，

$$\Phi_{o1}=q_{mr1}(h_5-h_4)=0.075\times(1\,580-280)=97.5\text{ kW}$$

$$\Phi_{o2}=q_{mr2}(h_8-h_7)=0.050\times(1\,480-280)=60\text{ kW}$$

であるから，合計の実際の冷凍能力Φ_oは，157.5 kWとなる．

(3)　圧縮機駆動の軸動力をP(kW)とすると，実際の成績係数$(COP)_R$は次式で求められる．

$$(COP)_R=\frac{\Phi_o}{P}=\frac{\Phi_o}{q_{mr}(h'_2-h_1)}=\frac{\Phi_o}{q_{mr}(h_2-h_1)}\eta_c\eta_m$$

$$=\frac{157.5}{0.125\times(1\,780-1\,540)}\times0.70\times0.85=3.123\,8\fallingdotseq3.12$$

問3

(1)　着霜のない状態における蒸発器の外表面積基準の平均熱通過率K[kW/(m^2·K)]は，次式で求められる．

$$K=\frac{\Phi_o}{A\Delta t_m} \qquad (1)$$

また，冷媒と空気との間の算術平均温度差Δt_m(K)は次式で求められ，必要な値を代入すると，

$$\Delta t_m = \frac{(t_{a1} - t_0) + (t_{a2} - t_0)}{2} = \frac{10 + 5}{2} = 7.5\ \mathrm{K}$$

式(1)に必要な値を代入すると，

$$K = \frac{10}{40 \times 7.5} = \frac{1}{30} = 0.0333 \fallingdotseq 0.03\ \mathrm{kW/(m^2 \cdot K)}$$

(2)　着霜のない状態における蒸発器の有効内外伝熱面積比mは，次式を変形して求めることができる．

$$K = \frac{1}{\dfrac{1}{\alpha_a} + \dfrac{m}{\alpha_r}} \qquad (2)$$

式(2)を変形して，

$$m = \alpha_r \left(\frac{1}{K} - \frac{1}{\alpha_a} \right) \qquad (3)$$

式(3)に必要な値を代入すると，

$$m = 3.8 \times \left(30 - \frac{1}{0.04} \right) = 19$$

(3)　着霜した場合の蒸発器の外表面積基準の平均熱通過率K'[kW/(m^2·K)]は，次式で求められる．

$$K' = \frac{1}{\dfrac{1}{\alpha_a} + \dfrac{\delta}{\lambda} + \dfrac{m}{\alpha_r}} \qquad (4)$$

式(4)に必要な値を代入すると，

$$K' = \frac{1}{\dfrac{1}{0.04} + \dfrac{2.5 \times 10^{-3}}{0.14 \times 10^{-3}} + \dfrac{19}{3.8}} = 0.0209 \fallingdotseq 0.02\ \mathrm{kW/(m^2 \cdot K)}$$

問4

(1)　・GWPが最も高いもの：R 22
・モル質量が最も大きいもの：R 134a
・臨界温度が最も高いもの：R 134a
・標準大気圧における沸点が最も低いもの：R 32

(2)　・GWPが最も高いもの：R 404A
・モル質量が最も大きいもの：R 507A
・臨界温度が最も高いもの：R 407C
・標準大気圧における沸点が最も低いもの：R 410A

(3)

混合冷媒	混合成分	成分比（mass%）
R 404 A	R 125 / R 134 a / R 143 a	44 / 4 / 52
R 407 C	R 32 / R 125 / R 134 a	23 / 25 / 52
R 410 A	R 32 / R 125	50 / 50

問5

内圧を受ける円筒胴板の必要厚さ t_a(mm) は，次式のように最小厚さに腐れしろ α(mm) を加えて求められる．

$$t_a = \frac{PD_i}{2\sigma_a\eta - 1.2P} + \alpha$$

上式に，与えられた仕様および高圧設計圧力を代入する．

ここで，設計圧力 $P = 2.96$ MPa，円筒胴の内径 $D_i = 420$ mm，使用鋼板であるSM 400 Bの許容引張応力 $\sigma_a = 100$ N/mm^2，溶接接手の効率 $\eta = 0.70$，屋外設置の圧力容器の腐れしろ $\alpha = 1$ mmである．

$$t_a = \frac{2.96 \times 420}{2 \times 100 \times 0.70 - 1.2 \times 2.96} + 1 = 10.1 = 11 \text{ mm}$$

（必要厚さであるので，切り上げて整数値とする）

次に，円筒胴板に誘起される接線方向の引張応力 σ_t(N/mm^2) は次式より求められる．

$$\sigma_t = \frac{PD_i}{2t_a} = \frac{2.96 \times 420}{2 \times 11} = 56.5 \text{ N/mm}^2$$

また，円筒胴板に誘起される長手方向の引張応力 σ_l(N/mm^2) は次式より求められる．

$$\sigma_l = \frac{PD_i}{4t_a} = \frac{2.96 \times 420}{4 \times 11} = 28.3 \text{ N/mm}^2$$

令和４年度（令和４年11月13日施行）
第二種冷凍機械責任者試験

第二種冷凍機械　法令試験解答と解説

問題番号	1	2	3	4	5	6	7	8	9	10	11	12	13	14	15	16	17	18	19	20
解答番号	2	3	4	5	5	4	5	4	2	4	4	5	4	2	3	3	1	4	4	3

問１　正解　(2)　ハ

イ　☒　この他に，容器の製造及び取扱を規制するとともに，民間事業者及び高圧ガス保安協会による高圧ガスの保安に関する自主的な活動を促進することを定めている．（法第１条）

ロ　☒　現在の圧力が１メガパスカル以上であるもの又は温度35度において圧力が１メガパスカル以上となる圧縮ガスは高圧ガスとなるが，どちらも１メガパスカル未満であるので，高圧ガスではない．（法第２条第１号）

ハ　◎　出題のとおり．（法第３条第１項第８号，政令第２条第３項第４号）

問２　正解　(3)　イ，ハ

イ　◎　出題のとおり．（法第５条第１項第２号，第２項第２号，第56条の7，政令第４条表，第15条第２号）

ロ　☒　高圧ガスの製造を廃止したときは，遅滞なくその旨を都道府県知事に届け出なければならない．（法第21条第１項）

なお，第一種製造者とは，法第５条第１項に掲げる者をいう．（法第９条）

ハ　◎　出題のとおり．（法第14条第１項）

問３　正解　(4)　ロ，ハ

イ　☒　相続，合併又は分割があった場合に，相続人，合併後存続する法人若しくは合併により設立した法人又は分割によりその事業所を承継した法人は，第一種製造者の地位を承継する．事業を譲り受けた場合には第一種製造者の地位を承継しない．（法第10条第１項）

ロ　◎　出題のとおり．（法第25条，冷規第33条）

ハ　◎　出題のとおり．１日の冷凍能力が3トン以上（冷媒ガスの種類によっては5トン以上）の冷凍設備に使われる機器の製造の事業を行うものが対象である．（法第57条，冷規第63条）

問４　正解　(5)　イ，ロ，ハ

イ　◎　出題のとおり．（法第５条第２項第２号，政令第４条表）

ロ ◎ 出題のとおり.（法第35条の2）

ハ ◎ 出題のとおり.（法第12条第2項，冷規第14条第1号）

なお，第二種製造者とは，法第5条第2項各号に掲げる者をいう.（法第10条の2）

問5 正解 (5) イ，ロ，ハ

イ ◎ 出題のとおり．可燃性ガス，特定不活性ガス又は酸素の高圧ガスの移動の時に必要である．（一般規第50条第9号）

ロ ◎ 出題のとおり．毒性ガスの高圧ガスの移動の時に必要である．（一般規第50条第10号）

ハ ◎ 出題のとおり．可燃性ガス，毒性ガス，特定不活性ガス又は酸素の高圧ガスの移動の時に必要である．（一般規第49条第1項第21号，第50条第14号）

問6 正解 (4) ロ，ハ

イ ☒ バルブが附属品検査に合格した日からそのバルブが装置されている容器が附属品検査等合格日から2年を経過して最初に受ける容器再検査までの期間と規定されている．（法第48条第1項第3号，容規第27条第1項第1号）

ロ ◎ 出題のとおり．（法第44条第1項）

ハ ◎ 出題のとおり．（法第49条の3第1項）

問7 正解 (5) イ，ロ，ハ

イ ◎ 出題のとおり．液化アンモニアは可燃性ガスであり，その容器置場には，携帯電燈以外の燈火を携えて立ち入らないことと定められている．（法第15条第1項，一般規第18条第2号ロ，第6条第2項第8号チ）

ロ ◎ 出題のとおり．車両に固定し，又は積載した容器により貯蔵しないことと定められているが，法第16条第1項による許可，法17条の2第1項による届出を行ったところによって貯蔵するときはこの限りでないと定められている．（法第15条第1項，第16条第1項，第17条の2第1項，一般規第18条第2号ホ）

ハ ◎ 出題のとおり．アンモニアは毒性ガスであり，可燃性ガスでもあり，いずれも通風の良い場所で貯蔵しなければならないが，特定不活性ガスにその定めはない．（一般規第18条第2号イ）

問8 正解 (4) ロ，ハ

イ ☒ 蒸発器の冷媒ガスに接する側の表面積の数値が1日の冷凍能力の算定に必要な数値となるのは，自然還流式冷凍設備及び自然循環式冷凍設備だけである．（冷規第5条第3号）

ロ ◎ 出題のとおり．（冷規第5条第2号）

ハ ◎ 出題のとおり．（冷規第5条第1号）

問9 正解 (2) ロ

イ　☒　何人も指定場所で火気を取り扱ってはならないと定められ，従業者を除く定めはない．（法第37条第1項）

ロ　◎　出題のとおり．（法第36条第1項，第2項）

ハ　☒　第一種製造者は危害予防規定を定め，都道府県知事等に届け出なければならないと定められている．また，この事業者とその従業者は，危害予防規程を守らなければならないと定められている．（法第26条第1項，第3項）

問10　正解　(4)　ロ，ハ

イ　☒　第一種製造者は保安教育計画を定め，これを忠実に実行しなければならないと定められているが，都道府県知事等に届け出なければならないとは定められていない．（法第27条第1項，第3項）

ロ　◎　出題のとおり．（法第60条第1項，冷規第65条）

ハ　◎　出題のとおり．（法第63条第1項第1号）

問11　正解　(4)　ロ，ハ

イ　☒　解任したときも都道府県知事等に届け出なければならないと定められている．（法第27条の4第2項，第27条の2第5項）

ロ　◎　出題のとおり．（法第33条第2項）

ハ　◎　出題のとおり．一日の冷凍能力が250トンなので，表中二号が当てはまる．（法第27条の4第1項第1号，冷規第36条第1項表中二号）

問12　正解　(5)　イ，ロ，ハ

イ　◎　出題のとおり．可燃性ガス及び毒性ガスを冷媒とする冷媒設備の取替え工事は軽微な変更工事から除外されている．アンモニアは可燃性ガス及び毒性ガスである．（法第14条第1項，冷規第17条第1項第2号，冷規第2条第1項第1号，第2号）

ロ　◎　出題のとおり．（法第20条第3項第1号）

ハ　◎　出題のとおり．可燃性ガス及び毒性ガスを冷媒とする冷媒設備には適用されない．（法第20条第3項，冷規第23条）

問13　正解　(4)　イ，ロ

イ　◎　出題のとおり．縦置円筒形で，胴部の長さが5メートル以上の凝縮器は所定の耐震に関する性能を有しなければならないが，この凝縮器は横置円筒形で，胴部の長さが5メートルあっても該当しない．（冷規第7条第1項第5号）

ロ　◎　出題のとおり．アンモニアを除く可燃性ガスを冷媒ガスとする冷媒設備に係る電気設備は防爆性能を有する必要があるが，この事業所は冷媒ガスとしてアンモニアを使用しているので，防爆性能は必要ない．（冷規第7条第1項第14号）

ハ　☒　毒性ガスを冷媒ガスとする製造設備は冷媒ガスであるアンモニアが漏え

いしたときに安全に，かつ，速やかに除害するための措置を講じる必要がある．
　なお，専用機械室に設置することによる除外の定めはない．（冷規第7条第1項第16号）

問14　正解　(2)　ロ

イ　☒　受液器であって，毒性ガス（液化アンモニア）が漏えいした場合に，その流出を防止するための措置を講じなければならないものは，その内容積が1万リットル以上のものが該当し，この事業所の受液器は6千リットルなのでこれに該当しない．（冷規第7条第1項第13号）

ロ　◎　出題のとおり．（冷規第7条第1項第3号）

ハ　☒　可燃性ガス又は毒性ガスを冷媒ガスとする冷凍設備に係る受液器に設ける液面計には，丸形ガラス管液面計以外のものを使用することと定められている．（冷規第7条第1項第10号）

問15　正解　(3)　イ，ロ

イ　◎　出題のとおり．（法第35条第1項）

ロ　◎　出題のとおり．認定指定設備の部分は保安検査を受けるべき特定施設から除外されている．（法第35条第1項，冷規第40条第1項第2号）

ハ　☒　保安検査は都道府県知事等が行うもので，冷凍保安責任者の業務ではない．（法第35条第1項）

問16　正解　(3)　イ，ハ

イ　◎　出題のとおり．（法第35条の2，冷規第44条第3項）

ロ　☒　定期自主検査の検査計画を都道府県知事等に届け出る定めはない．（法第35条の2，冷規第44条）

ハ　◎　出題のとおり．認定指定設備は定期自主検査を実施しなければならない．（法第35条の2）

問17　正解　(1)　ハ

イ　☒　認定指定設備についての技術上の基準では，この定めは適用される．（冷規第7条第1項第1号，第2項）

ロ　☒　水その他の安全な液体を使用する耐圧試験は，許容圧力の1.5倍以上の圧力で行う．（冷規第7条第1項第6号）

ハ　◎　出題のとおり．（冷規第7条第1項第8号，第2項）

問18　正解　(4)　イ，ロ

イ　◎　出題のとおり．（法第14条第1項，第20条第3項，第8条第1号，冷規第7条第1項第6号）

ロ　◎　出題のとおり．（冷規第7条第1項第7号）

ハ　☒　1日1回以上の異常の有無の点検は，その製造設備の属する製造施設が

対象である．（法第8条第2号，冷規第9条第2号）

問19　正解　(4)　ロ，ハ

イ　☒　バルブ又はコックに対し措置を講じる必要がある．（冷規第7条第1項第17号）

ロ　◎　出題のとおり．（冷規第9条第1号）

ハ　◎　出題のとおり．（冷規第9条第3号イ）

問20　正解　(3)　イ，ロ

イ　◎　出題のとおり．（冷規第62条）

ロ　◎　出題のとおり．（冷規第57条第13号）

ハ　☒　指定設備の冷媒設備は当該設備の製造業者の事業所において，脚上又は一つの架台上に組み立てられていることと定められている．（冷規第57条第1号，第3号）

第二種冷凍機械　保安管理技術試験解答と解説

問題番号	1	2	3	4	5	6	7	8	9	10
解答番号	2	3	5	4	2	1	3	4	5	4

問１　正解　(2)　イ，ニ

イ　◎　出題のとおり．

ロ　☒　蒸発圧力の低い低温用冷凍装置では，圧縮機の吸込み蒸気圧力が正常な状態から異常に低下すると，圧力比が大きくなって，圧縮機の吐出しガス温度が上昇して，圧縮機は過熱運転になる．

ハ　☒　膨張弁手前のサイトグラスに気泡が発生するのは，冷媒充てん量が不足している場合である．

ニ　◎　出題のとおり．

問２　正解　(3)　ロ，ニ

イ　☒　冷却水側の熱伝達率は冷媒側の熱伝達率より大きい．そのため，冷媒側にフィン加工し，伝熱面積を拡大したローフィンチューブを使用して伝熱促進を図っている．

ロ　◎　出題のとおり．

ハ　☒　冷却管に水あかや油が付着すると，いずれの場合も熱通過率が小さくなり，凝縮温度は高くなる．そこで，定期的に汚れを清掃して，できるだけ汚れ係数を小さくして運転する必要がある．

ニ　◎　出題のとおり．

問３　正解　(5)　イ，ロ，ハ，ニ

イ　◎　出題のとおり．

ロ　◎　出題のとおり．

ハ　◎　出題のとおり．

ニ　◎　出題のとおり．

問４　正解　(4)　イ，ロ，ニ

イ　◎　出題のとおり．

ロ　◎　出題のとおり．

ハ　☒　ふっ素系冷媒の伝熱性能はアンモニアに比べて劣るので，熱交換器を工夫して伝熱性能を改善することが多い．

ニ　◎　出題のとおり．

問５　正解　(2)　イ，ハ

イ　◎　出題のとおり．

ロ ☒ 低圧圧力スイッチは，冷凍装置の圧縮機吸込み蒸気配管に接続し，冷凍負荷が減少して蒸発圧力が低下したとき，その圧力低下を検出することによって圧縮機電源回路を遮断し，停止させるのに使用する．

ハ ◎ 出題のとおり．

ニ ☒ ガスチャージ方式の蒸気圧式サーモスタットは，感温筒内の液量が少ないために応答が速く，主に低温用に使用される．感温筒よりも受圧部の温度が高くないと正常に作動しないので，注意が必要である．

問６ 正解 (1) イ，ロ，ハ

イ ◎ 出題のとおり．

ロ ◎ 出題のとおり．

ハ ◎ 出題のとおり．

ニ ☒ 中間冷却器には，その冷却方法により，フラッシュ式，液冷却式，直接膨張式がある．フラッシュ式中間冷却器は，二段圧縮二段膨張式冷凍装置に用いられる．一方，液冷却式中間冷却器および直接膨張式中間冷却器は，二段圧縮一段膨張式冷凍装置に用いられる．

問７ 正解 (3) ロ，ハ

イ ☒ 均圧管および均油管で結ぶ場合でも，それぞれの圧縮機の吐出しガス配管に逆止め弁を取り付ける必要がある．

ロ ◎ 出題のとおり．

ハ ◎ 出題のとおり．

ニ ☒ BAg系ろう材は，ろう付け温度が625～700℃，BCuZn系ろう材は，ろう付け温度が850～890℃であり，BAg系のほうがろう付け温度が低い．

問８ 正解 (4) イ，ロ，ハ

イ ◎ 出題のとおり．

ロ ◎ 出題のとおり．

ハ ◎ 出題のとおり．

ニ ☒ 破裂板は，可燃性ガス，毒性ガスに用いてはならない．

問９ 正解 (5) ロ，ニ

イ ☒ 耐圧試験と気密試験を実施した圧力は，ゲージ圧で表示する．

ロ ◎ 出題のとおり．

ハ ☒ アンモニア冷凍装置の気密試験には，二酸化炭素は用いない．試験後に機器内に残留した二酸化炭素とアンモニアが反応して，炭酸アンモニウムの粉末が生成されるからである．

ニ ◎ 出題のとおり．

問10 正解 (4) ロ，ニ

イ　☒　機器の基礎底面にかかる荷重は，どの部分でも地盤の許容応力以下とし，できるだけ荷重が地盤に平均にかかるように分布させる．また，基礎の質量は，一般にその上に据え付ける機器の質量よりも大きくし，多気筒圧縮機の場合はその質量の２～３倍とする．

ロ　◎　出題のとおり．

ハ　☒　冷媒設備の全充てん量（kg）を，冷媒を内蔵している機器を設置した部屋の最小室内容積（m^3）で除した値が，冷媒ガスの種類ごとに定めた限界濃度よりも小さな値となるように，冷凍装置の設置を決める．

ニ　◎　出題のとおり．

第二種冷凍機械

学識試験解答と解説

問題番号	1	2	3	4	5	6	7	8	9	10
解答番号	3	4	4	1	2	3	1	2	5	4

問1　正解　(3)　$q_{mr} = 1.33\ \mathrm{kg/s}$，$x = 0.32$

この冷凍サイクルの理論成績係数を$(COP)_{th.R}$，理論圧縮動力をP_{th}(kW)，冷凍能力をΦ_0(kW)，冷媒循環量をq_{mr}(kg/s)，乾き度をxとすると，

$$q_{mr} = \frac{\Phi_0}{h_1 - h_4} = \frac{200}{370 - 220} = 1.33\ \mathrm{kg/s}$$

$$P_{th} = q_{mr}(h_2 - h_1) = 1.33 \times (430 - 370) = 79.8\ \mathrm{kW}$$

$$(COP)_{th.R} = \frac{h_1 - h_4}{h_2 - h_1} = \frac{370 - 220}{430 - 370} = 2.50$$

$$x = \frac{h_4 - h_A}{h_B - h_A} = \frac{220 - 160}{350 - 160} = 0.32$$

よって(3)が正しい．

問2　正解　(4)　$P = 48.8\ \mathrm{kW}$，$(COP)_R = 2.21$

冷媒循環量q_{mr}(kg/s)を求めると，

$$q_{mr} = \frac{V\eta_v}{3\,600 v_1} = \frac{400 \times 0.75}{3\,600 \times 0.1} = 0.83\ \mathrm{g/s}$$

実際の圧縮機動力P(kW)は，

$$P = \frac{q_{mr}(h_2 - h_1)}{\eta_c \eta_m} = \frac{0.83 \times (400 - 360)}{0.80 \times 0.85} = 48.8\ \mathrm{kW}$$

冷凍能力Φ_0(kW)は，

$$\Phi_0 = q_{mr}(h_1 - h_4) = 0.83 \times (360 - 230) = 107.9\ \mathrm{kW}^*$$

実際の成績係数$(COP)_R$は，

$$(COP)_R = \frac{\Phi_0}{P} = \frac{q_{mr}(h_1 - h_4)}{\dfrac{q_{mr}(h_2 - h_1)}{\eta_c \eta_m}} = \frac{h_1 - h_4}{h_2 - h_1}\eta_c \eta_m$$

$$= \frac{360 - 230}{400 - 360} \times 0.80 \times 0.85 = 2.21$$

（＊実際には計算不要）

よって(4)が正しい．

問3　正解　(4)　イ，ロ，ニ

イ　◎　出題のとおり．

ロ　◎　出題のとおり.

ハ　☒　スクロール圧縮機は，固定スクロールと旋回スクロールとを組み合わせ，吸込み蒸気を圧縮する．圧縮ガスは，圧縮空間を中心部に向かって移動し，最終的にスクロール中心部にある吐出し口から吐き出される.

ニ　◎　出題のとおり.

問4　正解　(1)　イ，ロ

イ　◎　出題のとおり.

ロ　◎　出題のとおり.

ハ　☒　一般に，物体から電磁波の形で放射される熱エネルギーは，その物体の絶対温度の4乗に比例する.

ニ　☒　熱交換器内では，高温流体と低温流体の温度は熱交換により，それぞれ伝熱面に沿って流れ方向に変化する．平均温度差が同じ場合，並流（並行流）と，向流（対向流）を比較すると，高温流体入口側の両流体の温度差は並流の場合のほうが大きい.

問5　正解　(2)　ロ

イ　☒　空冷凝縮器は，冷却管に導かれた冷媒過熱蒸気を，外面から大気で冷却し凝縮させるが，空気側の熱伝達率が冷媒側に比べて小さいので，これを補うために空気側にフィンを付けている.

ロ　◎　出題のとおり.

ハ　☒　蒸発式凝縮器の冷却水補給量は，冷却塔の場合と同じく，蒸発によって失われる量，水に含まれる不純物の濃縮防止のための量および飛沫となって失われる量の和である.

ニ　☒　冷却塔において，充てん材の表面を流下する水の蒸発量は，ファンによって吸い込まれる空気の湿球温度が低いほど多くなり，冷却塔の性能が向上する.

問6　正解　(3)　ハ，ニ

イ　☒　比体積は，単位質量の物質が占める体積であり，密度の逆数である．冷凍負荷よりも小さな容量の圧縮機を使用すると，吸込み蒸気の比体積が小さくなるために，蒸発圧力が上昇し，蒸発温度の上昇による冷却不足となる.

ロ　☒　乾式蒸発器では，冷媒の管内熱伝達率が蒸発領域と過熱領域で大きく異なり，過熱領域では蒸発器の熱交換にほとんど寄与しない．一般に，蒸発領域では乾き度の増大とともに熱伝達率が増大する．しかし，蒸発する液が無くなる乾き度1.0付近からは，熱伝達率が極端に小さくなる.

ハ　◎　出題のとおり.

ニ　◎　出題のとおり.

問７　正解　(1)　ロ

イ　☒　冷凍装置の運転中，凝縮器内に不凝縮ガスが存在すると，伝熱が阻害されるので，不凝縮ガスの分圧相当分以上に凝縮圧力がより高くなる．

ロ　◎　出題のとおり．

ハ　☒　蒸発器内の蒸発温度が低くなるほど，吸込み蒸気の比体積は大きくなり，冷媒循環量は減少する．また，体積効率と蒸発器出入口の冷媒の比エンタルピー差はともに少し小さくなる．これらのため，圧縮機の冷凍能力は蒸発温度が低くなると小さくなる．

ニ　☒　並流方式にすると，向流方式と比較して，冷却にあまり寄与しない過熱部の管長が長くなる．

問８　正解　(2)　イ，ニ

イ　◎　出題のとおり．

ロ　☒　蒸発圧力調整弁は，蒸発圧力が一定値以下にならないように冷凍装置を制御することができる．

ハ　☒　電子膨張弁は，サーミスタなどの温度センサにより，蒸発器入口および出口の冷媒温度を検知し，これらの電気信号を調節器で演算処理し，電気的に駆動して弁の開閉操作を行い，過熱度を制御する．

ニ　◎　出題のとおり．

問９　正解　(5)　ロ，ニ

イ　☒　600番台はプロパン，イソブタンなどの有機化合物，700番台はアンモニア，二酸化炭素などの無機化合物を示す．

ロ　◎　出題のとおり．

ハ　☒　有機ブラインは金属に対する腐食性が弱いものの，ブラインとして使用する場合は，一般に腐食防止剤を加える．

ニ　◎　出題のとおり．

問10　正解　(4)　ロ，ニ

イ　☒　溶接構造用圧延鋼材SM 400Bの数字の400は，最小引張強さが400 N/mm^{2}であることを表している．

ロ　◎　出題のとおり．

ハ　☒　圧力容器の強度計算に使用する設計圧力および許容圧力は，ともに冷媒のゲージ圧力を用いる．

ニ　◎　出題のとおり．

令和４年度（令和４年11月13日施行）

第三種冷凍機械責任者試験

第三種冷凍機械

法令試験解答と解説

問題番号	1	2	3	4	5	6	7	8	9	10	11	12	13	14	15	16	17	18	19	20
解答番号	4	5	5	3	3	5	1	2	1	2	5	4	5	1	1	3	3	3	2	3

問１　正解　(4)　イ，ハ

イ　◎　出題のとおり．（法第１条）

ロ　☒　温度35度において圧力が１メガパスカル以上となる圧縮ガス（圧縮アセチレンガスを除く.）は，現にどのような圧力であるかを問わず高圧ガスである.（法第２条第１号後段）

ハ　◎　出題のとおり．（法第２条第３号後段）

問２　正解　(5)　イ，ロ，ハ

イ　◎　出題のとおり．都道府県知事等の許可を受けなければならない製造設備の１日の冷凍能力の最小値は，アンモニアの場合には50トンとなっている.（法第５条第１項第２号，政令第４条表）

ロ　◎　出題のとおり．（法第10条第１項，第２項）

ハ　◎　出題のとおり．所定の技術上の基準に従って廃棄しなければならない高圧ガスは，可燃性ガス，毒性ガス及び特定不活性ガスと定められている.（法第25条，冷規第33条）

問３　正解　(5)　イ，ロ，ハ

イ　◎　出題のとおり．事業開始の20日前までにその旨を都道府県知事等に届け出なければならないと定められている.（法第20条の4）

ロ　◎　出題のとおり．冷凍能力の変更を伴うときには，軽微な変更工事とはならないので，都道府県知事等の許可が必要である.（法第14条第１項，冷規第17条第１項第２号）

ハ　◎　出題のとおり．（法第57条，冷規第63条）

問４　正解　(3)　イ，ロ

イ　◎　出題のとおり．（一般規第19条第１項，第２項）

ロ　◎　出題のとおり．（一般規第18条第２号イ）

ハ　☒　貯蔵する冷媒ガスの種類による限定はなく，フルオロカーボンの場合も禁じられている.（一般規第18条第２号ホ）

問５　正解　(3)　ハ

イ　☒　毒性ガスに係るものを除く内容積が25リットル以下の容器のみで，内容積の合計が50リットル以下の場合を除き，警戒標を掲げる必要がある．(一般規第50条第１号)

ロ　☒　フルオロカーボンを除外する定めはない．(一般規第50条第５号)

ハ　◎　出題のとおり．アンモニアは毒性ガスである．(一般規第50条第８号)

問６　正解　(5)　イ，ロ，ハ

イ　◎　出題のとおり．(法第48条第４項第１号)

ロ　◎　出題のとおり．(法第45条第１項，容規第８条第１項第３号)

ハ　◎　出題のとおり．液化アンモニアは毒性ガスであり，また可燃性ガスであるので,「毒」「燃」を明示する．(法第46条第１項，容規第10条第１項第２号ロ)

問７　正解　(1)　イ

イ　◎　出題のとおり．(冷規第５条第４号)

ロ　☒　遠心式圧縮機を使用する製造設備の１日の冷凍能力の算定に必要な数値は圧縮機の原動機の定格出力の数値である．(冷規第５条第１号)

ハ　☒　冷媒設備内の冷媒ガスの充填量は，製造設備の１日の冷凍能力の算定には，どのような製造設備においても不必要な数値である．(冷規第５条)

問８　正解　(2)　イ，ロ

イ　◎　出題のとおり．(法第27条の４第１項第２号)

ロ　◎　出題のとおり．(法第35条の２)

ハ　☒　第二種製造者は，製造のための施設の位置，構造若しくは設備の変更の工事をし，又は製造をする高圧ガスの種類若しくは製造の方法を変更しようとするときは，あらかじめ，都道府県知事等に届け出なければならないと規定されている．(法第14条第４項)

問９　正解　(1)　イ

イ　◎　出題のとおり．(法第27条の４第１項第１号，冷規第36条第１項表中三号)

ロ　☒　あらかじめ，冷凍保安責任者の代理者を選任し，旅行，疾病その他の事故によってその職務を行うことができない場合に，その職務を代行させなければならないと規定されている．(法第33条第１項)

ハ　☒　冷凍保安責任者の代理者を選任又は解任したときにも届け出る必要がある．(法第27条の２第５項,法第33条第３項)

問10　正解　(2)　イ，ロ

イ　◎　出題のとおり．(法第35条第１項第１号)

ロ　◎　出題のとおり．(法第35条第２項，第８条第１号)

ハ　☒　保安検査は，都道府県知事等が行うこととなっており，冷凍保安責任者

の業務ではない.（法第35条第1項）

問11　正解　(5)　イ，ロ，ハ

イ　◎　出題のとおり.（法第35条の2，冷規第44条第4項）

ロ　◎　出題のとおり.（法第35条の2，第56条の7第2項）

ハ　◎　出題のとおり.（法第35条の2，第8条第1号，冷規第44条第3項）

問12　正解　(4)　ロ，ハ

イ　☒　危害予防規程を定め，その従業者とともに，これを忠実に守るとともに，都道府県知事等に届け出なければならないと定められている.（法第26条第1項，第3項）

ロ　◎　出題のとおり.（法第26条第1項，冷規第35条第2項第7号）

ハ　◎　出題のとおり．都道府県知事等に届け出なければならないという定めはない.（法第27条第1項，第3項）

問13　正解　(5)　イ，ロ，ハ

イ　◎　出題のとおり.（法第36条第1項，第2項）

ロ　◎　出題のとおり.（法第60条第1項，冷規第65条）

ハ　◎　出題のとおり.（法第63条第1項第1号）

問14　正解　(1)　イ

イ　◎　出題のとおり．不活性ガスを冷媒ガスとする製造設備の取り換え工事で，切断，溶接を伴わない工事であれば，軽微な変更の工事に該当し，事前の許可は不要である.（法第14条第1項，第2項，冷規第17条第1項第2号）

ロ　☒　協会が行う完成検査を受け，技術上の基準に適合していると認められた旨，この事業者が都道府県知事等に届け出なければならない.（法第14条第1項，第20条第3項第1号）

ハ　☒　工事を完成したときは，都道府県知事等が行う完成検査を受け，技術上の基準に適合していると認められた後でなければ，これを使用してはならないと定められている.（法第14条第1項，第20条第3項）

問15　正解　(1)　イ

イ　◎　出題のとおり.（冷規第7条第1項第13号）

ロ　☒　不活性ガス以外の冷媒設備の安全弁の放出管の開口部の位置は，冷媒ガスの性質に応じた適切な位置であることと定められている．強制換気できる構造の専用機械室に設置されたかどうかの定めはない.（冷規第7条第1項第9号）

ハ　☒　可燃性ガス，毒性ガスであるアンモニアが漏えいしたとき滞留しないような構造としなければならない室は，圧縮機，油分離器，凝縮器若しくは受液器又はこれらの間の配管を設置する室である.（冷規第7条第1項第3号）

問16　正解　(3)　ハ

イ　☒　可燃性ガス又は毒性ガスを冷媒ガスとする受液器にガラス管液面計を設置する場合には，設問にある両方の措置を講じることと定められている．（冷規第7条第1項第11号）

ロ　☒　専用機械室に設置されていることによる除外規定はない．（冷規第7条第1項第15号）

ハ　◎　出題のとおり．（冷規第7条第1項第16号）

問17　正解　(3)　イ，ハ

イ　◎　出題のとおり．（冷規第7条第1項第17号）

ロ　☒　耐圧試験を行うとき，水その他の安全な液体を使用する場合，許容圧力の1.5倍以上の圧力で行わなければならない．（冷規第7条第1項第6号）

ハ　◎　出題のとおり．（冷規第7条第1項第1号）

問18　正解　(3)　ハ

イ　☒　冷媒ガスの圧力に対する安全装置を設けていれば，圧力計を設ける必要がないという定めはない．（冷規第7条第1項第7号）

ロ　☒　許容圧力を超えた場合に直ちに許容圧力以下に戻すことができる安全装置を設けるのに，除外規定はない．（冷規第7条第1項第8号）

ハ　◎　出題のとおり．縦置円筒形で胴部の長さが5メートル以上の凝縮器は，所定の耐震に関する性能を有する必要がある．（冷規第7条第1項第5号）

問19　正解　(2)　ロ

イ　☒　1日に1回以上点検をすることとなっている．（冷規第9条第2号）

ロ　◎　出題のとおり．（冷規第9条第3号イ）

ハ　☒　安全弁に付帯して設けた止め弁は，安全弁の修理，又は清掃の場合を除き，常に全開にしておくこととなっている．（冷規第9条第1号）

問20　正解　(3)　イ，ロ

イ　◎　出題のとおり．（冷規第62条第1項，第2項）

ロ　◎　出題のとおり．（冷規第57条第13号）

ハ　☒　冷媒設備の製造業者の事業所で一つの架台上に組み立てられなければならない．（冷規第57条第3号）

第三種冷凍機械　保安管理技術試験解答と解説

問題番号	1	2	3	4	5	6	7	8	9	10	11	12	13	14	15
解答番号	5	1	2	1	2	2	5	3	5	3	4	2	4	2	4

問１　正解　(5)　イ，ロ，ニ

イ　◎　出題のとおり．

ロ　◎　出題のとおり．

ハ　☒　膨張弁は，過冷却となった冷媒液を絞り膨張させることで，蒸発圧力まで冷媒の圧力を下げる．このとき，冷媒は周囲との間で，熱と仕事の授受を行うことなく，冷媒液の一部が自己蒸発する際の潜熱により冷媒自身の温度が下がる．

ニ　◎　出題のとおり．同じ温度条件で両サイクルを比較すると，理論ヒートポンプサイクルの成績係数のほうが1だけ大きい．

問２　正解　(1)　イ，ロ

イ　◎　出題のとおり．

ロ　◎　出題のとおり．

ハ　☒　成績係数の値は小さくなる．

ニ　☒　この比例係数は，固体壁表面と周囲の流体間の熱の伝わりやすさを表し，これを熱伝達率という．

問３　正解　(2)　イ，ニ

イ　◎　出題のとおり．

ロ　☒　実際の圧縮機の駆動に必要な軸動力は，蒸気の圧縮に必要な圧縮動力と機械的摩擦損失動力との和となる．蒸気の圧縮に必要な圧縮動力に対する理論圧縮動力の比を断熱効率という．

ハ　☒　冷媒循環量は，ピストン押しのけ量，圧縮機の吸込み蒸気の密度および体積効率との積である．

ニ　◎　出題のとおり．

問４　正解　(1)　イ，ハ

イ　◎　出題のとおり．

ロ　☒　蒸発潜熱は，飽和蒸気の比エンタルピーと飽和液の比エンタルピーの差である．

ハ　◎　出題のとおり．

ニ　☒　一般に，アンモニア液は冷凍機油よりも軽いため，冷凍機油は受液器などの底部に溜まる傾向がある．一方，アンモニアガスは室内空気よりも軽いため，室内に漏えいしたアンモニアガスは天井付近に滞留する傾向がある．

問5　正解　(2)　イ，ニ

イ　◎　出題のとおり．

ロ　☒　多気筒の往復圧縮機には，通常，容量制御装置（アンローダ）が取り付けられており，吸込み弁を開放して作動気筒数を減らすことにより，25～100％の範囲で容量を段階的に変えることができる．

ハ　☒　強制給油式の往復圧縮機の給油圧力は，（給油圧力）=（油圧計指示圧力）−（クランクケース圧力）である．この計算をもとにして，給油圧力を判断しなければならない．

ニ　◎　出題のとおり．

問6　正解　(2)　イ，ニ

イ　◎　出題のとおり．

ロ　☒　シェルアンドチューブ式水冷凝縮器では，フルオロカーボン冷媒の管外表面における熱伝達率が，水の管内表面における熱伝達率よりもかなり小さいので，冷媒側の管外表面にフィンが付いたローフィンチューブを用いる．

ハ　☒　シェルアンドチューブ式水冷凝縮器の冷却管内面に水あかが付着すると，水あかの熱伝導率は小さいので，伝熱量を低下させ，水冷凝縮器の熱通過率が小さくなり，凝縮温度が上がって圧縮機の動力も増加する．

ニ　◎　出題のとおり．

問7　正解　(5)　ロ，ニ

イ　☒　冷蔵用の空気冷却器では，冷却される空気と冷媒との間の平均温度差は，通常5～10 K程度にする．この値が大きすぎると，蒸発温度を低くする必要があるため，圧縮機の冷凍能力と冷凍装置の成績係数が低下する．

ロ　◎　出題のとおり．霜が厚く付着すると，圧縮機の駆動軸動力が小さくなるが，冷凍能力の低下の割合のほうが大きいので，装置の成績係数も低下する．

ハ　☒　ホットガス除霜方式は，圧縮機から吐き出される高温の冷媒ガスを冷却器に送り込み，冷媒ガスの顕熱と凝縮潜熱とによって霜を融解させる除霜方法である．ホットガスによる除霜は，霜が厚くならないうちに早めに行うほうがよい．

ニ　◎　出題のとおり．

問8　正解　(3)　ロ，ニ

イ　☒　温度自動膨張弁の感温筒を，冷却コイル出口ヘッダや吸込み管の液のたまりやすい箇所に取り付けると，蒸発器出口冷媒蒸気の正しい温度を検出できない．

ロ　◎　出題のとおり．

ハ　☒　断水リレーは，水冷凝縮器や水冷却器で，断水または循環水量が減少したときに，圧縮機を停止させたり，警報を出したりして装置を保護する安全装置である．

ニ　◎　出題のとおり．

問9　正解　(5)　ハ，ニ

イ　☒　アンモニア冷凍装置では，冷媒系統内の水分はアンモニアと結合しているため，乾燥剤による吸着分離が難しい．一般に，アンモニア冷凍装置には，ドライヤは使用しない．

ロ　☒　サイトグラスは，冷媒をチャージするときの充填量不足を判断することができるが，冷媒の過充填量は判断できない．

ハ　◎　出題のとおり．

ニ　◎　出題のとおり．

問10　正解　(3)　イ，ニ

イ　◎　出題のとおり．

ロ　☒　フラッシュガスが発生すると，配管内の流れ抵抗が大きくなる．

ハ　☒　圧縮機吸込み管の二重立ち上がり管は，最小負荷時にも最大負荷時にも管内蒸気速度を適切な範囲内にし，冷凍機油が冷媒とともに圧縮機に戻るようにする．

ニ　◎　出題のとおり．

問11　正解　(4)　ロ，ハ，ニ

イ　☒　圧縮機に取り付けるべき安全弁の最小口径は，ピストン押しのけ量の平方根と冷媒の種類に応じて定められた定数との積で求められる．

ロ　◎　出題のとおり．

ハ　◎　出題のとおり．

ニ　◎　出題のとおり．

問12　正解　(2)　イ，ハ

イ　◎　出題のとおり．

ロ　☒　一般的な冷凍装置の低圧部設計圧力は，冷凍装置の停止中に，内部の冷媒が38℃まで上昇したときの冷媒の飽和圧力としている．

ハ　◎　出題のとおり．

ニ　☒　圧力容器の腐れしろは，材料の種類により異なり，ステンレス鋼では0.2 mmである．

問13　正解　(4)　イ，ロ，ニ

イ　◎　出題のとおり．

ロ　◎　出題のとおり．

ハ　☒　真空試験は，冷凍装置の微量な漏れの確認および装置内の水分の除去を目的として行われるが，漏れ箇所や水分の侵入箇所の特定はできない．

ニ　◎　出題のとおり．

問14　正解　(2)　イ，ニ

イ　◎　出題のとおり．

ロ　☒　空冷凝縮器の標準的な凝縮温度は，外気乾球温度よりも12～20 K高い温度である．

ハ　☒　冷凍機の運転を停止するときは液封事故防止のために，液配管や液ヘッダなどに冷媒液が残存しないよう，受液器液出口弁を閉じてしばらく運転してから圧縮機を停止する．

ニ　◎　出題のとおり．圧縮機の吸込み蒸気の圧力は，蒸発器や吸込み配管内の冷媒の流れの抵抗により，蒸発器入口の蒸発圧力よりもいくらか低い圧力となる．

問15　正解　(4)　ロ，ハ

イ　☒　冷媒が過充填されると，凝縮液が凝縮器の多数の冷却管を浸し，凝縮のために有効に働く伝熱面積が減少するため，凝縮圧力が高くなる．このような状態になると，圧縮機駆動用電動機の電力消費量も増加するので，過充填することは好ましくない．

ロ　◎　出題のとおり．

ハ　◎　出題のとおり．液封事故は，二段圧縮冷凍装置の過冷却された液配管や低圧受液器まわりの液配管で起こしやすい．

ニ　☒　同じ運転条件であっても，アンモニア圧縮機の吐出しガス温度は，フルオロカーボン圧縮機の場合よりも高く，通常100℃を超えることが多い．

令和5年度（令和5年11月12日施行）

第一種冷凍機械責任者試験

第一種冷凍機械　法令試験解答と解説

問題番号	1	2	3	4	5	6	7	8	9	10	11	12	13	14	15	16	17	18	19	20
解答番号	5	1	3	2	1	1	2	1	4	1	2	3	2	4	5	1	2	4	3	4

問1　正解　(5)　イ，ロ，ハ

イ　◎　出題のとおり．（法第1条）

ロ　◎　出題のとおり．（法第2条第3号）

ハ　◎　出題のとおり．（法第25条，冷規第33条）

問2　正解　(1)　イ

イ　◎　出題のとおり．（法第5条第1項第2号，第2項第2号，第56条の7第1項，第2項，政令第4条表，第15条第2号）

ロ　☒　第一種製造者の事業を譲り受けた場合には，第一種製造者の地位を承継しないので，都道府県知事等の許可を受けなければならない．（法第10条第1項）

なお，第一種製造者とは，法第5条第1項に掲げる者をいう．（法第9条）

ハ　☒　高圧ガスの製造の方法を変更しようとするときは，軽微な変更に該当しないので，都道府県知事等の許可を受けなければならない．（法第14条第1項）

問3　正解　(3)　ハ

イ　☒　容器に充塡された冷媒ガス用の高圧ガスの販売の事業を営もうとする者（定められた者を除く.）は，販売所ごとに，事業開始の日の20日前までに，その旨を都道府県知事等に届け出なければならない．（法第20条の4）

ロ　☒　1日の冷凍能力が3トン以上（冷媒ガスの種類によっては5トン以上）の冷凍設備に使われる機器の製造の事業を行うものが対象である．（法第57条，冷規第63条）

ハ　◎　出題のとおり．（法第3条第1項第8号，政令第2条第3項第3号）

問4　正解　(2)　ロ

イ　☒　高圧ガスの種類がフルオロカーボン（燃焼性の基準に適合するものを除く）及びアンモニアの場合には1日の冷凍能力が5トン以上，第一種ガスの場合には1日の冷凍能力が20トン以上の場合には届け出る必要があるが，それ未満の場合には届け出る必要はない．なお第一種ガスとは，ヘリウム，ネオン，アルゴン，クリプトン，キセノン，ラドン，窒素，二酸化炭素，フルオロカー

ボン（難燃性を有するもの）又は空気である.（法第5条第2項第2号，政令第4条表，第2条第3項第4号）

ロ　◎　出題のとおり.（法第12条第2項，冷規第14条第1号）

なお，第二種製造者とは，法第5条第2項各号に掲げる者をいう.（法第10条の2）

ハ　☒　検査記録を作成し，保存しなければならないと定められていて，届け出るべきとは定められていない.（法第35条の2）

問５　正解　(1)　ロ

イ　☒　高圧ガスの種類を問わず，警戒標を掲げるべきである.（一般規第50条第1号）

ロ　◎　出題のとおり．毒性ガスの高圧ガスの移動の時に必要である.（一般規第50条第8号）

ハ　☒　可燃性ガス，毒性ガス，特定不活性ガス又は酸素を移動するときに適用される.（一般規第49条第1項第21号，第50条第14号）

問６　正解　(1)　イ

イ　◎　出題のとおり.（容規第8条第1項第11号）

ロ　☒　塗色は白色である.（容規第10条第1項第1号，第2号ロ）

ハ　☒　製造後の経過年数により容器再検査の期間が定められている.（容規第24条第1項第1号，第2号）

問７　正解　(2)　ロ

イ　☒　冷媒ガスの種類を問わず，その措置を講じる必要がある.（一般規第18条第2号ロ，第6条第2項第8号ト）

ロ　◎　出題のとおり.（一般規第18条第2号ロ，第6条第2項第8号ハ）

ハ　☒　可燃性ガス又は毒性ガスの充てん容器等の貯蔵は，通風の良い場所ですることと定められている.（一般規第18条第2号イ）

問８　正解　(1)　イ

イ　◎　出題のとおり.（冷規第5条第4号）

ロ　☒　蒸発部又は蒸発器の冷媒ガスに接する側の表面積が自然環流式冷凍設備の1日の冷凍能力の算定に必要な数値の一つである（冷規第5条第3号）

ハ　☒　圧縮機の原動機の定格出力が，遠心式圧縮機を使用する製造設備の1日の冷凍能力の算定に必要な数値の一つである.（冷規第5条第1号）

問９　正解　(4)　イ，ロ

イ　◎　出題のとおり．なお，この事業者は第一種製造者である.（法第26条第1項，第3項）

ロ　◎　出題のとおり.（法第27条第5項）

ハ　☒　冷凍保安責任者も含め何人も，第一種製造者が指定した場所で，火気を取り扱ってはならない．（法第37条第1項）

問10　正解　(1)　イ

イ　◎　出題のとおり．（法第36条第1項，冷規第45条第2号）

ロ　☒　記載の日から10年間保存しなければならない．（法第60条第1項，冷規第65条）

ハ　☒　容器の盗難のときも届け出る必要がある．（法第63条第1項第1号，第2号）

問11　正解　(2)　ハ

イ　☒　冷媒が可燃性ガス及び毒性ガスのアンモニアであるので，軽微な変更の工事には当たらなく，届出ではなく都道府県知事等の事前の許可が必要である．（法第14条第1項，冷規第17条第1項第2号，冷規第2条第1項第1号，第2号）

ロ　☒　可燃性ガス及び毒性ガスを冷媒とする冷凍装置は完成検査を要しない変更の工事にはならない．（法第14条第1項，第20条第3項，冷規第23条）

ハ　◎　出題のとおり．（法第20条第2項）

問12　正解　(3)　イ，ハ

イ　◎　出題のとおり．（冷規第7条第1項第3号）

ロ　☒　液面計の破損を防止するための措置を講じ，かつ，受液器とその液面計とを接続する配管にその液面計の破損による漏えいを防止するための措置を講じれば，丸形ガラス管液面計以外のガラス管液面計を使用することができる．（冷規第7条第1項第10号，第11号）

ハ　◎　出題のとおり．（冷規第7条第1項第14号）

問13　正解　(2)　ロ

イ　☒　適切な消火設備を適切な箇所に設けるべき施設に該当する．（冷規第7条第1項第12号）

ロ　◎　出題のとおり．内容積が6,000リットルなので，1万リットル以上のものという定めには当たらない．（冷規第7条第1項第13号）

ハ　☒　受液器は所定の耐震に関する性能を有すべきものに該当するが，凝縮器は横置円筒形なので該当しない．（冷規第7条第1項第5号）

問14　正解　(4)　イ，ロ

イ　◎　出題のとおり．（法第35条の2，法第33条第1項，第2項，冷規第44条第4項）

ロ　◎　出題のとおり．（法第27条の2第5項，法第33条第1項，第3項）

ハ　☒　1日の冷凍能力が20トン以上の製造施設を使用して行う高圧ガスの製造

に関する１年以上の経験ではなく，100トン以上の経験である．（法第27条の４第１項，冷規第36条第１項表一）

問15　正解　(5)　イ，ロ，ハ

イ　◎　出題のとおり．（法第14条第１項，第２項，冷規第17条第１項第２号）

ロ　◎　出題のとおり．（法第14条第１項，第２項，冷規第17条第１項第３号）

ハ　◎　出題のとおり．（法第14条第１項，第20条第３項，冷規第23条）

問16　正解　(1)　イ

イ　◎　出題のとおり．（法第35条第１項，冷規第40条第１項第２号）

ロ　☒　高圧ガスの製造の方法は保安検査の対象外である．（法第35条第２項，法第８条第１号）

ハ　☒　保安検査は都道府県知事等が行うもので，冷凍保安責任者の職務ではない．（法第35条第１項）

問17　正解　(2)　ハ

イ　☒　認定指定設備も定期自主検査の対象である．（法第35条の２）

ロ　☒　高圧ガスの製造の方法は定期自主検査の対象外である．（法第35条の２，法第８条第１号，冷規第44条第３項）

ハ　◎　出題のとおり．（法第35条の２，冷規第44条第５項第４号）

問18　正解　(4)　ロ，ハ

イ　☒　この事業所に適用される（冷規第７条第１項第１号）

ロ　◎　出題のとおり．（冷規第７条第１項第６号）

ハ　◎　出題のとおり．（冷規第７条第１項第17号）

問19　正解　(3)　ハ

イ　☒　当該製造設備の属する製造施設が，点検対象である．（法第８条第２号，冷規第９条第２号）

ロ　☒　その開放する部分に他の部分からガスが漏えいすることを防止するための措置を講ずることと定められている．（法第８条第２号，冷規第９条第３号ハ）

ハ　◎　出題のとおり．（法第８条第２号，冷規第９条第３号イ）

問20　正解　(4)　イ，ハ

イ　◎　出題のとおり．（冷規第57条第５号）

ロ　☒　手動式のものは使用しないことと定められている．（冷規第57条第12号）

ハ　◎　出題のとおり．（冷規第62条第１項第１号）

第一種冷凍機械　保安管理技術試験解答と解説

問題番号	1	2	3	4	5	6	7	8	9	10	11	12	13	14	15
解答番号	2	4	1	4	3	2	5	1	5	3	1	4	3	5	2

問１　正解　(2)　ロ，ハ

イ　☒　多気筒往復圧縮機の容量制御装置は，圧縮機始動時の負荷軽減にも寄与する．

ロ　◎　出題のとおり．

ハ　◎　出題のとおり．

ニ　☒　吐出し弁を必要とするのは往復圧縮機，ロータリー圧縮機である．なお，スクリュー圧縮機，スクロール圧縮機には，停止時の逆回転防止のため，吐出し側に逆止弁が必要である．

問２　正解　(4)　ハ，ニ

イ　☒　低圧圧力スイッチの電気接点は，蒸発圧力が低下すると，「開」となり圧縮機電源回路を遮断して圧縮機を停止させ，蒸発圧力が上昇すると，「閉」となり圧縮機を再始動させる．

ロ　☒　前者の容量制御の方法では，圧縮機の吸込み蒸気の過熱度は大きくならず，長時間の運転ができるが，後者の方法では，圧縮機の吸込み蒸気の過熱度が大きくなるので，長時間にわたる運転はできない．

ハ　◎　出題のとおり．

ニ　◎　出題のとおり．

問３　正解　(1)　イ，ロ

イ　◎　出題のとおり．

ロ　◎　出題のとおり．

ハ　☒　強制給油式では，油圧が低いときには，圧縮機の軸受の焼き付き防止のために，油圧保護圧力スイッチが作動して，圧縮機を停止する．

ニ　☒　圧縮機の吸込み蒸気圧力が正常な状態から異常に低下すると，圧縮機での圧力比は増大し，圧縮機の吐出しガス温度が上昇して，圧縮機は過熱運転となる．

問４　正解　(4)　イ，ロ，ニ

イ　◎　出題のとおり．

ロ　◎　出題のとおり．

ハ　☒　冷媒液中に浸される冷却管の本数が増加すると，凝縮に有効に使われる冷却管の伝熱面積が減少し，凝縮温度は上昇する．

ニ ◎ 出題のとおり．

問５　正解 (3) イ，ハ，ニ

イ ◎ 出題のとおり．

ロ ☒ 空気冷却器の蒸発器内部に冷凍機油が滞留して，熱通過率が低下し，空気と冷媒との温度差が大きくなると，低圧圧力は低くなる．

ハ ◎ 出題のとおり．

ニ ◎ 出題のとおり．

問６　正解 (2) ロ，ハ

イ ☒ 空気冷却器の伝熱量が増して熱流束（熱流密度）が大きくなると，冷媒側熱伝達率は大きくなるが，冷媒側に比べ空気側の熱伝達抵抗は著しく大きいので，空気側伝熱面積基準の熱通過率の値はあまり大きくならない．

ロ ◎ 出題のとおり．

ハ ◎ 出題のとおり．

ニ ☒ 冷却管に水あかが付着して，汚れ係数が大きくなると，冷媒と冷却水との算術平均温度差，冷却管壁と冷却水の温度差とも大きくなる．

問７　正解 (5) ハ，ニ

イ ☒ 感温筒は，周囲の温度や湿度の影響を受けないように防湿性のある防熱材で包むようにし，垂直吸込み管に取り付けるときは，感温筒のキャピラリチューブが上側になるようにすると，管内冷媒温度をより適切に検知できる．

ロ ☒ 定圧自動膨張弁は，温度自動膨張弁のように過熱度制御ができないので，熱負荷の変動の大きな装置では使えない．

ハ ◎ 出題のとおり．

ニ ◎ 出題のとおり．

問８　正解 (1) イ，ハ

イ ◎ 出題のとおり．

ロ ☒ 直動式の圧力式冷却水調整弁は，凝縮圧力が高くなると弁開度が大きくなる．

ハ ◎ 出題のとおり．

ニ ☒ 蒸発圧力調整弁を温度自動膨張弁と組み合わせて使用する場合には，この蒸発圧力調整弁は，膨張弁の感温筒よりも下流側に取り付けなくてはならない．

問９　正解 (5) ロ，ハ，ニ

イ ☒ 油圧保護圧力スイッチは，圧縮機の軸受などが油の潤滑不良により焼き付き事故を起こすことを防止するための保護装置である．この圧縮機を保護する目的で用いる油圧保護圧力スイッチは，手動復帰式である．

ロ　◎　出題のとおり.

ハ　◎　出題のとおり.

ニ　◎　出題のとおり.

問10　正解　(3)　ロ，ハ

イ　☒　遠心分離形の油分離器は，立形円筒内に旋回板を設け，吐出しガスを旋回運動させ，油滴を遠心力で分離する方式である.

ロ　◎　出題のとおり.

ハ　◎　出題のとおり.

ニ　☒　通常，アンモニア冷凍装置には，フィルタドライヤを使用しない．アンモニア冷凍装置の場合，冷媒系統内の水分がアンモニアと結合しているため，乾燥剤による吸着が難しいからである.

問11　正解　(1)　イ，ロ

イ　◎　出題のとおり.

ロ　◎　出題のとおり.

ハ　☒　小形のフルオロカーボン冷凍装置に用いられるU字管を内蔵した液分離器では，液滴を含んだ冷媒蒸気は入口管から容器に入り，蒸気の流れの方向変化と流速の低下により，密度差によって冷凍機油を含む冷媒液と冷媒蒸気に分離される．分離された冷媒液は，U字管底部にあけられた小さな孔から霧吹きの原理で少量ずつ圧縮機に吸い込んで液圧縮を防止する必要がある．このため，U字管曲がり部と立ち上がり部の管径は，分離された冷凍機油を同伴できるだけの流速を確保するように決定される.

ニ　☒　直接膨張式中間冷却器は，受液器からの高圧冷媒液を冷却して蒸発器に送るための中間冷却器である．そのため，二段圧縮一段膨張式のフルオロカーボン冷凍装置に用いられる.

問12　正解　(4)　イ，ハ，ニ

イ　◎　出題のとおり.

ロ　☒　フルオロカーボン冷凍装置の吐出しガス配管の管径は，冷凍機油が確実に冷媒ガスに同伴できる流速を確保することが必要である．そのため，立ち上がり管では，冷媒蒸気速度を6 m/s以上とする.

ハ　◎　出題のとおり.

ニ　◎　出題のとおり.

問13　正解　(3)　ロ，ハ

イ　☒　高圧遮断装置には一般に高圧圧力スイッチが使用され，安全弁の作動圧力よりも低い圧力で作動するように設定し，安全弁が作動する前に圧縮機を停止する.

ロ　◎　出題のとおり．

ハ　◎　出題のとおり．

ニ　☒　破裂板の破裂圧力は耐圧試験圧力の0.8～1.0倍くらいの範囲の圧力とする．

問14　正解　(5)　イ，ロ，ハ

イ　◎　出題のとおり．

ロ　◎　出題のとおり．

ハ　◎　出題のとおり．構成機器の組立品の気密試験は，耐圧試験を実施した圧縮機，ブースタ，圧力容器，冷媒液ポンプなどの冷媒設備の配管の部分を除く構成機器の個々のもの（組立品）について行う．

ニ　☒　真空試験（真空放置試験）は，冷媒設備の気密の最終確認をする試験である．冷媒設備に取り付けられている一般の連成計では明確な真空の圧力が読み取れないので，必ず真空計を用いて測定しなければならない．

問15　正解　(2)　イ，ニ

イ　◎　出題のとおり．

ロ　☒　基礎の質量は，その上に据え付ける機器の質量よりも大きくする．

ハ　☒　アンモニア冷凍設備には，漏えい検知警報設備を設置しなければならない．

ニ　◎　出題のとおり．

第一種冷凍機械

学識試験解答と解説

問１

(1) 実際の低段圧縮機の吐出しガスの比エンタルピーをh'_2(kJ/kg)とすると

$$h'_2 = h_1 + \frac{h_2 - h_1}{\eta_c \eta_m} = 1\,490 + \frac{1\,600 - 1\,490}{0.85 \times 0.70} = 1\,675\ \text{kJ/kg}$$

中間冷却器の必要冷却能力Φ_m(kW)は，以下の式で求められる．

$$\Phi_m = q_{mro}\{(h_5 - h_7) + (h'_2 - h_3)\}$$
$$= 0.125 \times \{(400 - 280) + (1\,675 - 1\,560)\} = 29.4\ \text{kW}$$

（小数点以下第1位まで）

(2) 中間冷却器用膨張弁直後の比エンタルピーをh_6とすると，$h_6 = h_5$より，中間冷却器へのバイパス冷媒循環量q'_{mro}(kg/s)は，以下の式で求められる．

$$q'_{mro} = \frac{q_{mro}\{(h_5 - h_7) + (h'_2 - h_3)\}}{h_3 - h_6} = \frac{\Phi_m}{h_3 - h_6} = \frac{29.4}{1\,560 - 400} = 0.025\ \text{kg/s}$$

したがって，凝縮器の冷媒循環量q_{mrk}(kg/s)は

$$q_{mrk} = q_{mro} + q'_{mro} = 0.125 + 0.025 = 0.150\ \text{kg/s}$$

（小数点以下第3位まで）

(3) 冷凍能力をΦ_o(kW)，実際の圧縮機駆動の総軸動力をP(kW)とすると，実際の冷凍装置の成績係数$(COP)_R$は，以下の式で求められる．

$$(COP)_R = \frac{\Phi_o}{P} = \frac{\Phi_o}{P_L + P_H}$$

ここで，P_L(kW)，P_H(kW)は，それぞれ低段圧縮機駆動の軸動力，高段圧縮機駆動の軸動力である．

P_L(kW)は

$$P_L = \frac{q_{mro}(h_2 - h_1)}{\eta_c \eta_m} = \frac{0.125 \times (1\,600 - 1\,490)}{0.70 \times 0.85} = 23.1\ \text{kW}$$

P_H(kW)は

$$P_H = \frac{q_{mrk}(h_4 - h_3)}{\eta_c \eta_m} = \frac{0.150 \times (1\,720 - 1\,560)}{0.70 \times 0.85} = 40.3\ \text{kW}$$

冷凍能力Φ_oは

$$\Phi_o = q_{mro}(h_1 - h_7) = 0.125 \times (1\,490 - 280) = 151\ \text{kW}$$

したがって，実際の冷凍装置の成績係数$(COP)_R$は

$$(COP)_R = \frac{151}{23.1 + 40.3} = 2.38$$

問２

(1)

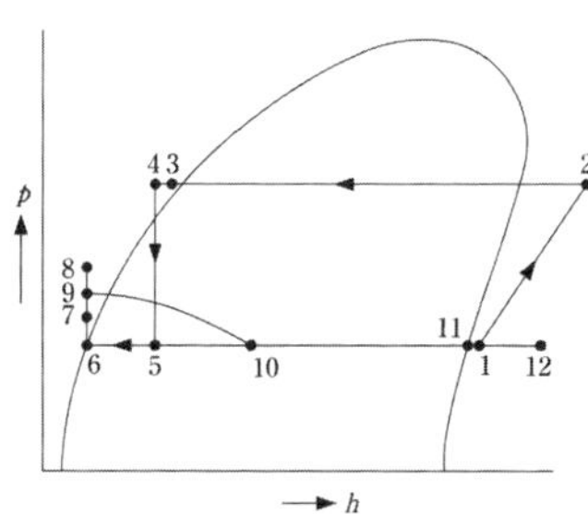

(2)　油と冷媒を分離するための熱交換器まわりの熱収支式は

$$q'_{\mathrm{mr}}(h_{12}-h_6)=q_{\mathrm{mr}}(h_3-h_4)$$

これより

$$h_{12}=\frac{q_{\mathrm{mr}}}{q'_{\mathrm{mr}}}(h_3-h_4)+h_6=\frac{1.0}{0.1}\times(240-220)+160=360\ \mathrm{kJ/kg}$$

圧縮機吸込み蒸気は，低圧受液器からの飽和蒸気の戻りと，低圧受液器の油の多い冷媒液が熱交換器を通過した後の冷媒蒸気の混合蒸気であるので，次式が成り立つ．

$$q_{\mathrm{mr}}h_1=(q_{\mathrm{mr}}-q'_{\mathrm{mr}})h_{11}+q'_{\mathrm{mr}}h_{12}$$

これより

$$h_1=\frac{(q_{\mathrm{mr}}-q'_{\mathrm{mr}})h_{11}+q'_{\mathrm{mr}}h_{12}}{q_{\mathrm{mr}}}=\frac{(1.0-0.1)\times 350+0.1\times 360}{1.0}=351\ \mathrm{kJ/kg}$$

冷凍能力Φ_{o}(kW)は，受液器を出た冷媒液が蒸発器を経て吸込み蒸気となるまでのエンタルピー増加分h_1-h_3と冷媒循環量q_{mr}とから次式で求められる．

$$\Phi_{\mathrm{o}}=q_{\mathrm{mr}}(h_1-h_3)=1.0\times(351-240)=111\ \mathrm{kW}$$

一方，圧縮機の理論断熱圧縮仕事P_{th}(kW)は次式で求められる．

$$P_{\mathrm{th}}=q_{\mathrm{mr}}(h_2-h_1)=1.0\times(420-351)=69\ \mathrm{kW}$$

よって，理論成績係数$(COP)_{\mathrm{th.R}}$は

$$(COP)_{\mathrm{th.R}}=\frac{\Phi_{\mathrm{o}}}{P_{\mathrm{th}}}=\frac{111}{69}=1.6$$

（Φ_{o}の別解）

低圧受液器の熱収支式

$$q_{\mathrm{mr}}h_5+(q_{\mathrm{mr}}-q'_{\mathrm{mr}})h_{10}=q_{\mathrm{mr}}h_6+(q_{\mathrm{mr}}-q'_{\mathrm{mr}})h_{11}$$ より

$$h_{10}=\frac{q_{\mathrm{mr}}(h_6-h_5)+(q_{\mathrm{mr}}-q'_{\mathrm{mr}})h_{11}}{q_{\mathrm{mr}}-q'_{\mathrm{mr}}}=\frac{1.0\times(160-220)+(1.0-0.1)\times 350}{1.0-0.1}$$

$$=283\ \mathrm{kJ/kg}$$

$\Phi_o = (q_{mr} - q'_{mr})(h_{10} - h_9) = (1.0 - 0.1) \times (283 - 160) = 111\ \mathrm{kW}$

(3)　・低圧受液器から冷凍機油を分離する．

・膨張弁入口の高圧冷媒液の過冷却度を大きくする．

問３

(1)　凝縮負荷Φ_k(kW)は，次式により求められる．

$$\Phi_k = c_w q_{mw}(t_{w2} - t_{w1}) = 4.0 \times 1 \times (35 - 30) = 20.0\ \mathrm{kW}$$

ただし，$q_{mw} = 60\ \mathrm{kg/min} = 1\ \mathrm{kg/s}$.

(2)　冷却管の外表面積基準熱通過率K[kW/(m^2·K)］の値は，冷却水側伝熱面の汚れを考慮して，冷却管材の熱伝導抵抗は無視できるものとすると，次式により計算される．

$$K = \frac{1}{\dfrac{1}{\alpha_r} + m\left(\dfrac{1}{\alpha_w} + f\right)} = \frac{1}{\dfrac{1}{2.50} + 4.0 \times \left(\dfrac{1}{10.0} + 0.1\right)}$$

$$= \frac{1}{0.4 + 4.0 \times (0.1 + 0.1)} = \frac{1}{1.2} = 0.83\ \mathrm{kW/(m^2 \cdot K)}$$

(3)　凝縮温度と冷却水との間の算術平均温度差を用いた凝縮負荷の計算式を整理して，以下の式より伝熱面積A(m^2)が求められる．

$$A = \frac{\Phi_k}{K \Delta t_m} = \frac{20.0}{0.83 \times 6} = 4.0\ \mathrm{m^2}$$

問４

(1)　・R 32　：CH_2F_2

・R 123　：$CHCl_2CF_3$　または　$C_2HCl_2F_3$

・R 134a　：CH_2FCF_3　または　$C_2H_2F_4$

・R 1234yf：$CF_3CF{=}CH_2$　または　$C_3H_2F_4$

(2)

項　目	冷媒の種類	冷媒の特性値の大，中，小または高，中，低の傾向
分子量（モル質量）	R 134a，R 290，R 410A	R 134a＞R 410A＞R 290
地球温暖化係数(GWP)	R 32，R 404A，R 407C	R 404A＞R 407C＞R 32
臨界温度	R 1234yf，R 410A，R 718	R 718＞R 1234yf＞R 410A

(3)

冷媒記号	R 290	R 717	R 718	R 744
物質名	プロパン	アンモニア	水	二酸化炭素

・標準沸点が最も高いもの：R 718

・臨界温度が最も低いもの：R 744

・分子量が最も小さいもの：R 717

(4)　PAG油：ポリアルキレングリコール油
　　POE油：ポリオールエステル油
　　PVE油：ポリビニルエーテル油

問５

(1)　円筒胴の内径をD_i，鋼板の許容引張応力をσ_aとすると，限界圧力P_a(MPa)は次式から求められる．

$$P_a = \frac{2\sigma_a \eta (t_a - \alpha)}{D_i + 1.2(t_a - \alpha)}$$

ここで，使用鋼板はSM 400 Bであるので，$\sigma_a = 100\ \mathrm{N/mm^2}$である．また，$D_i = D_o - 2t_a = 620 - 2 \times 14 = 592\ \mathrm{mm}$である．

それぞれの数値を代入すると

$$P_a = \frac{2 \times 100 \times 0.7 \times (14 - 1)}{592 + 1.2 \times (14 - 1)} = 2.995 = 2.99\ \mathrm{MPa}$$

（小数点以下３桁以降を切り下げ）

設計圧力は限界圧力を超えてはならない．限界圧力P_aが2.99 MPaであるので，表より設計圧力2.96 MPaまで使用可能である．このときの凝縮温度は50℃である．

(2)　基準凝縮温度50℃の設計圧力Pは2.96 MPaである．半球形鏡板の必要厚さt_a(mm)は次式から求められる．

$$t_a = \frac{PRW}{2\sigma_a \eta - 0.2P} + \alpha$$

半球形鏡板に関する形態係数Wは1であり，鏡板に溶接継手がないから溶接継手の効率ηは1である．鏡板の内面の半径Rは

$$R = \frac{D_o - 2t_{a2}}{2} = \frac{620 - 2 \times 8}{2} = 302\ \mathrm{mm}$$

である．

それぞれの数値を代入すると

$$t_a = \frac{2.96 \times 302 \times 1}{2 \times 100 \times 1 - 0.2 \times 2.96} + 1 = 5.48 = 5.5\ \mathrm{mm}$$

（小数点以下２桁以降を切り上げ）

以上のことから，鏡板に使用する鋼板の厚さが8 mmであれば，必要厚さ5.5 mmよりも厚いので，これを用いることができる．

令和5年度（令和5年11月12日施行）
第二種冷凍機械責任者試験

第二種冷凍機械　　法令試験解答と解説

問題番号	1	2	3	4	5	6	7	8	9	10	11	12	13	14	15	16	17	18	19	20
解答番号	5	1	3	2	1	1	2	1	4	1	2	3	2	4	5	3	1	5	3	4

問1　正解　(5)　イ，ロ，ハ

イ　◎　出題のとおり．（法第1条）

ロ　◎　出題のとおり．（法第2条第3号）

ハ　◎　出題のとおり．（法第25条，冷規第33条）

問2　正解　(1)　イ

イ　◎　出題のとおり．（法第5条第1項第2号，第2項第2号，第56条の7第1項，第2項，政令第4条表，第15条第2号）

ロ　☒　第一種製造者の事業を譲り受けた場合には，第一種製造者の地位を承継しないので，都道府県知事等の許可を受けなければならない．（法第10条第1項）

なお，第一種製造者とは，法第5条第1項に掲げる者をいう．（法第9条）

ハ　☒　高圧ガスの製造の方法を変更しようとするときは，軽微な変更に該当しないので，都道府県知事等の許可を受けなければならない．（法第14条第1項）

問3　正解　(3)　ハ

イ　☒　容器に充塡された冷媒ガス用の高圧ガスの販売の事業を営もうとする者（定められた者を除く．）は，販売所ごとに，事業開始の日の20日前までに，その旨を都道府県知事等に届け出なければならない．（法第20条の4）

ロ　☒　1日の冷凍能力が3トン以上（冷媒ガスの種類によっては5トン以上）の冷凍設備に使われる機器の製造の事業を行うものが対象である．（法第57条，冷規第63条）

ハ　◎　出題のとおり．（法第3条第1項第8号，政令第2条第3項第3号）

問4　正解　(2)　ロ

イ　☒　高圧ガスの種類がフルオロカーボン（燃焼性の基準に適合するものを除く）及びアンモニアの場合には1日の冷凍能力が5トン以上，第一種ガスの場合には1日の冷凍能力が20トン以上の場合には届け出る必要があるが，それ未満の場合には届け出る必要はない．なお第一種ガスとは，ヘリウム，ネオン，アルゴン，クリプトン，キセノン，ラドン，窒素，二酸化炭素，フルオロカー

ボン（難燃性を有するもの）又は空気である．（法第5条第2項第2号，政令第4条表，第2条第3項第4号）

ロ　◎　出題のとおり．（法第12条第2項，冷規第14条第1号）

なお，第二種製造者とは，法第5条第2項各号に掲げる者をいう．（法第10条の2）

ハ　☒　検査記録を作成し，保存しなければならないと定められていて，届け出るべきとは定められていない．（法第35条の2）

問５　正解　(1)　ロ

イ　☒　高圧ガスの種類を問わず，警戒標を掲げるべきである．（一般規第50条第1号）

ロ　◎　出題のとおり．毒性ガスの高圧ガスの移動の時に必要である．（一般規第50条第8号）

ハ　☒　可燃性ガス，毒性ガス，特定不活性ガス又は酸素を移動するときに適用される．（一般規第49条第1項第21号，第50条第14号）

問６　正解　(1)　イ

イ　◎　出題のとおり．（容規第8条第1項第11号）

ロ　☒　塗色は白色である．（容規第10条第1項第1号，第2号ロ）

ハ　☒　製造後の経過年数により容器再検査の期間が定められている．（容規第24条第1項第1号，第2号）

問７　正解　(2)　ロ

イ　☒　冷媒ガスの種類を問わず，その措置を講じる必要がある．（一般規第18条第2号ロ，第6条第2項第8号ト）

ロ　◎　出題のとおり．（一般規第18条第2号ロ，第6条第2項第8号ハ）

ハ　☒　可燃性ガス又は毒性ガスの充てん容器等の貯蔵は，通風の良い場所ですることと定められている．（一般規第18条第2号イ）

問８　正解　(1)　イ

イ　◎　出題のとおり．（冷規第5条第4号）

ロ　☒　蒸発部又は蒸発器の冷媒ガスに接する側の表面積が自然環流式冷凍設備の1日の冷凍能力の算定に必要な数値の一つである（冷規第5条第3号）

ハ　☒　圧縮機の原動機の定格出力が，遠心式圧縮機を使用する製造設備の1日の冷凍能力の算定に必要な数値の一つである．（冷規第5条第1号）

問９　正解　(4)　イ，ロ

イ　◎　出題のとおり．なお，この事業者は第一種製造者である．（法第26条第1項，第3項）

ロ　◎　出題のとおり．（法第27条第5項）

ハ ☒ 冷凍保安責任者も含め何人も，第一種製造者が指定した場所で，火気を取り扱ってはならない．（法第37条第1項）

問10 正解 (1) イ

イ ◎ 出題のとおり．（法第36条第1項，冷規第45条第2号）

ロ ☒ 記載の日から10年間保存しなければならない．（法第60条第1項，冷規第65条）

ハ ☒ 容器の盗難のときも届け出る必要がある．（法第63条第1項第1号，第2号）

問11 正解 (2) ハ

イ ☒ 1日の冷凍能力が20トン以上の製造施設を使用して行う高圧ガスの製造に関する1年以上の経験を有する者でなければならない．（冷規第36条第1項表二）

ロ ☒ 代理者はあらかじめ選任しておかなければならない（法第33条第1項）

ハ ◎ 出題のとおり．（法第33条第3項，第27条の2第5項，第27条の4第2項）

問12 正解 (3) イ，ロ

イ ◎ 出題のとおり．（法第14条第1項，第2項，冷規第17条第1項第3号）

ロ ◎ 出題のとおり．可燃性ガス及び毒性ガスを冷媒とする冷媒設備の取替え工事は軽微な変更の工事から除外されている．アンモニアは可燃性ガス及び毒性ガスである．（法第14条第1項，冷規第17条第1項第2号，冷規第2条第1項第1号，第2号）

ハ ☒ 可燃性ガス及び毒性ガスを冷媒とする冷凍装置は完成検査を要しない変更の工事にはならない．（法第14条第1項，第20条第3項，冷規第23条）

問13 正解 (2) ロ

イ ☒ このほかに受液器又はこれらの間の配管を設置する室も含まれる．（冷規第7条第1項第3号）

ロ ◎ 出題のとおり．（冷規第7条第1項第9号）

ハ ☒ いずれか一方ではなく両方の措置を講じることと定められている．（冷規第7条第1項第10号，第11号）

問14 正解 (4) イ，ハ

イ ◎ 出題のとおり．（冷規第7条第1項第12号）

ロ ☒ 可燃性ガスが対象であるが，アンモニアは除かれている．（冷規第7条第1項第14号）

ハ ◎ 出題のとおり．（冷規第7条第1項第5号）

問15 正解 (5) イ，ロ，ハ

イ ◎ 出題のとおり．（冷規第17条第1項第2号）

ロ　◎　出題のとおり．（冷規第17条第１項第５号）

ハ　◎　出題のとおり．（法第20条第３項，冷規第23条）

問16　正解　(3)　イ，ロ

イ　◎　出題のとおり．（冷規第７条第１項第１号）

ロ　◎　出題のとおり．（冷規第７条第１項第６号）

ハ　☒　認定指定設備は警戒標を掲げることと定められている．（冷規第７条第１項第２号，第２項）

問17　正解　(1)　イ

イ　◎　出題のとおり．（冷規第７条第１項第７号）

ロ　☒　冷媒ガスの圧力が許容圧力を超えた場合に直ちに許容圧力以下に戻すことができる安全装置を設ける必要がある．（冷規第７条第１項第８号，第２項）

ハ　☒　作業員がその操作ボタン等を適切に操作することができるような措置を講ずることと定められている．（冷規第７条第１項第17号，第２項）

問18　正解　(5)　イ，ロ，ハ

イ　◎　出題のとおり．（法第８条第２号，冷規第９条第１号）

ロ　◎　出題のとおり．（法第８条第２号，冷規第９条第２号）

ハ　◎　出題のとおり．（法第８条第２号，冷規第９条第３号ハ）

問19　正解　(3)　イ，ハ

イ　◎　出題のとおり．（法第35条，冷規第40条第１項第２号）

ロ　☒　１年に１回以上行うことと定められている．（法第35条の２，冷規第44条第３項）

ハ　◎　出題のとおり．（法第35条の２，冷規第44条第５項第４号）

問20　正解　(4)　イ，ハ

イ　◎　出題のとおり．（冷規第57条第５号）

ロ　☒　手動式のものは使用しないことと定められている．（冷規第57条第12号）

ハ　◎　出題のとおり．（冷規第62条第１項第１号）

第二種冷凍機械　保安管理技術試験解答と解説

問題番号	1	2	3	4	5	6	7	8	9	10
解答番号	4	3	2	1	5	5	4	5	3	1

問１　正解　(4)　ロ，ニ

イ　☒　圧縮機がアンロード運転からフルロード運転に切り替わったときに，圧縮機容量が急増して吸込み蒸気圧力が急激に低下する．このことが原因で，液戻りが起きて液圧縮になることがある．

ロ　◎　出題のとおり．

ハ　☒　往復圧縮機の吐出し弁に漏れがあると，圧縮機内の冷媒蒸気は通常の吸込み蒸気よりも比エンタルピーが大きくなり，過熱度の大きな冷媒蒸気を圧縮することになるので，吐出しガス温度が高くなる．

ニ　◎　出題のとおり．

問２　正解　(3)　ロ，ハ

イ　☒　受液器兼用のシェルアンドチューブ凝縮器を備える冷凍装置に冷媒を過充填すると，余分な冷媒液が凝縮器内に蓄えられて，液に浸される冷却管の本数が増加する．このため，凝縮に有効に使われる冷却管の伝熱面積が減少し，凝縮温度が上昇する．ただし，凝縮器から出る液の過冷却度は大きくなる．

ロ　◎　出題のとおり．

ハ　◎　出題のとおり．

ニ　☒　温度による比体積の増加割合は，R 410A のほうがアンモニアよりも大きい．例えば，液温が－30℃から0℃まで30 K 温度上昇すると，アンモニアの比体積は6.1％増加するが，R 410A の比体積は9.3％増加する．

問３　正解　(2)　イ，ニ

イ　◎　出題のとおり．

ロ　☒　感温筒は，蒸発器出口の過熱された冷媒蒸気配管の管壁に密着させ，バンドで確実に締め付ける．

ハ　☒　冷凍装置の使用目的によって，蒸発温度と冷却される流体との温度差が設定される．一般に，空調用空気冷却器よりも冷蔵用のほうが，その設定温度差は小さい．

ニ　◎　出題のとおり．

問４　正解　(1)　イ，ロ

イ　◎　出題のとおり．

ロ　◎　出題のとおり．

ハ　☒　冷凍装置の運転停止中に，圧縮機中の冷凍機油の温度が低い状態となり，冷凍機油中に大量の冷媒が溶解するのを防ぐために，往復圧縮機ではクランクケース内にヒータなどを設置してクランクケース内の冷凍機油の温度を上げる．R 410A の場合，その温度は 20 ～ 40℃に保つとよい．

ニ　☒　サイホン管が付いていない容器から冷凍装置へ非共沸混合冷媒を充填する際は，必ず容器を倒立させて，冷媒液の状態で充填する．

問５　正解　(5)　ロ，ハ，ニ

イ　☒　低圧圧力スイッチは，一般に，蒸発圧力が異常に低下したとき，その圧力を検出して圧縮機電源回路を遮断し，圧縮機を停止させることに用いる．

ロ　◎　出題のとおり．

ハ　◎　出題のとおり．

ニ　◎　出題のとおり．

問６　正解　(5)　イ，ハ，ニ

イ　◎　出題のとおり．

ロ　☒　高圧受液器は，凝縮器で凝縮した冷媒液を蓄える容器である．低圧受液器は，冷媒液強制循環式冷凍装置の蒸発器冷却管に冷媒液を送り込むための液溜めである．

ハ　◎　出題のとおり．

ニ　◎　出題のとおり．

問７　正解　(4)　ハ，ニ

イ　☒　BAg（銀ろう）系ろう材は，ろう付け温度が 625 ～ 700℃である．一方，BCuZn（黄銅ろう）系ろう材のろう付け温度は 850 ～ 890℃であり，BAg 系よりも高い．

ロ　☒　凝縮器から受液器への液流下（液落とし）管は，その管における冷媒液の流速を 0.5 m/s 以下として液流下（液落とし）管自身に均圧管の役割りを持たせるか，あるいは別に外部均圧管を設ける．

ハ　◎　出題のとおり．

ニ　◎　出題のとおり．

問８　正解　(5)　イ，ロ，ハ，ニ

イ　◎　出題のとおり．

ロ　◎　出題のとおり．

ハ　◎　出題のとおり．

ニ　◎　出題のとおり．

問９　正解　(3)　ニ

イ　☒　表曲げ試験は，母材の厚さが 19 mm 未満の突合せ溶接に限る．

ロ ☒ 耐圧試験の圧力は，液体で行う場合には設計圧力または許容圧力のいずれか低いほうの圧力の1.5倍以上の圧力とする.

ハ ☒ 一般の連成計では，明確な真空の圧力が読み取れないので，真空度の測定は必ず真空計を用いなければならない.

ニ ◎ 出題のとおり.

問10 正解 (1) イ，ハ

イ ◎ 出題のとおり.

ロ ☒ 機械と基礎の共振を避けるため，基礎の固有振動数は，機械が発生する振動の振動数よりも20％以上の差を付けるようにする.

ハ ◎ 出題のとおり.

ニ ☒ 冷媒量が不足すると，圧縮機の吐出しガス圧力が低下し，吐出しガス温度が上昇するので，冷凍機油が劣化するおそれがある.

第二種冷凍機械　学識試験解答と解説

問題番号	1	2	3	4	5	6	7	8	9	10
解答番号	1	5	5	2	3	2	3	1	4	4

問1　正解　(1)　121 kW

冷媒循環量をq_{mr}(kg/s)，実際の軸動力をP(kW)とすると，実際の冷凍能力Φ_o(kW)は次式のように求められる．

$$q_{mr}=\frac{P\eta_c\eta_m}{h_2-h_1}=\frac{80\times0.80\times0.90}{484-414}=0.82\ \mathrm{kg/s}$$

$$\Phi_o=q_{mr}(h_1-h_4)=0.82\times(414-266)=121\ \mathrm{kW}$$

問2　正解　(5)　$V=595\ \mathrm{m^3/h}$，$P=74\ \mathrm{kW}$

まず，運転条件に与えられているΦ_o，h_1，h_4の各値より，冷媒循環量q_{mr}(kg/s)を次式のように求める．

$$q_{mr}=\frac{\Phi_o}{h_1-h_4}=\frac{220}{1\,435-325}=\frac{22}{111}\ \mathrm{kg/s}$$

圧縮機のピストン押しのけ量V(m^3/h)は，次式のように求められる．

$$V=q_{mr}\frac{v_1}{\eta_v}=\frac{22}{111}\times\frac{3\,600\times0.60}{0.72}=595\ \mathrm{m^3/h}$$

圧縮機の駆動軸動力P(kW)は，次式のように求められる．

$$P=\frac{q_{mr}(h_2-h_1)}{\eta_c\eta_m}=\frac{\frac{22}{111}\times(1\,705-1\,435)}{0.80\times0.90}=74\ \mathrm{kW}$$

問3　正解　(5)　イ，ハ，ニ

イ　◎　出題のとおり．

ロ　☒　コンパウンド多気筒圧縮機を二段圧縮冷凍装置に用いる場合，その気筒の分け方は，高低段の押しのけ量比が，高段の押しのけ量を分母として2または3となるようにする．

ハ　◎　出題のとおり．

ニ　◎　出題のとおり．

問4　正解　(2)　イ，ハ

イ　◎　出題のとおり．熱量の単位はkJであり，伝熱量の単位はkJ/sまたはkW，熱流束の単位はkW/m^{2}である．

ロ　☒　対流熱伝達における伝熱量が「伝熱面積」と「温度差」に比例するとい

う関係は，ニュートンの冷却則として知られている．

ハ ◎ 出題のとおり．

ニ ☒ 汚れ係数は，伝熱面に付着した水あかなどの汚れの層の厚さを汚れの層の熱伝導率で除したものである．

問５　正解　(3)　ロ，ニ

イ ☒ 空冷凝縮器は，冷却管内に導かれた冷媒過熱蒸気を外面から空気で冷却して凝縮させる．空気側の熱伝達率が冷媒側に比べて小さいので，これを補うために，空気側にフィンを付けて伝熱面積を拡大し，伝熱を促進させている．

ロ ◎ 出題のとおり．

ハ ☒ 水冷凝縮器では，冷却水の顕熱を利用して冷媒蒸気を凝縮する．水冷凝縮器を冷却塔と組み合わせて使用する場合，水冷凝縮器において冷媒蒸気から熱を奪って温度の高くなった冷却水を冷却塔内に導き，その一部を蒸発させ，水の蒸発潜熱によって冷却水自身を冷却する．

ニ ◎ 出題のとおり．

問６　正解　(2)　イ，ハ

イ ◎ 出題のとおり．

ロ ☒ 乾式シェルアンドチューブ蒸発器に用いられる冷却管には，裸管のほか，管内の伝熱性能向上のために伝熱促進管が使用され，一般に，インナフィンチューブ，コルゲートチューブ，内面溝付き管などが用いられる．なお，ローフィンチューブは管外の伝熱性能向上のために冷却管外蒸発方式の満液式蒸発器で使用される．

ハ ◎ 出題のとおり．

ニ ☒ 庫内温度を－20℃程度の低い温度に保つ冷凍庫用の空気冷却器の除霜方法として，庫内の空気により霜を融解するオフサイクル方式は使用できない．

問７　正解　(3)　イ，ハ，ニ

イ ◎ 出題のとおり．

ロ ☒ 凝縮負荷が一定であるとき，熱通過率Kは汚れ係数fの増大とともに低下するが，冷媒と冷却水との温度差Δtは汚れ係数fに比例して大きくなる．

ハ ◎ 出題のとおり．

ニ ◎ 出題のとおり．

問８　正解　(1)　イ，ロ

イ ◎ 出題のとおり．

ロ ◎ 出題のとおり．

ハ ☒ 直動式は，電磁力を発生するコイルの経済性から口径の小さい電磁弁に限定され，大口径のものはパイロット式である．

ニ　☒　パイロット式の四方切換弁は，切換え時に高圧側から低圧側への冷媒の漏れが短時間起こるので，高低圧間に圧力差が充分にないと完全な切換えができない．

問9　正解　(4)　ロ，ハ，ニ

イ　☒　冷媒は，臨界温度を超える領域では，蒸発や凝縮の潜熱は利用できなくなり，顕熱のみの利用となる．

ロ　◎　出題のとおり

ハ　◎　出題のとおり

ニ　◎　出題のとおり

問10　正解　(4)　ロ，ハ，ニ

イ　☒　鋼材の引張りにおける絞り率は，温度が下がるにつれて低下する．

ロ　◎　出題のとおり．

ハ　◎　出題のとおり．

ニ　◎　出題のとおり．

令和５年度（令和５年11月12日施行）

第三種冷凍機械責任者試験

第三種冷凍機械　　法令試験解答と解説

問題番号	1	2	3	4	5	6	7	8	9	10	11	12	13	14	15	16	17	18	19	20
解答番号	2	3	1	2	5	2	1	3	1	4	4	1	3	5	3	3	5	5	3	4

問１　正解　(2)　ハ

イ　☒　この他に，容器の製造及び取扱を規制するとともに，民間事業者及び高圧ガス保安協会による高圧ガスの保安に関する自主的な活動を促進することを定めている．（法第１条）

ロ　☒　温度35度において圧力が0.2メガパスカル以上となる液化ガスは，常用の温度で圧力が0.2メガパスカル未満でも高圧ガスとなるので，温度35度より低温の30度で0.2メガパスカルとなる液化ガスは高圧ガスである．（法第２条第3号）

ハ　◎　出題のとおり．（法第２条第１号）

問２　正解　(3)　イ，ハ

イ　◎　出題のとおり．（法第21条第１項）

なお，第一種製造者とは，法第5条第１項に掲げる者をいう．（法第9条）

ロ　☒　高圧ガスの販売の事業を営もうとする者は，販売所ごとに，経済産業省令で定める書面を添えて，事業開始の日の20日前までに，その旨を都道府県知事等に届け出なければならない．（法第20条の4）

ハ　◎　出題のとおり．（法第25条，冷規第33条）

問３　正解　(1)　イ

イ　◎　出題のとおり．（法第3条第１項第8号，政令第２条第3項第3号）

ロ　☒　事業を譲り受けた場合には，第一種製造者の地位を承継できない．（法第10条第１項）

ハ　☒　所定の技術上の基準に従って製造しなければならない機器は，１日の冷凍能力が3トン以上の冷凍機（二酸化炭素及びフルオロカーボン（可燃性ガスを除く）にあっては5トン以上）と定められている．（法第57条，冷規第63条）

問４　正解　(2)　ロ

イ　☒　高圧ガスの貯蔵は所定の技術上の基準に従ってしなければならない．ただし，貯蔵する高圧ガスが圧縮ガスであるときは0.15立方メートル，液化ガスであるときは1.5キログラムを超えるものと定められており，すべての高圧ガスにこの値が適用される．（法第15条第1項ただし書，一般規第19条第1項，第2項）

ロ　◎　出題のとおり．（一般規第18条第2号ホ）

ハ　☒　冷媒の種類を問わず充塡容器及び残ガス容器にそれぞれ区分して容器置場に置かなければならない（一般規第6条第2項第8号イ）

問５　正解　(5)　イ，ロ，ハ

イ　◎　出題のとおり．（一般規第50条第1号）

ロ　◎　出題のとおり．可燃性ガスかつ毒性ガスの高圧ガスの移動の時に必要である．アンモニアは可燃性ガスであり，毒性ガスでもある．（一般規第50条第9号，第10号，第2条第1号，第2号）

ハ　◎　出題のとおり．可燃性ガス，毒性ガス，特定不活性ガス又は酸素の高圧ガスの移動の時に必要である．（一般規第49条第1項第21号，第50条第14号）

問６　正解　(2)　イ，ロ

イ　◎　出題のとおり．（法第46条第1項，容規第10条第1項第1号）

ロ　◎　出題のとおり．（法第48条第1項第5号，容規第24条第1項第1号）

ハ　☒　容器再検査に合格しなかった容器について，三月以内に第54条第2項の規定による刻印等がされなかったときは，遅滞なく，これをくず化し，その他容器として使用することができないように処分しなければならないと定められている．（法第56条第3項）

問７　正解　(1)　イ

イ　◎　出題のとおり．（冷規第5条第1号）

ロ　☒　吸収式冷凍設備にあっては，発生器を加熱する入熱量が1日の冷凍能力の算定に必要な数値である．（冷規第5条第2号）

ハ　☒　蒸発器の1時間当たりの入熱量の数値は製造設備の1日の冷凍能力の算定に必要な数値にはならない．（冷規第5条）

問８　正解　(3)　ハ

イ　☒　法第5条第2項各号に掲げる者が第二種製造者であり，高圧ガスの種類に応じて，その1日の冷凍能力の範囲は異なる．（法第5条第2項第2号，政令第4条表下欄）

ロ　☒　技術上の基準に適合するように維持しなければならないと定められている．（法第12条第1項ニ）

ハ　◎　出題のとおり．（法第35条の2）

問９　正解　(1)　ハ

イ　☒　第一種冷凍機械責任者免状又は第二種冷凍機械責任者免状の交付を受

け，かつ，高圧ガスの製造に関する所定の経験を有する者を選任することができる．（冷規第36条表二）

ロ　☒　これを解任したときも同様である．（法第27条の2第5項，第33条第3項）

ハ　◎　出題のとおり．（法第33条第2項）

問10　正解　(4)　ロ，ハ

イ　☒　フルオロカーボン134aを冷媒ガスとする製造施設は特定施設から除外されていない．（法第35条第1項，冷規第40条第1項）

ロ　◎　出題のとおり．（法第35条第2項，第8条第1号）

ハ　◎　出題のとおり．（法第35条第1項，冷規第40条第2項）

問11　正解　(4)　ロ，ハ

イ　☒　認定指定設備に定期自主検査除外の定めはない．（法第35条の2）

ロ　◎　出題のとおり．（冷規第44条第4項）

ハ　◎　出題のとおり．（冷規第44条第3項）

問12　正解　(1)　イ

イ　◎　出題のとおり．（法第26条第3項）

ロ　☒　危害予防規程に定めるべき事項である．（法第26条第1項，冷規第35条第2項第9号）

ハ　☒　実行結果を都道府県知事等に届け出るべき定めはない．（法第27条）

問13　正解　(3)　ハ

イ　☒　10年間保存しなければならない．（法第60条第1項，冷規第65条）

ロ　☒　盗まれたときも届け出なければならない．（法第63条第1項第2号）

ハ　◎　出題のとおり．（法第36条第1項，冷規第45条第2号）

問14　正解　(5)　イ，ロ，ハ

イ　◎　出題のとおり．アンモニアは可燃性ガスであり，又毒性ガスであるので，軽微な変更の工事には当たらない．（法第14条第1項，冷規第17条第1項第2号）

ロ　◎　出題のとおり．（法第20条第2項）

ハ　◎　出題のとおり．（法第20条第3項）

問15　正解　(3)　イ，ハ

イ　◎　出題のとおり．（冷規第7条第1項第3号）

ロ　☒　安全弁に放出管を設けた場合に，冷媒ガスが漏えいしたときに安全に，かつ，速やかに除害するための措置を講じる必要がないという定めはない．（冷規第7条第1項第16号）

ハ　◎　出題のとおり．（冷規第7条第1項第15号）

問16　正解　(3)　イ，ロ

イ　◎　出題のとおり．（冷規第7条第1項第12号）

ロ　◎　出題のとおり．（冷規第7条第1項第14号）

ハ　☒　内容積10000リットル以上の受液器は，その周囲に液状の冷媒ガスが漏えいした場合にその流出を防止するための措置を講じるべきものに該当する（冷規第7条第1項第13号）

問17　正解　(5)　イ，ロ，ハ

イ　◎　出題のとおり．（冷規第7条第1項第1号）

ロ　◎　出題のとおり．（法第14条第1項，第20条第3項，第8条第1号，冷規第7条第1項第6号）

ハ　◎　出題のとおり．（冷規第7条第1項第17号）

問18　正解　(5)　イ，ロ，ハ

イ　◎　出題のとおり．（冷規第7条第1項第5号）

ロ　◎　出題のとおり．（冷規第7条第1項第6号）

ハ　◎　出題のとおり．（冷規第7条第1項第7号）

問19　正解　(3)　ハ

イ　☒　安全弁に付帯して設けた止め弁は，安全弁の修理又は清掃のために特に必要な場合を除いて常に全開にしておくことと定められている．（冷規第9条第1号）

ロ　☒　1日に1回以上異常の有無を点検しなければならない．（冷規第9条第2号）

ハ　◎　出題のとおり．（冷規第9条第3号イ）

問20　正解　(4)　イ，ハ

イ　◎　出題のとおり．（冷規第57条第5号）

ロ　☒　製造設備の日常の運転操作に必要となる冷媒ガスの止め弁には，手動式のものを使用しないことと定められている．（冷規第57条第12号）

ハ　◎　出題のとおり．（冷規第62条第1項第1号）

第三種冷凍機械　保安管理技術試験解答と解説

問題番号	1	2	3	4	5	6	7	8	9	10	11	12	13	14	15
解答番号	4	2	1	3	4	1	3	2	4	5	2	5	3	1	5

問１　正解　(4)　ロ，ニ

イ　☒　圧縮機で冷媒蒸気を圧縮すると，圧力と温度の高い気体になる．これを凝縮器で冷却すれば凝縮・液化する．

ロ　◎　出題のとおり．

ハ　☒　測定しようとする圧力と大気圧との差に相当する圧力計の指示圧力をゲージ圧力と呼ぶ．

ニ　◎　出題のとおり．

問２　正解　(2)　イ，ニ

イ　◎　出題のとおり．

ロ　☒　冷凍効果とは，蒸発器で冷媒１kgが周囲から奪う熱量のことである．

ハ　☒　水と冷媒との算術平均温度差Δt_mは，$\Delta t_m = (\Delta t_1 + \Delta t_2)/2$である．

ニ　◎　出題のとおり．

問３　正解　(1)　イ，ロ

イ　◎　出題のとおり．

ロ　◎　出題のとおり．

ハ　☒　実際の圧縮機の駆動軸動力は，理論断熱圧縮動力を断熱効率と機械効率の積で除して求めることができる．

ニ　☒　実際の圧縮機吐出しガスの比エンタルピーは，理想的な断熱圧縮を行った場合よりも大きい値となる．

問４　正解　(3)　ロ，ニ

イ　☒　R 507Aは共沸混合冷媒であり，ある特定の成分割合において温度勾配を生ずることはなく，あたかも単一成分冷媒と同じように，ある圧力一定のもとで温度一定で凝縮または蒸発する．

ロ　◎　出題のとおり．

ハ　☒　体積能力は，圧縮機の単位吸込み体積当たりの冷凍能力である．往復圧縮機の場合，体積能力の大きな冷媒は，体積能力の小さな冷媒の場合と比較して，同じ冷凍能力を得るためのピストン押しのけ量は小さくなる．

ニ　◎　出題のとおり．

問５　正解　(4)　ロ，ニ

イ　☒　圧縮機は圧縮の方法により，容積式と遠心式に大別される．

ロ　◎　出題のとおり.

ハ　☒　停止中のフルオロカーボン用圧縮機クランクケース内の油温が低いとき，冷凍機油に冷媒が溶け込む割合が大きくなり，圧縮機始動時にオイルフォーミングを起こすことがある.

ニ　◎　出題のとおり.

問６　正解　(1)　イ，ハ

イ　◎　出題のとおり.

ロ　☒　凝縮器への不凝縮ガスの混入は，冷媒側の熱伝達が不良となるため，凝縮圧力の上昇を招く.

ハ　◎　出題のとおり.

ニ　☒　熱通過率の値が小さくなり，凝縮温度が高くなる.

問７　正解　(3)　ロ，ハ

イ　☒　乾式蒸発器の冷却管内を流れる冷媒の圧力降下が大きいと，蒸発器出入口間での冷媒の蒸発温度差が大きくなり，冷却能力が低下する.

ロ　◎　出題のとおり.

ハ　◎　出題のとおり.

ニ　☒　プレートフィンチューブ冷却器のフィン表面に霜が厚く付着すると，伝熱が妨げられて蒸発圧力が低下し，圧縮機の能力が小さくなって冷却不良となり，装置の成績係数も低下する.

問８　正解　(2)　イ，ニ

イ　◎　出題のとおり.

ロ　☒　定圧自動膨張弁は，蒸発圧力が設定値よりも高くなると閉じ，逆に低くなると開いて，蒸発圧力をほぼ一定に保つが，蒸発器出口冷媒の過熱度は制御できない.

ハ　☒　吸入圧力調整弁は，圧縮機吸込み圧力が設定値よりも上がらないように調節する.

ニ　◎　出題のとおり.

問９　正解　(4)　イ，ハ，ニ

イ　◎　出題のとおり.

ロ　☒　圧縮機から吐き出される冷媒ガスとともに，若干の冷凍機油が一緒に吐き出される．この吐き出される冷凍機油の量が多いと，圧縮機の冷凍機油量が不足し，潤滑不良を起こす．また，この冷凍機油は，凝縮器や蒸発器に送られて伝熱を妨げる．これらの障害を防ぐために，圧縮機の吐出し管に油分離器を設け，冷凍機油を分離する.

ハ　◎　出題のとおり.

ニ　◎　出題のとおり.

問10　正解　(5)　イ，ハ，ニ

イ　◎　出題のとおり

ロ　☒　高圧液配管内の圧力が，液温に相当する飽和圧力よりも低下すると，フラッシュガスが発生する.

ハ　◎　出題のとおり.

ニ　◎　出題のとおり.

問11　正解　(2)　ニ

イ　☒　可燃性ガス，毒性ガスまたは特定不活性ガスの製造施設には，漏えいしたガスが滞留するおそれのある場所に，ガス漏えい検知警報設備を設置しなければならない.

ロ　☒　溶栓は，温度の上昇によって溶栓内の金属が溶融し，容器内部の冷媒を放出して，圧力の異常な上昇を防ぐものである.

ハ　☒　圧力容器に取り付ける安全弁の最小口径は，容器の外径と長さの積の平方根と，冷媒の種類ごとに高圧部と低圧部に分けて定められた定数の積で決まる.

ニ　◎　出題のとおり.

問12　正解　(5)　ハ，ニ

イ　☒　内圧を受ける薄肉円筒胴に生ずる応力のうち，接線方向の引張応力は，長手方向の引張応力の2倍になる.

ロ　☒　さら形鏡板は，隅の丸みの半径に対する中央部の丸みの半径の比が大きいため，隅の丸みの部分に局所的な大きな応力がかかる応力集中を起こす.

ハ　◎　出題のとおり.

ニ　◎　出題のとおり.

問13　正解　(3)　ロ，ハ

イ　☒　耐圧試験は，気密試験の前に冷凍装置の配管以外の各部分について行わなければならない.

ロ　◎　出題のとおり.

ハ　◎　出題のとおり.

ニ　☒　多気筒圧縮機を支持するコンクリート基礎の質量は，圧縮機と駆動機の各質量の合計の2～3倍程度にする.

問14　正解　(1)　イ，ロ

イ　◎　出題のとおり.

ロ　◎　出題のとおり.

ハ　☒　冷凍装置を長期間休止させる場合には，ポンプダウンにより低圧側の冷媒を受液器に回収する．この場合，低圧側と圧縮機内の圧力が大気圧より高くなるように，ゲージ圧力で10 kPa程度のガス圧力を残しておく．

ニ　☒　アンモニア冷媒の場合，同じ蒸発と凝縮の温度の運転条件では，フルオロカーボン冷媒に比べて往復圧縮機の吐出しガス温度がかなり高くなる．

問15　正解　(5)　ロ，ニ

イ　☒　アンモニア冷凍装置の冷媒系統に水分が侵入すると，アンモニアが水をよく溶解するので，少量の水分の侵入であれば，装置の運転に重大な障害を引き起こすことはない．

ロ　◎　出題のとおり．

ハ　☒　冷媒が冷凍機油の中に溶け込むと，冷凍機油は稀釈され，粘度が低下し，潤滑作用に不具合が生じる．

ニ　◎　出題のとおり．

試　験　結　果

【冷凍機械責任者試験】

年度	種　類	科目免除 有　無	受験者数	合格者数	合格率（%）
令和元年	第一種	全科目受験	706	202	28.6
		２科目免除	637	512	80.4
		計	1343	714	53.2
	第二種	全科目受験	2512	785	31.3
		２科目免除	1061	839	79.1
		計	3573	1624	45.5
	第三種	全科目受験	7908	2565	32.4
		１科目免除	1689	1317	78.0
		計	9597	3882	40.5
令和２年	第一種	全科目受験	756	151	20.0
		２科目免除	271	237	87.5
		計	1027	388	37.8
	第二種	全科目受験	2051	551	26.9
		２科目免除	622	534	85.9
		計	2673	1085	40.6
	第三種	全科目受験	7541	1383	18.3
		１科目免除	846	676	79.9
		計	8387	2059	24.5
令和３年	第一種	全科目受験	734	244	33.2
		２科目免除	500	448	89.6
		計	1234	692	56.1
	第二種	全科目受験	2351	863	36.7
		２科目免除	963	820	85.2
		計	3314	1683	50.8
	第三種	全科目受験	9858	3996	40.5
		１科目免除	1579	1361	86.2
		計	11437	5357	46.8
令和４年	第一種	全科目受験	733	268	36.6
		２科目免除	678	635	93.7
		計	1411	903	64.0
	第二種	全科目受験	2201	718	32.6
		２科目免除	775	647	83.5
		計	2976	1365	45.9
	第三種	全科目受験	8305	1890	22.8
		１科目免除	1426	1259	88.3
		計	9731	3149	32.4
令和５年	第一種	全科目受験	663	238	35.9
		２科目免除	485	453	93.4
		計	1148	691	60.2
	第二種	全科目受験	1949	648	33.2
		２科目免除	610	507	83.1
		計	2559	1155	45.1
	第三種	全科目受験	7891	3146	39.9
		１科目免除	1596	1351	84.6
		計	9487	4497	47.4

試　験　結　果

【高圧ガス保安協会技術検定】

年度	種　　　別	受験者数	合格者数	合格率（%）
令和元年	第一種冷凍機械	912	598	65.6
	第二種　〃　前期	1045	531	50.8
	第二種　〃　後期	385	284	73.8
	第三種　〃　前期	1616	1100	68.1
	第三種　〃　後期	519	299	57.6
令和2年	第一種冷凍機械	370	201	54.3
	第二種　〃　前期	385	204	53.0
	第二種　〃　後期	468	239	51.1
	第三種　〃　前期	593	365	61.6
	第三種　〃　後期	635	461	72.6
令和3年	第一種冷凍機械	603	438	72.6
	第二種　〃　前期	881	631	71.6
	第二種　〃　後期	396	255	64.4
	第三種　〃　前期	1273	1001	78.6
	第三種　〃　後期	593	460	77.6
令和4年	第一種冷凍機械	796	685	86.1
	第二種　〃　前期	1033	401	38.8
	第二種　〃　後期	501	158	31.5
	第三種　〃　前期	1616	821	50.8
	第三種　〃　後期	744	427	57.4
令和5年	第一種冷凍機械	902	448	49.7
	第二種　〃　前期	1005	358	35.6
	第三種　〃　前期	1715	1131	65.9

冷凍機械責任者（1・2・3冷） **試験問題と解答例**

定価　2,037 円（本体 1,852 円）

令和６年４月１日　改訂第１刷発行
（令和５年度編入）

発行所　公益社団法人　日本冷凍空調学会
郵便番号　103-0011
東京都中央区日本橋大伝馬町13－７
日本橋大富ビル５Ｆ
TEL 03 (5623) 3223
FAX 03 (5623) 3229

印刷所　日本印刷株式会社

 ISBN 978-4-88967-151-3 C3053 ￥1852E